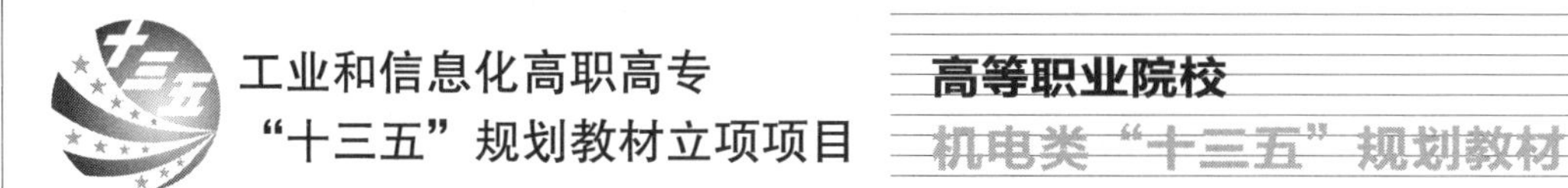

高等职业院校
机电类"十三五"规划教材

数控加工工艺设计与程序编制

（第3版）

CNC Machining Process Design and Programming (3rd Edition)

◎ 周虹 喻丕珠 罗友兰 主编
◎ 周淑芳 魏平 刘海燕 副主编

人民邮电出版社
北京

图书在版编目（CIP）数据

数控加工工艺设计与程序编制 / 周虹 ，喻丕珠，罗友兰主编. -- 3版. -- 北京 : 人民邮电出版社，2016.8（2023.8 重印）
高等职业院校机电类"十三五"规划教材
ISBN 978-7-115-42454-9

Ⅰ. ①数… Ⅱ. ①周… ②喻… ③罗… Ⅲ. ①数控机床－加工工艺－高等职业教育－教材②数控机床－程序设计－高等职业教育－教材 Ⅳ. ①TG659

中国版本图书馆CIP数据核字(2016)第102674号

内 容 提 要

本书以培养学生的数控加工程序编制技能为核心，以工作过程为导向，以 FANUC 数控系统为主，SIEMENS、华中数控系统为辅，详细地介绍了数控加工工艺设计，数控车、铣床的编程指令，宇航、宇龙数控仿真软件的操作等内容。

本书采用项目教学的方式组织内容，每个项目都来源于企业的典型案例。全书共设 8 个项目。主要内容包括 8 个由简单到复杂零件的数控编程与仿真加工，每个项目均由项目导入、相关知识、项目实施、拓展知识、自测题 5 部分组成。附录中包括湖南省高职院校数控技术专业技能抽查标准及部分轴套类零件的数控车削加工题、箱体类零件的数控铣削加工题。通过学习和训练，学生不仅能够掌握数控编程知识，而且能够掌握零件数控加工程序编制的方法，达到高级数控车工、数控铣工、加工中心操作工数控手工编程的水平。

本书可作为高等职业院校数控技术应用、模具设计与制造、机械制造及自动化等机械类专业的教学用书，也可供相关技术人员、数控机床编程与操作人员参考、学习、培训之用。

◆ 主　　编　周　虹　　喻丕珠　罗友兰
　副 主 编　周淑芳　　魏　平　刘海燕
　责任编辑　李育民
　责任印制　焦志炜

◆ 人民邮电出版社出版发行　　北京市丰台区成寿寺路 11 号
　邮编　100164　　电子邮件　315@ptpress.com.cn
　网址　http://www.ptpress.com.cn
　北京联兴盛业印刷股份有限公司印刷

◆ 开本：787×1092　1/16
　印张：18　　　　　　2016 年 8 月第 3 版
　字数：424 千字　　　2023 年 8 月北京第 14 次印刷

定价：39.80 元

读者服务热线：(010)81055256　印装质量热线：(010)81055316
反盗版热线：(010)81055315

零件的数控加工程序编制是数控加工设备操作工、数控工艺（编程）员的典型工作任务，是数控技术高技能人才必须掌握的技能，也是高职机械类专业的一门重要的专业核心课程。

作者于2012年所编写的《数控加工工艺设计与程序编制（第2版）》一书自出版以来，受到了众多高职高专院校的欢迎。为了更好地满足广大高职高专院校的学生对数控编程知识学习的需要，作者结合近几年的教学改革实践和广大读者的反馈意见，在保留原书特色的基础上，对本书进行了全面的修订，这次修订的主要内容如下。

- 对本书中部分项目所存在的一些问题进行了校正和修改。
- 根据最新的国家标准，对书中的图纸进行了修改。
- 增加了湖南省高职院校数控技术专业技能抽查标准及部分轴套类零件的数控车削加工题、箱体类零件的数控铣削加工题，为参加数控技术专业技能抽查的高职学院的教师和学生提供参考。
- 进一步贴近数控车工、数控铣工、加工中心操作工考证需求，增加了自测题的题量。

在本书的修订过程中，作者始终贯彻以来源于企业的典型零件为载体，采用项目教学的方式组织内容的思想。通过8个形状由简单到复杂的零件的数控编程与仿真加工，将零件的数控加工工艺分析与数控程序编制融为一体，突出解决问题能力的培养。修订后的教材，内容比以前更具针对性和实用性，内容的叙述更加准确、通俗易懂和简明扼要，这样更有利于教师的教学和读者的自学。为了让读者能够在较短的时间内掌握教材的内容，及时地检查自己的学习效果，巩固和加深对所学知识的理解，每个项目后还附有自测题。

本书相关素材请登录www.ptpedu.com.cn。

全书参考总教学时数为84学时，建议采用理论实践一体化教学模式。各项目的学时分配见下表。

项目	名称	学时数
绪论		4
项目一	定位销轴的数控加工工艺设计与程序编制	12
项目二	螺纹球形轴的数控加工工艺设计与程序编制	12
项目三	定位套的数控加工工艺设计与程序编制	12
项目四	椭圆手柄的数控加工工艺设计与程序编制	8
项目五	U形槽的数控加工工艺设计与程序编制	12
项目六	凸模板的数控加工工艺设计与程序编制	8
项目七	调整板的数控加工工艺设计与程序编制	8
项目八	基座的数控加工工艺设计与程序编制	8
总计		84

全书由湖南铁道职业技术学院周虹、喻丕珠、罗友兰担任主编，黄海学院周淑芳、安徽机电职业技术学院魏平、石家庄信息工程职业学院刘海燕担任副主编，安徽机电职业技术学院方慧敏参编。其中，绪论、项目一至项目四由周虹编写，项目五由方慧敏编写，项目六由刘海燕编写，项目七由周淑芳编写，项目八由魏平编写。附录一至附录三由湖南铁道职业技术学院喻丕珠、罗友兰编写，其中，湖南铁道职业技术学院董小金、刘楚玉、张克昌、胡绍军，张家界航空职业技术学院田正芳，湖南生物机电职业技术学院廉良冲，长沙航空职业技术学院杨丰等完成了部分零件图的设计与绘制。全书由周虹统稿和定稿。在此，向所有关心和支持本书出版的人员表示衷心的感谢！

限于作者的学术水平，不妥之处在所难免，敬请各位读者批评指正，来信请至zhouredcnc@163.com。

周　虹

2016年5月

本书相关素材请登录www.ptpedu.com.cn。

表 1　PPT 课件

素材类型	功能描述
PPT 课件	供教师上课用

表 2　动画

序号	名称	序号	名称	序号	名称
1	刀具半径补偿的常用方法	15	锥螺纹切削循环指令 G92	29	精镗孔循环指令 G76
2	刀具半径补偿意义	16	端面车削循环指令 G94	30	钻孔循环指令 G81
3	快速点定位指令 G00	17	快速定位指令 G00	31	带暂停的钻孔循环指令 G82
4	直线插补指令 G01	18	直线插补指令 G01	32	深孔钻削循环指令 G83
5	圆弧插补指令 G02	19	顺时针圆弧插补指令 G02	33	G83 指令循环
6	圆弧插补指令 G03	20	逆时针圆弧插补指令 G03	34	攻丝循环指令 G84
7	圆弧插补指令的分类和判定	21	加工平面设定指令 G17、G18、G19	35	G84 指令加工循环
8	自动返回参考点指令 G28	22	机床返回原点指令 G28	36	镗孔循环指令 G85
9	螺纹加工指令 G32	23	刀具半径补偿指令 G40、G41、G42	37	镗孔循环指令 G86
10	设置工件坐标系指令 G50	24	刀具半径左补偿指令 G41	38	数控车床的回零操作
11	刀尖圆弧半径补偿指令 G40、G41、G42	25	刀具正向长度补偿指令 G43	39	进给功能指令 F
12	刀尖圆弧半径左补偿指令 G41	26	刀具长度补偿指令 G43、G44、G45	40	数控机床的手动连续进给操作
13	外径内径车削循环指令 G90	27	高速深孔钻循环指令 G73	41	数控车床的手轮进给操作
14	直螺纹切削循环指令 G92	28	攻左牙循环指令 G74	42	数控车床的 MDI 运行方式

续表

序号	名称	序号	名称	序号	名称
43	数控车床创建新程序的操作	46	数控铣床的手动连续进给操作	49	数控铣床插入、修改和删除字的操作
44	数控铣床的回零操作	47	数控铣床的 MDI 运行方式		
45	数控车床插入、修改和删除字的操作	48	数控铣床创建新程序的操作		

表 3　视频

序号	名称	序号	名称	序号	名称
1	G00 指令加工演示	10	G50 指令功能演示	19	G85 指令加工演示
2	G01 指令加工演示	11	G94 指令加工演示	20	G86 指令加工演示
3	G02 指令加工演示	12	G41 指令加工演示	21	心轴的数控车削加工演示
4	G03 指令加工演示	13	G43 指令加工演示	22	挖槽数控加工演示
5	G92 之锥螺纹切削循环加工演示	14	G73 指令加工演示	23	定位销轴的数控车削加工演示
6	G90 指令加工演示	15	G74 指令加工演示	24	打孔数控加工演示
7	G92 之直螺纹切削循环加工演示	16	G76 指令加工演示	25	外形铣削加工演示
8	G28 指令功能演示	17	G81 指令加工演示	26	面铣数控加工演示
9	G32 指令加工演示	18	G82 指令加工演示		

Contents
目 录

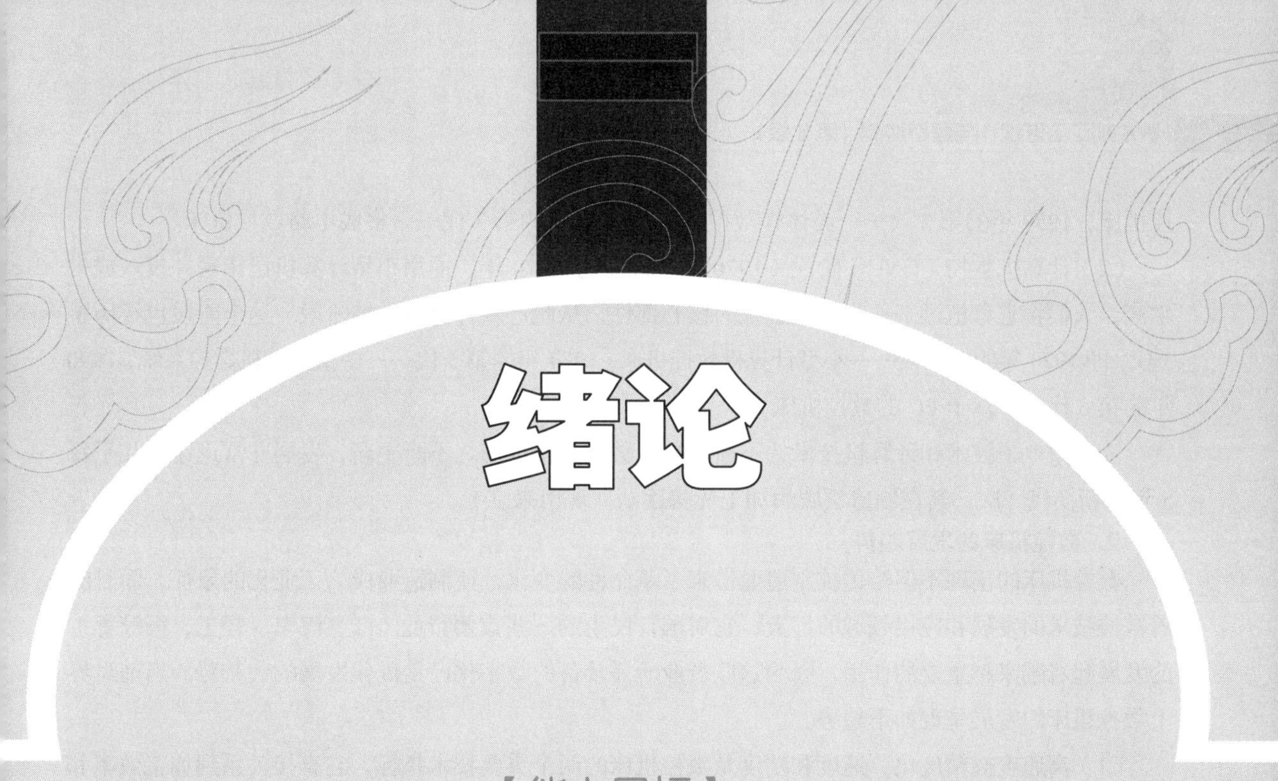

绪论

【能力目标】

了解本课程学习内容及学习方法，熟悉数控机床的组成及分类，掌握数控机床坐标系的确定和数控加工程序的结构。

【知识目标】

1. 掌握数控机床的概念、组成、分类、加工的特点及应用。
2. 掌握数控机床坐标系的确定。
3. 了解数控编程的种类及步骤。
4. 了解常用编程指令。
5. 熟悉数控加工程序的结构。
6. 了解本课程学习内容及学习方法。

一、数控加工概述

（一）数控机床的产生与发展

1. 数控机床的产生

20 世纪 40 年代以来，航空航天技术的飞速发展，对各种飞行器的加工提出了更高的要求。这些用于飞行器的零件大多形状非常复杂，材料多为难加工的合金，用传统的机床和工艺方法进行加工，不能保证精度，也很难提高生产效率。为了解决零件复杂形状表面的加工问题，1952 年，美国帕森斯公司和麻省理工学院研制成功了世界上第一台数控机床。半个多世纪以来，数控技术得到了迅猛的发展，加工精度和生产效率不断提高。数控机床的发展至今已经历了 2 个阶段共 6 代。

（1）数控（NC）阶段（1952—1970 年）。早期的计算机运算速度慢，不能适应机床实时控制的要求，人们只好用数字逻辑电路“搭”成一台机床专用计算机作为数控系统，这就是硬件连接数控，简称数控（NC）。随着电子元器件的发展，这个阶段经历了 3 代，即 1952 年的第 1 代——电子管数控机床，1959年的第2代——晶体管数控机床，1965年的第3代——集成电路数控机床。

（2）计算机数控（CNC）阶段（1970年—现在）。1970年，通用小型计算机已出现并投入成批生产，人们将它移植过来作为数控系统的核心部件，从此进入计算机数控阶段。这个阶段也经历了3代，即1970年的第4代——小型计算机数控机床，1974年的第5代——微型计算机数控系统，1990年的第6代——基于PC的数控机床。

随着微电子技术和计算机技术的不断发展，数控技术也随之不断更新，发展非常迅速，几乎每5年更新换代一次，其在制造领域的加工优势逐渐体现出来。

2．数控机床的发展趋势

数控机床的出现不但给传统制造业带来了革命性的变化，使制造业成为工业化的象征，而且随着数控技术的发展和应用领域的扩大，它对国计民生的一些重要行业（IT、汽车、轻工、医疗等）的发展起着越来越重要的作用，因为这些行业所需装备的数字化已是现代发展的大趋势。当前世界上数控机床的发展呈现如下趋势。

（1）高速度高精度化。速度和精度是数控机床的两个重要技术指标，它直接关系到加工效率和产品质量。当前，数控机床的主轴转速最高可达40 000r/min，最大进给速度达120m/min，最大加速度达3m/s^2，定位精度正在向亚微米进军，纳米级5轴联动加工中心已经商品化。

（2）多功能化。数控机床正向一机多能的方向发展，这样可以最大限度地提高设备的利用率。如数控加工中心（Machining Center，MC）配有机械手和刀具库，工件一经装夹，数控系统就能控制机床自动更换刀具，连续对工件的各个加工面自动地完成铣削、镗削、铰孔、扩孔及攻螺纹等多工序加工，从而避免多次装夹所造成的定位误差。这样减少了设备台数、工夹具和操作人员，节省了占地面积和辅助时间。为了提高效率，新型数控机床在控制系统和机床结构上也有所改革。例如，采取多系统混合控制方式，用不同的切削方式（车、钻、铣、攻螺纹等）同时加工零件的不同部位等。现代数控系统控制轴数多达15轴，同时联动的轴数已达到6轴。

（3）智能化。数控机床应用高技术的重要目标是智能化。智能化技术主要体现在以下几个方面。

① 引进自适应控制技术。自适应控制（Adaptive Control，AC）技术的目的是要求在随机的加工过程中，通过自动调节加工过程中所测得的工作状态、特性，按照给定的评价指标自动校正自身的工作参数，以达到或接近最佳工作状态。通常数控机床是按照预先编好的程序进行控制，但随机因素，如毛坯余量和硬度的不均匀、刀具的磨损等难以预测，为了确保质量，势必在编程时采用较保守的切削用量，从而降低了加工效率。AC系统可对机床主轴转矩、切削力、切削温度、刀具磨损等参数值进行自动测量，并由CPU进行比较运算后发出修改主轴转速和进给量大小的信号，确保AC系统处于最佳的切削用量状态，从而在保证质量条件下使加工成本最低或生产率最高。AC系统主要在宇航等工业部门用于特种材料的加工。

② 附加人机会话自动编程功能。建立切削用量专家系统和示教系统，从而达到提高编程效率和降低对编程人员技术水平的要求。

③ 具有设备故障自诊断功能。数控系统出了故障，控制系统能够进行自诊断，并自动采取排除故障的措施，以适应长时间无人操作环境的要求。

（4）小型化。蓬勃发展的机电一体化设备，对数控系统提出了小型化的要求，体积小型化便于将机、电装置融为一体。日本新开发的 FS16 和 FS18 系列 CNC 产品都采用了三维安装方法，使电子元器件得以高密度地安装，大大地缩小了系统的占用空间。此外，它们还采用了新型 TFT 彩色液晶薄型显示器，使数控系统进一步小型化，这样可更方便地将它们装到机械设备上。

（5）高可靠性。数控系统比较贵重，用户期望发挥投资效益，因此要求设备具有高可靠性。提高可靠性，通常可采取如下一些措施。

① 提高线路集成度。采用大规模或超大规模的集成电路、专用芯片及混合式集成电路，以减少元器件的数量，精简外部连线和降低功耗。

② 建立由设计、试制到生产的一整套质量保证体系。例如，采取防电源干扰，输入/输出光电隔离；使数控系统模块化、通用化及标准化，以便于组织批量生产及维修；在安装制造时注意严格筛选元器件；对系统可靠性进行全面的检查考核等。通过这些手段，保证产品质量。

③ 增强故障自诊断功能和保护功能。由于元器件失效、编程及人为操作错误等原因，将会导致数控机床出现故障。数控机床一般具有故障自诊断功能，能够对硬件和软件进行故障诊断，自动显示出故障的部位及类型，以便快速排除故障。新型数控机床还具有故障预报、自恢复、监控与保护功能。例如，有的系统设有刀具破损检测、行程范围保护和断电保护等功能，以避免损坏机床及报废工件。由于采取了各种有效的可靠性措施，现代数控机床的平均无故障时间（MTBF）可达到 10 000～36 000h。

（二）数控机床的概念及组成

1．数控机床的基本概念

（1）数控（Numerical Control，NC）。数控是采用数字化信息对机床的运动及其加工过程进行控制的方法。

（2）数控机床（Numerically Controlled Machine Tool）。数控机床是指装备了计算机数控系统的机床，简称 CNC 机床。

2．数控机床加工工件的过程

利用数控机床完成工件加工的过程，如图 0-1 所示，主要包括以下内容。

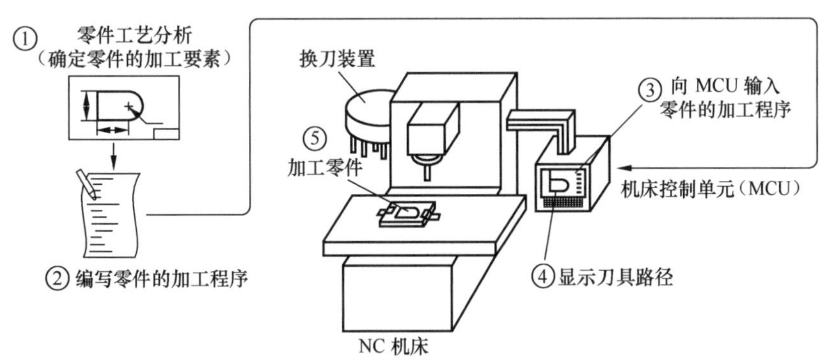

图0-1　数控机床加工工件的过程

（1）根据零件加工图样进行工艺分析，确定加工方案、工艺参数和位移数据。

（2）用规定的程序代码和格式编写数控加工程序单，或用自动编程软件直接生成数控加工程序文件。

（3）程序的输入或传输。由手工编写的程序，可以通过数控机床的操作面板输入程序；由编程软件生成的程序，通过计算机的串行通信接口直接传输到数控机床的数控单元（MCU）。

（4）对输入或传输到数控单元的加工程序进行刀具路径模拟、试运行等。

（5）通过对机床的正确操作，运行程序，完成工件的加工。

3. 数控机床的组成

数控机床由输入输出装置、计算机数控装置（CNC 装置）、伺服系统和机床本体等部分组成，其组成框图如图 0-2 所示，其中输入输出装置、CNC 装置、伺服系统的组合就是计算机数控系统。

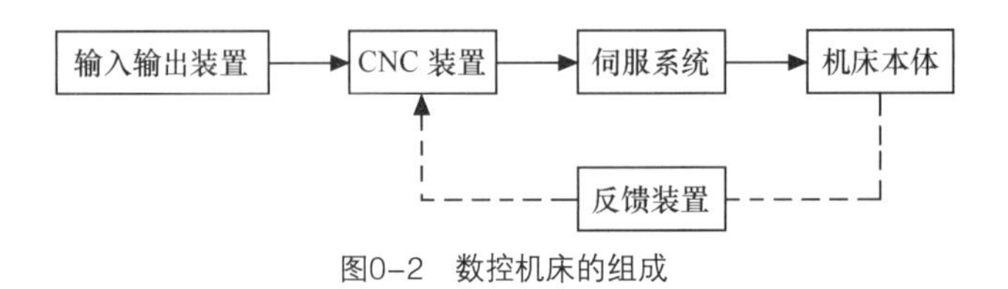

图0-2 数控机床的组成

（1）输入输出装置。在数控机床上加工工件时，首先根据零件图样上的零件形状、尺寸和技术条件，确定加工工艺，然后编制出加工程序，程序通过输入装置，输送给机床数控系统，机床内存中的数控加工程序可以通过输出装置传出。输入输出装置是机床与外部设备的接口，常用输入装置有软盘驱动器、RS-232C 串行通信口、MDI 键盘等。

（2）CNC 装置。CNC 装置是数控机床的核心，它接收输入装置送来的数字信息，经过控制软件和逻辑电路进行译码、运算和逻辑处理后，将各种指令信息输出给伺服系统，使设备按规定的动作执行。现在的 CNC 装置通常由一台通用或专用微型计算机构成。

（3）伺服系统。伺服系统是数控机床的执行部分，其作用是把来自 CNC 装置的脉冲信号转换成机床的运动，使机床工作台精确定位或按规定的轨迹做严格的相对运动，最后加工出符合图纸要求的零件。每一个脉冲信号使机床移动部件产生的位移量叫做脉冲当量（也叫做最小设定单位），常用的脉冲当量为 0.001mm。每个进给运动的执行部件都有相应的伺服系统，伺服系统的精度及动态响应决定了数控机床的加工精度、表面质量和生产率。伺服系统一般包括驱动装置和执行机构两大部分，常用执行机构有步进电动机、直流伺服电动机、交流伺服电动机等。

（4）机床本体。机床本体是数控机床的机械结构实体，主要包括主运动部件、进给运动部件（如工作台、刀架）、支撑部件（如床身、立柱等），还有冷却、润滑、转位部件，如夹紧、换刀机械手等辅助装置。与普通机床相比，数控机床的整体布局、外观造型、传动机构、工具系统及操作机构等方面都发生了很大的变化。

为了满足数控技术的要求和充分发挥数控机床的特点，归纳起来，机床本体包括以下几个方面的变化。

① 采用高性能主传动及主轴部件，具有传递功率大、刚度高、抗震性好及热变形小等优点。

② 进给传动采用高效传动件，具有传动链短、结构简单、传动精度高等特点，一般采用滚珠丝杠副、直线滚动导轨副等。

③ 具有完善的刀具自动交换和管理系统。

④ 在加工中心上一般具有工件自动交换、工件夹紧和放松机构。

⑤ 机床本身具有很高的动、静刚度。

⑥ 采用全封闭罩壳。由于数控机床是自动完成加工，为了操作安全等，一般采用移动门结构的全封闭罩壳，对机床的加工部件进行全封闭。

半闭环、闭环数控机床，还带有检测反馈装置。其作用是对机床的实际运动速度、方向、位移量以及加工状态加以检测，把检测结果转化为电信号反馈给 CNC 装置。检测反馈装置主要有感应同步器、光栅、编码器、磁栅、激光测距仪等。

（三）数控机床的种类与应用

数控机床的分类方法很多，主要有以下几种。

1．按工艺用途分类

数控机床是在普通机床的基础上发展起来的，各种类型的数控机床基本上起源于同类型的普通机床，按工艺用途分类，大致如下。

（1）金属切削类数控机床：指采用车、铣、镗、铰、钻、磨、刨等各种切削工艺的数控机床，包括数控车床、数控钻床、数控铣床、数控磨床、数控镗床以及加工中心等。切削类数控机床发展最早，目前种类繁多，功能差异也较大。这里需要特别强调的是加工中心，也称为可自动换刀的数控机床。这类数控机床带有一个刀库和自动换刀系统，刀库可容纳 16～100 多把刀具。图 0-3、图 0-4 分别是立式加工中心、卧式加工中心的外观图。立式加工中心最适宜加工高度方向尺寸相对较小的工件，一般情况下，除底部不能加工外，其余 5 个面都可以用不同的刀具进行轮廓和表面加工。卧式加工中心适宜加工有多个加工面的大型零件或高度尺寸较大的零件。

相关参数
工作台尺寸（长×宽）：1 050mm×500mm
刀库容量：20 把
坐标定位精度（X，Y，Z/A，C）：±0.01mm
重复定位精度：0.004mm
行程（$X/Y/Z$）：1 020mm×560mm×510mm
主轴转速：80～8 000（可选 10 000）r/min
主电机功率：7.5/11kW
快速移动（$X/Y/Z$）：15m/min
换刀时间：7s

图0-3　VMC1000立式加工中心

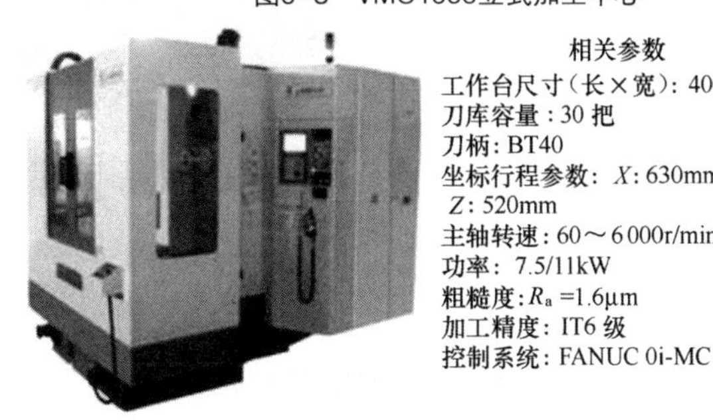

相关参数
工作台尺寸（长×宽）：400mm×400mm
刀库容量：30 把
刀柄：BT40
坐标行程参数：X：630mm，Y：500mm，Z：520mm
主轴转速：60～6 000r/min
功率：7.5/11kW
粗糙度：R_a =1.6μm
加工精度：IT6 级
控制系统：FANUC 0i-MC

图0-4　JIHMC40卧式加工中心

（2）金属成形类数控机床：指采用挤、冲、压、拉等成形工艺的数控机床，包括数控折弯机、数控组合冲床、数控弯管机、数控压力机等。这类机床起步晚，但目前发展很快。

（3）数控特种加工机床：如数控线切割机床、数控电火花加工机床、数控火焰切割机床、数控激光切割机床等。

（4）其他类型的数控设备：如数控三坐标测量仪、数控对刀仪、数控绘图仪等。

2．按机床运动的控制轨迹分类

（1）点位控制数控机床：点位控制数控机床只要求控制机床的移动部件从某一位置移动到另一位置的准确定位，对于两位置之间的运动轨迹不作严格要求，在移动过程中刀具不进行切削加工，如图 0-5 所示。为了实现既快又准的定位，常采用先快速移动，然后慢速趋近定位点的方法来保证定位精度。

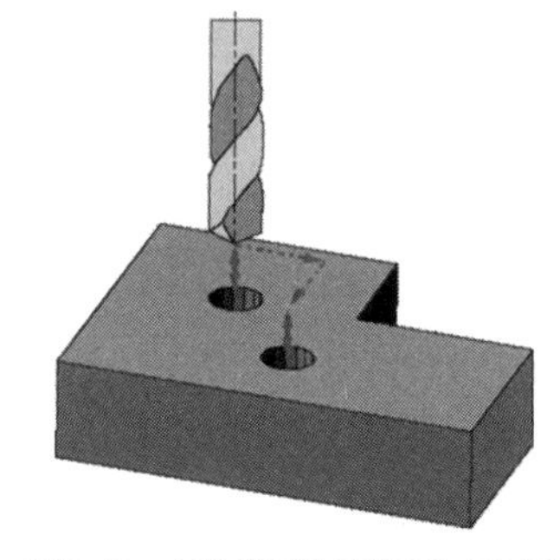

图0-5　点位控制数控机床加工示意图

具有点位控制功能的数控机床有数控钻床、数控冲床、数控镗床、数控点焊机等。

（2）直线控制数控机床：直线控制数控机床的特点是除了控制点与点之间的准确定位外，还要保证两点之间移动的轨迹是一条与机床坐标轴平行的直线，因为这类数控机床在两点之间移动时要进行切削加工，所以对移动的速度也要进行控制，如图 0-6 所示。

具有直线控制功能的数控机床有比较简单的数控车床、数控铣床、数控磨床等。单纯用于直线控制的数控机床目前不多见。

（3）轮廓控制数控机床：轮廓控制又称连续轨迹控制，这类数控机床能够对两个或两个以上的运动坐标的位移及速度进行连续相关的控制，因而可以进行曲线或曲面的加工，如图 0-7 所示。

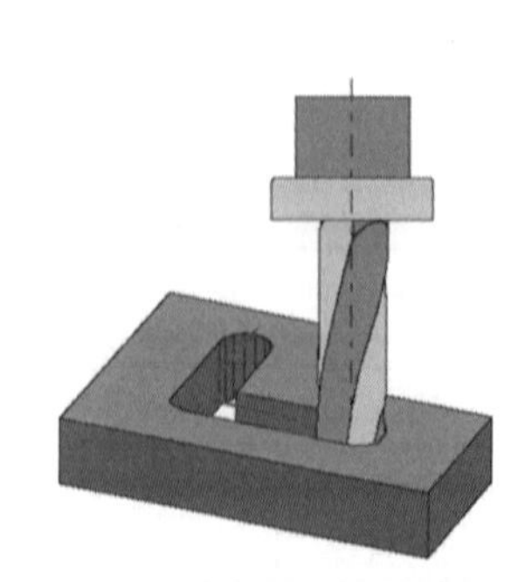

图0-6　直线控制数控机床加工示意图

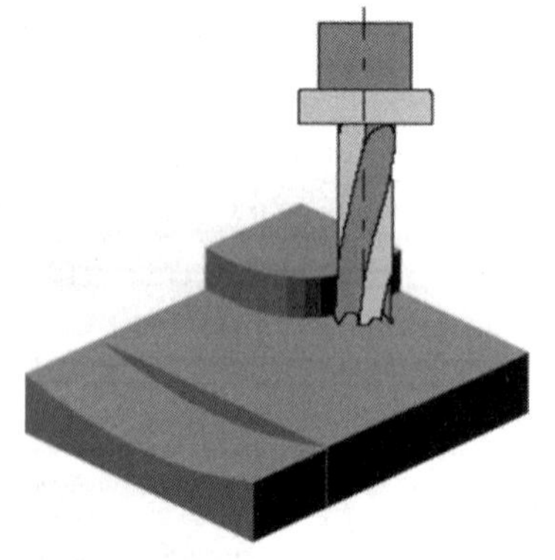

图0-7　轮廓控制数控机床加工示意图

具有轮廓控制功能的数控机床有数控车床、数控铣床、加工中心等。

3．按伺服控制的方式分类

（1）开环控制系统：指不带反馈的控制系统，即系统没有位置反馈元器件，通常用功率步进电动机或电液伺服电动机作为执行机构。输入的数据经过数控系统的运算，发出指令脉冲，通过环形分配器和驱动电路，使步进电动机或电液伺服电动机转过一个步距角，再经过减速齿轮带动丝杠旋转，最后转换为工作台的直线移动，如图 0-8 所示。移动部件的移动速度和位移量是由输入脉冲的频率和脉冲数所决定的。

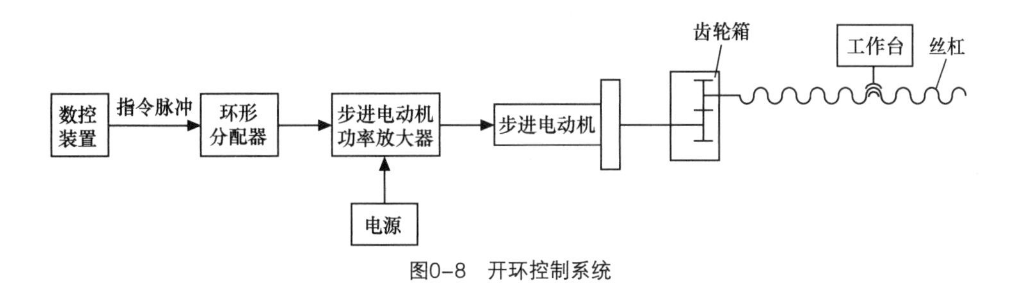

图0-8　开环控制系统

开环控制具有结构简单、系统稳定、调试容易、成本低等优点。但是因为系统对移动部件的误差没有补偿和校正，所以精度低。一般适用于经济型数控机床和旧机床数控化改造。

（2）半闭环控制系统：如图 0-9 所示，半闭环控制系统是在伺服电动机或丝杠端部装有角位移检测装置（如感应同步器和光电编码器等），通过检测伺服电动机或丝杠端部的转角间接地检测移动部件的位移，然后反馈到数控系统中，由于惯性较大的机床移动部件不包括在检测范围之内，因而称作半闭环控制系统。

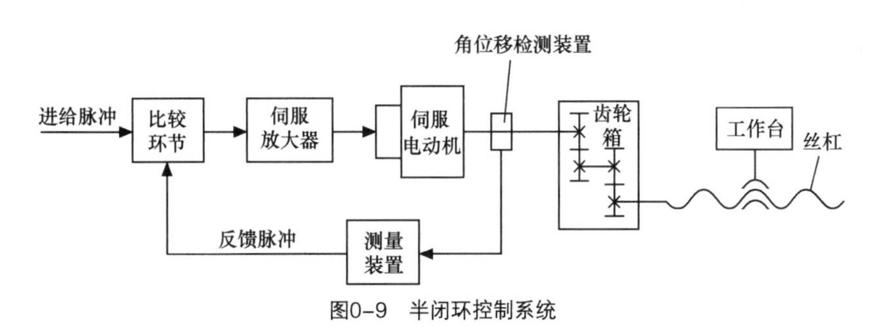

图0-9　半闭环控制系统

在这种系统中，因为闭环回路内不包括机械传动环节，所以可获得稳定的控制特性。又因为可用补偿的办法消除机械传动环节的误差，所以可获得满意的精度。中档数控机床广泛采用半闭环数控系统。

（3）闭环控制系统：在机床移动部件上直接装有位置检测装置，将测量的结果直接反馈到数控装置中，与输入的指令位移进行比较，用偏差进行控制，使移动部件按照实际的要求运动，最终实现精确定位，其原理如图 0-10 所示。因为把机床工作台纳入了位置控制环，所以称为闭环控制系统。该系统可以消除包括工作台传动链在内的运动误差，因而定位精度高、调节速度快。但由于该系统受进给丝杠的拉压刚度、扭转刚度、摩擦阻尼特性和间隙等非线性因素的影响，给调试工作造成较大的困难。如果各种参数匹配不当，将会引起系统振荡，造成不稳定，影响定位精度。可见闭环控制系统复杂并且成本高，适用于精度要求很高的数控机床，如精密数控镗铣床、超精密数控车床等。

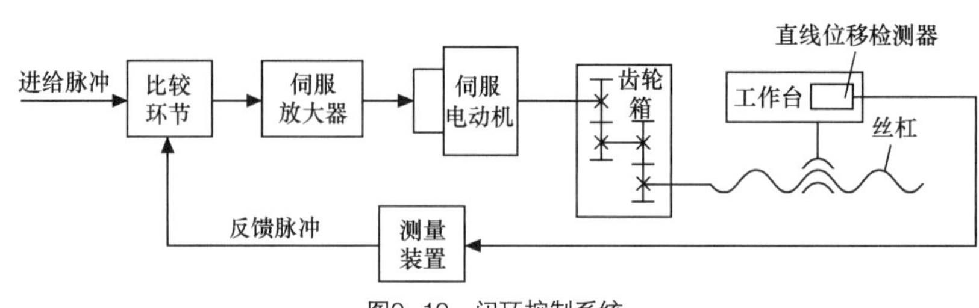

图0-10 闭环控制系统

4．按控制坐标轴的数量分类

按计算机数控装置能同时联动控制的坐标轴的数量分类，有两坐标联动数控机床、三坐标联动数控机床和多坐标联动数控机床，如图0-11、图0-12、图0-13所示。

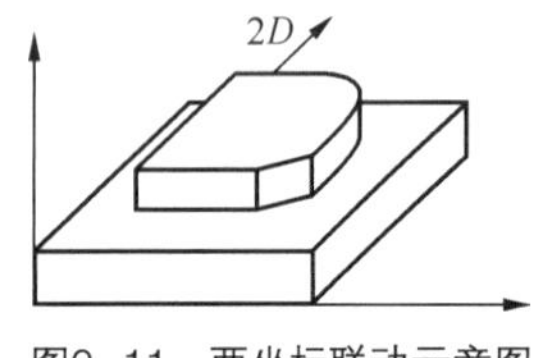

图0-11 两坐标联动示意图

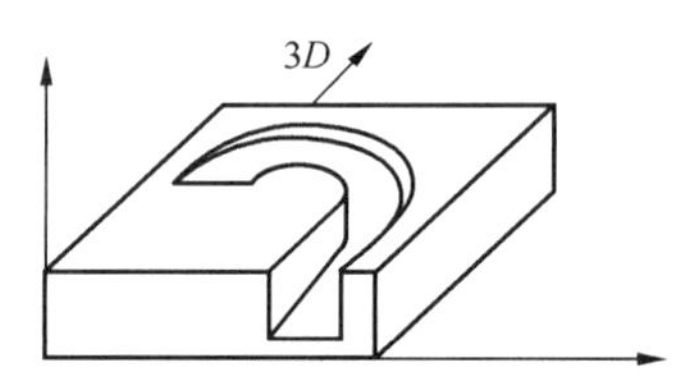

图0-12 三坐标联动示意图

有一些早期的数控机床尽管具有3个坐标轴，但能够同时进行联动控制的可能只是其中2个坐标轴，那就属于两坐标联动的三坐标机床。像这类机床就不能获得空间直线、空间螺旋线等复杂加工轨迹。要想加工复杂的曲面，只能采用在某平面内进行联动控制，第三轴作单独周期性进给的“两维半”加工方式，如图0-14所示。

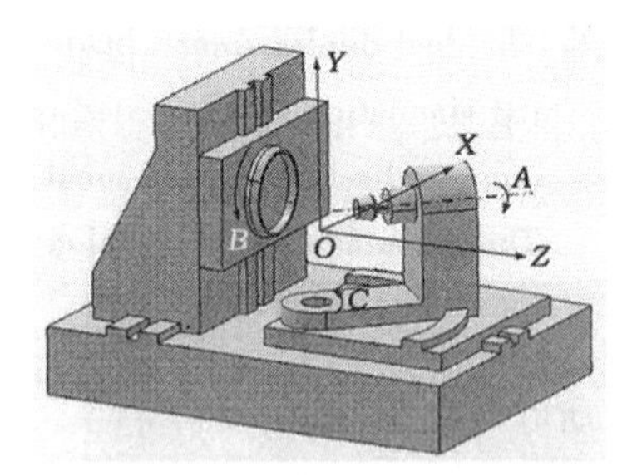

图0-13 五坐标联动示意图

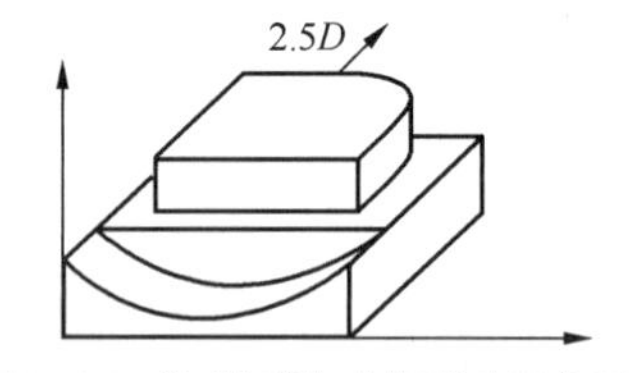

图0-14 “两维半”坐标联动示意图

5．按数控系统分类

目前，数控系统的种类规格很多，在我国，使用比较广泛的有日本FANUC、德国SIEMENS公司的产品，以及国产的广州数控、华中数控系统等。

（1）日本FANUC系列数控系统：FANUC公司生产的CNC产品主要有FS3、FS6、FS0、FS10/11/12、FS15、FS16、FS18和FS21/210等系列。目前，我国用户主要使用的是FS0、FS15、FS16、FS18和FS21/210等系列。

FS0系列有FS0-T、FS0-TT、FS0-M、FS0-ME、FS0-G和FS0-F等型号。T型用于单刀架单主轴的数控车床，TT型用于单主轴双刀架或双主轴双刀架的数控车床，M型、ME型用于数控铣床或加工中心，G型用于数控磨床，F型是对话型CNC系统。

FS15 系列是 FANUC 公司较新的 32 位 CNC 系统，被称为 AICNC 系统（人工智能 CNC）。该系列是按功能模块结构构成的，可以根据不同的需要组合成最小至最大系统，控制轴数从 2 轴到 15 轴，同时还有 PMC 的轴控制功能，可配备有 7、9、11 和 13 个槽的控制单元母板，用于插入各种印刷电路板，采用了通信专用微处理器和 RS-422 接口，并有远距离缓冲功能。该系列 CNC 系统主要适用于大型机床、复合机床的多轴控制和多系统控制。

FS16 系列是在 FS15 系列之后开发的产品，其性能介于 FS15 和 FS0 系列之间。它采用薄型 TET（薄膜晶体管）彩色液晶显示。

FS18 系列是紧接着 FS16 系列推出的 32 位 CNC 系统，其功能在 FS15 和 FS0 系列之间，但低于 FS16 系列。它采用高密度三维安装技术、四轴伺服控制、二主轴控制，且集成度更高。它采用 TET 彩色液晶显示，画面上可显示电机波形，便于调整控制。在操作、机床接口和编程等方面均与 FS16 系列有互换性。

FS21/210 系列是 FANUC 公司最新推出的系统，适用于中小型数控机床。

（2）德国 SIEMENS 公司的 SINUMERIK 系列数控系统：SINUMERIK 系列数控系统主要有 SINUMERIK 3、SINUMERIK 8、SINUMERIK 810/820、SINUMERIK 850/880 和 SINUMERIK 840 等产品。

SINUMERIK 8 系列产品生产于 20 世纪 70 年代末，SINUMERIK 8M/8ME/8ME-C、Sprint 8M/8ME/8ME-C 主要用于钻床、镗床和加工中心等机床；SINUMERIK 8MC/8MCE/8MCE-C 主要用于大型镗铣床；SINUMERIK 8T/Sprint 8T 主要用于车床。其中，Sprint 系列具有蓝图编程功能。

SINUMERIK 810/820 系列生产于 20 世纪 80 年代中期，SINUMERIK 810 和 SINUMERIK 820 在体系结构和功能上相近。

SINUMERIK 840D 系列生产于 1994 年，是新设计的全数字化数控系统，具有高度模块化及规范化的结构。它将 CNC 和驱动控制集成在一块板子上，将闭环控制的全部硬件和软件集成在 $1cm^2$ 的空间中，便于操作、编程和监控。

SINUMERIK 810D 系列生产于 1996 年，810D 是在 840D 基础上开发的新 CNC 系统。它将 CNC 和驱动控制集成在一块板上，其 CNC 与驱动之间没有接口。810D 配备了功能强大的软件，提供了很多新的使用功能，如提前预测功能、坐标变换功能、固定点停止功能、刀具管理功能、样条插补功能、压缩功能和温度补偿功能等，极大地提高了其应用范围。

1998 年，在 810D 的基础上，SIEMENS 公司又推出了基于 810D 系统的现场编程软件 ManulTurn 和 ShopMill。前者适用于数控车床的现场编程，后者适用于数控铣床的现场编程。操作者无需专门的编程培训，使用传统操作机床的模式即可对数控机床进行操作和编程。

近几年来，SIEMENS 公司又推出了 SINUMERIK 802 系列 CNC 系统，有 802S、802C、802D 等型号。

（3）华中数控系统 HNC：HNC 是武汉华中数控研制开发的国产型数控系统。它是我国 863 计划的科研成果在实践中应用的成功项目，已开发和应用的产品有 HNC-1 和 HNC-2000 两个系列，共

计16种型号。

华中1型数控系统有HNC-1M铣床、加工中心数控系统，HNC-1T车床数控系统，HNC-1Y齿轮加工数控系统，HNC-1P数字化仿形加工数控系统，HNC-1L激光加工数控系统，HNC-1G五轴联动工具磨床数控系统，HNC-1FP锻压、冲压加工数控系统，HNC-1ME多功能小型数控铣系统，HNC-1TE多功能小型数控车系统和HNC-1S高速珩缝机数控系统等。

华中2000型数控系统是在HNC-1型数控系统的基础上开发的高档数控系统。该系统采用通用工业PC，TFT真彩液晶显示，具有多轴多通道控制功能和内装式PC，可与多种伺服驱动单元配套使用，具有开放性好，结构紧凑，集成度高，性价比高和操作维护方便等优点。同样，它也有系列派生的数控系统HNC-2000M、HNC-2000T、HNC-2000Y、HNC-2000L、HNC-2000G等。

6．按数控系统功能水平分类

按数控系统的功能水平不同，数控机床可分为低、中、高3档。低、中、高档的界线是相对的，不同时期的划分标准有所不同。就目前的发展水平来看，数控系统可以根据表0-1的一些功能和指标进行区分。其中，中、高档一般称为全功能数控或标准型数控。在我国还有经济型数控的提法。经济型数控属于低档数控，是由单片机和步进电动机组成的数控系统，或其他功能简单、价格低的数控系统。经济型数控主要用于车床、线切割机床以及旧机床改造等。

表0-1　　数控系统不同档次的功能及指标表

功能	低档	中档	高档
系统分辨率	10μm	1μm	0.1μm
G00速度	3～8m/min	10～24m/min	24～100m/min
伺服类型	开环及步进电动机	半闭环及直、交流伺服电动机	闭环及直、交流伺服电动机
联动轴数	2～3	2～4	5轴或5轴以上
通信功能	无	RS-232或DNC	RS-232、DND、MAP
显示功能	数码管显示	CRT：图形、人机对话	CRT：三维图形、自诊断
内装PLC	无	有	功能强大的内装PLC
主CPU	8位、16位CPU	16位、32位CPU	32位、64位CPU
结构	单片机或单板机	单微处理器或多微处理器	分布式多微处理器

（四）数控机床加工的特点及应用

1．数控机床加工的特点

数控机床与普通机床相比，具有以下特点。

（1）可以加工具有复杂型面的工件。在数控机床上加工工件，工件的形状主要取决于加工程序。因此只要能编写出程序，无论工件多么复杂都能加工。例如，采用5轴联动的数控机床，就能加工螺旋桨的复杂空间曲面。

（2）加工精度高，质量稳定。数控机床本身的精度比普通机床高，一般数控机床的定位精度为±0.01mm，重复定位精度为±0.005mm，在加工过程中操作人员不参与操作，因此工件的加工精度全部由数控机床保证，消除了操作者的人为误差；数控加工采用工序集中，减少了工件多次装夹对加工精度的影响，所以工件的精度高，尺寸一致性好，质量稳定。

（3）生产率高。数控机床可有效地减少工件的加工时间和辅助时间。数控机床主轴转速和进给量的调节范围大，允许机床进行大切削量的强力切削，从而有效地节省了加工时间。数控机床移动部件在定位中均采用了加速和减速措施，并可选用很高的空行程运动速度，缩短了定位和非切削时间。对于复杂的工件，数控机床可以采用计算机自动编程，而工件又往往安装在简单的定位夹紧装置中，从而加速了生产准备过程。尤其在使用加工中心时，工件只需一次装夹就能完成多道工序的连续加工，减少了半成品的周转时间，生产率的提高更为明显。此外，数控机床能进行重复性操作，尺寸一致性好，减少了次品率和检验时间。

（4）改善劳动条件。使用数控机床加工工件时，操作者的主要任务是程序编辑、程序输入、装卸零件、刀具准备、加工状态的观测、零件的检验等，劳动强度极大降低，机床操作者的劳动趋于智力型工作。另外，机床一般是封闭式加工，既清洁又安全。

（5）有利于生产管理现代化。使用数控机床加工工件，可预先精确估算出工件的加工时间，可对所使用的刀具、夹具可进行规范化、现代化管理。数控机床使用数字信号与标准代码作为控制信息，易于实现加工信息的标准化，目前已与计算机辅助设计与制造（CAD/CAM）有机地结合起来，是现代集成制造技术的基础。

2．数控机床的适用范围

从加工的特点可以看出，数控机床加工的主要对象如下：

（1）多品种、单件小批量生产的零件或新产品试制中的零件；

（2）几何形状复杂的零件；

（3）精度及表面粗糙度要求高的零件；

（4）加工过程中需要进行多工序加工的零件；

（5）用普通机床加工时，需要昂贵工装设备（工具、夹具和模具）的零件。

如图 0-15 所示，横轴是零件的复杂程度，纵轴是每批的生产件数，可以看出数控机床的使用范围很广。

图 0-16 所示为在各种机床上加工零件时批量和综合费用的关系。

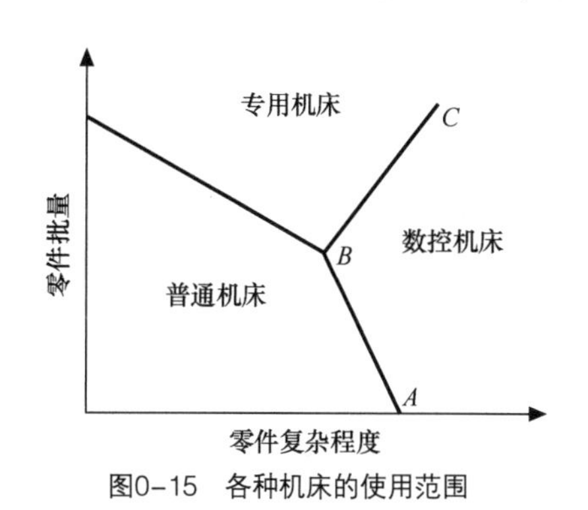

图0-15　各种机床的使用范围

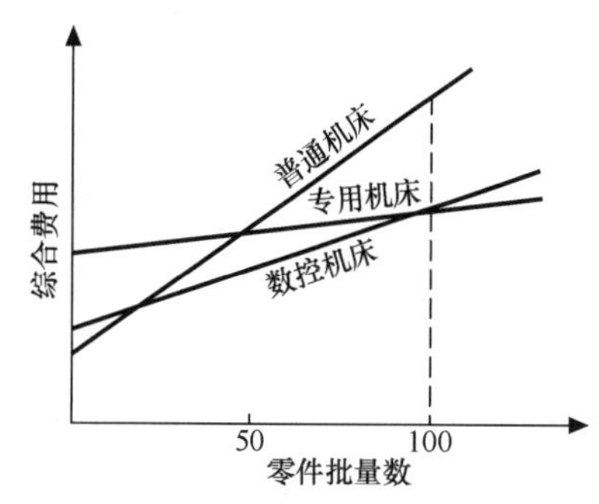

图0-16　各种机床上加工零件时批量与综合费用的关系

二、数控编程基础

（一）数控机床坐标系的确定

数控机床坐标和运动方向的命名，在中华人民共和国机械行业标准 JB/T 3051—1999 中有统一规定。

1．规定原则

（1）右手直角笛卡儿坐标系。标准的机床坐标系是一个右手直角笛卡儿坐标系，它与安装在机床上并按机床的主要直线导轨找正的工件相关，如图 0-17 所示。右手的拇指、食指、中指互相垂直，并分别代表+X、+Y、+Z 轴。围绕+X、+Y、+Z 轴的回转运动分别用+A、+B、+C 表示，其正向用右手螺旋定则确定。与+X、+Y、+Z、+A、+B、+C 相反的方向用带“′”的+X'、+Y'、+Z'、+A'、+B'、+C' 表示。

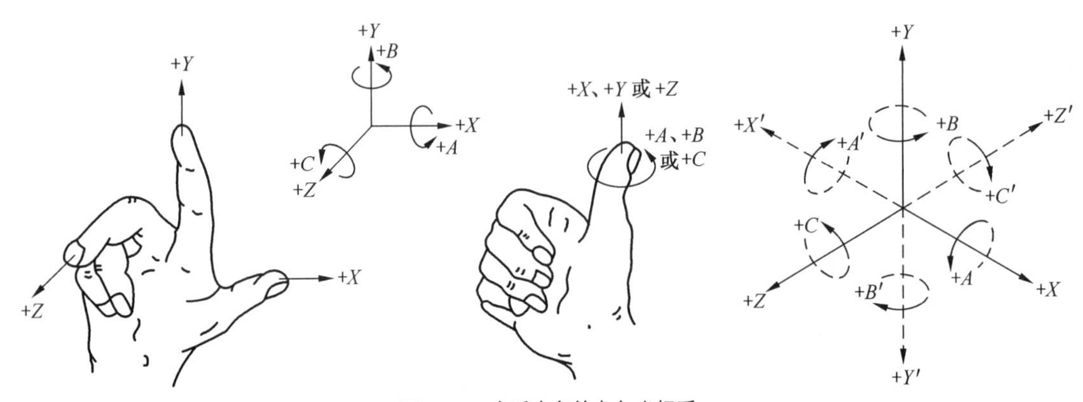

图0–17　右手直角笛卡尔坐标系

（2）刀具运动原则。数控机床的坐标系是机床运动部件进给运动的坐标系。进给运动既可以是刀具相对工件的运动（如数控车床），也可以是工件相对刀具的运动（如数控铣床）。为了方便程序编制人员能在不知刀具移近工件，或工件移近刀具的情况下确定机床的加工操作，在标准中统一规定：永远假定刀具相对于静止的工件坐标系而运动。

（3）运动正方向的规定。机床的某一部件运动的正方向，是增大工件和刀具距离（即增大工件尺寸）的方向。

2．坐标轴确定的方法及步骤

（1）Z 坐标。一般取产生切削力的主轴轴线为 Z 坐标，刀具远离工件的方向为正向，如图 0-18、图 0-19 所示。当机床有几个主轴时，选一个与工件装夹面垂直的主轴为 Z 坐标。当机床无主轴时，选与工件装夹面垂直的方向为 Z 坐标，如图 0-20 所示。

（2）X 坐标。X 坐标是水平的，它平行于工件的装夹面。对于工件作旋转切削运动的机床（如车床、磨床等），X 坐标的方向是在工件的径向上，且平行于横滑座。对于安装在横滑座的刀架上的刀具，离开工件旋转中心的方向，是 X 坐标的正方向，如图 0-18 所示。

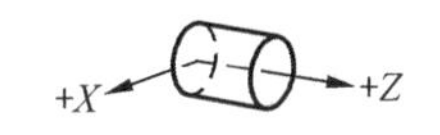

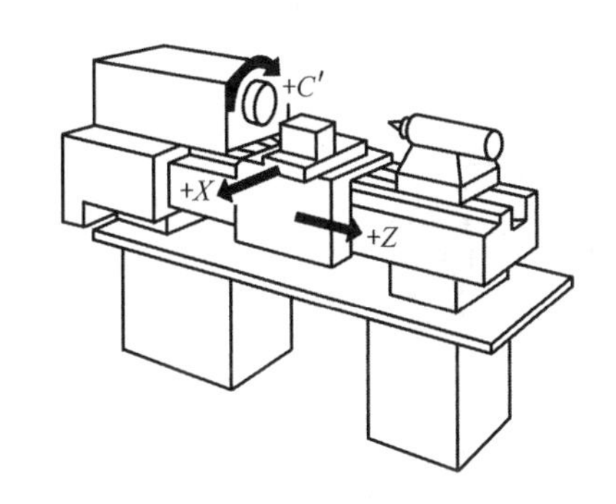

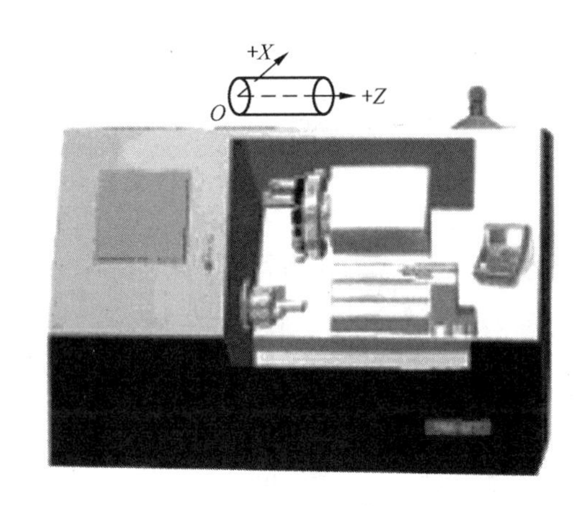

（a）带前置刀架的数控车床　　（b）带后置刀架的数控车床

图0–18　数控车床坐标系

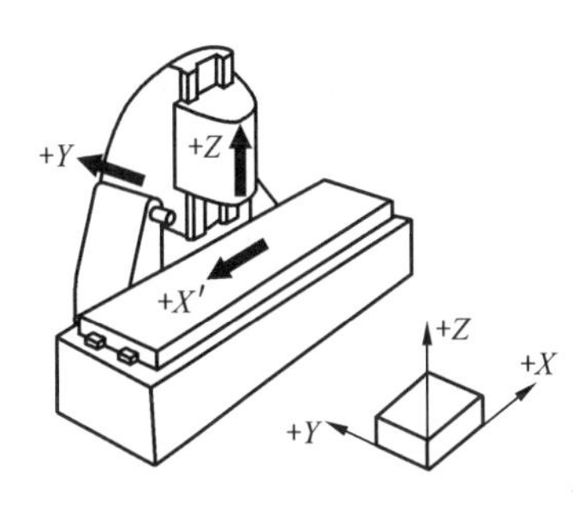

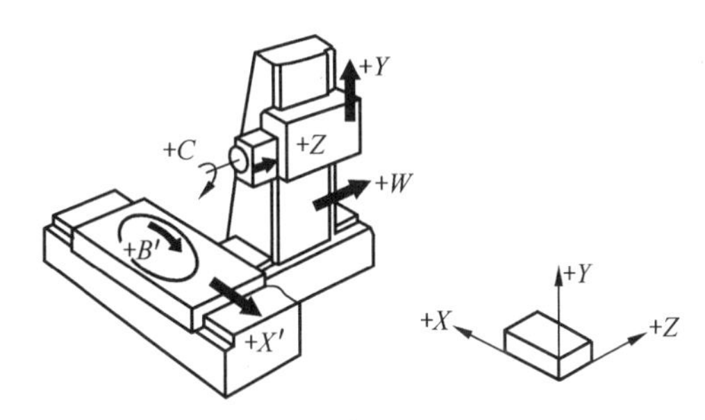

（a）立式数控铣床　　（b）卧式数控铣床

图0–19　数控铣床坐标系

对于刀具作旋转切削运动的机床（如铣床、钻床、镗床等），当 Z 坐标垂直时，对于单立柱机床，当从主要刀具主轴向立柱看时，$+X$ 运动的方向指向右方，如图 0-19（a）所示。当 Z 坐标水平时，从主要刀具主轴向工件看时，$+X$ 运动方向指向右方，如图 0-19（b）所示。

对于无主轴的机床（如牛头刨床），X 坐标平行于主要的切削方向，且以该方向为正方向，如图 0-20 所示。

（3）Y 坐标。$+Y$ 的运动方向，根据 X 和 Z 坐标的运动方向，按照右手直角笛卡儿坐标系来确定。

（4）旋转运动 A、B、C。A、B、C 相应地表示其轴线平行于 X、Y、Z 坐标的旋转运动。正向的 A、B、C 相应地表示在 X、Y、Z 坐标正方向上按照右旋螺纹前进的方向，如图 0-21 所示。

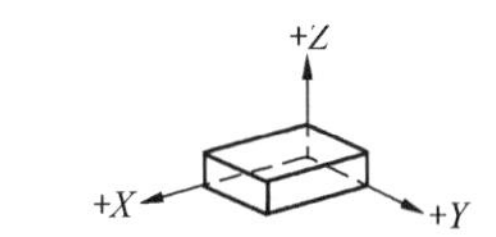

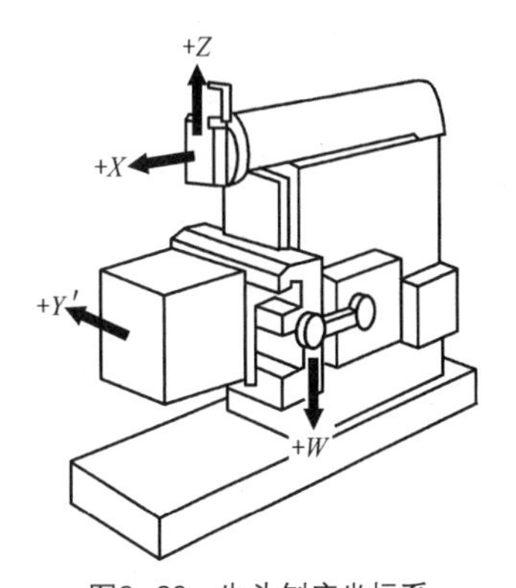

图0–20　牛头刨床坐标系

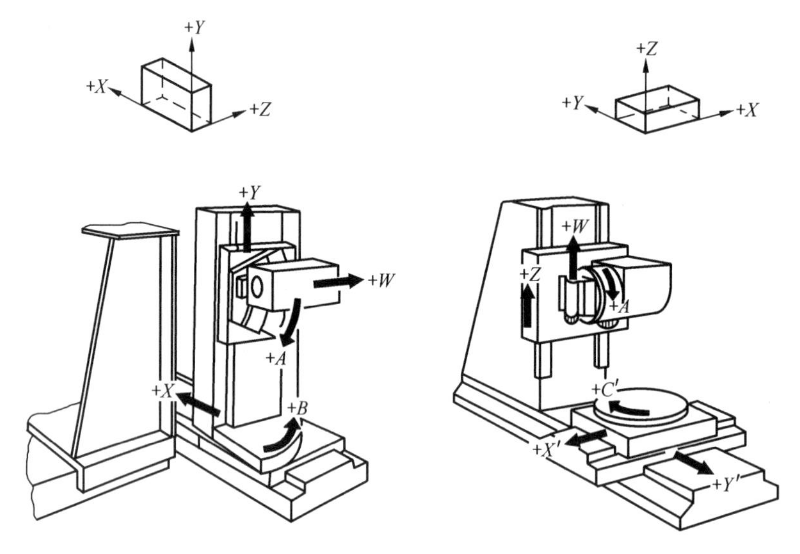

（a）五坐标卧式曲面和轮廓铣床　　（b）五坐标摆动式铣头曲面和轮廓铣床

图0-21　多坐标数控铣床坐标系

（5）附加的坐标。直线运动：如在 X、Y 和 Z 主要直线运动之外，另有第二组平行于它们的坐标，可分别指定为 U、V 和 W；如还有第三组运动，则分别指定为 P、Q 和 R；如果在 X、Y 和 Z 主要直线运动之外，存在不平行或可以不平行于 X、Y 或 Z 的直线运动，也可相宜地指定为 U、V、W、P、Q 或 R。对于镗铣床，径向刀架滑板的运动，可指定为 U 或 P（如果这个字母合适的话），滑板离开主轴中心的方向为正方向，如图 0-22 所示。选择最接近主要主轴的直线运动指定为第一直线运动，其次接近的指定为第二直线运动，最远的指定为第三直线运动。

（6）主轴旋转运动的方向。主轴的顺时针旋转运动方向是按照右旋螺纹进入工件的方向。

（二）数控机床的两种坐标系

数控机床的坐标系包括机床坐标系和编程坐标系两种。

1．机床坐标系

机床坐标系又称为机械坐标系，其坐标和运动方向视机床的种类和结构而定。

通常，当数控车床配置后置式刀架时，其机床坐标系如图 0-23 所示，Z 轴与车床导轨平行（取卡盘中心线），正方向是离开卡盘的方向；X 轴与 Z 轴垂直，正方向为刀架远离主轴轴线的方向。

机床坐标系的原点也称机床原点或机械原点，如图 0-23、图 0-24（a）所示的 O 点。从机床设计的角度来看，该点位置可任选，但从使用某一具体机床来看，这点却是机床上一个固定的点。

与机床原点不同但又很容易混淆的另一个概念是机床零点，它是机床坐标系中一个固定不变的极限点，即运动部件回到正向极限的位置。在加工前及加工结束后，可用控制面板上的“回零”按钮使部件（如刀架）退到该点。例如对数控车床而言，机床零点是指车刀退离主轴端面和中心线最远而且是某一固定的点，如图 0-23 所示的 O'点。O'点在机床出厂时，就已经调好并记录在机床使用说明书中供用户编程使用，一般情况下，不允许随意变动。

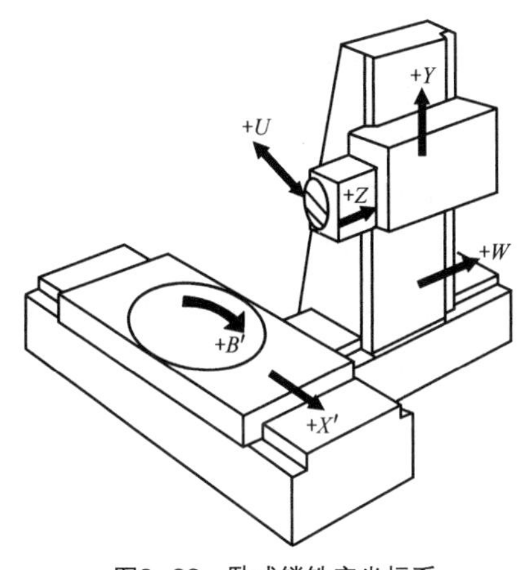

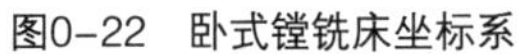
图0-22 卧式镗铣床坐标系

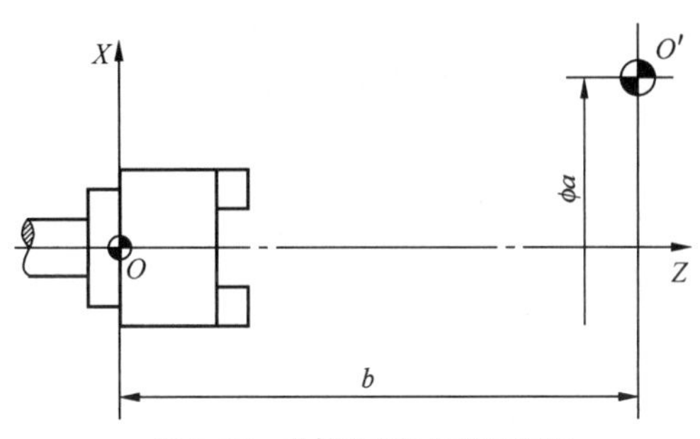

图0-23 数控车床的机床坐标系

数控铣床的坐标系（XYZ）的原点 O 和机床零点是重合的，如图 0-24（a）所示。

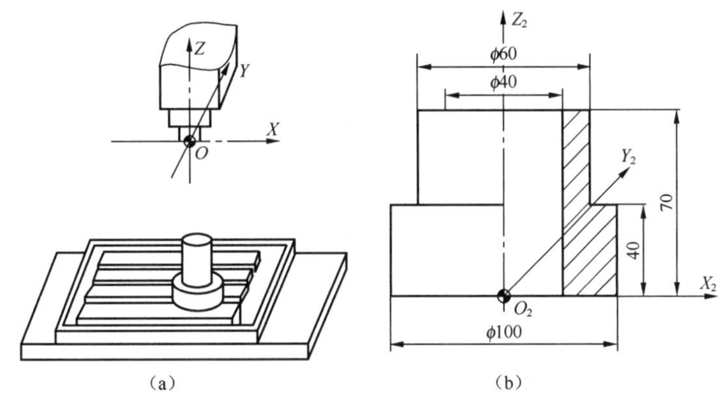

图0-24 立式数控铣床坐标系和机床原点、工件原点

2. 编程坐标系

编程坐标系又称为工件坐标系，是编程时用来定义工件形状和刀具相对工件运动的坐标系。为保证编程与机床加工的一致性，工件坐标系也应是右手直角笛卡尔坐标系。工件装夹到机床上时，应使工件坐标系与机床坐标系的坐标轴方向保持一致。

编程坐标系的原点，也称为编程原点、工件原点、编程零点、工件零点，其位置由编程者确定，如图 0-24（b）所示的 O_2 点。工件原点的设置一般应遵循下列原则。

（1）工件原点与设计基准或装配基准重合，以利于编程；

（2）工件原点尽量选在尺寸精度高、表面粗糙度小的工件表面上；

（3）工件原点最好选在工件的对称中心上；

（4）要便于测量和检验。

（三）数控编程的种类及步骤

所谓编程，即把零件的全部加工工艺过程及其他辅助动作，按动作顺序，用数控机床上规定的指令、格式，编成加工程序，然后将程序输入数控机床。

1．数控加工程序编制的步骤

（1）确定工艺过程：在数控机床上加工零件，操作者拿到的原始资料是零件图。根据零件图，可以对零件的形状、尺寸、精度、表面粗糙度、材料、毛坯种类、热处理状况等进行分析，从而选择机床、刀具，确定定位夹紧装置、加工方法、加工顺序及切削用量的大小。在确定工艺过程中，应充分考虑数控机床的所有功能，做到加工路线短、走刀次数少、换刀次数少等。

（2）计算刀具轨迹的坐标值：根据零件的形状、尺寸、走刀路线，计算出零件轮廓线上各几何元素的起点、终点、圆弧的圆心坐标。若数控系统没有刀补功能，则应计算刀心轨迹。当用直线、圆弧来逼进非圆曲线时，应计算曲线上各节点的坐标值。若某尺寸带有上下偏差时，编程时应取尺寸的平均值。

（3）编写加工程序：根据工艺过程的先后顺序，按照指定数控系统的功能指令代码及程序段格式，逐段编写加工程序。编程员应对数控机床的性能、程序代码非常熟悉，才能编写出正确的零件加工程序。

（4）将程序输入数控机床：目前常用的方法是通过键盘直接将程序输入数控机床。

（5）程序检验：对有图形模拟功能的数控机床，可进行图形模拟加工，检查刀具轨迹是否正确。对无此功能的数控机床可进行空运转检验。以上工作由于只能检查出刀具运动轨迹的正确性，验不出对刀误差和因某些计算误差引起的加工误差及加工精度，所以还要进行首件试切，试切后若发现工件不符合要求，可修改程序或进行刀具尺寸补偿。

2．数控编程的种类

常见的数控编程方法有手工编程和自动编程。

（1）手工编程：指在编程的过程中，全部或主要由人工进行，如图0-25所示。对于加工形状简单、计算量小、程序不多的零件，采用手工编程较简单、经济、效率高。

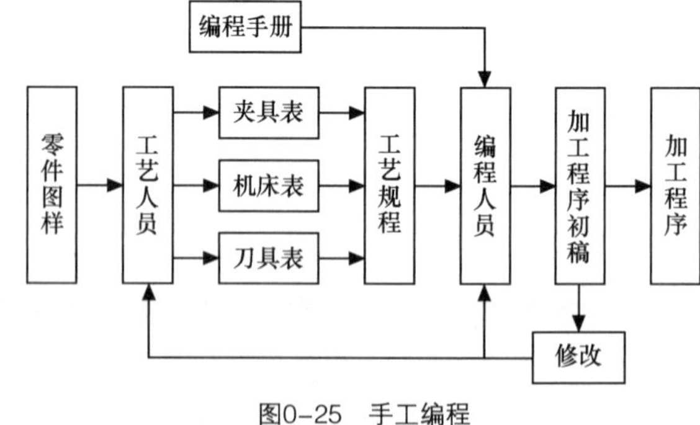

图0-25 手工编程

（2）自动编程：指在编程过程中，除了分析零件图样和制订工艺方案由人工进行外，其余工作均由计算机辅助完成。

采用计算机自动编程时，数字处理、编写程序、检验程序等工作是由计算机自动完成的。由于计算机可自动绘制出刀具中心运动轨迹，编程人员可及时检查程序是否正确，需要时可及时修改，以获得正确的程序。又由于计算机自动编程代替程序编制人员完成了繁琐的数值计算，可提高编程效率几十倍乃至上百倍，因此解决了手工编程无法解决的许多复杂零件的编程难题。自动编程的特点就在于编程工作效率高，可解决复杂形状零件的编程难题。

根据输入方式的不同，可将自动编程分为图形数控自动编程、语言数控自动编程和语音数控自动编程等。图形数控自动编程是指将零件的图形信息直接输入计算机，通过自动编程软件的处理，得到数控加工程序。目前，图形数控自动编程是使用最为广泛的自动编程方式。语言数控自动编程是指将加工零件的几何尺寸、工艺要求、切削参数及辅助信息等用数控语言编写成源程序后，输入到计算机中，再由计算机进一步处理得到零件加工程序。语音数控自动编程是指采用语音识别器，将编程人员发出的加工指令声音转变为加工程序。

（四）常用编程指令

在数控加工程序中，常用编程指令主要有准备功能 G 指令、辅助功能 M 指令、进给功能 F 指令、主轴转速功能 S 指令和刀具功能 T 指令。

编程指令又称为编程代码，数控系统不同时，编程代码的功能会有所不同，编程时需参考机床制造厂的编程说明书。

1. 准备功能 G 指令

表 0-2 是中华人民共和国机械行业标准 JB/T 3208—1999 规定的准备功能 G 指令的定义表。

表 0-2　　JB/T 3208—1999 中准备功能 G 指令定义表

G 指令（1）	功能保持到被取消或被同样字母表示的程序指令所代替（2）	功能仅在所出现的程序段内使用（3）	功能（4）
G00	a		点定位
G01	a		直线插补
G02	a		顺时针方向圆弧插补
G03	a		逆时针方向圆弧插补
G04		*	暂停
G05	#	#	不指定
G06	a		抛物线插补
G07	#	#	不指定
G08		*	加速
G09		*	减速
G10～G16	#	#	不指定
G17	c		*XY* 平面选择
G18	c		*ZX* 平面选择
G19	c		*YZ* 平面选择
G20～G32	#	#	不指定
G33	a		螺纹切削，等螺距
G34	a		螺纹切削，增螺距
G35	a		螺纹切削，减螺距
G36～G39	#	#	永不指定
G40	d		刀具补偿/刀具偏置注销
G41	d		刀具补偿—左

续表

G指令（1）	功能保持到被取消或被同样字母表示的程序指令所代替（2）	功能仅在所出现的程序段内使用（3）	功能（4）
G42	d		刀具补偿—右
G43	#（d）	#	刀具偏置—正
G44	#（d）	#	刀具偏置—负
G45	#（d）	#	刀具偏置+/+
G46	#（d）	#	刀具偏置+/−
G47	#（d）	#	刀具偏置−/−
G48	#（d）	#	刀具偏置−/+
G49	#（d）	#	刀具偏置 0/+
G50	#（d）	#	刀具偏置 0/−
G51	#（d）	#	刀具偏置+/0
G52	#（d）	#	刀具偏置 −/0
G53	f		直线偏移，注销
G54	f		直线偏移 *X*
G55	f		直线偏移 *Y*
G56	f		直线偏移 *Z*
G57	f		直线偏移 *XY*
G58	f		直线偏移 *XZ*
G59	f		直线偏移 *YZ*
G60	h		准确定位 1（精）
G61	h		准确定位 2（中）
G62	h		快速定位（粗）
G63		*	攻丝
G64～G67	#	#	不指定
G68	#（d）	#	刀具偏置，内角
G69	#（d）	#	刀具偏置，外角
G70～G79	#	#	不指定
G80	e		固定循环注销
G81～G89	e		固定循环
G90	j		绝对尺寸
G91	j		增量尺寸
G92		*	预置寄存
G93	k		时间倒数，进给率

续表

G 指令（1）	功能保持到被取消或被同样字母表示的程序指令所代替（2）	功能仅在所出现的程序段内使用（3）	功能（4）
G94	k		每分钟进给
G95	k		主轴每转进给
G96	i		恒线速度
G97	i		每分钟转数（主轴）
G98～G99	#	#	不指定

注：① #号：如作特殊用途，必须在程序格式中说明。

② 如在直线切削控制中无刀具补偿，则 G43～G52 可指定作其他用途。

③ 在表中左栏括号中的字母（d）表示可以被同栏中无括号的字母 d 注销或代替，也可被有括号的字母（d）注销或代替。

④ G45～G52 的功能可用于机床上任意两个预定的坐标。

⑤ 控制机上没有 G53～G59、G63 功能时，可以指定作其他用途。

2. 辅助功能 M 指令

表 0-3 是中华人民共和国机械行业标准 JB/T 3208—1999 规定的辅助功能 M 指令的定义表。

表 0-3　　JB/T 3208—1999 中辅助功能 M 指令定义表

指令（1）	功能开始时间		功能保持到被注销或被适当程序指令代替（4）	功能仅在所出现的程序段内有作用（5）	功能（6）
	与程序段指令运动同时开始（2）	在程序段指令运动完成后开始（3）			
M00		*		*	程序停止
M01		*		*	计划停止
M02		*		*	程序结束
M03	*		*		主轴顺时针方向
M04	*		*		主轴逆时针方向
M05		*	*		主轴停止
M06		#		*	换刀
M07	*		*		2 号切削液开
M08	*		*		1 号切削液开
M09		*	*		切削液关
M10	#	#	*		夹紧
M11	#	#	*		松开
M12	#	#	#	#	不指定
M13	*		*		主轴顺时针方向，切削液开
M14	*		*		主轴逆时针方向，切削液开
M15	*			*	正运动

续表

指令（1）	功能开始时间		功能保持到被注销或被适当程序指令代替（4）	功能仅在所出现的程序段内有作用（5）	功能（6）
	与程序段指令运动同时开始（2）	在程序段指令运动完成后开始（3）			
M16	*			*	负运动
M17～M18	#	#	#	#	不指定
M19		*	*		主轴定向停止
M20～M29	#	#	#	#	永不指定
M30		*		*	纸带结束
M31	#	#		*	互锁旁路
M32～M35	#	#	#	#	不指定
M36	*		#		进给范围1
M37	*		#		进给范围2
M38	*		#		主轴速度范围1
M39	*		#		主轴速度范围2
M40～M45	#	#	#	#	如有需要作为齿轮换挡，此外不指定
M46～M47	#	#	#	#	不指定
M48		*	*		注销M49
M49	*		#		进给率修正旁路
M50	*		#		3号切削液开
M51	*		#		4号切削液开
M52～M54	#	#	#	#	不指定
M55	*		#		刀具直线位移，位置1
M56	*		#		刀具直线位移，位置2
M57～M59	#	#	#	#	不指定
M60		*		*	更换工件
M61	*		*		工件直线位移，位置1
M62	*		*		工件直线位移，位置2
M63～M70	#	#	#	#	不指定
M71	*		*		工件角度位移，位置1
M72	*		*		工件角度位移，位置2
M73～M89	#	#	#	#	不指定
M90～M99	#	#	#	#	永不指定

注：① #号：如作特殊用途，必须在程序格式中说明。

② M90～M99可指定为特殊用途。

常用的 M 指令功能及其应用如下。

（1）程序停止。

指令：M00。

功能：在完成程序段其他指令后，机床停止自动运行，此时所有存在的模态信息保持不变。按“循环启动”键，使自动运行重新开始。

（2）计划停止。

指令：M01。

功能：与 M00 相似，不同之处是，除非操作人员预先按下按钮确认这个指令，否则这个指令不起作用。

（3）主轴顺时针方向旋转、主轴逆时针方向旋转、主轴停止。

指令：M03、M04、M05。

功能：开动主轴时，M03 指令可使主轴按右旋螺纹进入工件的方向旋转，M04 指令可使主轴按右旋螺纹离开工件的方向旋转，M05 指令可使主轴在该程序段其他指令执行完成后停转。

格式：M03　S__;

M04　S__;

M05;

（4）换刀。

指令：M06。

功能：自动换刀，用于具有自动换刀装置的机床，如加工中心、数控车床等。

格式：M06　T__;

说明：当数控系统不同时，换刀的编程格式有所不同，具体编程时应参考操作说明书。

（5）程序结束。

指令：M02 或 M30。

功能：该指令表示主程序结束，同时机床停止自动运行，CNC 装置复位，M30 还可使控制返回到程序的开头，故程序结束使用 M30 比 M02 要方便些。

说明：该指令必须编在最后一个程序段中。

3．G、M 指令说明

（1）模态与非模态指令：表 0-2 第（2）栏有字母和表 0-3 第（4）栏有“*”者为模态指令，模态指令又称续效指令，一经程序段中指定，便一直有效，直到以后程序段中出现同组另一指令或被其他指令取消时才失效。编写程序时，与上段相同的模态指令可省略不写。不同组模态指令编在同一程序段内，不影响其续效。例如：

```
N0010  G91  G01  X20  Y20  Z-5  F150 M03 S1000;
N0020  X35;
N0030  G90  G00  X0  Y0  Z100  M02;
```

上例中，第 1 段出现 3 个模态指令，即 G91、G01、M03，因它们不同组而均续效，其中 G91

功能延续到第3段出现G90时失效；G01功能在第2段中继续有效，至第3段出现G00时才失效；M03功能直到第3段M02功能生效时才失效。

表0-2第（3）栏和表0-3第（5）栏有“*”者为非模态指令，其功能仅在出现的程序段中有效。

（2）M功能开始时间：表0-3第（2）栏有“*”的M指令，其功能与同段其他指令的动作同时开始，如上例第1段中，M03功能与G01功能同时开始，即在直线插补运动开始的同时，主轴开始正转，转速为1 000r/min。

表0-3第（3）栏有“*”的M指令，其功能在同段其他指令动作完成后才开始。如上例第3段中，M02功能在G00功能完成后才开始，即在移动部件完成G00快速点位动作后，程序才结束。

4．F、S、T指令

（1）进给功能F指令：表示刀具中心运动时的进给速度，由F和其后的若干数字组成，数字的单位取决于每个系统所采用的进给速度的指定方法，具体内容见所用机床的编程说明书。

① 当编写程序时，第一次遇到直线（G01）或圆弧（G02/G03）插补指令时，必须编写进给率F，如果没有编写F功能，CNC采用F0。当工作在快速定位（G00）方式时，机床将以通过机床轴参数设定的快速进给率移动，与编写的F指令无关。

② F代码为模态指令，实际进给率可以通过CNC操作面板上的进给倍率旋钮，在0%～120%之间调整。

（2）主轴转速功能S指令。S指令控制机床主轴的转速，由S和其后的若干数字组成，其表示方法有以下3种。

① 转速。S表示主轴转速，单位为r/min。如S1000表示主轴转速为1 000r/min。

② 线速。在恒线速状态下，S表示切削点的线速度，单位为m/min。如S60表示切削点的线速度恒定为60m/min。

③ 代码。用代码表示主轴速度时，S后面的数字不直接表示转速或线速的数值，而只是主轴速度的代号。如某机床用S00～S99表示100种转速，S40表示主轴转速为1 200r/min，S41表示主轴转速为1 230r/min，S00表示主轴转速为0r/min，S99表示最高转速。

（3）刀具功能T指令。刀具和刀具参数的选择是数控编程的重要内容，其编程格式因数控系统不同而异，主要格式有以下两种。

① 采用T指令编程。由T和数字组成。有T××和T××××两种格式，数字的位数由所用数控系统决定，T后面的数字用来指定刀具号和刀具补偿号。

例如，T04表示选择4号刀；T0404表示选择4号刀，4号偏置值；T0400表示选择4号刀，刀具偏置被取消。

② 采用T、D指令编程。利用T代码选择刀具，利用D代码选择相关的刀偏。在定义这两个参数时，其编程的顺序为T、D。T和D可以编写在一起，也可以单独编写，例如，T4 D04表示选择4号刀，采用刀具偏置表第4号的偏置尺寸；T2表示选择2号刀，采用与该刀具相关的刀具偏置尺寸。

（五）数控加工程序的结构

1. 数控加工程序的构成

在数控机床上加工工件，首先要编制程序，然后用该程序控制机床的运动。数控指令的集合称为程序。在程序中根据机床的实际运动顺序书写这些指令。

一个完整的数控加工程序由程序开始部分、若干个程序段、程序结束部分组成。一个程序段由程序段号和若干个“字”组成，一个“字”由地址符和数字组成。

下面是一个在 FANUC 0i 系统中编写的数控加工程序，该程序由程序号开始，以 M02 结束。

程序	说明
O1122	程序开始
N5 G90 G92 X0 Y0 Z0;	程序段 1
N10 G42 G01 X-80.0 Y0.0 D01 F200;	程序段 2
N15 G01 X-60.0 Y10.0 F100;	程序段 3
N20 G02 X40.0 R50.0;	程序段 4
N25 G00 G40 X0 Y0;	程序段 5
N30 M02;	程序结束

（1）程序号。为了区分每个程序，对程序要进行编号，程序号由程序号地址和程序的编号组成，程序号必须放在程序的开头，如图 0-26 所示。

不同的数控系统，程序号地址也有所差别。编程时一定要参考说明书，否则程序无法执行。如 FANUC 系统用字母“O”作为程序号的地址码；对于 SINUMERIK 802D 系统，要求开始两个符号必须是字母，其他符号为字母、数字或下划线，最多 16 个字符，没有分隔符，主程序名的后缀名必须是“.MPF”。

（2）程序段的格式和组成。程序段的格式可分为地址格式、分隔地址格式、固定程序段格式和可变程序段格式等，其中以可变程序段格式应用最为广泛。所谓可变程序段格式就是程序段的长短是可变的，如图 0-27 所示。

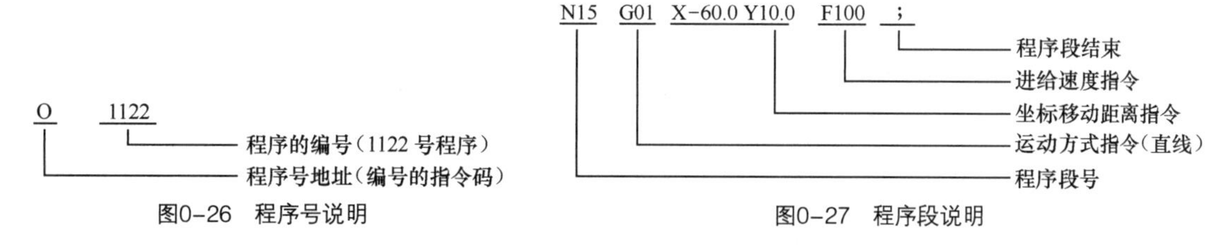

图0-26 程序号说明

图0-27 程序段说明

其中 N 是程序段地址符，用于指定程序段号；G 是指令动作方式的准备功能地址，G01 为直线插补；X、Y 是坐标轴地址；F 是进给速度指令地址，其后的数字表示进给速度的大小，例如，F100 表示进给速度为 100mm/min。

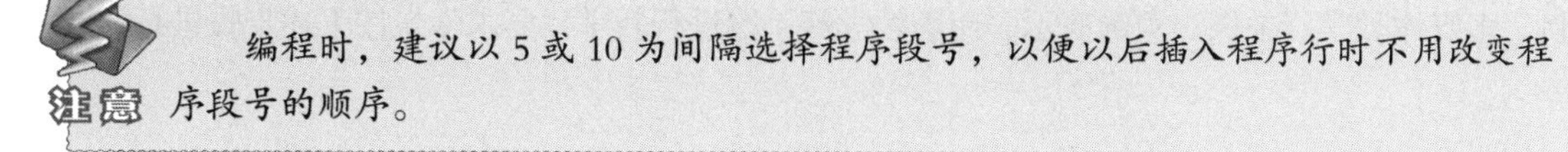

编程时，建议以 5 或 10 为间隔选择程序段号，以便以后插入程序行时不用改变程序段号的顺序。

（3）“字”。一个“字”的组成如图0-28所示。

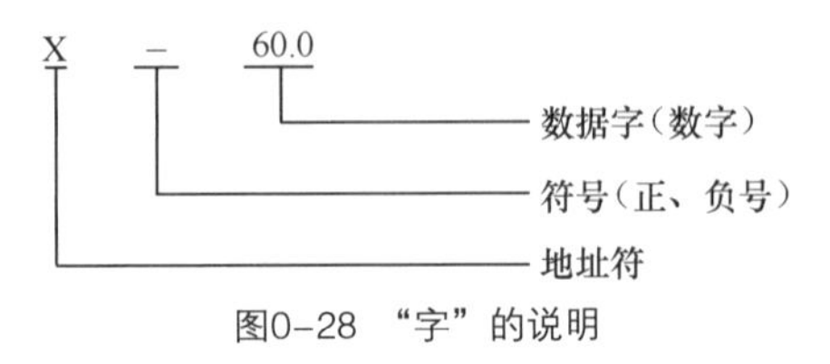

图0-28 “字”的说明

程序段号加上若干个字就可组成一个程序段。在程序段中表示地址的英文字母可分为尺寸地址和非尺寸地址两种。表示尺寸地址的英文字母有X、Y、Z、U、V、W、P、Q、I、J、K、A、B、C、D、E、R、H共18个字母。表示非尺寸地址有N、G、F、S、T、M、L、O 8个字母。

2. 数控加工程序的分类

数控加工程序可分为主程序和子程序，子程序的结构同主程序的结构一样。在通常情况下，数控机床是按主程序的指令进行工作，但是，当主程序中遇到调用子程序的指令时，控制转到子程序执行。当子程序遇到返回主程序的指令时，控制返回到主程序继续执行。在编制程序时，若相同模式的加工在程序中多次出现，可将这个模式编成一个子程序，使用时只需通过调用子程序命令，这样就简化了程序的设计。

三、学习内容及学习方法

1. 学习内容

本门课程是数控技术专业的职业核心课程，以训练学生数控编程技能为目标，将数控加工工艺的设计、手工编程、数控仿真软件操作的方法和规范等知识嵌入到8个零件的数控编程案例中讲解。通过8个中等复杂零件的数控编程与加工训练，学生能够达到高级数控车工、数控铣工、加工中心操作工数控编程的水平。

学习本门课程前，学生应掌握机械制图、金属材料、机械零件、金属切削原理与刀具等知识，以及具备普通车削、铣削、钻削、磨削等能力。

学习本门课程后，学生将能够进行数控机床的操作训练和考证训练。

2. 学习目标

（1）能够从给定零件图及技术资料中提取数控加工所需的信息资料。

（2）能够设计数控工艺方案，编制工序卡、刀具卡等工艺文件。

（3）根据零件的形状、尺寸、走刀路线，能够计算数控加工所需的工艺数据和几何数据。

（4）根据数控车床、数控铣床、加工中心的性能、程序代码，能够编写数控程序。

（5）能够通过数控仿真软件来检查和优化加工程序。

（6）能够编制数控程序卡，并存档。

（7）能够对数控加工的经济性和产品质量进行分析。

3. 学习方法

本课程将传统的课堂教学模式改为以学生为主体，以技能训练为核心的方式来组织教学。利用案例、多媒体教学、录像、实例演示、现场教学等手段进行教学，要求学生按下述步骤进行该课程的学习。

（1）课程内容主要包括 8 个项目，每个项目的学习由项目导入、相关知识、项目实施、拓展知识 4 部分组成。实施每个项目时，都是一个完整的数控编程工作过程。

（2）本课程在介绍编程指令时，以 FANUC 0i 数控系统为主，并在拓展知识部分对 SIEMENS 数控系统、华中数控系统等进行了简单扼要的介绍。

（3）因为涉及的知识面比较广，所以学生在学习每个项目前，结合学习目标，要进行相关知识的自学。

（4）本课程的实践性强，要求学生在教师引导下，独立完成每个项目的实施。

（5）以每个项目后面的自测题为参考，检测自己的学习情况。

（6）建议在学习过程中，进行分组讨论，互相交流，加深对问题的认识。

（7）充分利用互联网提供的丰富资源了解数控技术的新知识、新动向。以下是互联网中与数控加工技术、数控刀具相关的网站。

① 中国数控在线网（http://www.cncol.com）。

② 山特维克可乐满（中国）（http://www.coromant.sandvik.com/cn）。

③ 森泰英格（成都）数控刀具有限公司（http://www.centrix-eg.com）。

④ 中国刃具网（http://www.cncut.cn/）。

本部分详细介绍了数控机床的组成、分类，数控机床坐标系的确定，常用编程指令和数控加工程序的结构，这将为后面 8 个项目的学习打下基础。要求读者了解数控机床的组成、分类，熟悉常用编程指令和数控加工程序的结构。

一、选择题（请将正确答案的序号填写在括号中，每题 1 分，满分 25 分）

1. 数控机床是采用数字化信号对机床的（　　）进行控制。

（A）运动　　（B）加工过程　　（C）运动和加工过程　　（D）无正确答案

2. 不适合采用数控机床进行加工的工件是（　　）。

（A）周期性重复投产　（B）多品种、小批量　（C）单品种、大批量　（D）结构比较复杂

3. 加工精度高，（　　），自动化程度高，劳动强度低，生产效率高等是数控机床加工的特点。

（A）适于加工轮廓简单、生产批量又特别大的零件

（B）对加工对象的适应性强

（C）适于加工装夹困难或必须依靠人工找正、定位才能保证其加工精度的单件零件

（D）适于加工余量特别大、材质及余量都不均匀的坯件

4. 数控机床中把脉冲信号转换成机床移动部件运动的组成部分称为（　　）。

（A）控制介质　（B）数控装置　（C）伺服系统　（D）机床本体

5. 在数控机床的组成中，其核心部分是（　　）。

（A）输入装置　（B）运算控制装置　（C）伺服装置　（D）机电接口电路

6. 世界上第一台三坐标数控铣床是（　　）年研制出来的。

（A）1930　（B）1947　（C）1952　（D）1958

7. 普通数控机床与加工中心比较，错误的说法是（　　）。

（A）能加工复杂零件　（B）加工精度都较高

（C）都有刀库　（D）加工中心比普通数控机床的加工效率更高

8. 加工中心最突出的特点是（　　）。

（A）工序集中　（B）对加工对象适应性强

（C）加工精度高　（D）加工生产率高

9. 数控铣床增加了一个数控转盘以后，就可实现（　　）。

（A）3轴加工　（B）4轴加工　（C）5轴加工　（D）6轴加工

10. 以下指令中，（　　）是辅助功能。

（A）M03　（B）G90　（C）X25　（D）S700

11. 主轴逆时针方向旋转的代码是（　　）。

（A）G03　（B）M04　（C）M05　（D）M06

12. 程序结束并复位的代码是（　　）。

（A）M02　（B）M30　（C）M17　（D）M00

13. 辅助功能M00的作用是（　　）。

（A）条件停止　（B）无条件停止　（C）程序结束　（D）单程序段

14. 下列代码中，属于非模态的G功能指令是（　　）。

（A）G03　（B）G04　（C）G17　（D）G40

15. 一般取产生切削力的主轴轴线为（　　）。

（A）X轴　（B）Y轴　（C）Z轴　（D）A轴

16. 辅助功能M01的作用是（　　）。

（A）有条件停止　（B）无条件停止　（C）程序结束　（D）程序段

17. 数控机床的旋转轴之一B轴是绕（　　）旋转的轴。

（A）X轴　（B）Y轴　（C）Z轴　（D）W轴

18. 数控机床坐标轴确定的步骤为（　　）。

（A）$X \to Y \to Z$　（B）$X \to Z \to Y$　（C）$Z \to X \to Y$　（D）$A \to B \to C$

19. 根据ISO标准，数控机床在编程时采用（　　）规则。

（A）刀具相对静止，工件运动　　（B）工件相对静止，刀具运动
（C）按实际运动情况确定　　（D）按坐标系确定

20. 程序中的“字”由（　　）组成。
（A）地址符和程序段　　（B）程序号和程序段
（C）地址符和数字　　（D）字母“N”和数字

21. 确定机床 X、Y、Z 坐标时，规定平行于机床主轴的刀具运动坐标为（　　），取刀具远离工件的方向为（　　）方向。
（A）X轴　正　（B）Y轴　正　（C）Z轴　正　（D）Z轴　负

22. 只在本程序段有效，下一程序段需要时必须重写的代码称为（　　）。
（A）模态代码　（B）续效代码　（C）非模态代码　（D）准备功能代码

23. 用于主轴旋转速度控制的代码是（　　）。
（A）T　（B）G　（C）S　（D）H

24. 下列（　　）的精度最高。
（A）开环伺服系统　　（B）闭环伺服系统
（C）半闭环伺服系统　　（D）闭环、半闭环系统

25. 按照机床运动的控制轨迹分类，加工中心属于（　　）。
（A）点位控制　（B）直线控制　（C）轮廓控制　（D）远程控制

二、判断题（请将判断结果填入括号中，正确的填“√”，错误的填“×”，每题 1 分，满分 15 分）

（　　）1. 半闭环、闭环数控机床带有检测反馈装置。
（　　）2. 数控机床伺服系统包括主轴伺服和进给伺服系统。
（　　）3. 目前数控机床只有数控铣、数控磨、数控车、电加工等几种。
（　　）4. 数控机床工作时，数控装置发出的控制信号可直接驱动各轴的伺服电动机。
（　　）5. 数控铣床的控制轴数与联动轴数相同。
（　　）6. 对于装夹困难或完全由找正定位来保证加工精度的零件，不适合在数控机床上生产。
（　　）7. 卧式加工中心是指主轴轴线垂直设置的加工中心。
（　　）8. FMC 是柔性制造系统的缩写。
（　　）9. 地址符 N 与 L 作用是一样的，都是表示程序段。
（　　）10. 在编制加工程序时，程序段号可以不写。
（　　）11. 主轴的正反转控制是辅助功能。
（　　）12. 主程序与子程序的内容不同，但两者的程序格式应相同。
（　　）13. 工件坐标系的原点，即编程零点，与工件定位基准点一定要重合。
（　　）14. 数控机床的进给速度指令为 G 代码指令。
（　　）15. 数控机床采用的是笛卡尔坐标系，各轴的方向是用右手来判定的。

三、简答题（每题 10 分，满分 60 分）

1. 什么是数控、数控机床？
2. 与传统机械加工方法相比，数控加工有哪些特点？
3. 数控机床的主要加工对象是什么？
4. 什么是机床坐标系、工件坐标系、机床原点、机床零点、工件原点？
5. 编程的一般步骤有哪些？
6. 什么是模态、非模态指令？举例说明。

项目一

定位销轴的数控加工工艺设计与程序编制

【能力目标】

通过定位销轴的数控加工工艺设计与程序编制，具备编制车削圆柱面、阶台面、锥面、沟槽数控加工程序的能力。

【知识目标】

1. 掌握数控加工工艺设计的方法。
2. 掌握外圆车刀、切槽切断刀的选用。
3. 掌握车圆柱面、阶台、锥面、切槽、切断的走刀路线设计。
4. 了解切削用量的选择。
5. 了解数控车床坐标系及编程坐标系。
6. 了解数控车床编程的特点。
7. 掌握数控车编程指令（T 指令、G50、G96、G97、G98、G99、G00、G01、G90、G94 指令）。
8. 掌握宇航数控车仿真软件的操作。

一、项目导入

加工定位销轴，如图 1-1 所示，要求设计数控加工工艺方案，编制机械加工工艺过程卡、数控加工工序卡、数控车刀具调整卡、数控加工程序卡，进行仿真加工，优化走刀路线和程序。

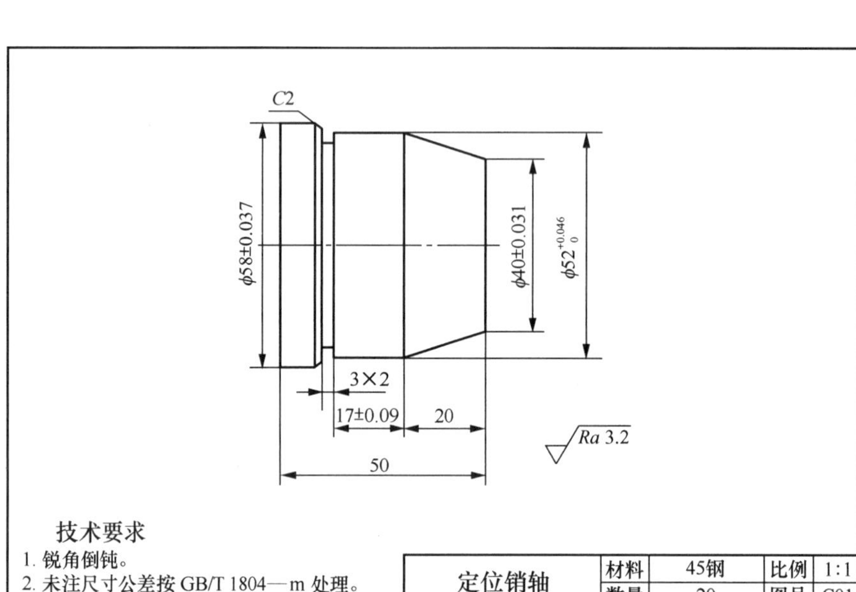

图1–1　定位销轴零件图

二、相关知识

（一）数控加工工艺设计的方法

1. 划分工序的方法

在数控机床上加工零件，应按工序集中的原则划分工序，在一次安装下尽可能完成大部分甚至全部表面的加工，以提高生产效率。工序划分方法如下。

（1）按所用刀具划分。为了减少换刀次数和空行程时间，可以用同一把刀具加工完零件上所有该刀具应加工的表面后，再换第二把刀具。这种方法适用于零件的待加工表面较多，机床连续工作时间较长，加工程序的编制和检查难度较大等情况。

（2）按安装次数划分。以一次装夹完成的加工内容作为一道工序。这种方法适合于加工内容不多的工件，加工完成后就能达到待检状态。有同轴度要求的内外圆柱面或外圆和端面之间有垂直度要求的，尽可能在一次装夹中完成。

（3）按粗、精加工划分。根据零件的加工精度、刚度、变形等因素来划分工序时，可按粗、精加工分开的原则来划分工序，即先粗后精。这种划分方法适用于加工后变形较大，需粗、精加工分开的零件，如毛坯为铸件、焊接件或锻件类零件，粗加工后，应搁置一段时间使内应力部分释放或进行去应力退火后进行半精加工和精加工。如果工件刚性较好，或加工精度不高，可在一次装夹中完成粗加工、半精加工工序。

（4）按加工部位划分。以完成相同型面的那一部分工艺过程为一道工序，对于加工表面多而复杂的零件，可按其结构特点（如内形、外形、曲面、平面等）划分成多道工序。

2．划分工步的方法

（1）先粗后精。切削加工时应先安排粗加工，将精加工前大量的余量去掉，同时尽量满足精加工要求。

（2）先近后远。可以缩短刀具移动距离，减少空行路程时间，并有利于保持毛坯或半成品的刚性，改善切削条件。

（3）先内后外。加工既有内表面（内型、腔）又有外表面的轴套类零件时，通常先加工内型和内腔，然后加工外表面。原因是控制内表面的尺寸和形状较困难，刀具刚性相应较差，刀尖（刃）的耐用度易受切削热的影响而降低，以及在加工中清除切屑较困难等。

（4）先面后孔。对于既有面又有孔的零件，可以先铣面后镗孔。原因是铣削时切削力较大，工件易发生变形。如果先铣面后镗孔，那么可使工件的变形有一段时间恢复，减少由于变形引起的对孔的精度的影响。反之，如果先镗孔后铣面，则铣削时极易在孔口产生飞边、毛刺，从而破坏孔的精度。

3．确定走刀路线的方法

确定走刀路线时，要考虑保证零件的加工精度和表面粗糙度要求，尽量缩短走刀路线，减少进退刀时间和其他辅助时间；要方便数值计算，尽量减少程序段数，以减少编程工作量；为保证工件轮廓表面加工后的粗糙度要求，最终轮廓应安排在一次走刀中连续加工出来。

（1）合理设置换刀点。一般情况下，换刀点的设置应尽量离工件近些，但要保证换刀时刀具不与工件、尾座或顶尖发生碰撞，同时要便于刀具装夹和工件测量。

（2）进刀方式。对于数控加工，进刀时应采用快速走刀以接近工件切削起点附近的某个点，再改用切削进给，以减少空走刀的时间，提高加工效率。切削起点的确定与工件毛坯余量的大小有关，应以刀具快速走到该点时刀尖不与工件发生碰撞为原则，如图 1-2 所示。

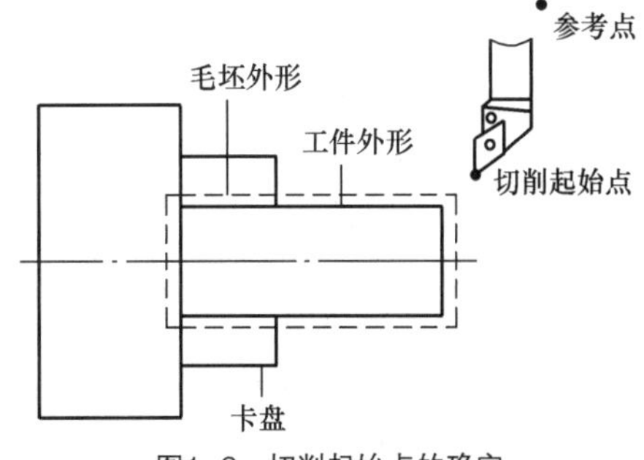

图1-2　切削起始点的确定

（3）退刀方式。对于车削加工，当加工外表面退刀时，刀具要先沿+X 方向退离加工表面，再沿+Z 方向退刀；当加工内表面退刀时，刀具要先沿−X 方向退离加工表面，再沿+Z 方向退刀。

（4）切入、切出轨迹。刀具最好沿轮廓的延长线或切线方向切入、切出工件，以免出现明显的界限痕迹，影响工件的表面质量和加工精度。

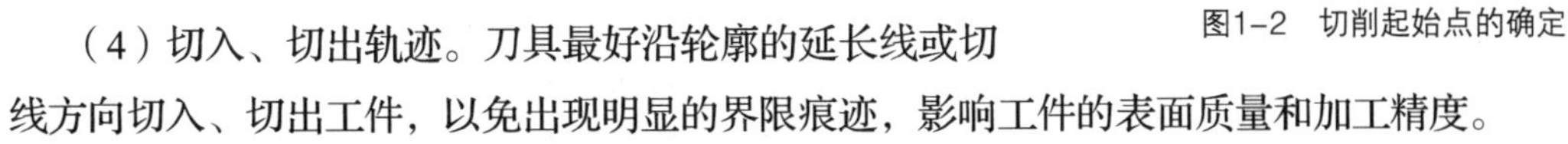

（二）外圆车刀、切断切槽刀的选用

数控车床常采用机夹可转位车刀。机夹可转位车刀由刀杆、刀片、夹紧元件等组成。为使切削能够正常稳定地进行，刀片材料应具有良好的切削性能。

1．对刀片材料的基本要求

（1）硬度高、耐磨性好。刀具材料的常温硬度应高于 60HRC，并有较强的抵抗磨损的能力。通常刀具材料的硬度越高，其耐磨性越好。

（2）有足够的强度和韧性。刀具材料必须具备足够的强度和韧性，才能承受切削力、冲击力和

振动而不被损坏。

（3）有较高的耐热性。耐热性好的刀具材料，可选择较高的切削速度。

（4）有良好的工艺性能。工艺性能包括切削加工性能、可磨削性能、锻造性能、焊接性能、热处理性能及高温塑性变形性能。刀具材料良好的工艺性能有利于刀具的加工制造，有利于提高刀具的使用寿命。

（5）有良好的经济性。经济性是刀具材料的综合性能指标，是合理选用刀具，降低产品生产成本的主要依据之一。

2. 刀片的材料及性能

常用刀片材料的类别和主要性能见表1-1。目前，应用最多的刀片材料是各种硬质合金。

表1-1 常用刀片材料类别和主要性能

材料类别	硬度	抗弯强度（GPa）	耐热性（℃）
高速钢	63～70HRC	3.0～3.4	620
钨钴类硬质合金	89～91.5HRA	1.1～1.75	800～1 000
钨钴钛类硬质合金	89～92.5HRA	0.9～1.4	800～1 000
新型硬质合金	89.5～94HRA	0.9～2.2	1 100
涂层硬质合金	1 950～3 200HV	0.9～2.2	1 100～1 400
氧化铝陶瓷	92～94HRA	0.45～0.55	1 200
复合陶瓷	93～94HRA	0.60～1.2	1 100
氮化硅陶瓷	91～93HRA	0.75～0.85	1 390～1 400
天然金钢石	10 000HV	0.20～0.50	700～800
人造聚晶金钢石	6 500～9 000HV	0.21～0.48	700～800
立方氮化硼	6 000～8 000HV	0.294	1 400～1 500
复方金钢石	≥7 000HV	≥1.5	800

3. 选材注意事项

选择刀片材质的主要依据是被加工工件的材料、被加工表面的精度、表面质量要求、切削载荷的大小以及切削过程有无冲击和振动等，具体如下。

（1）车削普通材料时车刀材质的选择。常规车削普通材料时，应选择普通车刀材料。例如，45钢的一般车削，选择YT5、YT15硬质合金刀具材料完全能达到粗车、半精车、精车的要求，如选择YT30的硬质合金刀具，不但YT30刀具材料的特点得不到发挥，反而会因粗车切削力过大造成刀片崩裂、打刀。

（2）根据工艺系统刚度和加工性质选择。材质硬度极高的刀具不宜低速、大走刀、强力、断续切削。当工艺系统刚度差、粗加工、切削断续表面时，应选择材质硬度相对低、韧性较好的刀具；在需要刀具刃口极锋利的场合，应选择高速钢刀具；低速车削螺纹时，宜选用高速钢刀具而不应使用硬质合金刀具。

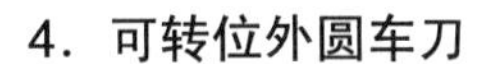

4．可转位外圆车刀

（1）可转位车刀的特点。与焊接式或机夹重磨式硬质合金车刀相比，可转位车刀具有以下优点：

① 换刀时间短，生产效率高；

② 刀片不经过焊接，避免了由于高温焊接造成的刀片裂纹，刀具寿命长；

③ 可转位刀片断屑槽按标准压制成形，尺寸稳定一致，断屑可靠；

④ 可转位刀片作为基体，经涂层处理后，刀具寿命可提高 1～3 倍；

⑤ 可转位车刀刀杆可在较长的时间内多次使用，可节省大量钢材和刀具制造成本。

（2）可转位外圆车刀的型号表示规则及选用。以成都英格数控刀具模具有限公司产品为例，介绍可转位外圆车刀的型号表示规则。

如图 1-3 所示，可转位外圆车刀的型号由规定顺序排列的一组数字组成，共有 10 位代号，分别表示其各项特征。

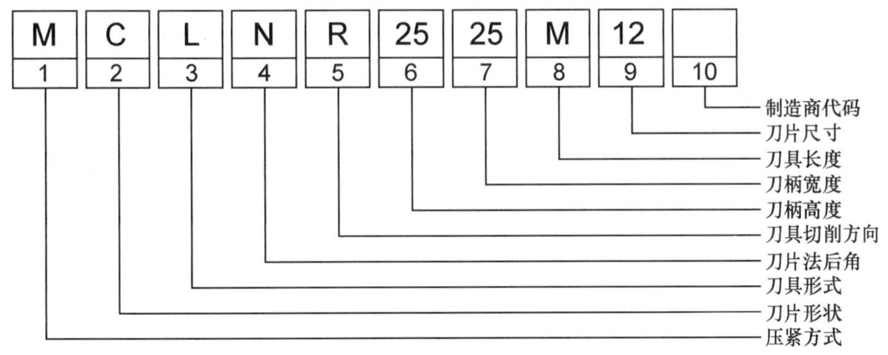

图1–3 可转位外圆车刀的型号表示规则

① 可转位车刀的刀片夹紧方式、代号、安装说明、特点见表 1-2。

表 1-2 可转位车刀的刀片夹紧方式、代号、安装说明及特点

压紧方式	上压紧式	上压及孔压紧式	孔压紧式	螺钉压紧式
代号	C	M	P	S
示意图				
安装说明	装无孔刀片，从刀片上方将刀片压紧	装圆孔刀片，从刀片上方并利用刀片孔将刀片夹紧	装圆孔刀片，利用刀片孔将刀片夹紧	装沉孔刀片，螺钉直接穿过刀片孔将刀片夹紧
特点	结构简单，夹紧力大，使用方便，刀片底平面与刀垫能有效贴合，车削时稳定可靠	结构简单，夹紧力大，使用方便，但定位销受力后易变形，刀片易翘起，刀片底平面与刀垫间会产生缝隙	定位精度高，使用方便，车削时稳定性好，但结构和制造工艺比较复杂，对刀片侧面与底面的垂直度要求较高	结构简单、紧凑，定位准确，但刀片装拆、转位时需将螺钉从刀片孔中取出，使用不方便

② 刀片形状见表1-3。

表1-3 刀片形状

代号	C	D	K	L	R
示意图	 80°	 55°	 55°	 90°	
代号	S	T	V	W	
示意图	 90°	 60°	 35°	 80°	
说明：表中所示角度均为刀尖角					

刀片形状与加工的对象、刀具的主偏角、刀尖角和有效刃数等有关。一般外圆车削常用80°凸三边形（W型）、四方形（S型）和80°棱形（C型）刀片。仿形加工常用55°（D型）、35°（V型）菱形和圆形（R型）刀片。不同的刀片形状有不同的刀尖强度，一般刀尖角越大，刀尖强度越大，反之亦然。圆刀片（R型）刀尖角最大，35°菱形刀片（V型）刀尖角最小。在机床刚性、功率允许的条件下，大余量、粗加工应选用刀尖角较大的刀片；反之，机床刚性和功率小、余量小、精加工时宜选用较小刀尖角的刀片。

③ 刀具形式如表1-4所示。有直角台阶的工件，可选主偏角大于或等于90°的刀杆。一般粗车选主偏角45°～90°的刀杆；精车选45°～75°的刀杆；中间切入、仿形车选45°～107.5°的刀杆。工艺系统刚性好时可选较小值，工艺系统刚性差时，可选较大值。当刀杆为弯头结构时，则既可加工外圆，又可加工端面。

表1-4 刀具形式

代号	A	B	C	D	E
头部形式	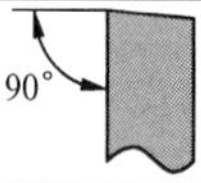 90°	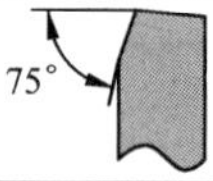 75°	 90°	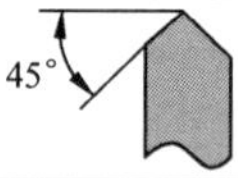 45°	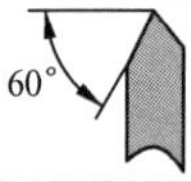 60°
代号	F	G	H	J	K
头部形式	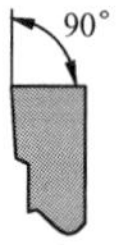 90°	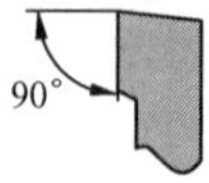 90°	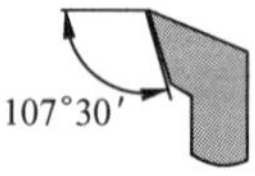 107°30′	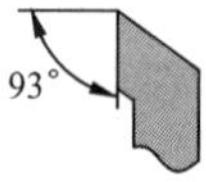 93°	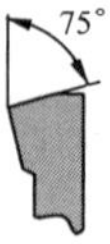 75°
代号	L	M	N	P	R
头部形式	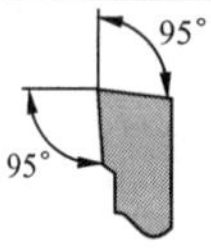 95° 95°	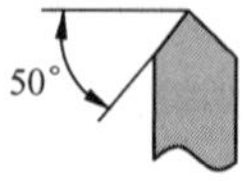 50°	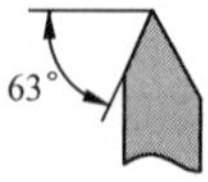 63°	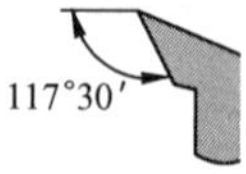 117°30′	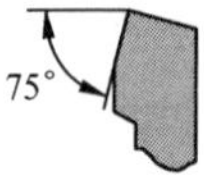 75°
代号	S	T	U	V	W
头部形式	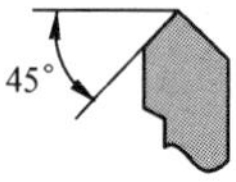 45°	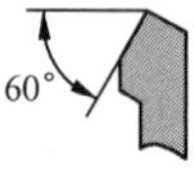 60°	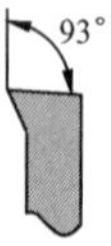 93°	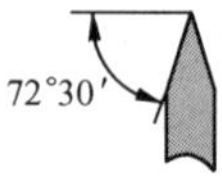 72°30′	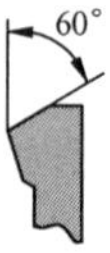 60°

续表

代号	Y	Z	X		
头部形式	85°	100°	非标准主偏角		
说明：表中所示角度均为主偏角					

④ 刀片法后角的代号如表 1-5 所示。一般粗加工、半精加工可用 N 型；半精加工、精加工可用 C、P 型，也可用带断屑槽的 N 型刀片；加工铸铁、硬钢可用 N 型；加工不锈钢可用 C、P 型；加工铝合金可用 P、E 型等；加工弹性恢复性好的材料可选用较大一些的法后角；一般孔加工刀片可选用 C、P 型，大尺寸孔可选用 N 型。

表 1-5　　刀片法后角的代号

代号	B	C	D	E	F	N	P
示意图	5°	7°	15°	20°	25°	0°	11°

⑤ 刀具切削方向的代号如表 1-6 所示。选择刀具切削方向时，要考虑车床刀架是前置式还是后置式，前刀面是向上还是向下，主轴的旋转方向以及需要的进给方向等。

表 1-6　　刀具切削方向的代号

代号	R	N	L
示意图			

⑥ 刀柄高度用 h 表示，如图 1-4 所示，用两位数字表示，当刀尖高度与刀柄高度不相等时，以刀尖的高度数值为代号，若不足两位数，则在该数前加“0”。

⑦ 刀柄宽度用 b 表示，如图 1-5 所示，用两位数字表示，若宽度数值不足两位数，则在该数前加“0”。

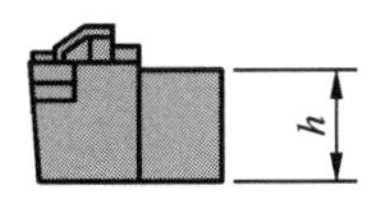

图1–4　刀柄高度

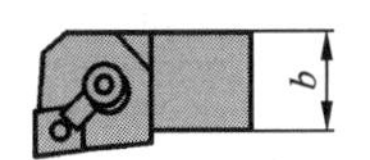

图1–5　刀柄宽度

⑧ 刀具长度及其代号见表 1-7。

表 1-7　　刀具长度及其代号

代号	A	B	C	D	E	F	G	H	J	K	L	M
刀具长度（mm）	32	40	50	60	70	80	90	100	110	125	140	150
代号	N	P	Q	R	S	T	U	V	W	Y	X	
刀具长度（mm）	160	170	180	200	250	300	350	400	450	500	特殊	

⑨ 刀片尺寸用两位数字表示车刀或刀夹上刀片的边长，如图 1-6 所示，选取舍去小数值部分的刀片切削刃长度数值作代号，若刀片边长数值不足两位，则在该数前加“0”。

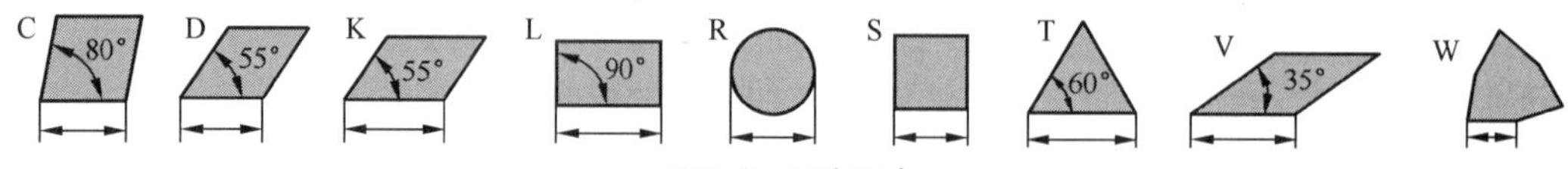

图1-6　刀片尺寸

⑩ 制造商代号见表 1-8。

表 1-8　制造商代号

代号	F	S
含义	直头，无偏置	单面定位设计

（3）可转位外圆车刀的刀片编号说明及选用。可转位外圆车刀的刀片编号如图 1-7 所示。

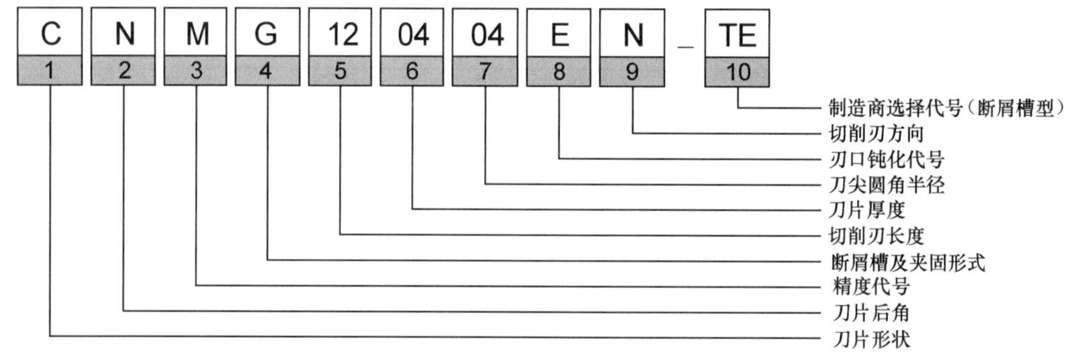

图1-7　可转位外圆车刀的刀片编号

① 可转位刀片的形状及代号见表 1-9。

表 1-9　可转位刀片形状及代号

刀片形状	代号	刀尖角	示意图
平行四边形	A	85°	
	B	82°	
	K	55°	
正六边形	H	120°	
矩形	L	90°	
正八边形	O	135°	
正五边形	P	108°	
菱形	C	80°	
	D	55°	
	E	75°	
	M	86°	
	V	35°	

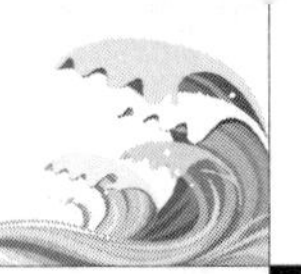

续表

刀片形状	代号	刀尖角	示意图
圆形	R	—	
正方形	S	90°	
等边三角形	T	60°	
等边不等角六边形	W	80°	

② 刀片后角如图 1-8 所示，代号见表 1-10。

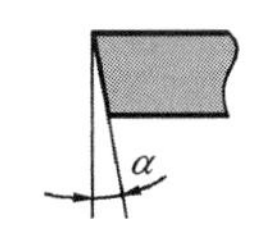

图1–8　刀片后角

表 1-10　刀片后角代号

代号	A	B	C	D	E	F	G	N	P	O
后角	3°	5°	7°	15°	20°	25°	30°	0°	11°	特殊

③ 刀片精度见表 1-11。

表 1-11　刀片精度

精度代号	*d*（±mm）	*m*（±mm）	*s*（±mm）	示意图
A	0.025	0.005	0.025	
C	0.025	0.013	0.025	
E	0.025	0.025	0.025	
F	0.013	0.005	0.025	
G	0.025	0.025	0.130	
H	0.013	0.013	0.025	
J	0.050	0.005	0.025	
	0.080	0.005	0.025	
	0.100	0.005	0.025	
K	0.050	0.013	0.025	
	0.080	0.013	0.025	
	0.100	0.013	0.025	
M	0.05	0.08	0.13	
	0.08	0.13	0.13	
	0.10	0.015	0.13	
N	0.05	0.08	0.025	
	0.08	0.13	0.025	
	0.10	0.15	0.025	
U	0.08	0.13	0.13	
	0.13	0.20	0.13	
	0.18	0.27	0.13	

④ 断屑槽及夹固形式如表1-12所示。断屑槽的参数直接影响着切屑的卷曲和折断，一般可根据工件材料和加工的条件选择合适的断屑槽型和参数，当断屑槽型和参数确定后，主要靠进给量的改变控制断屑。代号为F的槽型适合于精加工，代号为M的槽型适合于半精加工或精加工，代号为R的槽型适合于粗加工。

表1-12 断屑槽及夹固形式

代号	R	F	A	M
示意图	无中心孔	无中心孔	圆柱孔	圆柱孔
代号	U	J	Q	C
示意图	圆柱孔+双面倒角 40°～60°	圆柱孔+双面倒角 70°～90°	圆柱孔+双面倒角 40°～60°	圆柱孔+双面倒角 70°～90°
代号	G	T	H	W
示意图	圆柱孔	圆柱孔+单面倒角 40°～60°	圆柱孔+单面倒角 70°～90°	圆柱孔+单面倒角 40°～60°
代号	B	X		
示意图	圆柱孔+单面倒角 70°～90°	特殊设计		

⑤ 切削刃长度如表1-13所示。

表1-13 切削刃长度

d（mm）	C	D	R	S	T	V	W
5.56	05	—	—	05	09	—	03
6.0	—	—	06	—	—	—	—
6.35	06	07	—	06	11	11	04
6.65	—	—	—	—	—	—	—
7.94	07	—	—	07	—	—	—
8.0	—	—	08	—	—	—	—
9.525	09	09	—	09	16	16	06
10.0	—	—	10	—	—	—	—
12.0	—	—	12	—	—	—	—
12.7	12	15	—	12	22	22	08
15.875	16	19	—	15	27	—	10

续表

d（mm）	C 	D 	R 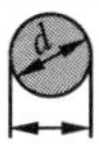	S 	T 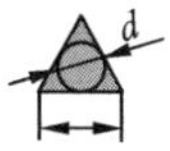	V 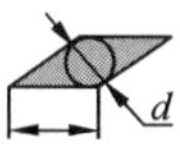	W 
16.0	—	—	16	—	—	—	—
19.05	19	—	—	19	33	—	13
20.0	—	—	20	—	—	—	—
25.4	25	—	25	25	—	—	—

⑥ 刀片厚度如图 1-9 所示。

⑦ 刀尖圆角半径如图 1-10 所示。选择刀尖半径需要考虑粗加工时的强度和精加工时的表面粗糙度。选择要点是：尽可能选择大的刀尖半径，以获得坚固的切削刃。大刀尖半径允许使用高进给。如果有振动的倾向，应选择小的刀尖半径。加工时，进给量可取为刀尖圆弧半径的一半。

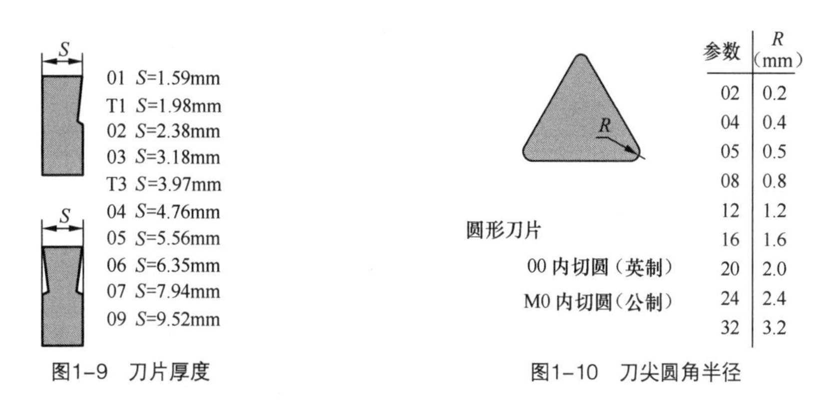

图1-9　刀片厚度

图1-10　刀尖圆角半径

⑧ 刃口钝化代号见表 1-14。

表 1-14　　刃口钝化代号

代号	F	E	T	S
示意图	 尖刃	 倒圆刃	 倒棱刃口	 倒圆且倒棱刃口

⑨ 切削刃方向见表 1-15。

表 1-15　　切削刃方向

代号	R	L	N
示意图	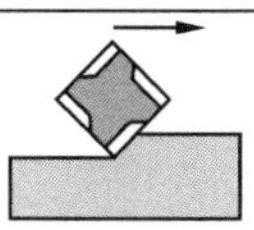 右切	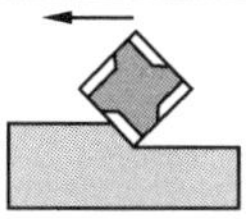 左切	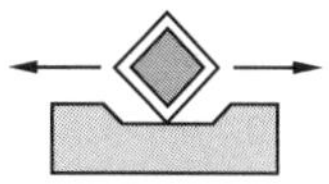 左右切

⑩ 刀片的国际编号通常由前 9 位编号组成，此外，制造商根据需要可以增加编号，如 CF、TF、

TM、TMR 等表示断屑槽型。

5．切断、切槽刀

常见的切槽加工方式如图 1-11 所示。

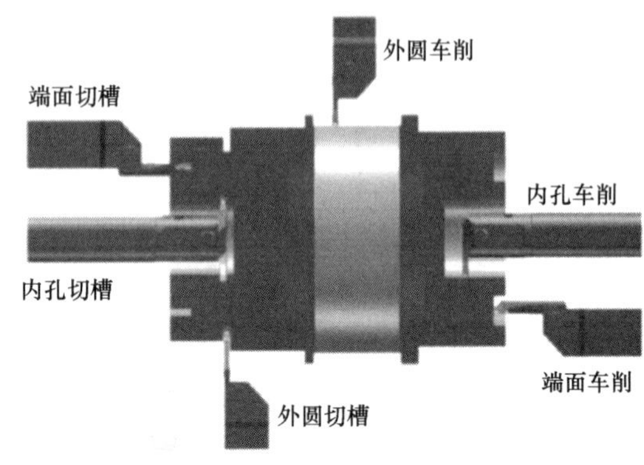

图1-11　常见的切槽加工方式

以株洲钻石切削刀具股份有限公司生产的小松鼠系列切断、切槽刀为例，介绍切断、切槽刀的选用。

（1）切断、切槽刀片的命名规则。切断、切槽刀片的命名规则如图 1-12 所示，各参数的含义见表 1-16。

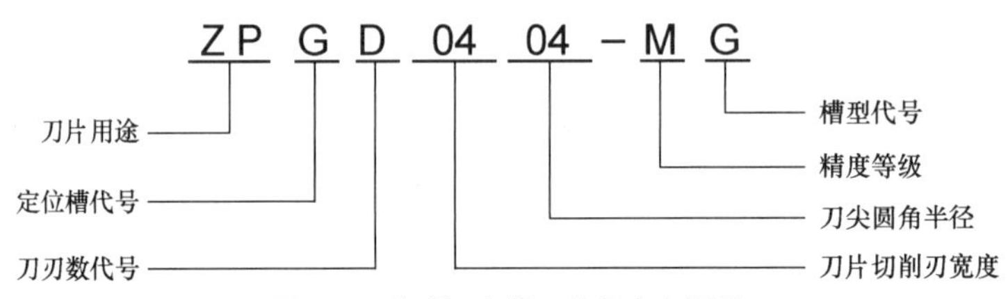

图1-12　切断、切槽刀片的命名规则

表 1-16　切断、切槽刀片参数的代号含义

参数	代号含义
刀片用途	ZP：切断
	ZT：切槽和车削
	ZR：仿形加工
定位槽代号（与刀杆上的定位槽代号一致并对应刀片刃宽范围）	E：对应刀片刃宽为 2.5mm
	F：对应刀片刃宽为 3mm
	G：对应刀片刃宽为 4mm
	H：对应刀片刃宽为 5mm
	K：对应刀片刃宽为 6mm
刀刃数代号	S：单切削刃
	D：双切削刃
刀片切削刃宽度 S	025 = 2.5mm
	03 = 3mm
	04 = 4mm
	05 = 5mm
	06 = 6mm
刀尖圆角半径 R	02 = 0.2mm
	03 = 0.3mm
	04 = 0.4mm
	08 = 0.8mm

续表

参数	代号含义
精度等级	M：M 级精度
	E：E 级精度
槽型代号	G：通用槽型，适用于各种被加工材质
	F：专用槽型

（2）切断、切槽刀的牌号选用。切断、切槽刀的牌号选用具体见刀具手册。

（3）切断、切槽刀杆的命名规则。

① 切削外表面时，切断、切槽刀杆的命名规则如图 1-13 所示。

② 切削内表面时，切断、切槽刀杆的命名规则如图 1-14 所示。

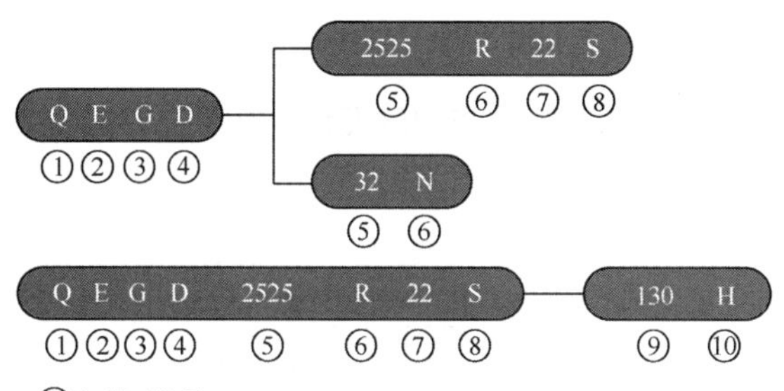

① 切槽刀代号
② 加工方式 E：外圆切削
F：端面切削
③ 定位槽代号 与刀片的定位槽代号一致并对应一定刀片刃宽范围
④ 对应刀片的刀刃数代号 S：单刃 D：双刃
⑤ 刀杆 / 刀板尺寸
对于刀杆表示其刀尖高度和刀体宽度
对于刀板表示其刀板高度
⑥ 刀具的左右手 R：右 L：左 N：左右均可
⑦ 最大切削深度
⑧ 辅助代号 S：外圆及端面深槽加工用加强型刀杆，一般刀杆无此代号
⑨ 端面切槽刀首次切削的最小直径
⑩ 端面切槽刀刀柄类型 H：直头 L：弯头

图1-13 切削外表面时切断、切槽刀杆的命名规则

C 32 S — Q G D R 11 — 44
① ② ③ ④ ⑤ ⑥ ⑦ ⑧ ⑨

① 压紧方式
② 刀柄直径
③ 刀柄长度 Q:180mm R:200mm
S:250mm T:300mm
④ 切槽刀代号
⑤ 定位槽代号 与刀片的定位槽代号一致并对应一定刀片刃宽范围
⑥ 对应刀片的刀刃数代号 S：单刃 D：双刃
⑦ 刀具的左右手 R：右 L：左
⑧ 最大切削深度
⑨ 最小加工孔径

图1-14 切削内表面时切断、切槽刀杆的命名规则

③ 用于切断刀板的刀座的命名规则如图 1-15 所示。

（4）切断、切槽刀杆的选用。

① 外圆切断、切槽刀杆的形状如图 1-16 所示，可安装切断、切槽、车削、仿形刀片。

QZ S 32 32
① ② ③ ④

① 用于切断刀板的刀座代号
② 对应刀片的刀刃数代号 S：单刃 D：双刃
③ 刀座规格（包括 20/25/32 等）
④ 刀板高度

图1-15 刀座的命名规则

图1-16 外圆切断、切槽刀杆

② 外圆切断的刀板如图 1-17 所示。

③ 用于安装外圆切断刀板的刀座如图 1-18 所示。

④ 端面切槽、车削刀杆的形状如图 1-19 所示。

图1–17 刀板

图1–18 刀座

图1–19 端面切槽、车削刀杆

⑤ 内圆切槽及车削刀杆的形状如图 1-20 所示。

⑥ 切断、切槽刀杆型号的选用具体见刀具手册。

6．车刀的刀位点

刀位点是指在编制数控加工程序时用以表示刀具位置的特征点。车刀的刀位点是刀尖或刀尖圆弧中心，如图 1-21 所示。

图1–20 内圆切槽及车削刀杆

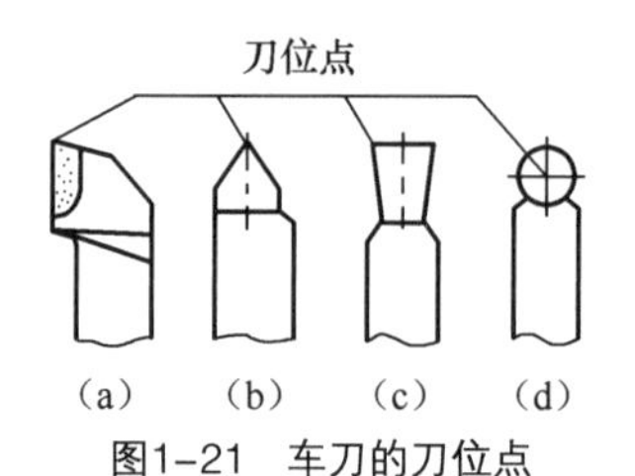

图1–21 车刀的刀位点

（三）车圆柱面、阶台、锥面、切槽、切断的走刀路线设计

1．车圆柱面、阶台的走刀路线设计

如图 1-22 所示，车圆柱面、阶台的走刀路线设计如下：刀具首先定位在 A 点，然后下刀到 B 点，再由 $B \to C$ 切削圆柱面，由 $C \to D$ 切削阶台面，最后刀具由 D 点快速退回到 A 点。

2．车锥面的走刀路线设计

（1）阶梯切削法。如图 1-23 所示，粗加工路线为 1→2→3→4→5→6→7→4，半精加工路线为 8→9→4，精加工路线为 10→11。此种加工路线，粗车时，刀具背吃刀量相同，但半精车时，背吃刀量不同。刀具切削运动的路线最短；需要计算的刀具轨迹的坐标值多。

（2）平行切削法。如图 1-24 所示，粗加工路线为 1→2→3→4→5→3，半精加工路线为 6→7→3，精加工路线为 8→9。按此种加工路线，粗车、半精车时，背吃刀量相同；刀具切削运动的距离较短；需要计算的刀具轨迹的坐标值较多。

（3）斜线切削法。如图 1-25 所示，粗加工路线为 1→2→3→4→2→3，半精加工路线为 5→2→3，精加工路线为 6→2。按此种加工路线，粗车、半精车时，背吃刀量是变化的；刀具切削运动的路线较长；需要计算的刀具轨迹的坐标值最少。

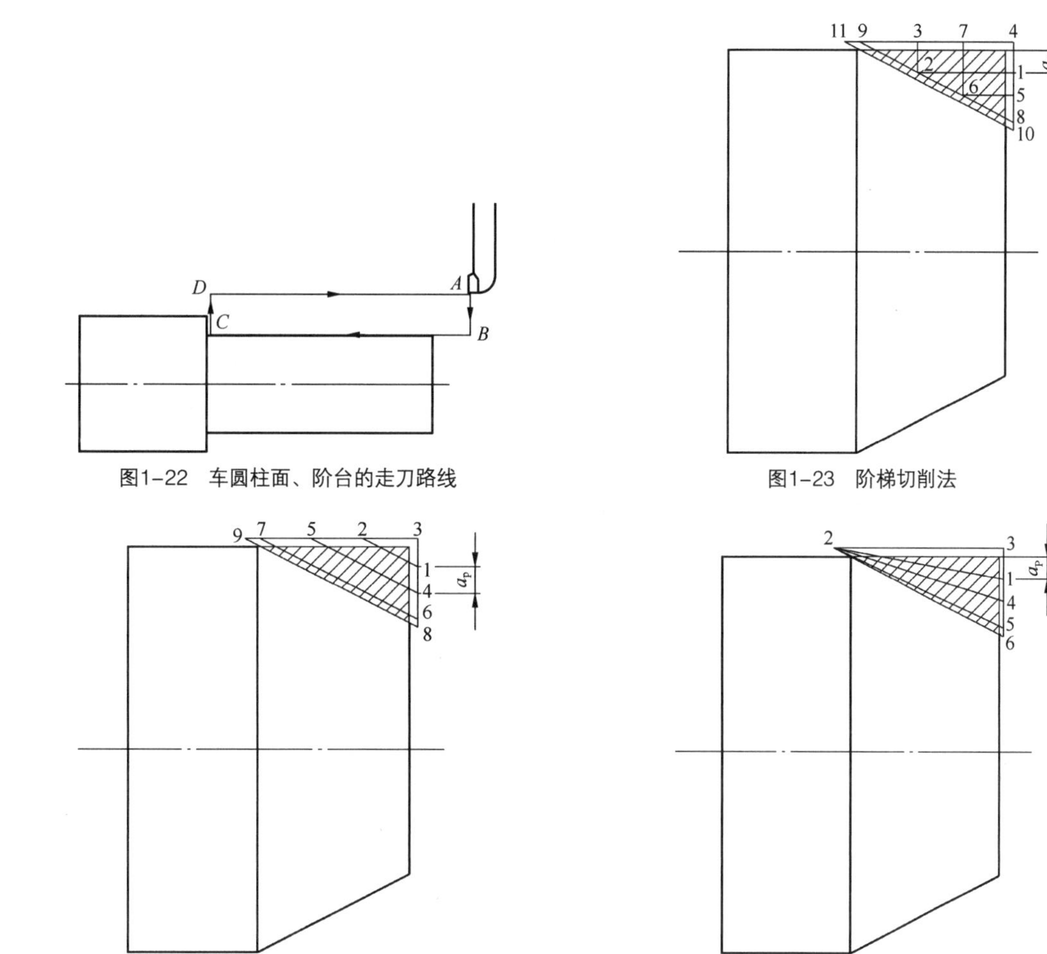

图1-22　车圆柱面、阶台的走刀路线

图1-23　阶梯切削法

图1-24　平行切削法

图1-25　斜线切削法

3．切槽、切断的走刀路线设计

切径向外槽、切断、切径向内槽的走刀路线如图 1-26 所示。

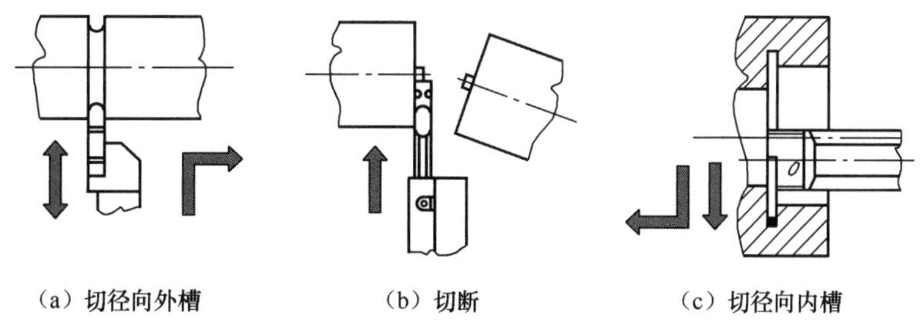

（a）切径向外槽　（b）切断　（c）切径向内槽

图1-26　切槽、切断加工的走刀路线设计

（四）切削用量的选择

1．背吃刀量的确定

在车床主体—夹具—刀具—零件这一系统刚性允许的条件下，尽可能选取较大的背吃刀量 a_P，以减少走刀次数，提高生产效率。当零件的精度要求较高时，则应考虑留出精车余量，常取 0.1～

0.5mm。

2．主轴转速的确定

主轴转速的确定应根据零件上被加工部位的直径，并按零件和刀具的材料及加工性质等条件所允许的切削速度来确定。在实际生产中，主轴转速可用下式计算：

$$n=\frac{1\,000v_{C}}{\pi d}$$

式中，n 是主轴转速（r/min），v_C 是切削速度（m/min），d 是零件待加工表面的直径（mm）。

在确定主轴转速时，首先需要确定切削速度，而切削速度又与背吃刀量和进给量有关。

进给量 f 与背吃刀量有着较密切的关系。粗车时一般取 0.3～0.8mm/r，精车时常取 0.1～0.3mm/r，切断时宜取 0.05～0.2mm/r，具体选择时，可参考表 1-17。

表 1-17　　车削外圆的切削速度参考表

零件材料	刀具材料	a_P (mm)			
		0.38～0.13	2.40～0.38	4.70～2.40	9.50～4.70
		f(mm/r)			
		0.13～0.05	0.38～0.13	0.76～0.38	1.30～0.76
		v_C (m/min)			
低碳钢	高速钢	—	70～90	45～60	20～40
	硬质合金	215～365	165～215	120～165	90～120
中碳钢	高速钢	—	45～60	30～40	15～20
	硬质合金	130～165	100～130	75～100	55～75
灰铸铁	高速钢	—	35～45	25～35	20～25
	硬质合金	135～185	105～135	75～105	60～75
黄铜 青铜	高速钢	—	85～105	70～85	45～70
	硬质合金	215～245	185～215	150～185	120～150
铝合金	高速钢	105～150	70～105	45～70	30～45
	硬质合金	215～300	135～215	90～135	60～90

如何确定加工时的切削速度，除了参考表 1-17 列出的数值外，主要根据实践经验进行确定。

3．进给速度的确定

进给速度的大小直接影响表面粗糙度和车削效率，在保证表面质量的前提下，可以选择较高的进给速度。一般应根据零件的表面粗糙度、刀具、工件材料等因素，查阅切削用量手册选取。需要说明的是切削用量手册给出的是每转进给量，因此要根据 $v_f=fn$ 计算进给速度。表 1-18 列出了硬质合金车刀粗车外圆及端面的进给量，表 1-19 给出了按表面粗糙度选择进给量的参考值。

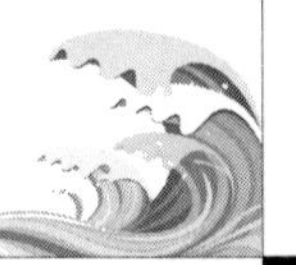

表 1-18　　　　硬质合金车刀粗车外圆及端面的进给量（mm/r）

工件材料	车刀刀杆尺寸 $B \times H$（mm）	工件直径 d（mm）	背吃刀量 a_p（mm）				
			≤3	3～5	5～8	8～12	＞12
碳素结构钢、合金结构钢及耐热钢	16×25	20	0.3～0.4	—	—	—	—
		40	0.4～0.5	0.3～0.4	—	—	—
		60	0.5～0.7	0.4～0.6	0.3～0.5	—	—
		100	0.6～0.9	0.5～0.7	0.5～0.6	0.4～0.5	—
		400	0.8～1.2	0.7～1.0	0.6～0.8	0.5～0.6	—
	20×30 25×25	20	0.3～0.4	—	—	—	—
		40	0.4～0.5	0.3～0.4	—	—	—
		60	0.5～0.7	0.5～0.7	0.4～0.6	—	—
		100	0.8～1.0	0.7～0.9	0.5～0.7	0.4～0.7	—
		400	1.2～1.4	1.0～1.2	0.8～1.0	0.6～0.9	0.4～0.6
铸铁及铜合金	16×25	40	0.4～0.5	—	—	—	—
		60	0.5～0.8	0.5～0.8	0.4～0.6	—	—
		100	0.8～1.2	0.7～1.0	0.6～0.8	0.5～0.7	—
		400	1.0～1.4	1.0～1.2	0.8～1.0	0.6～0.8	—
	20×30 25×25	40	0.4～0.5	—	—	—	—
		60	0.5～0.9	0.5～0.8	0.4～0.7	—	—
		100	0.9～1.3	0.8～1.2	0.7～1.0	0.5～0.8	—
		400	1.2～1.8	1.2～1.6	1.0～1.3	0.9～1.1	0.7～0.9

注：① 加工断续表面及有冲击的工件时，表内进给量应乘系数 $k = 0.75 \sim 0.85$。

② 在无外皮加工时，表内进给量应乘系数 $k = 1.1$。

③ 加工耐热钢及其合金时，进给量不大于 1mm/r。

④ 加工淬硬钢时，进给量应减少。当钢的硬度为 44～56 HRC 时，乘系数 $k = 0.8$；当钢的硬度为 57～62HRC 时，乘系数 $k = 0.5$。

表 1-19　　　　按表面粗糙度选择进给量的参考值

工件材料	表面粗糙度 R_a（μm）	切削速度范围 v_c（m/min）	刀尖圆弧半径 r_ε（mm）		
			0.5	1.0	2.0
			进给量 f（mm/r）		
铸铁、青铜、铝合金	5～10	不限	0.25～0.40	0.40～0.50	0.50～0.60
	2.5～5		0.15～0.25	0.25～0.40	0.40～0.60
	1.25～2.5		0.10～0.15	0.15～0.20	0.20～0.35
碳钢及合金钢	5～10	＜50	0.30～0.50	0.45～0.60	0.55～0.70
		＞50	0.40～0.55	0.55～0.65	0.65～0.70
	2.5～5	＜50	0.18～0.25	0.25～0.30	0.30～0.40
		＞50	0.25～0.30	0.30～0.35	0.30～0.50

续表

工件材料	表面粗糙度 R_a（μm）	切削速度范围 v_c（m/min）	刀尖圆弧半径 r_ε（mm）		
			0.5	1.0	2.0
			进给量 f（mm/r）		
碳钢及合金钢	1.25～2.5	＜50	0.10	0.11～0.15	0.15～0.22
		50～100	0.11～0.16	0.16～0.25	0.25～0.35
		＞100	0.16～0.20	0.20～0.25	0.25～0.35

注：r_ε = 0.5mm，用于 12mm×12mm 以下刀杆；r_ε = 1.0mm，用于 30mm×30mm 以下刀杆；r_ε = 2.0mm，用于 30mm×45mm 及以上刀杆。

（五）数控车床坐标系及编程坐标系

1．数控车床坐标系

数控车床的坐标系如图 1-27 所示。与车床主轴平行的方向（卡盘中心到尾座顶尖的方向）为 Z 轴，与车床导轨垂直的方向为 X 轴。坐标原点位于卡盘后端面与中心轴线的交点 O 处。

2．数控车床编程坐标系

数控车床编程坐标系的坐标方向与数控车床坐标系的坐标方向一致，即 X 轴对应径向，Z 轴对应轴向，C 轴（主轴）的运动方向判断方法为：从机床尾架向主轴看，逆时针为"＋C"向，顺时针为"−C"向，如图 1-28 所示。

编程坐标系的原点 O 选在便于测量或对刀的基准位置，一般取在工件右端面与中心线的交点处，如图 1-28 所示。

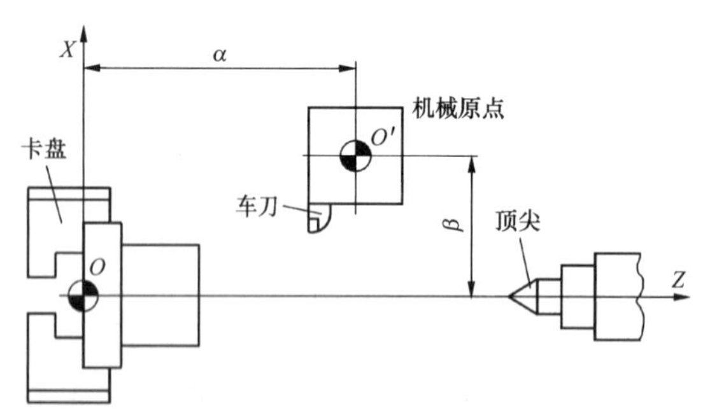

图1-27 数控车床的坐标系　　图1-28 编程坐标系

（六）数控车床编程的特点

1．直径、半径编程方式

数控车床的编程有直径、半径两种方法。所谓直径编程是指 X 轴的坐标值取为零件图样上的直径值，半径编程是指 X 轴的坐标值取为零件图样上的半径值，CK7150A 数控车床通常采用直径编程。如图 1-29 所示，X_A = 30，Z_A = 0，X_B = 40，Z_B = −20。采用直径尺寸编程与零件图样中的尺寸标注一致，这样可避免尺寸换算过程中可能造成的错误，给编程带来很

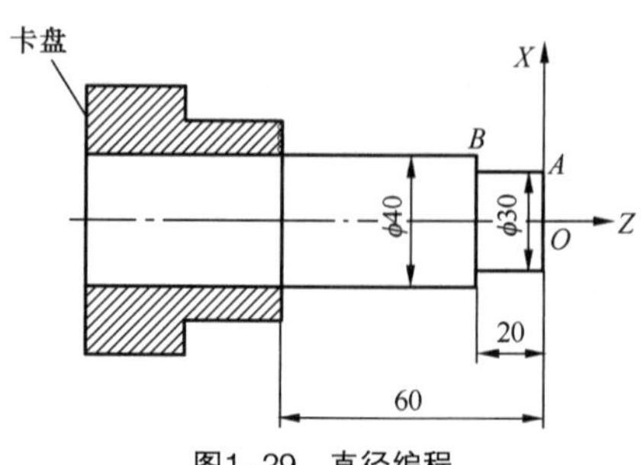

图1-29 直径编程

大方便。

2．绝对和增量编程方式

采用绝对编程方式时，数控车削加工程序中目标点的坐标以地址 X、Z 表示；采用增量编程方式时，目标点的坐标以地址 U、W 表示。此外，数控车床还可以采用混合编程，即在同一程序段中绝对编程方式与增量编程方式同时出现，如 G00 X50 W10。

（七）数控车编程指令

1．刀具功能

刀具功能用于指定刀具和刀具参数，由 T 和其后的 4 位数字组成。

编程格式：T □□ □□；

① 前两位表示刀具的序号（0～99），刀具的序号要与刀盘上的刀位号相对应；

② 后两位表示刀具补偿号（01～64），包括刀具形状补偿和磨损补偿；

③ 刀具序号和刀具补偿号可以不同，但为了方便通常使它们一致；

④ 取消刀具补偿的 T 指令编程格式为：T00 或 T□□00。

一个程序段只能指定一个 T 代码。当移动指令和 T 代码在同一程序段时，CK7150A 数控车床一般是先执行移动指令，再执行 T 功能指令。

【例 1-1】 选择 3 号刀具，编程如下。

T0303；选择 3 号刀，并且 3 号刀刀具补偿值有效。

…

2．进给功能

进给功能表示刀具运动时的进给速度，由 F 和其后的若干数字组成。数字的单位取决于数控系统所采用的进给速度的指定方法。

（1）每分钟进给量（G98）。

编程格式：G98 F__；

说明：F 后面的数字表示每分钟进给量，单位为 mm/min。

【例 1-2】 G98 F100；表示进给量为 100mm/min。

（2）每转进给量（G99）。

编程格式：G99 F__；

说明：

① F 后面的数字表示主轴每转进给量，单位为 mm/r；

② G99 为数控车床的初始状态。

【例 1-3】 G99 F0.2；表示进给量为 0.2mm/r。

（3）注意事项。

① 编写程序时，第一次遇到直线（G01）或圆弧（G02/G03）插补指令时，必须编写 F 指令，如果没有编写 F 指令，则数控系统认为 F 为 0。当工作在快速定位（G00）方式时，机床将以通过

机床轴参数设定的快速进给率移动，与编写的 F 指令无关。

② F 指令为模态指令，实际进给率可以通过 CNC 操作面板上的进给倍率修调旋钮，在 0～120% 之间调整。

3．主轴功能

主轴功能表示机床主轴的转速大小，由 S 和其后的若干数字组成。

主轴功能有恒转速控制和恒线速度控制两种指令方式，并可限制主轴最高转速。

（1）主轴速度以转速设定。

编程格式：G97 S__；

说明：

① S 后面的数字表示主轴转速，单位为 r/min；

② 该指令用于车削螺纹或工件直径变化较小的场合，采用此功能，可设定主轴转速并取消恒线速度控制。

（2）主轴速度以恒线速度设定。

编程格式：G96 S__；

说明：

① S 后面的数字表示线速度，单位为 m/min；

② 该指令用于车削端面或工件直径变化较大的场合，采用此功能，可保证当工件直径变化时，主轴的线速度不变，从而保证切削速度不变，提高了加工质量。

（3）主轴最高转速限制。

编程格式：G50 S__；

说明：

① S 后面的数字表示主轴的最高转速，单位为 r/min；

② 该指令可防止因主轴转速过高，离心力太大，产生危险及影响机床寿命。

【例 1-4】 设定主轴速度。

G50 S2500；设定主轴最高转速为 2 500r/min。

G96 S150；线速度恒定，切削速度为 150m/min。

…

G97 S300；取消线速度恒定功能，主轴转速为 300r/min。

4．快速点定位指令（G00）

（1）功能：使刀具以点位控制方式，从刀具所在点快速移动到目标点。

（2）编程格式：G00 X（U）__Z（W）__；

（3）说明：

① G00 为模态指令，可由 G01、G02、G03 等指令注销；

② *X*、*Z* 为绝对坐标方式时的目标点坐标，U、W 为增量坐标方式时的目标点坐标；

③ G00 的执行过程为刀具由程序起始点加速到最大速度，然后快速移动，最后减速到目标点，

实现快速点定位；

④ 常见 G00 轨迹如图 1-30 所示，从 A 到 B 有 4 种方式：直线 AB、直角线 ACB、直角线 ADB、折线 AEB。折线的起始角 θ 是固定的（22.5° 或 45°），它决定于各坐标轴的脉冲当量；

⑤ 执行 G00 时，刀具的移动速度不能用程序指令设定，而是通过机床参数对各轴分别设定，各轴的移动速度可以相同，也可以不同。若各轴以各自速度移动，则不能保证各轴同时到达目标点，因此操作者要十分小心，避免刀具与工件发生碰撞。常见的做法是先将 X 轴移到安全位置，再执行 G00 指令；

⑥ G00 一般用于加工前的快速定位或加工后的快速退刀。

5．直线插补指令（G01）

（1）功能：使刀具以给定的进给速度，从当前点沿直线移动到目标点。

（2）编程格式：G01 X（U）__Z（W）__F__；

（3）说明：

① G01 为模态指令，可由 G00、G02、G03 等指令注销；

② X、Z 为绝对坐标方式时的目标点坐标，U、W 为增量坐标方式时的目标点坐标；

③ F 是进给速度。F 指令也是模态指令，可由 G00 指令注销。如果在 G01 程序段之前没有出现 F 指令，而现在的 G01 程序段中也没有 F 指令，则数控车床不运动。因此，G01 程序中必须含有 F 指令。

【例 1-5】 如图 1-31 所示，车削 ϕ60mm 外圆柱面，刀具从 A 点移动到 B 点，编程如下。

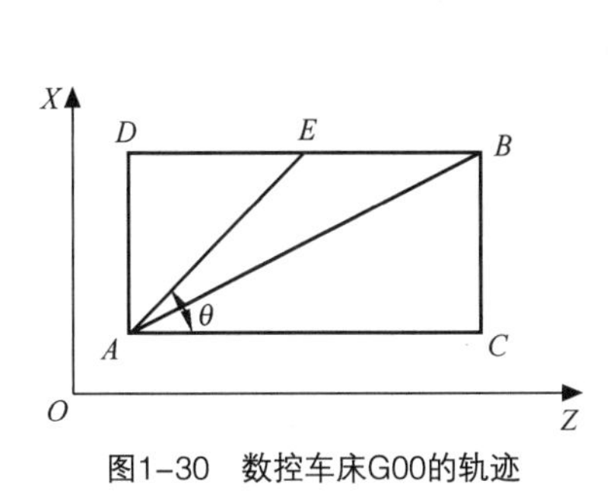

图1-30　数控车床G00的轨迹

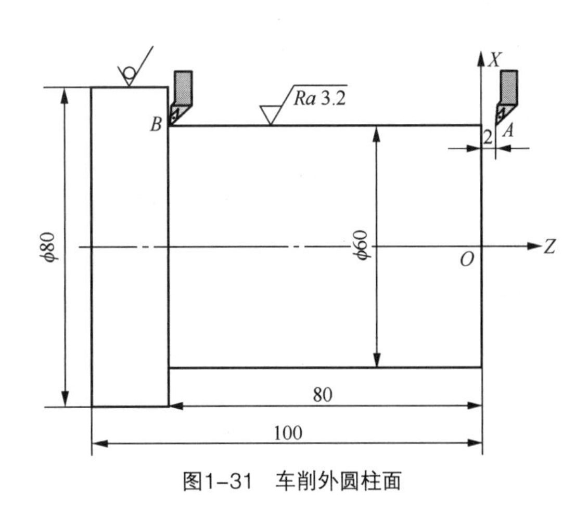

图1-31　车削外圆柱面

（1）绝对坐标方式：G01 X60 Z-80 F0.3;

或 G01 Z-80 F0.3;

（2）增量坐标方式：G01 U0 W-82 F0.3;

或 G01 W-82 F0.3;

（3）混合坐标方式：G01 X60 W-82 F0.3;

或 G01 U0 Z-80 F0.3;

【例 1-6】 如图 1-32 所示，车削外圆锥面，刀具从 C 点移动到 D 点，编程如下。

（1）绝对坐标方式：G01 X80 Z-80 F0.3;

（2）增量坐标方式：G01 U21.2 W-85 F0.3;

（3）混合坐标方式：G01 X80 W-85 F0.3;

或 G01 U21.2 Z-80 F0.3;

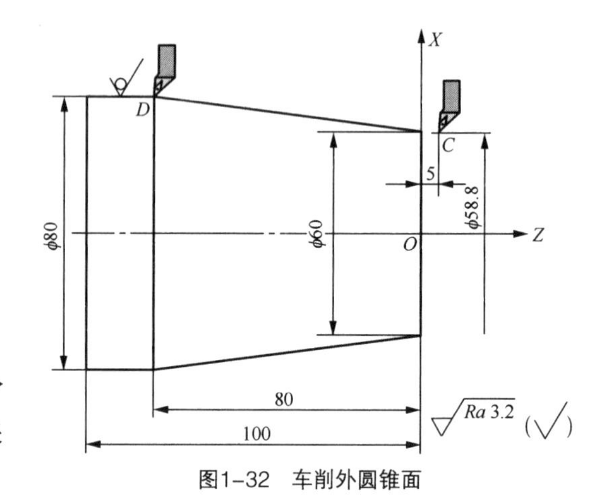

图1-32 车削外圆锥面

6．外径/内径车削循环（G90）

外径/内径车削循环将“进刀→车削→退刀→返回”4个动作作为一个循环，用一个程序段来指定。

（1）直线车削循环。

编程格式：G90 X（U）__Z（W）__F__;

其轨迹如图 1-33 所示，由 4 个步骤组成。刀具从定位点 A 开始沿 ABCDA 的方向运动，1（R）表示第 1 步是快速运动，2（F）表示第 2 步是按进给速度切削，其余 3（F）、4（R）与 2（F）、1（R）的意义相似。

说明：X（U）、Z（W）是图 1-33 中 C 点的坐标。

（2）锥体车削循环。

编程格式：G90 X（U）__Z（W）__R__F__;

其轨迹如图 1-34 所示，R 为圆锥面车削始点与车削终点的半径差，始点坐标大于终点坐标时，R 为正，反之为负。在对锥面进行粗、精加工时，虽然每次加工时 R 值可以一样，但每段程序中的 R 值不能省略，否则，数控系统将按照圆柱面轮廓处理。增量值编程时，U、W、R 值的正负与刀具轨迹的关系见表 1-20。

说明：X（U）、Z（W）是图 1-34 中 C 点的坐标。

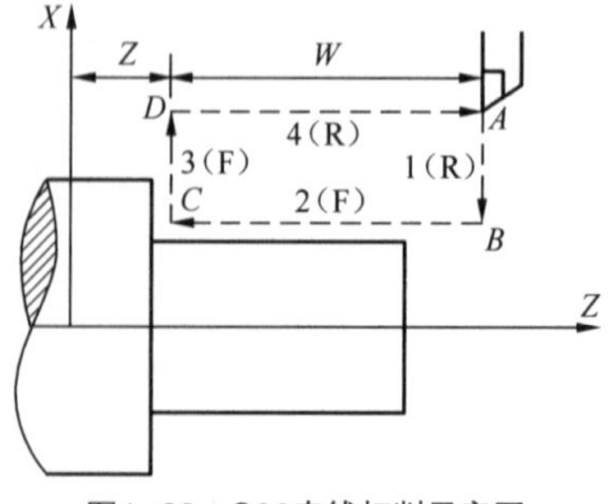

图1-33 G90直线切削示意图

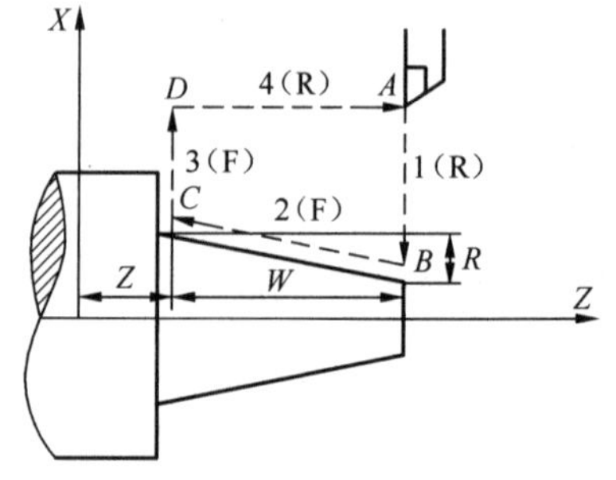

图1-34 G90锥体切削示意图

表 1-20　　G90 编程时，U、W、R 值的正负与刀具轨迹的关系

序号	示意图	U、W、R值
1	X Z 4(R) U/2 3(F) 1(R) R 2(F) W	$U<0$ $W<0$ $R<0$
2	X Z W 2(F) R U/2 3(F) 1(R) 4(R)	$U>0$ $W<0$ $R>0$
3	X Z 4(R) 1(R) U/2 3(F) 2(F) R W	$U<0$ $W<0$ $R>0$
4	X Z W R U/2 3(F) 2(F) 1(R) 4(R)	$U>0$ $W<0$ $R<0$

【例 1-7】　如图 1-35 所示，车削外圆锥面，刀具的运动轨迹为 $A \to B \to C \to D \to A$，编程如下。

G00 X82 Z5;（刀具定位到 A 点）

G90 X80 Z-80 R-10 F0.3;（刀具的运动轨迹为 $A \to B \to C \to D \to A$）

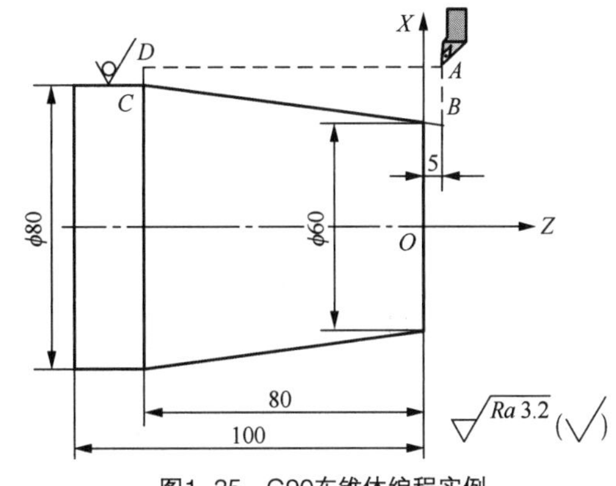

图1-35　G90车锥体编程实例

7．端面车削循环（G94）

（1）平端面车削循环。

编程格式：G94 X（U）__Z（W）__F__;

其轨迹如图 1-36 所示，由 4 个步骤组成。图中 1（R）表示第 1 步是快速运动，2（F）表示第 2 步按进给速度切削，其余 3（F）、4（R）的意义相似。

说明：X（U）、Z（W）是图 1-36 中 C 点的坐标。

（2）锥面车削循环。

编程格式：G94 X（U）__Z（W）__R__F__；

其轨迹如图 1-37 所示，*R* 值的正负规定与 G90 指令类似。增量值编程时，*U*、*W*、*R* 值的正负与刀具轨迹的关系见表 1-21。

说明：X（U）、Z（W）是图 1-37 中 *C* 点的坐标。

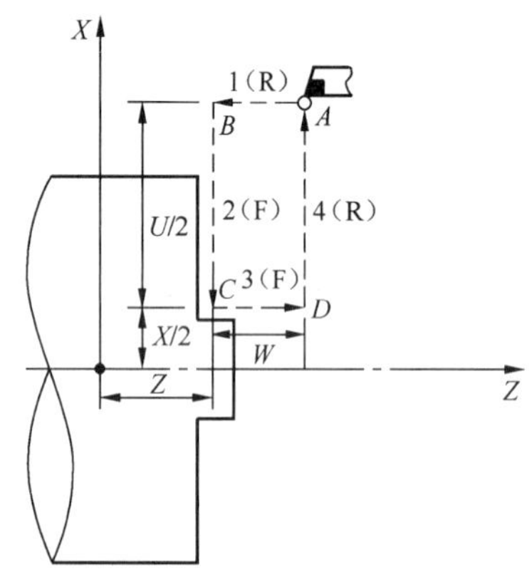

图1-36　G94平端面车削示意图

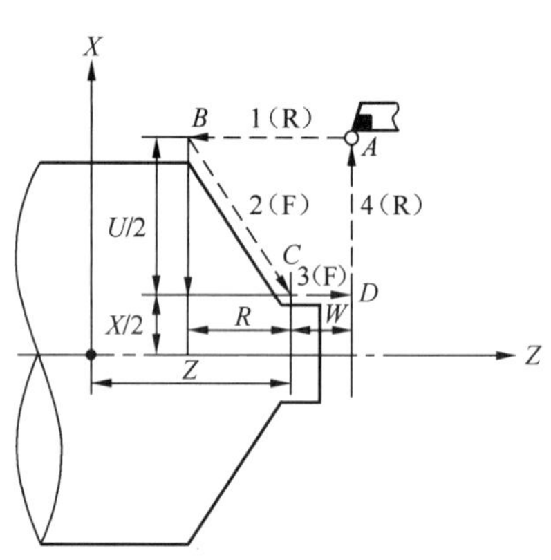

图1-37　G94锥面车削示意图

表 1-21　　G94 编程时，*U*、*W*、*R* 值的正负与刀具轨迹的关系

序号	示意图	*U*、*W*、*R* 值
1	X Z 1(R) U/2 2(F) 4(R) 3(F) R W	$U<0$ $W<0$ $R<0$
2	X Z R W 3(F) U/2 2(F) 4(R) 1(R)	$U>0$ $W<0$ $R<0$
3	X Z R 1(R) U/2 2(F) 4(R) 3(F) W	$U<0$ $W<0$ $R>0$

续表

序号	示意图	U、W、R值
4	X Z W 3(F) U/2 2(F) 4(R) 1(R) R	$U>0$ $W<0$ $R>0$

【例 1-8】　设毛坯是ϕ40 的棒料，零件图如图 1-38 所示，要求采用 G90、G94 指令编写数控加工程序。

（1）制定加工方案。

① 车端面及粗车ϕ10 外圆，留余量 0.5mm。

② 粗车ϕ38、ϕ32 外圆，留余量 0.5mm。

③ 从右至左精加工各面。

④ 车断。

（2）确定刀具。

① 端面车刀 T0101：车端面及粗车ϕ10 外圆。

② 90° 外圆车刀 T0202：用于粗、精车外圆。

③ 车槽刀（3mm 宽）T0303：用于车断。

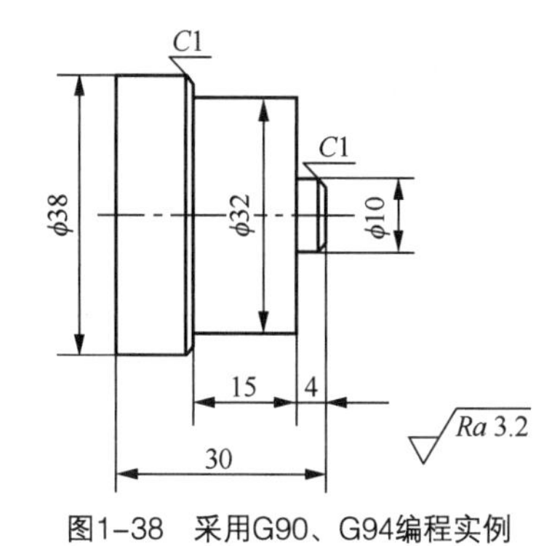

图1-38　采用G90、G94编程实例

（3）编程。

编程原点设在零件的右端面中心处，程序内容及说明如表 1-22 所示。

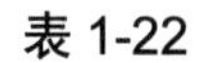
表 1-22　　程序内容及说明

程序	说明
O1022	程序名
G97 G99;	设定主轴转速单位为 r/min，进给率单位为 mm/r
T0101;	换 1 号刀
S500 M03;	主轴正转，转速为 500r/min
G00 X41 Z0;	刀具快速定位
G01 X0 F0.2;	车端面
G01 X41;	退刀
G94 X10.5 Z-3.5;	粗车ϕ10 外圆，留余量 0.5mm
G00 X100;	X 方向退刀
Z100;	Z 方向退刀
T0202;	换 2 号刀

续表

程序	说明
G00 X41 Z1;	刀具快速定位
G90 X38.5 Z-33 F0.2;	粗车外圆至ϕ38.5，长度为 33mm
X35 Z-18.5;	粗车外圆至ϕ35，长度为 18.5mm
X32.5;	粗车外圆至ϕ32.5，长度为 18.5mm
G00 X6 Z1;	刀具快速定位，准备进行精车
M03 S1000;	主轴正转，转速为 1 000r/min
G01 X10 Z-1 F0.1;	车端面倒角
Z-4;	精车ϕ10 外圆
X32;	车阶台面
Z-19;	精车ϕ32 外圆
X36;	车阶台面
X38 W-1;	车倒角
Z-33;	精车ϕ38 外圆
X45;	退刀
G00 X100 Z100;	快速退刀
M03 S400;	主轴正转，转速为 400r/min
T0303;	换 3 号刀
G00 X42 Z-33 M08;	刀具快速定位，切削液开
G01 X1 F0.2;	车断
X45 M09;	退刀，切削液关
G00 X100 Z100 M05;	快速退刀
M30;	程序结束

（八）宇航数控车仿真软件的操作

1．宇航数控车仿真软件的工作窗口

打开计算机，双击图标，则屏幕显示如图 1-39 所示。

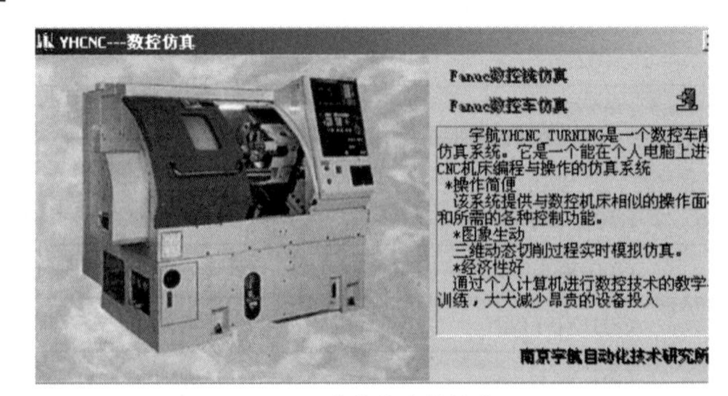

图1-39　宇航仿真软件进入

单击图标Fanuc数控车仿真，进入 FANUC 数控车仿真系统，数控车仿真软件的工作窗口分为标题栏区、菜单区、工具栏区、机床显示区、机床操作面板区和数控系统操作区，如图 1-40 所示。

（1）菜单区。数控车仿真软件的菜单区包含了文件、查看、帮助 3 大菜单。

（2）工具栏区。工具栏区包括横向工具栏和纵向工具栏，分别如图 1-41、图 1-42 所示。

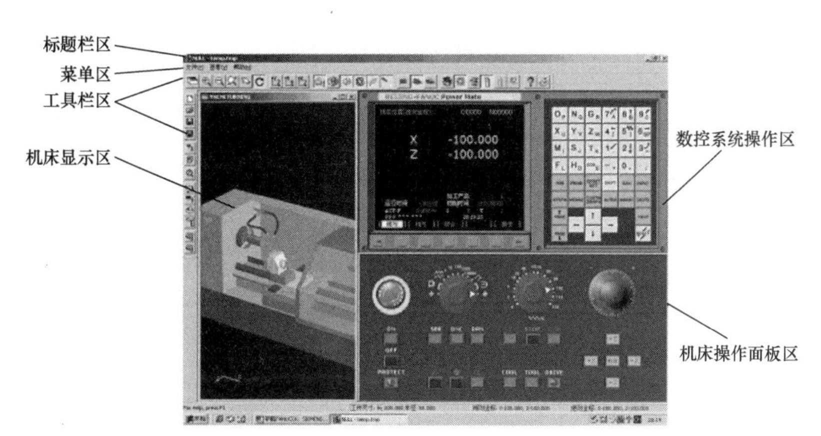

图1-40　工作窗口

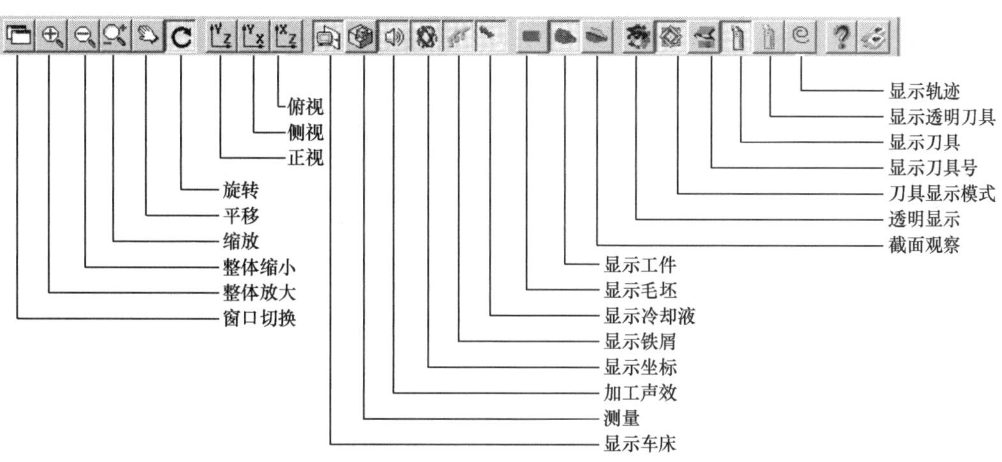

图1-41　横向工具栏说明

（3）机床操作面板区。机床操作面板区位于窗口的右下侧，如图 1-43 所示。主要用于控制机床的运动和选择机床的运行状态，由模式选择旋钮、数控程序运行控制开关等多个部分组成，旋钮和开关的功能见表 1-23。

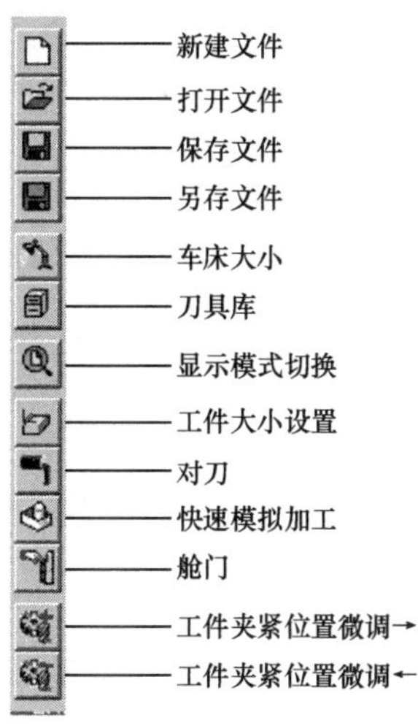

图1-42　纵向工具栏说明

图1-43　操作面板

表 1-23　　　　机床操作面板上各旋钮或开关的功能说明

旋钮或开关图标	功能说明	旋钮或开关图标	功能说明
	急停键，按下此开关，机床停止运动	ON	机床开
OFF	机床关		模式选择旋钮。置光标于旋钮上，单击鼠标左键，转动旋钮选择工作方式
（EDIT）	用于输入和编辑数控程序	（MDI）	手动数据输入
（JOG）	手动方式	1 10 100 1000 10000	在手动方式下，刀具单步移动的距离。1 为 0.001mm，10 为 0.01mm，100 为 0.1mm。置光标于旋钮上，单击鼠标左键选择
	MDI 手动数据输入的备用键	（AUTO）	进入自动加工模式
	回机床参考点		进给速度（F）调节旋钮。调节数控程序运行中的进给速度倍率
	把光标置于手轮上，按鼠标左键，手轮顺时针转，机床往正方向移动；按鼠标左键，手轮逆时针转，机床往负方向移动	SBK	单步执行开关。每按 1 次执行 1 条数控指令
DNC	进行数控程序文件传输	DRN	机床空转，按下时，各轴以固定的速度运动
CW、CCW	使主轴正反转	STOP	使主轴停转
	程序复位		程序运行停止，在运行数控程序中，按下此按钮停止程序运行
	程序运行开始。只有模式选择旋钮在“AUTO”和“MDI”位置时，按下才有效	COOL	冷却液开关，按下时，冷却液开
TOOL	按下时可在刀库中选刀	DRIVE	驱动开关，驱动关，程序运行，机床不运动
+Z +X 快速 -X -Z	手动移动机床台面按钮，快速表示快速移动刀具	PROTECT	机床锁开关，置于“ON”位置，机床不动，可编辑程序

（4）数控系统操作区。数控系统操作区位于窗口的右上侧，由数控系统显示屏和操作键盘组成，如图 1-44 所示。数控系统操作键盘上各键的功能见表 1-24。

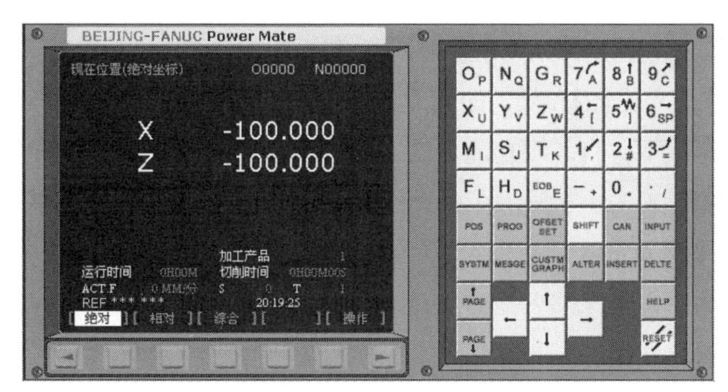

图1-44　数控系统操作区

表 1-24　　数控系统操作键盘上各键的功能说明

键的图标	名称及功能
7A 8B 9C 4[5] 6SP 1, 2# 3= -+ 0. ·/	数字/字母键，例如，若要输入数字“7”，则用鼠标单击7A即可；若要输入字母“A”，则用鼠标单击SHIFT，然后单击7A即可
EOB E	回车换行键，结束 1 行程序的输入并且换行
POS	位置显示页面，位置显示有 3 种方式，即绝对、相对、综合，用翻页键选择
PROG	数控程序显示与编辑页面
OFSET SET	参数输入页面，按第 1 次进入坐标系设置页面，按第 2 次进入刀具补偿参数页面。进入不同的页面以后，用翻页键切换
SHIFT	输入字符切换键，一次性有效
CAN	修改键，消除输入域内的数据
INPUT	输入键，把输入域内的数据输入参数页面或输入一个外部的数控程序
SYSTM	本软件不支持
MESGE	本软件不支持
CUSTM GRAPH	在自动运行状态下将数控显示切换至轨迹模式
ALTER	替代键，用输入的数据替代光标所在的数据
INSERT	插入键，把输入域之中的数据插入到当前光标之后的位置
DELTE	删除键，删除光标所在的数据，或者删除一个数控程序
↑PAGE PAGE↓	翻页键，向下或向上翻页
↑ ← → ↓	光标移动键，向下或向上、向左或向右移动光标
HELP	本软件不支持
RESET	机床复位、程序复位

2．宇航数控车仿真软件的基本操作

（1）回参考点。

① 置模式旋钮在位置。

② 依次选择[+X]或[+Z]，机床沿 X、Z 方向回参考点。

（2）设置工件尺寸。单击图标，如图 1-45 所示。选择“工件大小”，则进入工件菜单，如图 1-46 所示。在工件菜单下，有 4 项功能。

① 棒料或管料选择。

② 工件直径或长度尺寸定义。

③ 夹具类型选择。

④ 尾架及尾架半径定义。

工件大小
冷却液调整

图1-45 工件大小设置

（3）设置刀具原点。单击图标，让刀具快速定位到工件上相关点的位置，如图 1-47 所示。

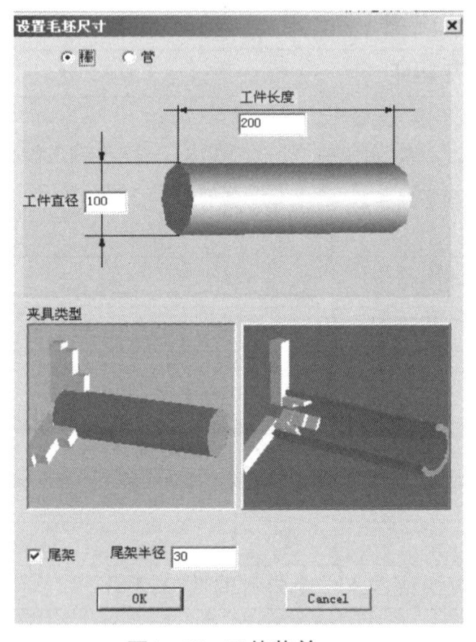

图1-46 工件菜单

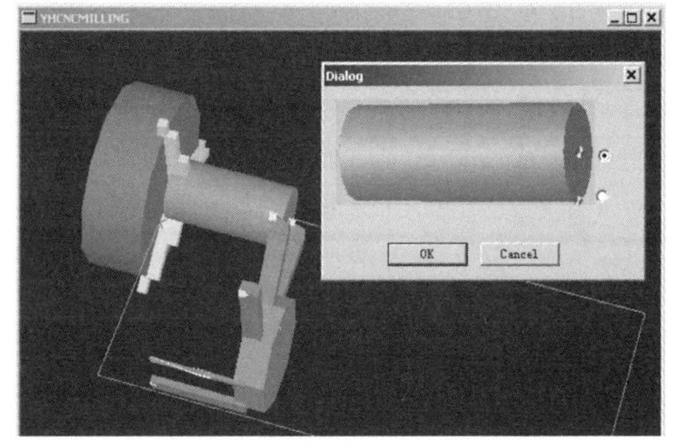

图1-47 对刀

（4）设置刀具。单击图标，单击“添加刀具”，进入刀具设置状态，可进行刀具类型和刀片形状选择，如图 1-48 所示。

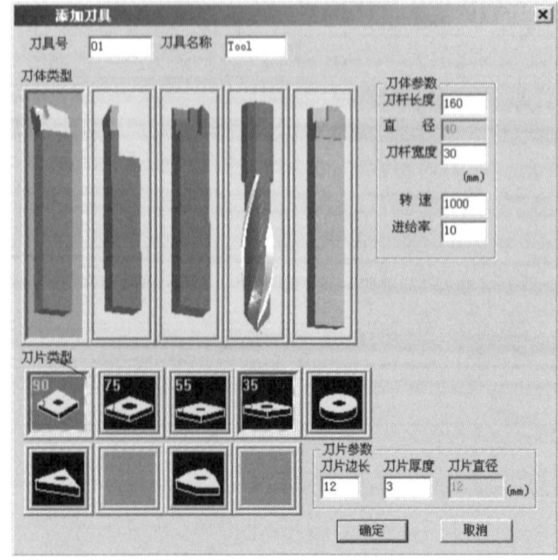

图1-48 刀具设置状态

（5）手动移动机床。手动移动机床的方法有 3 种。

① 连续移动：这种方法用于较长距离的移动。

- 将模式选择旋钮旋至。
- 单击[快速]，按方向按钮，则刀具按指定方向移动，松开后停止运动。

用旋钮可调节移动速度。

② 点动：这种方法用于微量调整，如用在对刀操作中。

- 将模式选择旋钮旋至。
- 选择各轴，按方向按钮，每按 1 次，

刀具移动 1 步。使用，可调节每 1 步的移动距离。

③ 操纵“手脉（MPG）”：这种方法用于微量调整。

将模式选择旋钮旋至，把光标置于手轮上，按鼠标左键，使手轮作顺时针或逆时针旋转，刀具即按指定方向移动。

（6）编辑数控程序。

① 通过控制操作面板手工输入 NC 程序的步骤。将模式选择旋钮旋至→按 PROG 键，进入程序页面→键入 1 个程序名→按 INSERT 键，开始程序输入。注意：程序名不可以与已有程序名重复，每输完 1 段程序，键入 EOB E，进行换行，再继续输入下 1 段程序。

② 从外界导入 NC 程序的步骤。将模式选择旋钮旋至→按 PROG 键，进入程序页面→键入 1 个程序名→按 INSERT 键，进入程序页面→单击，根据文档的路径打开文档。注意文档的文件名后缀为“.NC”，文档保存类型为文本文档。

③ 选择一个数控程序的步骤。将模式选择旋钮旋至或→按 PROG 键，键入程序名，如“○0007”→按↓开始搜索，找到后，“○0007”显示在屏幕右上角程序编号位置，NC 程序显示在屏幕上。注意：搜索的程序名必须是数控系统中已经存在的程序。

④ 删除一个数控程序的步骤。将模式选择旋钮旋至→按 PROG 键，键入程序名→按 DELTE 键。

⑤ 删除全部数控程序的步骤。将模式选择旋钮旋至→按 PROG 键，键入“○9999”→按 DELTE 键，屏幕提示“此操作将删除所有登记程式，你确定吗？”，单击“是”，则全部数控程序被删除。

（7）运行数控程序。运行数控程序有自动运行、试运行、单步运行 3 种方式。

自动运行数控程序的步骤是：将模式选择旋钮旋至→选择 1 个数控程序→按即可。

试运行数控程序时，机床和刀具不切削零件，仅运行程序。试运行数控程序的步骤是：将模式选择旋钮旋至→按 DRIVE→选择一个数控程序→按即可。

单步运行数控程序的步骤是：将模式选择旋钮旋至→单击 SBK→每按 1 次执行 1 段数控程序。

（8）工件坐标系设置。按 OFSET SET 键进入参数设置页面，按【坐标系】对应的键，如图 1-49 所示。用键在番号为 00～06 切换，01～06 分别对应 G54～G59。

（9）输入刀具补偿参数。输入刀具补偿参数的步骤是：按 OFSET SET 键→按【补正】对应的键→按键，选择补偿参数编号，输入相关参数。

（10）MDI 手动数据输入。将模式选择旋钮旋至→按 PROG 键→单击 MDI 对应的键→输入程序段→单击 INSERT→单击即可。

（11）测量工件。单击图标，进入工件测量状态。通过使用计算机键盘上的光标键及选择 Ra，可以测量工件的尺寸及表面粗糙度，如图 1-50 所示。

图1-49 工件坐标系设置状态

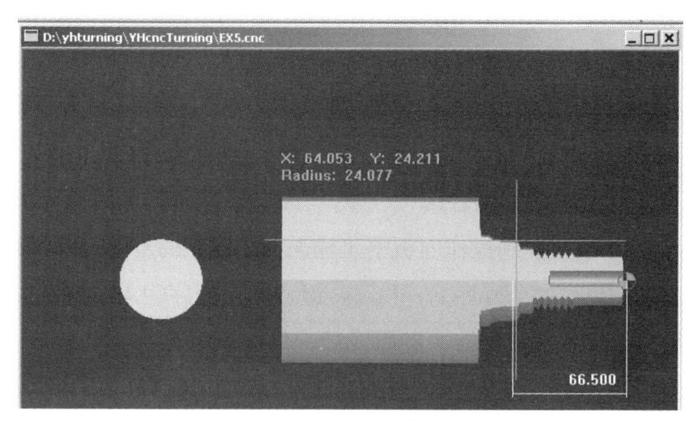

图1-50 工件测量状态

三、项目实施

（一）零件工艺性分析

（1）结构分析。如图 1-1 所示，该零件属于轴类零件，加工内容包括圆柱、圆锥、沟槽、倒角。

（2）尺寸分析。该零件图尺寸完整，主要尺寸分析如下。

$\phi52^{+0.046}_{0}$：经查表，加工精度等级为 IT8。

$\phi40\pm0.031$：经查表，加工精度等级为 IT9。

$\phi58\pm0.037$：经查表，加工精度等级为 IT9。

17 ± 0.09：经查表，加工精度等级为 IT12。

其他尺寸的加工精度按 GB/T 1804—m 处理。

（3）表面粗糙度分析。全部表面的表面粗糙度为 3.2μm。

根据分析，定位销轴的所有表面都可以加工出来，经济性能良好。

（二）制订机械加工工艺方案

1．确定生产类型

零件数量为 20 件，属于单件小批量生产。

2．拟订工艺路线

（1）确定工件的定位基准。确定坯料轴线和左端面为定位基准。

（2）选择加工方法。该零件的加工表面均为回转体，加工表面的最高加工精度等级为 IT8，表面粗糙度为 3.2μm。采用加工方法为粗车、半精车。

（3）拟订工艺路线。

① 按ϕ60mm×100mm 下料。

② 车削各表面。

③ 去毛刺。

④ 检验。

3．设计数控车加工工序

（1）选择加工设备。选用长城机床厂生产的 CK7150A 型数控车床，系统为 FANUC 0i，配置后置式刀架，如图 1-51 所示。

（2）选择工艺装备。

① 该零件采用三爪自动定心卡盘自定心夹紧。

② 刀具选择如下。

外圆机夹车刀 T0101：车端面，粗车、半精车各外圆。

切断刀（宽 3mm）T0202：用于切槽和切断。

③ 量具选择如下。

量程为 200mm，分度值为 0.02mm 的游标卡尺。

测量范围是 25～50mm，分度值为 0.001mm 的外径千分尺。

测量范围是 50～75mm，分度值为 0.001mm 的外径千分尺。

（3）确定工步和走刀路线。按加工过程确定走刀路线如下：车端面→粗车各外圆→半精车各外圆→切槽、切断。

车端面的路线为 1→*p*→*O*→*q*→1，如图 1-52 所示。

图1-51　CK7150A型数控车床

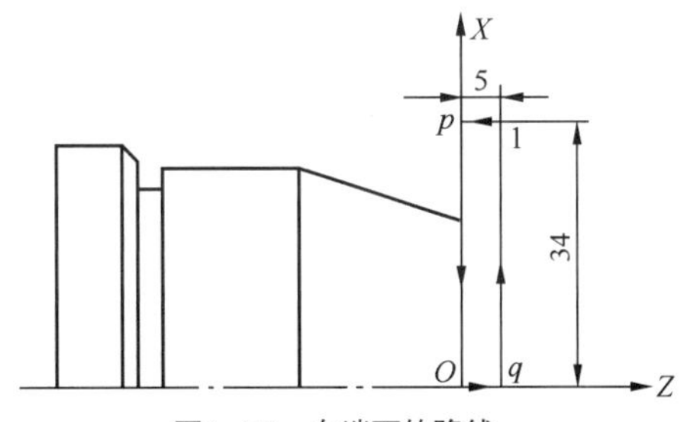

图1-52　车端面的路线

粗车各外圆的路线为 1→2→3→4→1，1→5→6→7→1，如图 1-53 所示。

粗车锥面的路线为 *a*→*b*→*c*→*a*，*a*→*d*→*e*→*a*，*a*→*f*→*g*→*a*，如图 1-54 所示。剖面线部分是需要去除的余量。

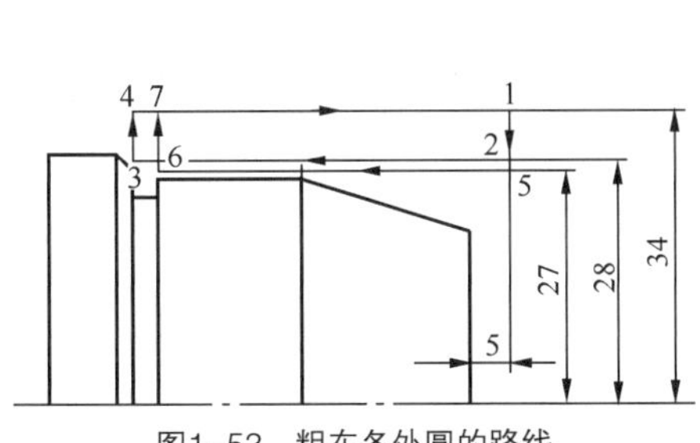

图1-53　粗车各外圆的路线

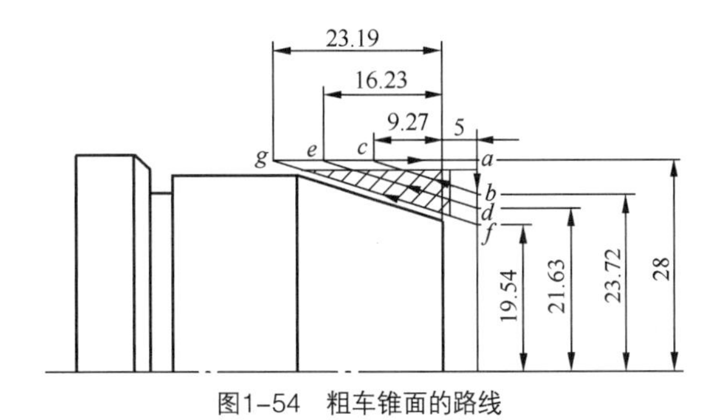

图1-54　粗车锥面的路线

精加工的路线为 $A→B→C→D→E→F$，如图 1-55 所示。

切槽的路线为 $A1→A2→A1$，切断的路线为 $A3→A4→A3$，如图 1-56 所示。

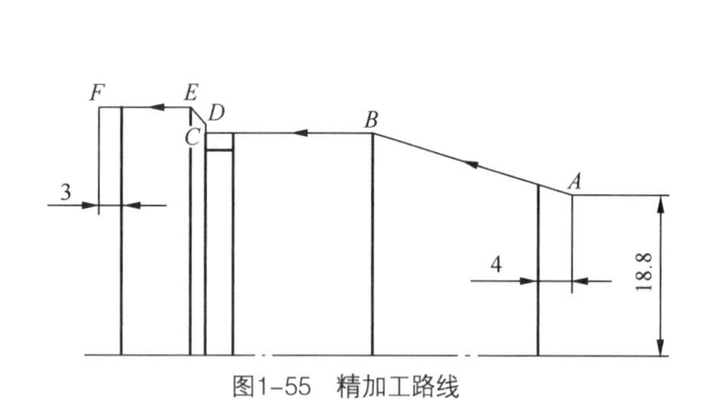

图1-55 精加工路线

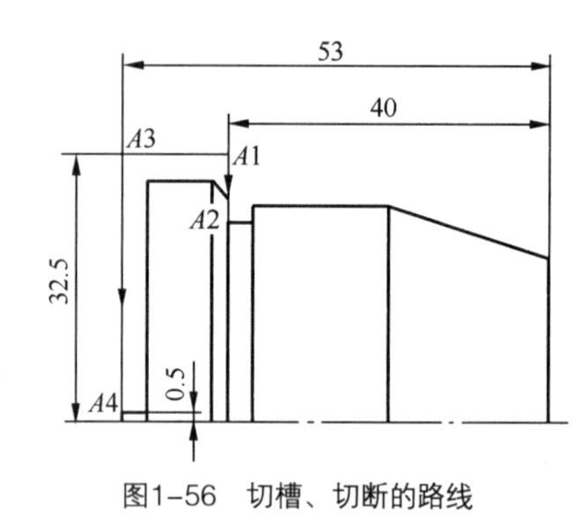

图1-56 切槽、切断的路线

（4）确定切削用量。

背吃刀量：粗车时，确定背吃刀量为 2mm，半精车时，确定背吃刀量为 0.5mm。

主轴转速：粗车时，确定主轴转速为 800r/min，半精车时，确定主轴转速为 1 200r/min。切槽、切断时，确定主轴转速为 400r/min。

进给量：粗车时，确定进给量为 0.2mm/r；半精车时，确定进给量为 0.1mm/r；切槽、切断时，确定进给量为 0.05mm/r。

（三）编制数控技术文档

1．编制机械加工工艺过程卡

编制机械加工工艺过程卡，见表 1-25。

表 1-25 定位销轴的机械加工工艺过程卡

机械加工工艺过程卡		产品名称	零件名称	零件图号	材料	毛坯规格
			定位销轴	C01	45 钢	ϕ60mm×100mm
工序号	工序名称	工序简要内容	设备	工艺装备		工时
5	下料	按ϕ60mm×100mm 下料	锯床			
10	车	车削各表面	CK7150A	三爪卡盘、游标卡尺、外径千分尺、外圆机夹车刀、切断刀		
15	钳	去毛刺		钳工台		
20	检验					
编制		审核	批准		共 页	第 页

2．编制数控加工工序卡

编制数控加工工序卡，见表 1-26。

3．编制刀具调整卡

编制刀具调整卡，见表 1-27。

表 1-26　　定位销轴的数控加工工序卡

数控加工工序卡				产品名称	零件名称	零件图号				
					定位销轴	C01				
工序号	程序编号	材料	数量	夹具名称	使用设备	车间				
10	O1001	45 钢	20	三爪卡盘	CK7150A	数控加工车间				

工步号	工步内容	切削用量				刀具		量具	
		v_c（m/min）	n（r/min）	f（mm/r）	a_p（mm）	编号	名称	编号	名称
1	车端面	150	800	0.2	1	T0101	外圆机夹车刀	1	游标卡尺
2	粗车各外圆	150	800	0.2	2	T0101	外圆机夹车刀	1	游标卡尺
3	半精车各外圆	220	1 200	0.1	0.5	T0101	外圆机夹车刀	2	外径千分尺
4	切槽、切断	75	400	0.05		T0202	切断刀	1	游标卡尺
编制		审核		批准			共　页	第　页	

表 1-27　　定位销轴的车削加工刀具调整卡

产品名称或代号			零件名称	定位销轴	零件图号	C01
序号	刀具号	刀具规格名称	刀具参数		刀补地址	
			刀尖半径	刀杆规格	半径	形状
1	T0101	外圆机夹车刀	0.4mm	25mm×25mm		01
2	T0202	切断刀（宽 3mm）	0.4mm	25mm×25mm		02
编制		审核		批准		共　页　第　页

4．编制数控加工程序卡

编程原点选择在工件右端面的中心处，粗车各外圆时，可以用 G90 编程，也可以用 G01、G00 编程。表 1-28 中，是采用 G90 编程。

表 1-28　　数控加工程序卡

零件图号	C01	零件名称	定位销轴	编制日期	
程序号	01001	数控系统	FANUC 0i	编制	
程序内容			程序说明		
N5　T0101；			换外圆机夹车刀		
N10　M03 S800；			主轴正转，800r/min		
N15　G00 X68 Z5；			刀具快速定位在 1 点		
N20　G94 X0 Z0 F0.2；			车端面（路线为 1→p→O→q→1）		

续表

程序内容	程序说明
N25　G90 X56 Z-40；	粗车外圆（路线为 1→2→3→4→1）
N30　X54 Z-37；	粗车外圆（路线为 1→5→6→7→1）
N35　G00 X56 Z5；	刀具快速定位在 *a* 点
N40　G90 X56 Z-9.27 R-6；	粗车锥面（路线为 *a*→*b*→*c*→*a*）
N45　X56 Z-16.23 R-6；	粗车锥面（路线为 *a*→*d*→*e*→*a*）
N50　X56 Z-23.19 R-6；	粗车锥面（路线为 *a*→*f*→*g*→*a*）
N55　M03 S1200；	主轴正转，1 200r/min
N60　G00 X37.6 Z4；	刀具快速定位在 *A* 点
N65　G01 X52 Z-20 F0.1；	刀具移到 *B* 点
N70　Z-40；	刀具移到 *C* 点
N75　X54；	刀具移到 *D* 点
N80　X58 W-2；	刀具移到 *E* 点
N85　Z-53；	刀具移到 *F* 点
N90　G00 X64；	
N95　X150 Z100；	
N100　T0202；	换切断刀
N105　M03 S400；	
N110　G00 X65 Z-40；	刀具移到 *A*1 点
N115　G01 X48 F0.05；	刀具移到 *A*2 点，切槽
N120　X65；	刀具移到 *A*1 点
N125　G00 Z-53；	刀具移到 *A*3 点
N130　G01 X1；	刀具移到 *A*4 点，切断
N135　X65；	刀具移到 *A*3 点
N140　G00 X150 Z100 M05；	
N145　M30；	

（四）试加工与优化

1. 进入数控车仿真软件并开机

打开计算机，双击图标，单击图标 Fanuc数控车仿真 ，进入 FANUC 数控车仿真系统，单击图标，显示机床操作面板区，单击图标，屏幕显示如图 1-57 所示，单击“确定”按钮。

图1-57　回参考点

2. 回零

将模式选择旋钮旋至，按下 +X 键，车床沿 *X* 方向回零；按下 +Z 键，车床沿 *Z* 方向回零。回零之后，屏幕显示“X 0.000　Z 0.000”。

3．手动移动机床，使各轴位于机床行程的中间位置

将模式选择旋钮旋至。

单击图标，按方向按钮-Z、-X，使各轴移动到机床行程的中间位置。

4．输入程序

输入程序有两种方法，第 1 种是通过数控系统操作区的编辑键输入程序；第 2 种是通过“写字板”或“记事本”输入程序。在此，介绍第 2 种方法。

单击桌面上的“开始”→“程序”→“附件”→“记事本”或“写字板”。在记事本或写字板中将程序输入。

程序输入完成后，单击“文件”→“保存（S）”，如图 1-58 所示，将保存类型设为“文本文档（*.txt）”，在文件名中输入“O1001.nc”，O1001 为文件名，由拼音和数字组成。

注意　*后缀名必须为“.nc”。*

5．调用程序

（1）将模式选择旋钮旋至，按顺序单击图标、PROG，屏幕显示如图 1-59 所示。

（2）在提示“>_”处输入程序号“O1001”，单击图标↓，屏幕显示如图 1-60 所示。

（3）单击图标，将文件类型改为“NC_代码文件（*.cnc;*.nc）”，如图 1-61 所示。在相应文件夹中找到文件 O1001.nc，单击“打开”按钮，此时，程序被调入到数控系统中。

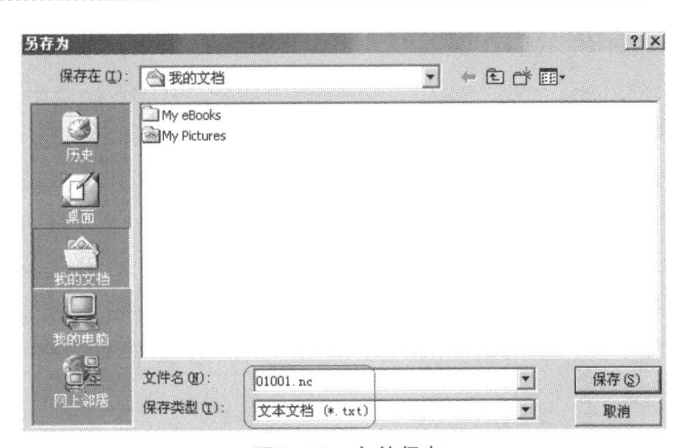

图1-58　文件保存

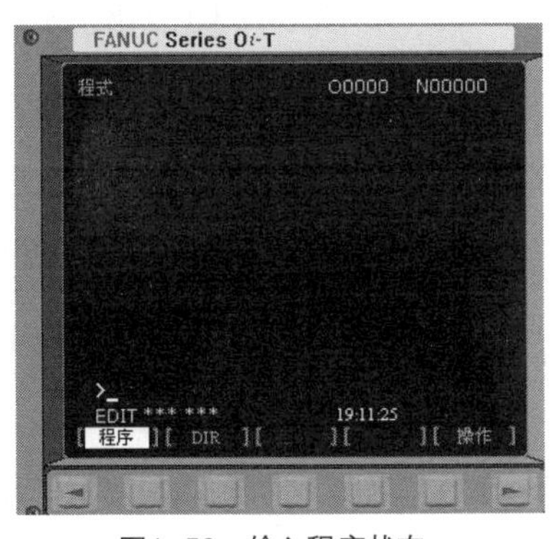

图1-59　输入程序状态

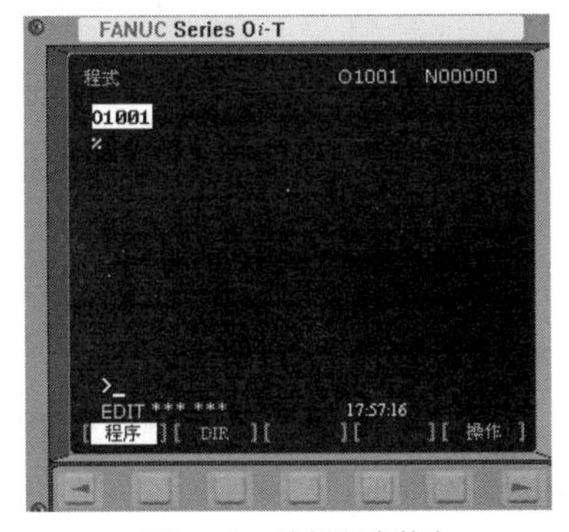

图1-60　编辑程序状态

6．安装工件

单击图标，选择“工件大小”，则进入设置工件尺寸状态。将工件直径改为 60，工件长度改为 100，如图 1-62 所示，单击“OK”按钮即可。

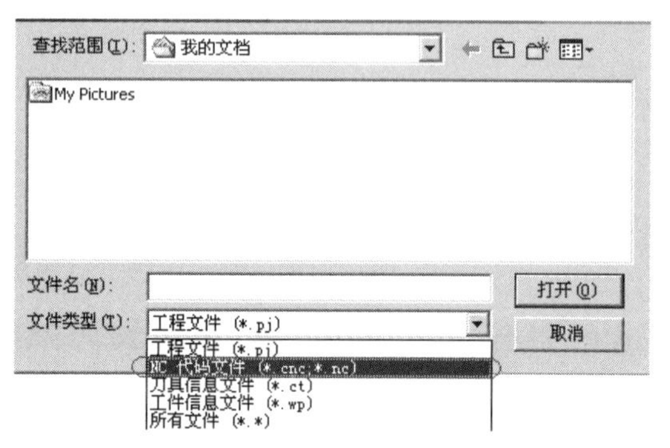

图1-61　打开文件状态

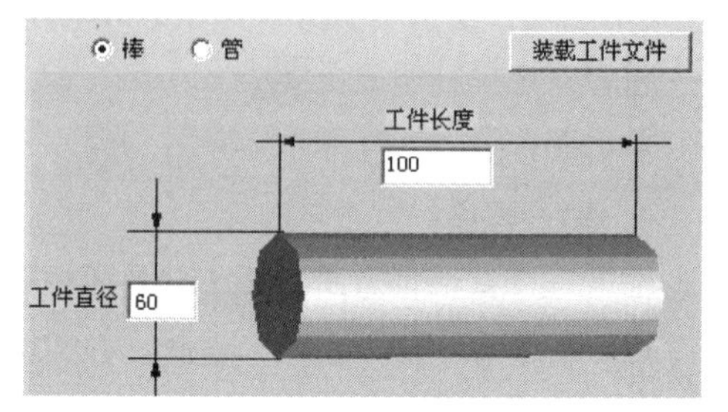

图1-62　设置工件状态

7. 装刀并对刀

（1）装刀。程序中用了两把刀具，T0101 为机夹外圆车刀，T0202 为 3mm 宽的切断刀。

单击图标，如图 1-63 所示，在刀具库管理中找到机夹外圆车刀及 3mm 宽的切槽刀，若没有合适的刀具，可通过“添加”按钮添加合适的刀具。Tool1 和 Tool6 为该程序所需刀具。将 Tool1 和 Tool6 分别拖到机床刀库中的 01 和 02 位置，如图 1-64 所示。

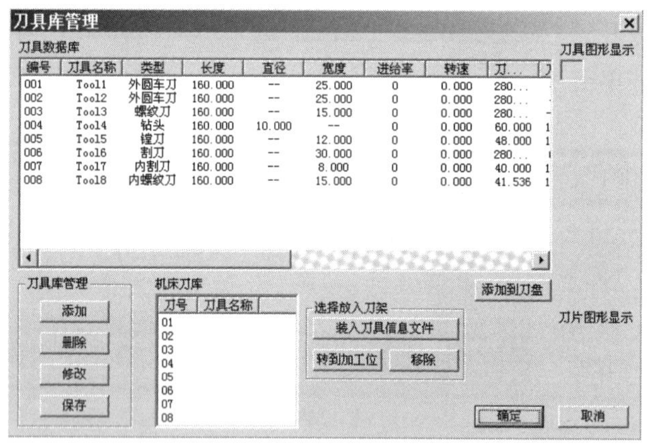

图1-63　刀具库管理状态

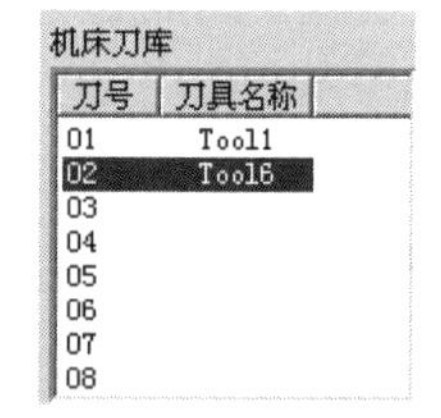

图1-64　机床刀库状态

（2）对 1 号刀。在图 1-64 中，让光标选中 01 号刀，并单击“转到加工位”、“确定”按钮，此时 1 号刀位于加工位。将模式选择旋钮旋至，单击图标，屏幕显示如图 1-65 所示，单击“确定”按钮。

图1-65　刀具原点设置

（3）输入补偿数据。

① 单击图标，然后单击【补正】对应的键，屏幕如图 1-66 所示，刀具磨损中 W001 号、W002 号中的 X、Z 均应为 0，若不为 0，应将之修改为 0。

② 单击【形状】对应的键，屏幕如图 1-67 所示。将光标移到 G001 号的 X 位置，在提示“>_”处输入 X60，然后单击【测量】对应的键，将光标移到 G001 号的 Z 位置，在提示“>_”处输入 Z0，然后单击【测量】对应的键，此时，1 号刀对刀完毕。

（4）对 2 号刀。通过手动移动机床按钮，让刀具远离工件。然后单击图标，将 2 号刀位于加工位。

单击图标，屏幕显示如图 1-65 所示，单击“确定”按钮。

将光标移到 G002 号的 *X* 位置，在提示“>_”处输入 X60，然后单击【测量】对应的键，将光标移到 G002 号的 *Z* 位置，在提示“>_”处输入 Z0，然后单击【测量】对应的键，此时，2 号刀对刀完毕。

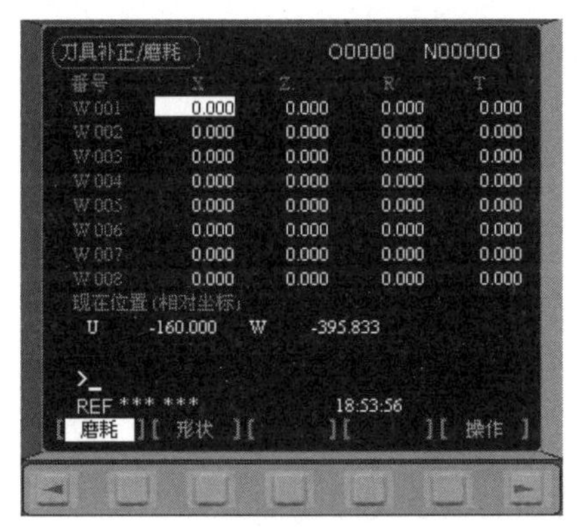

图1-66 刀具补正/磨耗状态

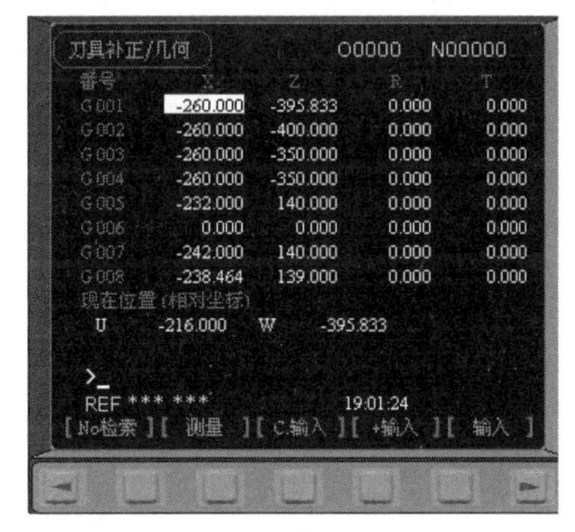

图1-67 刀具补正/几何状态

8．让刀具退到距离工件较远处

将模式选择旋钮旋至→单击图标→按方向按钮 +X 、+Z，让刀具退到距离工件较远处。

9．自动加工

将模式选择旋钮旋至→单击图标→关闭机床门→单击图标、→单击程序运行开始按钮，车床开始自动加工零件。

10．测量工件

依次单击图标、、，对工件进行测量。

11．退出数控车仿真软件

单击屏幕右上方的图标，退出数控车仿真系统。

四、拓展知识

（一）SINUMERIK 802S 系统的基本编程指令

（1）绝对/增量位置数据 G90/G91。

功能：G90 和 G91 指令分别表示绝对坐标方式编程和增量坐标方式编程。

（2）半径/直径数据尺寸 G22/G23。

功能：在车床上加工零件时，G22 表示 *X* 轴采用半径尺寸编程，G23 表示 *X* 轴采用直径尺寸编程。

（3）刀具 T 和刀具补偿号 D。

① 刀具 T。

功能：T 指令用于选择刀具。

说明：系统中最多同时存储 10 把刀具。

② 刀具补偿号D。功能：1个刀具可以匹配1～9个不同补偿的数据组（用于多个切削刃）。用D及其相应的序号可以编程1个专门的切削刃。如果没有编写D指令，则D1自动生效。如果编程D0，则刀具补偿值无效。

（4）快速点位运动G00。

格式：G00　X__Z__;

说明：目标点的位置坐标（X, Z）可以用绝对位置数据G90或增量位置数据G91输入。

（5）直线插补G01。

格式：G01 X__Z__F__;

说明：目标点的位置坐标（X, Z）可以用绝对位置数据G90或增量位置数据G91输入。

（二）华中世纪星HNC-21T系统的基本编程指令

华中世纪星HNC-21T系统M、F、S、T指令功能与FANUC 0i系统相同，在此不再重述。

华中世纪星HNC-21T数控系统基本编程指令与FANUC 0i系统的比较见表1-29。

表1-29　华中世纪星HNC-21T数控系统基本编程指令与FANUC 0i系统的比较

功能		华中世纪星HNC-21T系统指令	FANUC 0i Mate TB系统指令	备注
尺寸单位选择	英制输入制式	G20	G20	*
	公制输入制式	G21	G21	*
进给速度单位的设定	每分钟进给	G94	G98	
	每转进给	G95	G99	
主轴转速功能的设定	主轴最高转速限制	G46 X _P _;	G50 S_;	①
	主轴速度以恒线速度设定	G96 S_;	G96 S_;	*
	主轴速度以转速设定	G97 S_;	G97 S_;	*
坐标值设定	绝对值编程	G90或X、Z	X、Z	
	相对值编程	G91或U、W	U、W	
坐标系设定		G92 X_ Z_;	G50 X_ Z_;	②
工件坐标系选择		G54～G59	G54～G59	*
编程方式	直径方式编程	G36	由系统参数设定	③
	半径方式编程	G37	由系统参数设定	
快速定位		G00 X(U)_ Z(W)_;	G00 X(U)_ Z(W)_;	*
直线插补		G01 X(U)_ Z(W)_F_;	G01 X(U)_ Z(W)_F_;	*

说明：在备注栏中标注“*”，表示G代码功能编程格式与FANUC 0i系统完全相同。

① X为恒线速时主轴最低速限定（r/min）；P为恒线速时主轴最高速限定（r/min）。

② X、Z为对刀点在工件坐标系中的坐标值。

③ 直径方式编程为默认值。

（三）宇龙数控车仿真软件的操作

以定位销轴的仿真加工介绍宇龙数控车仿真软件的操作。

（1）进入宇龙数控车仿真软件并开机。

① 在"开始\程序\数控加工仿真系统"菜单里单击"数控加工仿真系统"，或者在桌面双击图标，弹出登录窗口，选择"快速登录"或输入"用户名"和"密码"即可进入数控系统。

② 单击工具栏中的按钮，弹出"选择机床"设置窗口，如图1-68所示。

选择"数控系统"、"机床类型"，单击"确定"按钮，就进入了FANUC 0i数控车床的机床界面。

（2）回零。依次单击图标、，让车床开机。

单击图标，选择回零模式。单击图标Z→单击图标+，*Z*轴回零；单击图标X→单击图标+，*X*轴回零。完成后，回零指示灯亮起，CRT面板显示的坐标为X390.000、Z300.000。

（3）手动移动机床，使机床各轴的位置距离机床零点一定的距离。单击图标，选择手动模式。分别单击X、Z按钮，选择移动的坐标轴。分别单击图标+、-，控制机床的移动方向。单击图标，控制主轴的转动和停止。

（4）输入程序。

① 当程序段较少时，可以直接在数控系统中编辑数控加工程序。操作步骤如下：单击图标，进入编辑模式，单击PROG按钮，进入程序管理窗口，在缓冲区输入程序号"O1001"，单击图标INSERT，新建程序，每编辑一段数控加工程序，单击EOB E换行。

② 当程序段较长时，建议用Word、记事本等编辑数控加工程序，并保存。

（5）调用程序。当用Word、记事本等编辑好数控加工程序后，需要在仿真软件中调用该程序。操作步骤如下：单击图标，进入编辑模式，单击PROG按钮，进入程序管理窗口，如图1-69所示。

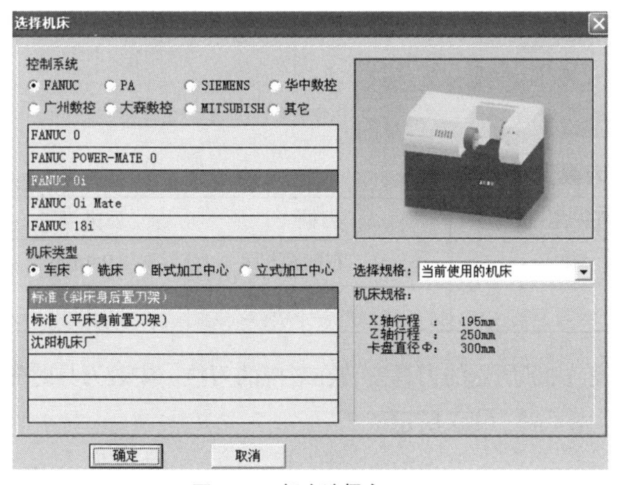

图1-68　机床选择窗口

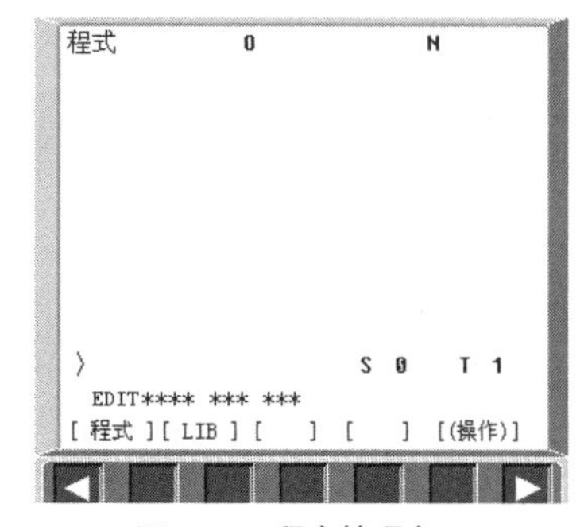

图1-69　程序管理窗口

单击"[（操作）]"，进入该命令下级菜单，单击▶按钮翻页，执行"[READ]"命令，单击工具栏上的按钮，弹出文件选择窗口，将文件目录浏览到程序保存目录，然后打开，在缓冲区输入程序编号"O1001"，如图1-70所示，单击"[EXEC]"，即将程序导入数控系统。

（6）安装工件。单击工具栏上的定义毛坯按钮，设置如图 1-71 所示的毛坯尺寸，单击“确定”按钮即可。

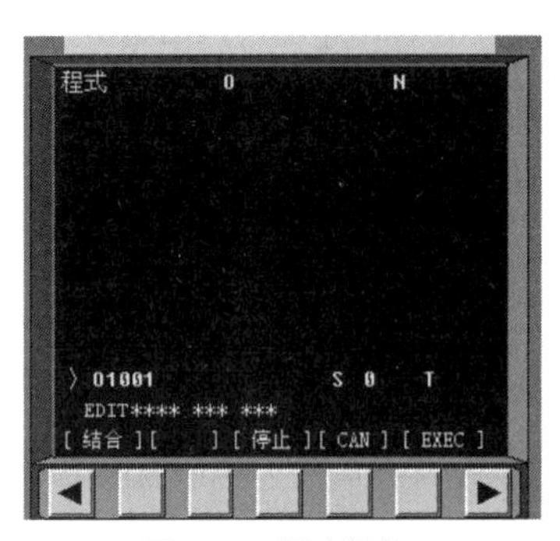

图1-70 新建程序

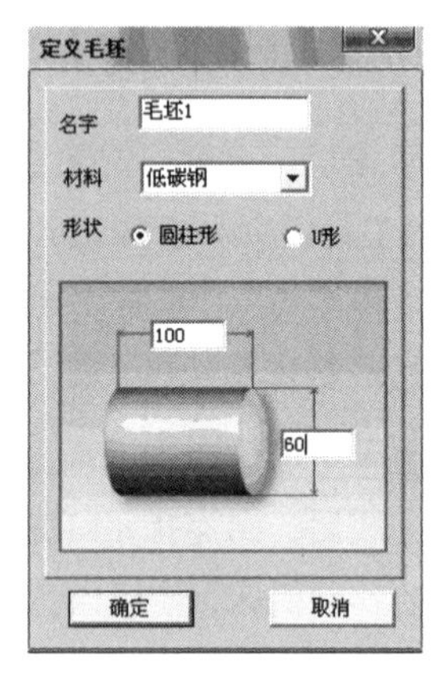

图1-71 毛坯定义界面

单击工具栏上的定义毛坯按钮，弹出“选择零件”窗口，选择前面定义的毛坯，单击“安装零件”按钮，此时，弹出移动工件按钮，如图 1-72 所示。

单击图标，将工件向右移动到合适的位置，每移动 1 次是 10mm，如图 1-73 所示，将工件位置调整好后，单击“退出”按钮。

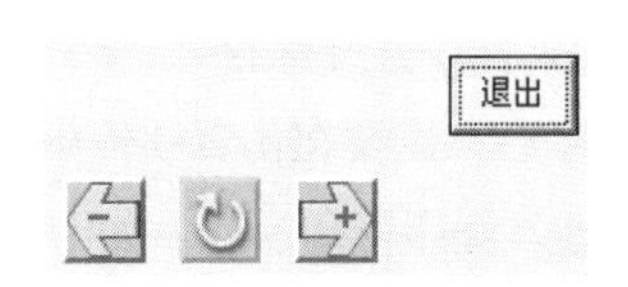

图1-72 移动工件按钮

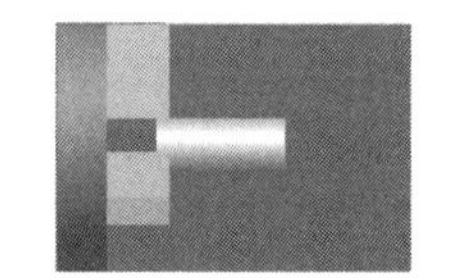
图1-73 工件装夹位置

（7）装刀并对刀。

① 定义刀具，见表 1-30。

表 1-30 刀具选择表

刀位号	刀片类型	刀尖角度	刀柄	刀尖半径
1	菱形刀片	80°	93° 右向横柄	0.4mm
2	切断刀		外圆切槽柄	0.4mm

单击工具栏上的选择刀具按钮，将表 1-30 所示的刀具安装在对应的刀位。安装刀具时先选择刀位，再依次选择刀片、刀柄等，如图 1-74（a）、（b）所示。

② 对 1 号刀。

- *X* 方向对刀：单击按钮，将机床设置为手动模式。

单击图标 Z →按下快速键，使机床快速移动，按住 - 键，将机床向负方向靠近工件移动；单击图标 X →按住 - 键，将机床向负方向移动。当刀具靠近工件时取消快速，单击图标，启动主轴。试切工件直径，然后使刀具沿试切圆柱面退刀。

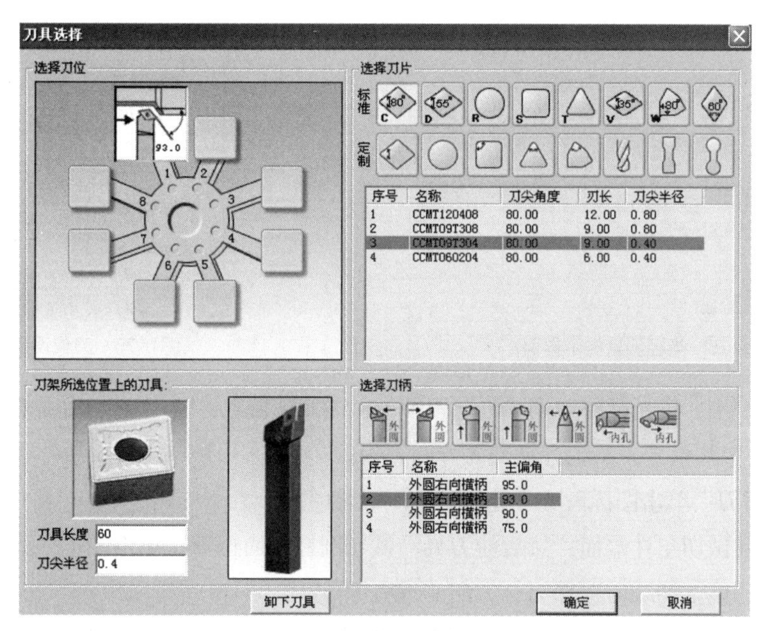

(a) 安装外圆机夹车刀

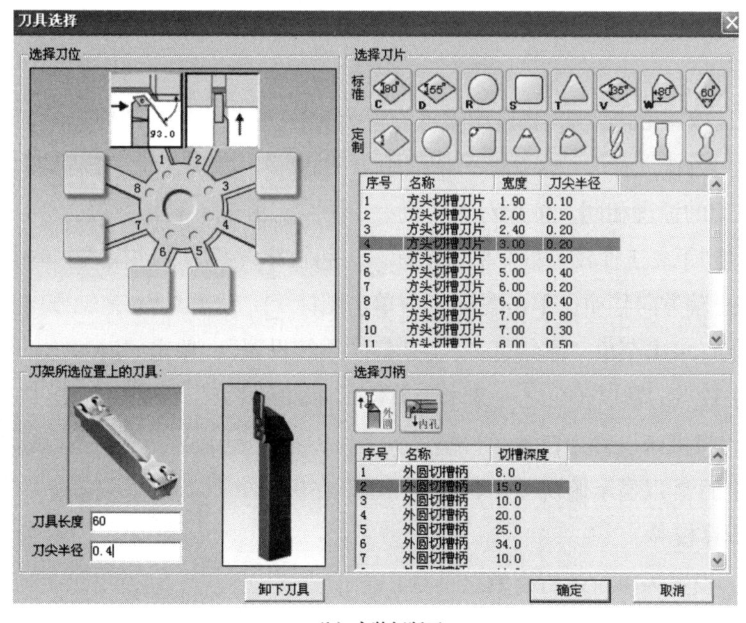

(b) 安装切断刀

图1–74 装刀

单击图标，停止主轴旋转，单击“测量”菜单，执行“剖面图测量”命令，弹出图 1-75 所示提示窗口。

单击“否”按钮，进入测量窗口。

在剖面图上用鼠标左键单击刚试切的圆柱面，系统会自动测量试切圆柱面的直径和长度，测量结果会高亮显示出来，记录试切直径的数值，单击“退出”按钮。

单击 MDI 键盘上的，再单击软键“[形状]”，进入刀偏设置窗口，如图 1-76 所示。

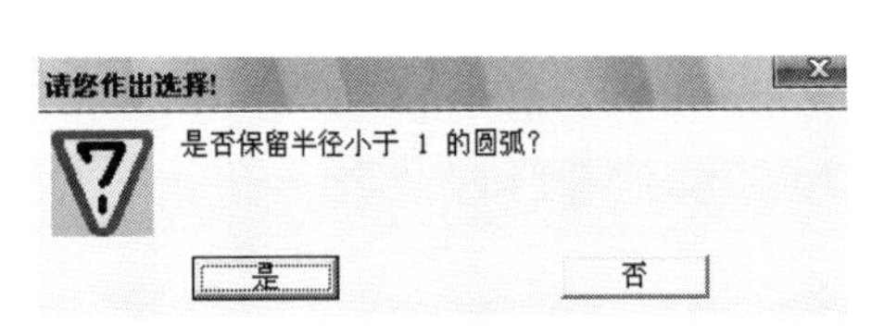

图1-75 半径测量提示界面

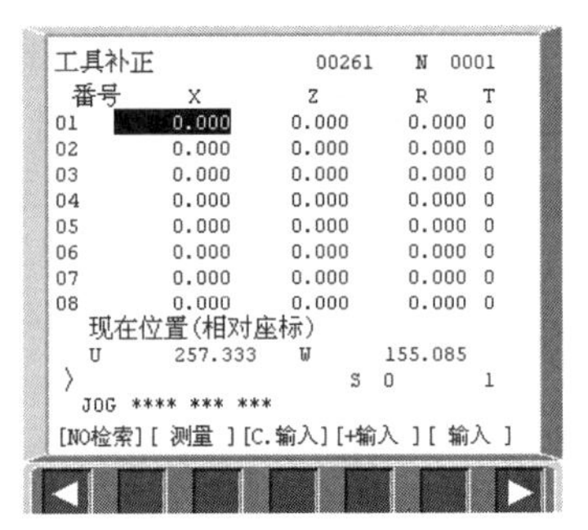

图1-76 刀偏设置界面

使用←|↑|↓|→|，将光标移动到“01”刀补，在缓冲区输入“X__”，X后面的数值就是试切直径的数值，单击“[测量]”，系统计算出*X*方向刀偏。

- *Z*方向对刀：单击图标→单击图标，启动主轴。

手动移动刀具试切工件端面，然后使刀具沿试切圆柱端面退刀。单击图标，主轴停止旋转。由于是首次对刀，该试切端面选择为*Z*方向的编程原点。

单击MDI键盘上的键，再单击软键“[形状]”，进入刀偏设置窗口，使用←|↑|↓|→|键，将光标移动到“01”刀补，在缓冲区输入“Z0.”，单击“[测量]”，系统计算出*Z*方向刀偏。

③ 对2号刀。

- MDI换刀：单击图标，将机床模式设置为MDI模式，单击图标PROG，以显示MDI程序窗口，单击图标EOB、INSERT，输入“T0200”，依次单击图标EOB、INSERT、RESET，按即2号刀更换完毕。
- 与对1号刀的原理相同，依次对*X*方向、*Z*方向，并输入补偿数据。

（8）让刀具退到距离工件较远处。单击图标，将机床设置为手动模式。单击图标Z→单击图标+，让刀具沿+*Z*轴方向移动；单击图标X→单击图标+，让刀具沿+*X*轴方向移动。

（9）自动加工。单击菜单“系统管理”，选择“系统设置”，单击“FANUC 属性”，如图1-77所示。将“没有小数点的数以千分之一毫米为单位”前面的“√”去掉，单击“应用”按钮即可。

单击图标，将机床设置为自动运行模式。

单击工具栏上的以显示俯视图，单击图标，在机床模拟窗口进行程序校验。

单击图标，设置为单段运行有效。

单击操作面板上的“循环启动”按钮，程序开始执行。

如果没有问题，则单击图标，以退出程序校验模式。

单击操作面板上的“循环启动”按钮，开始执行程序，进行自动加工。

（10）测量工件。单击“测量”菜单，执行“剖面图测量”命令，弹出测量窗口，依次测量零件各段尺寸。

（11）退出宇龙数控车仿真软件。单击仿真软件窗口的“关闭”按钮，退出宇龙数控车仿真软件。

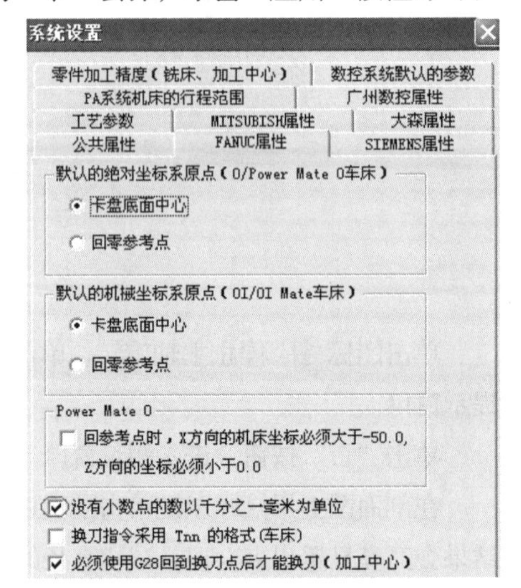

图1-77 修改FANUC属性

本项目详细介绍了外圆车刀、切槽切断刀的选用，车圆柱面、阶台、锥面、切槽、切断的走刀路线设计，切削用量的选择，数控车床的编程特点，直线移动指令及单一固定循环指令，宇航数控车仿真软件的操作。要求读者熟悉车刀的选用、切削用量的选择、宇航数控车仿真软件的操作，掌握走刀路线的设计、直线移动指令及单一固定循环指令的编程。

一、选择题（请将正确答案的序号填写在括号中，每题 2 分，满分 20 分）

1. 精车 45 钢光轴应选用（　　）牌号的硬质合金车刀。

（A）YG3　（B）YG8　（C）YT5　（D）YT15

2. 被加工工件强度、硬度越大时，刀具寿命（　　）。

（A）越高　（B）越低　（C）不变　（D）不一定

3. 刀具硬度最低的是（　　）。

（A）高速钢刀具　（B）陶瓷刀具　（C）硬质合金刀具　（D）立方氮化硼刀具

4. 精车时的切削用量，一般以（　　）为主。

（A）提高生产率　（B）降低切削功率　（C）保证加工质量　（D）降低生产成本

5. A（10，15）、B（45，35）两点，由 $A \to B$ 的尺寸字表示错误的是（　　）。

（A）X45 Z35　（B）U35 W20　（C）X45 W20　（D）U45 W20

6.（　　）表示每转进给量，并为数控车床的初始状态。

（A）G96　（B）G97　（C）G98　（D）G99

7. 车床数控系统中，用（　　）指令进行恒线速控制。

（A）G0　S__　（B）G96　S__　（C）G01　F__　（D）G98　S__

8. 在 G00 程序段中，（　　）值将不起作用。

（A）X　（B）S　（C）F　（D）T

9. 可用作直线插补的准备功能代码是（　　）。

（A）G01　（B）G03　（C）G02　（D）G04

10.（　　）功能为封闭的直线切削和锥形切削循环。

（A）G90　（B）G91　（C）G92　（D）G00

二、判断题（请将判断结果填入括号中，正确的填“√”，错误的填“×”，每题 2 分，满分 20 分）

（　　）1. 硬质合金是耐磨性好、耐热性高、抗弯强度和冲击韧性都较高的一种刀具材料。

（　　）2. 切断实心工件时，工件半径应小于切断刀刀头长度。

（　　）3. 车床的进给方式分每分钟进给和每转进给两种，一般可用 G98 和 G99 区分。

（　　）4. T0101 表示选用第 1 号刀，使用第 1 号刀具位置补偿值。

（　　）5. 用 G50 编程，可限制主轴的最高转速。

（　　）6. G01 X5 与 G01 U5 等效。

（　　）7. 在程序段 G00 X（U）__Z（W）__中，X、Z 表示绝对坐标值地址，U、W 表示相对坐标值地址。

（　　）8. G00 指令是不能用于进给加工的。

（　　）9. G01 指令后的 F 根据工艺要求选定。

（　　）10. 在程序段 G94 X（U）__Z（W）__R__F__中，R 值的正负与刀具轨迹有关。

三、编程题（在下面 3 道题中，任选 1 道，满分 60 分）

1. 加工如图 1-78 所示零件，数量为 1 件，毛坯为ϕ60mm 的 45 钢棒料。要求设计数控加工工艺方案，编制机械加工工艺过程卡、数控加工工序卡、数控车刀具调整卡、数控加工程序卡，进行仿真加工，优化走刀路线和程序。

2. 加工如图 1-79 所示零件，数量为 1 件，毛坯为ϕ30mm 的 45 钢棒料。要求设计数控加工工艺方案，编制机械加工工艺过程卡、数控加工工序卡、数控车刀具调整卡、数控加工程序卡，进行仿真加工，优化走刀路线和程序。

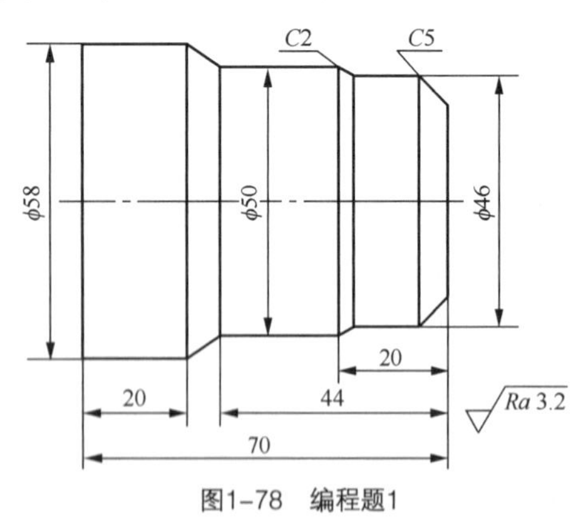

图1-78　编程题1

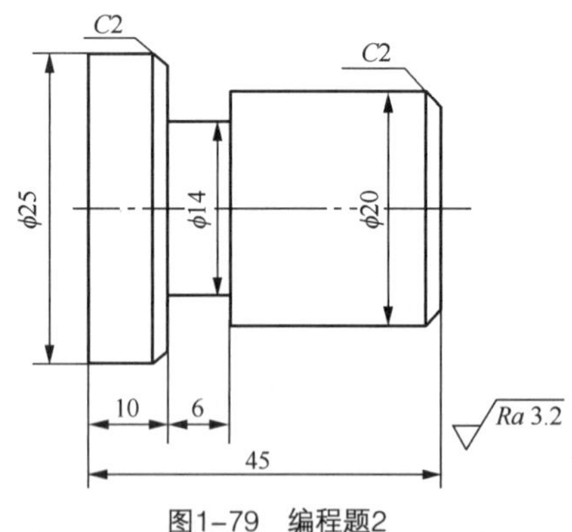

图1-79　编程题2

3. 加工如图 1-80 所示零件，数量为 1 件，毛坯为ϕ50mm×80mm 的 45 钢。要求设计数控加工工艺方案，编制机械加工工艺过程卡、数控加工工序卡、数控车刀具调整卡、数控加工程序卡，进行仿真加工，优化走刀路线和程序。

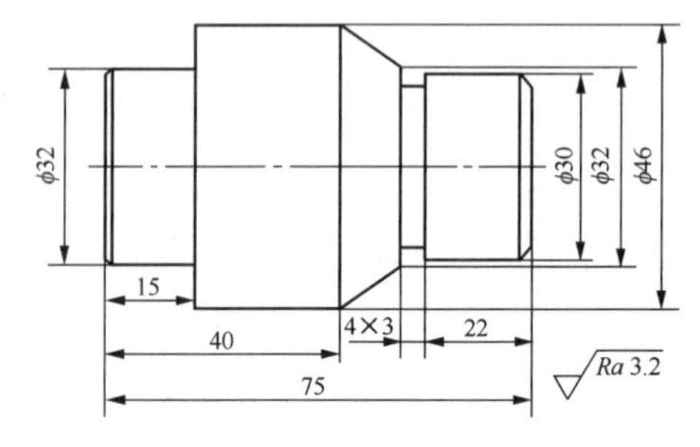

技术要求

1. 未注尺寸公差按 GB/T 1804-m 处理。
2. 未注倒角为 C2。

图1-80　编程题3

Chapter

2

项目二

螺纹球形轴的数控加工工艺设计与程序编制

【能力目标】

通过螺纹球形轴的数控加工工艺设计与程序编制，具备编制车削圆弧面、螺纹数控加工程序的能力。

【知识目标】

1. 了解螺纹车刀的选用。
2. 了解车螺纹切削用量的选择。
3. 掌握车圆弧面的走刀路线设计。
4. 掌握车螺纹的走刀路线设计及各主要尺寸的计算。
5. 掌握数控车编程指令（G02、G03、G40、G41、G42、G04、G32、G92、G76）。

一、项目导入

加工螺纹球形轴，如图 2-1 所示，毛坯为ϕ52mm×130mm 的棒料。要求设计数控加工工艺方案，编制机械加工工艺过程卡、数控加工工序卡、数控车刀具调整卡、数控加工程序卡，进行仿真加工，优化走刀路线和程序。

二、相关知识

（一）螺纹车刀的选用

选择螺纹车刀时，首先要判断车削外螺纹还是内螺纹，是左螺纹还是右螺纹，螺纹类型是公制还是英制。

下面以成都英格数控刀具模具有限公司的产品为例，介绍螺纹车刀的选用。

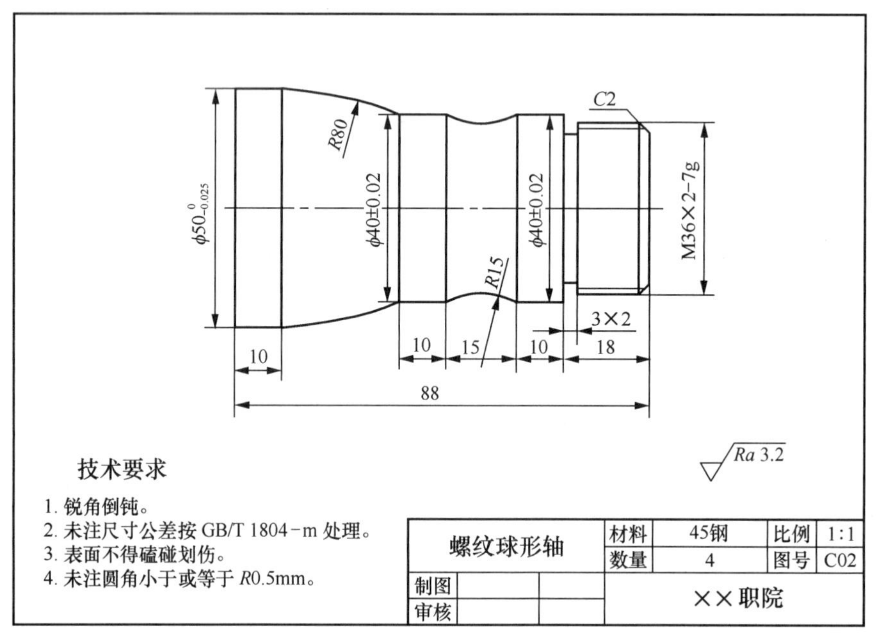

图2-1　螺纹球形轴零件图

（1）选择螺纹车刀型号。螺纹车刀型号及其含义如图 2-2 所示。

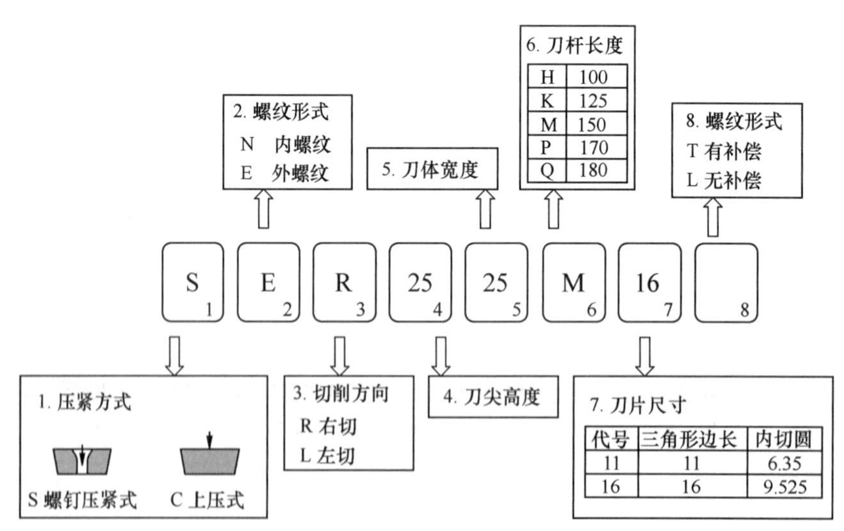

图2-2　螺纹车刀型号示意图

（2）选择螺纹车刀刀片形式。螺纹车刀刀片形式及特点见表 2-1。

（二）车螺纹切削用量的选择

（1）背吃刀量和走刀次数的确定。车螺纹的切深方式有常量式和递减式两种，如图 2-3 所示，一般采用递减式。走刀次数和进刀量（背吃刀量）的大小会直接影响螺纹的加工质量，具体可参考表 2-2。

表 2-1　　螺纹车刀刀片形式及特点

刀片形式	示意图	特点
全牙型刀片	齿顶修正	保证正确的深度、底径、顶径，能保证螺纹的强度； 螺纹车完后不需去毛刺； 齿顶修整量为 0.03～0.07mm； 每一种螺距和牙型需要一种刀片
泛螺距刀片		这类刀片不切削牙尖，螺纹的外径、内径须在螺纹加工前车削到正确的直径； 同一刀片可加工牙尖角相同螺距不同的螺纹； 因为刀尖半径是根据最小螺距选择的，所以刀具寿命短
多齿刀片		走刀次数少，刀具寿命长，生产效率高； 由于切削刃长，负载大，因此要求切削条件必须特别稳定； 仅有最常用的牙型和螺距的多齿螺纹刀片

$X_1=X_2=X_3$

（a）常量式

$X_1<X_2<X_3<X_4$

（b）递减式

图2-3　车螺纹的切深方式

表 2-2　　普通螺纹走刀次数和背吃刀量的参考表　　单位：mm

普通螺纹　牙深=0.649 5P　P 是螺纹螺距								
螺距		1	1.5	2.0	2.5	3	3.5	4
牙深		0.649	0.974	1.299	1.624	1.949	2.273	2.598
走刀次数和背吃刀量	1 次	0.7	0.8	0.9	1.0	1.2	1.5	1.5
	2 次	0.4	0.6	0.6	0.7	0.7	0.7	0.8
	3 次	0.2	0.4	0.6	0.6	0.6	0.6	0.6
	4 次		0.16	0.4	0.4	0.4	0.6	0.6
	5 次			0.1	0.4	0.4	0.4	0.4
	6 次				0.15	0.4	0.4	0.4
	7 次					0.2	0.2	0.4
	8 次						0.15	0.3
	9 次							0.2

注：表中背吃刀量为直径值，走刀次数和背吃刀量根据工件材料及刀具的不同可酌情增减。

（2）主轴转速的确定。当车削螺纹时，车床的主轴转速将受到螺纹的螺距（或导程）大小、驱动电动机的升降频特性及螺纹插补运算速度等多种因素影响，对于不同的数控系统，推荐有不同的主轴转速选择范围。如大多数经济型车床数控系统推荐车螺纹时的主轴转速如下：

$$n \leqslant \frac{1\,200}{P} - K$$

上式中，P 是工件螺纹的导程（mm），英制螺纹为相应换算后的毫米值；K 是保险系数，一般取 80。

（三）车圆弧面的走刀路线设计

在数控车床上加工圆弧时，一般需要多次走刀，先粗车将大部分余量切除，最后精车成形。

（1）阶梯切削法。如图 2-4 所示，即先粗车成阶梯，最后一次走刀精车出圆弧。此方法在确定了每刀背吃刀量 a_P 后，必须精确计算出每次走刀的 Z 向终点坐标，即求圆弧与直线的交点。这种方法的优点是刀具切削的距离较短，缺点是数值计算较繁，编程的工作量较大。

当工件的加工余量较大时，有两种加工路线，如图 2-5 所示。图 2-5（a）与图 2-5（b）比较，在同样背吃刀量 a_P 的条件下，采用图 2-5（a）方式时，粗加工后所剩的余量较多，且不均匀；图 2-5（b）按 1→5 的顺序切削，每次切削所留余量相等。此外，还可以采用依次从轴向和径向进刀的方式，顺着工件毛坯轮廓进给的路线，如图 2-6 所示，粗加工后所剩的余量较均匀。

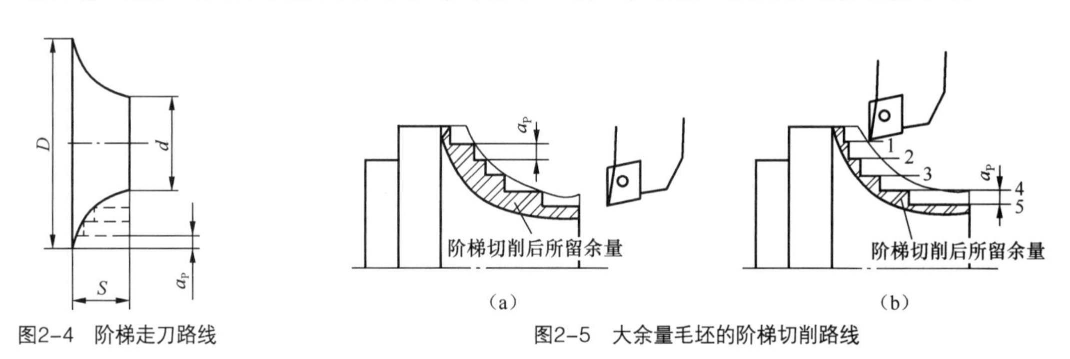

图2-4　阶梯走刀路线

图2-5　大余量毛坯的阶梯切削路线

（2）同心圆弧切削法。如图 2-7 所示，即先按不同半径的同心圆来车削，然后将圆弧加工出来。此方法在确定了每刀背吃刀量 a_P 后，必须精确计算出每个圆弧的起点和终点坐标。这种方法的优点是数值计算简单，编程方便，缺点是当圆弧半径较大时，刀具的空行程时间较长。

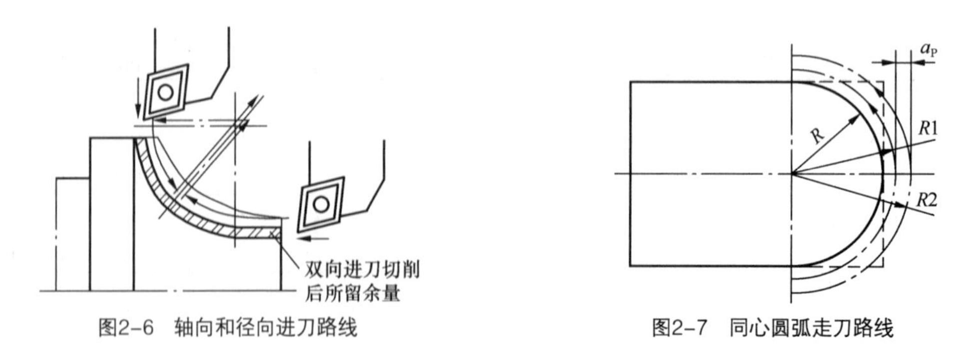

图2-6　轴向和径向进刀路线

图2-7　同心圆弧走刀路线

（3）移心圆弧切削法。如图 2-8 所示，即按半径相同，但圆心不同的圆弧来车削。此方法在确定了每刀背吃刀量 a_P 后，必须精确计算出每个圆弧的圆心坐标或圆弧的起点和终点坐标。这种方法的优、缺点与同心圆弧切削法相同。

（4）圆锥切削法。如图 2-9 所示，即先车一个圆锥（将图 2-9 中剖面线部分切除），再车圆弧。采用此方法时，要注意圆锥起点和终点的确定，若确定不好，则可能损坏圆弧表面，也可能将余量留得过大。这种方法的优点是刀具切削路线短，缺点是数值计算较烦琐。

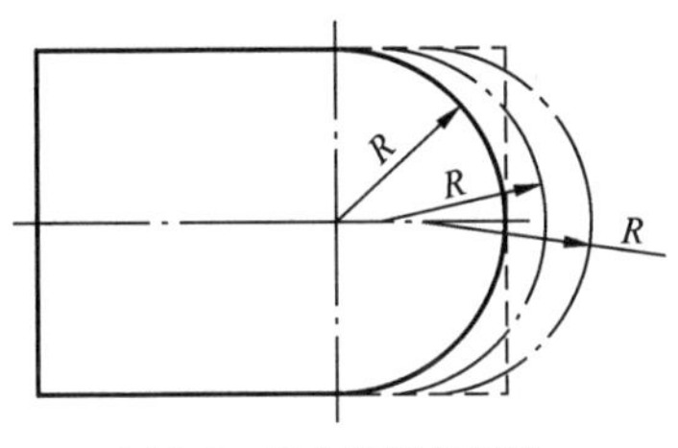

图2-8　移心圆弧切削法

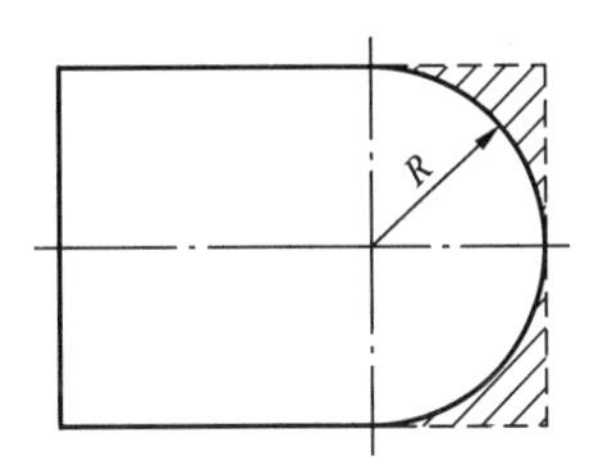

图2-9　圆锥法切削路线

（5）特殊切削法。一般情况下，在数控车削加工中，*Z* 轴方向的进给运动都是沿着负方向进给的，而有时按其常规的负方向安排进给路线并不合理，甚至可能车坏工件。

例如，当采用尖形车刀加工大圆弧内表面零件时，安排如图 2-10 所示的两种不同的进给方法，其结果也不相同。

对于图 2-10（a）所示的第 1 种进给方法（负 *Z* 走向），因切削时尖形车刀主偏角为 100°～105°，这时切削力在 *X* 向的较大分力 F_p，将沿着图 2-11 所示的正 *X* 方向作用，当刀尖运动到圆弧的换象限处，即由负 *Z*、负 *X* 向负 *Z*、正 *X* 变换时，吃刀抗力 F_p 与传动横拖板的传动力方向相同，若螺旋副间有机械传动间隙，就可能使刀尖嵌入零件表面（即扎刀），其嵌入量在理论上等于其机械传动间隙量。即使该间隙量很小，由于刀尖在 *X* 向换向时，横向拖板进给过程的位移量变化也很小，加上处于动摩擦与静摩擦之间呈过渡状态的拖板惯性的影响，仍会导致横向拖板产生严重的爬行现象，从而大大降低零件的表面质量。

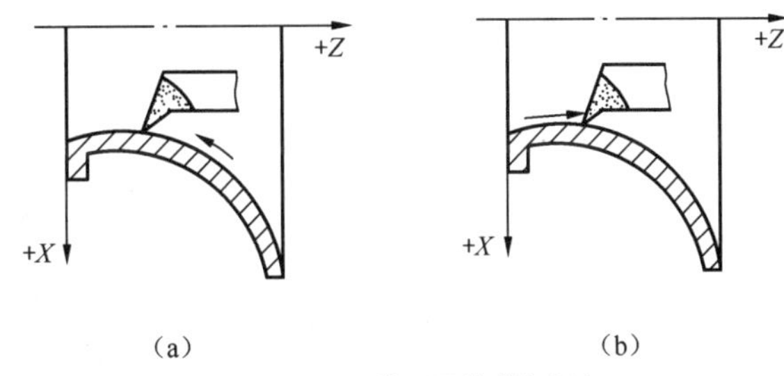

图2-10　两种不同的进给方法

对于图 2-10（b）所示的第 2 种进给方法，当刀尖运动到圆弧的换象限处，即由正 *Z*、负 *X* 向正 *Z*、正 *X* 方向变换时，吃刀抗力 F_p 与丝杠传动横向拖板的传动力方向相反，不会受螺旋副机械传动间隙的影响而产生嵌刀现象，如图 2-12 所示。比较而言，图 2-10（b）所示的进给方案是较合理的。

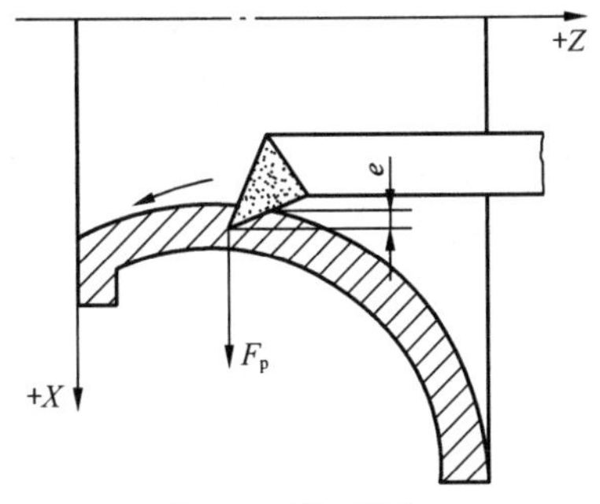

图2-11　嵌刀现象

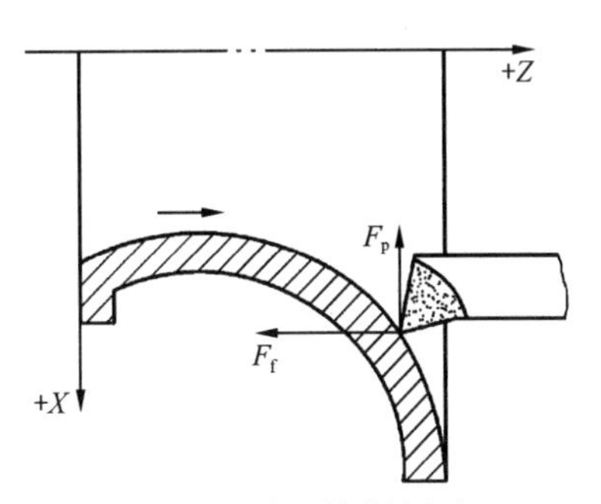

图2-12　合理的进给方案

（四）车螺纹的走刀路线设计及各主要尺寸的计算

（1）车螺纹的进刀方式。车螺纹有直进法和斜进法两种切削方式，如图 2-13 所示。其中直进法适于一般的螺纹切削，且螺纹螺距在 4mm 以下。斜进法适于工件刚性低易振动的场合，主要用于切削不锈钢等难加工材料，或加工螺纹的螺距在 4mm 以上。

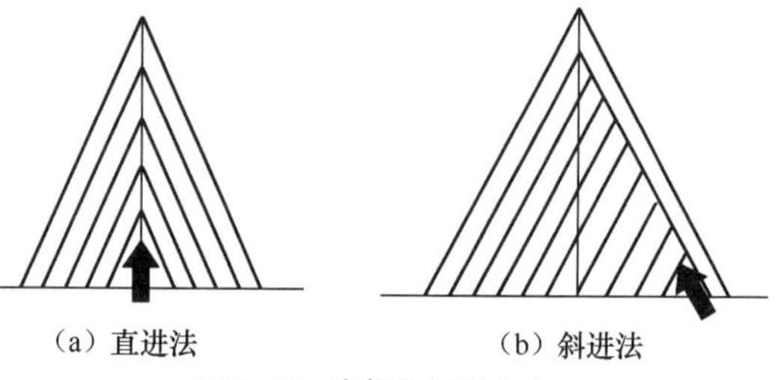

图2-13　车螺纹切削方式

（2）车螺纹的方法。车螺纹的方法见表 2-3。一般情况下，推荐右手刀具切削右螺纹，左手刀具切削左螺纹，原因是这样刀片的支承状况最佳。

表 2-3　　螺纹加工方法

螺纹类型	螺纹加工方法	示意图	
外螺纹	用右手刀柄车右螺纹	反装车刀 转向	转向 反装车刀
	用左手刀柄车左螺纹	转向 反装车刀	反装车刀 转向
内螺纹	用右手刀柄车右螺纹	转向	转向
	用左手刀柄车左螺纹	转向	转向

车螺纹时，除保证螺纹长度外，在设计走刀路线时，应考虑刀具引入距离 L_1 和超越距离 L_2。如图 2-14 所示，L_1 和 L_2 的数值与车床拖动系统的动态特性、螺纹的螺距和精度有关。一般 L_1 为 2～5mm，对于大螺距和高精度的螺纹取大值；L_2 一般取 L_1 的 1/4 左右。若螺纹收尾处没有退刀槽，则收尾处的形状与数控系统有关，一般按 45° 退刀收尾。

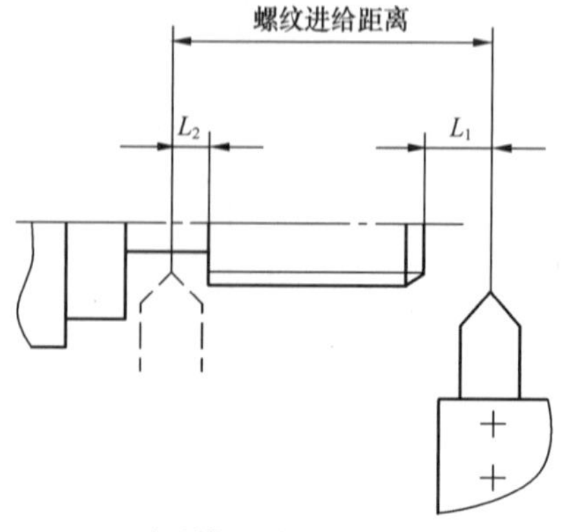

图2-14　切削螺纹时引入距离与超越距离

（3）车螺纹各主要尺寸的计算。车螺纹时，根据图纸上的螺纹尺寸标注，可以知道螺纹的公称直径 $D_{公}$、头数、导程 F、螺距 P（$P=F$/头数）以及加工的尺寸等级。在编写数控加工程序时，必须根据上述参数计算出螺纹的实际大径 $D_{大}$、小径 $D_{小}$、牙型高 H，以便进行精度控制，具体计算见表 2-4。

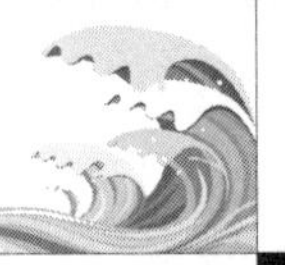

表 2-4　　车外螺纹各主要尺寸的计算

理论公式	经验公式	备注
$D_{大}=D_{公}-0.6495P$	$D_{大}=D_{公}-0.1P$	车螺纹时，通常采用经验公式
$D_{小}=D_{公}-1.0825P$	$D_{小}=D_{公}-1.3P$	
$H=0.6495P$	$H=(D_{大}-D_{小})/2$	

（五）数控车编程指令

1．圆弧插补指令（G02、G03）

（1）功能：使刀具以给定的进给速度，从所在点出发，沿圆弧移动到目标点。其中 G02 为顺时针圆弧插补，G03 为逆时针圆弧插补。

（2）圆弧的顺、逆方向的判断。如图 2-15 所示，沿与圆弧所在平面（如 XOZ）相垂直的另一坐标轴的负方向（即-Y）看去，顺时针为 G02，逆时针为 G03。

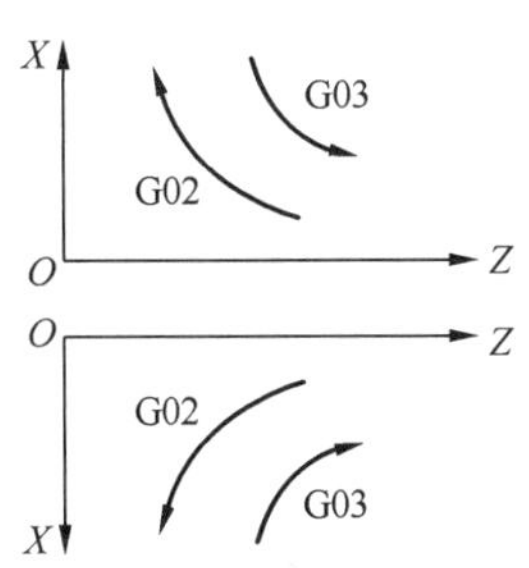

图2-15　圆弧的顺、逆方向的判断

（3）编程格式：G02（G03）X（U）__Z（W）__I__K__F__;

或 G02（G03）X（U）__Z（W）__R__F__;

（4）说明：

① X（U）、Z（W）是圆弧终点的坐标；

② I、K 是圆心相对圆弧起点的增量坐标，I 为半径值编程；

③ R 是圆弧半径，由于回转体零件的圆弧面的圆心角一般小于 180°，所以 R 值一般为正。

④ F 是进给速度。

【例 2-1】　如图 2-16 所示，车削圆弧 AB，刀具从 A 点移动到 B 点，编程如下。

（1）绝对坐标方式：G02 X40 Z-25 R15 F0.2;

或 G02 X40 Z-25 I13 K-7.5 F0.2;

（2）增量坐标方式：G02 U0 W-15 R15 F0.2;

或 G02 U0 W-15 I13 K-7.5 F0.2;

【例 2-2】　如图 2-17 所示，车削圆弧 CD，刀具从 C 点移动到 D 点，编程如下。

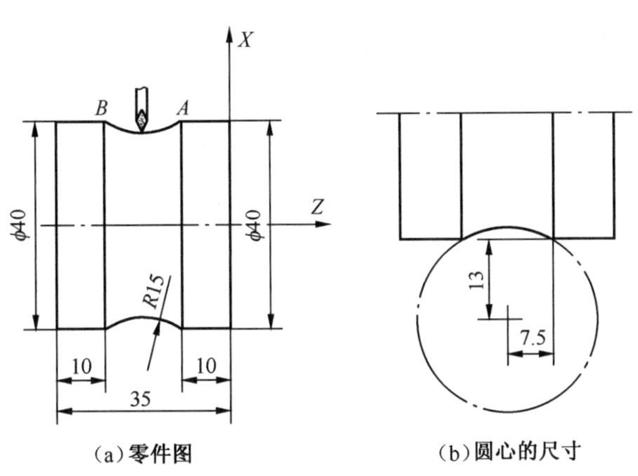

（a）零件图　　（b）圆心的尺寸

图2-16　车削顺时针圆弧

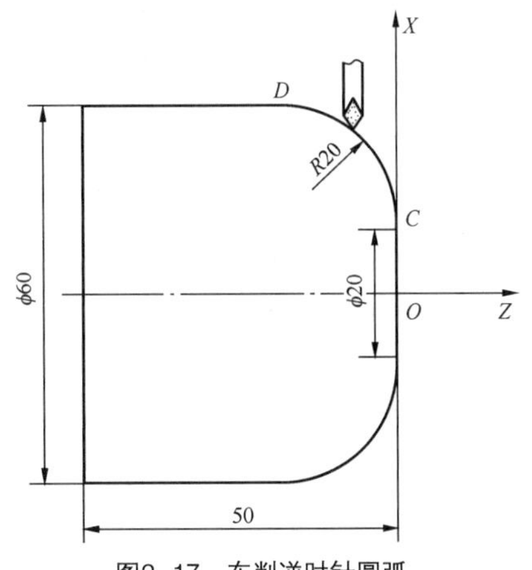

图2-17　车削逆时针圆弧

（1）绝对坐标方式：G03 X60 Z-20 R20 F0.2;

或 G03 X60 Z-20 I0 K-20 F0.2;

（2）增量坐标方式：G03 U40 W-20 R20 F0.2;

或 G03 U40 W-20 I0 K-20 F0.2;

2．刀具半径补偿指令（G41、G42、G40）

（1）刀尖圆弧半径的概念。在编制数控车加工程序时，通常将车刀刀尖看作一个点。但是为了提高刀具寿命和降低加工表面粗糙度 R_a 值，通常车刀刀尖被磨成半径为 0.4～1.6mm 的圆弧，如图 2-18 所示。编程时以理论刀尖 *P* 来编程，数控系统控制 *P* 点的运动轨迹。而切削时，实际起作用的切削刃是圆弧上的各切点，这势必会产生加工表面的形状误差。而刀尖圆弧半径补偿功能就是用来补偿由于刀尖圆弧半径引起的工件形状误差。它允许编程者以假想刀尖位置编程，然后给出刀尖圆弧半径，由系统自动计算补偿值，生成刀具路径，完成对工件的合理加工。

如图 2-18 所示，切削工件右端面时，车刀圆弧切点 *A* 与理论刀尖 *P* 的 *Z* 坐标值相同，车外圆时车刀圆弧的切点 *B* 与 *P* 点的 *X* 坐标值相同，切出的工件没有形状误差和尺寸误差，因此可以不考虑刀尖半径补偿。如果切削外圆后继续车台阶面，则在外圆与台阶面的连接处，存在加工误差 *BCD*（误差为刀尖圆弧半径），这一加工误差是不能靠刀尖半径补偿方法来修正的。

如图 2-19 所示，车圆锥和圆弧部分时，若仍然以理论刀尖 *P* 来编程，则刀具运动过程中与工件接触的各切点轨迹为图中所示无刀具补偿时的轨迹。该轨迹与工件加工要求的轨迹之间存在着图中斜线部分的误差，直接影响到工件的加工精度，且刀尖圆弧半径越大，加工误差越大。可见，对刀尖圆弧半径进行补偿是十分必要的。

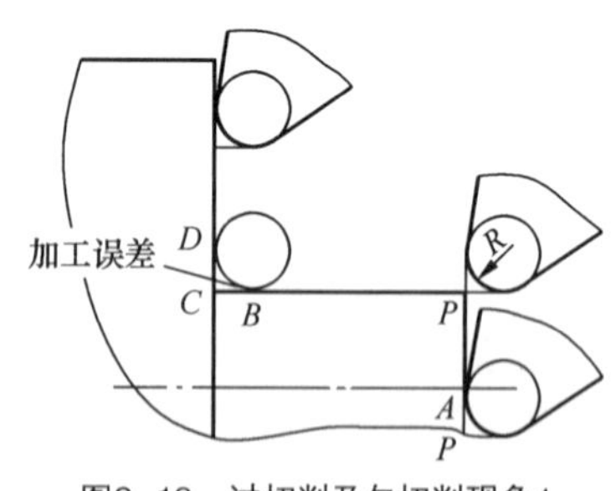

图2-18 过切削及欠切削现象1

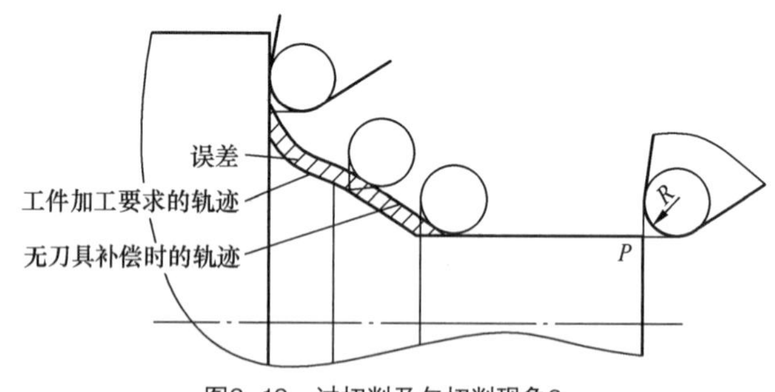

图2-19 过切削及欠切削现象2

（2）刀具半径补偿指令。G41 是刀具半径左补偿指令，即沿着刀具前进方向看，刀具位于工件轮廓的左边；G42 是刀具半径右补偿指令，即沿着刀具前进方向看，刀具位于工件轮廓的右边；G40 是取消刀具半径补偿指令。

编程格式：

$$\left.\begin{matrix}G41\\G42\\G40\end{matrix}\right\}\left\{\begin{matrix}G01\\ \\G00\end{matrix}\right.\quad X（U）\_Z（W）\_F\_;$$

说明：

① G41、G42、G40 必须与 G01 或 G00 指令组合；

② X（U）、Z（W）是 G01、G00 运动的终点坐标；

③ G41、G42 只能预读两段程序。

（3）刀具补偿数据的设定。刀具补偿数据可以通过数控系统的刀具补偿设定画面设定。T 指令与刀具补偿编号必须相对应。

① 刀尖半径。工件的形状与刀尖半径的大小有直接关系，必须将刀尖圆弧半径输入到存储器中。

② 车刀的形状和位置参数。车刀的形状有很多，它能决定刀尖圆弧所处的位置，必须将代表车刀形状和位置的参数输入到存储器中。车刀的形状和位置参数称为刀尖方位 T，如图 2-20 所示，分别用参数 0～9 表示。

【例 2-3】 在 FANUC 0i Mate-TB 数控车床上加工如图 2-21 所示零件，要求采用刀具半径补偿指令编程，精车各外圆面。

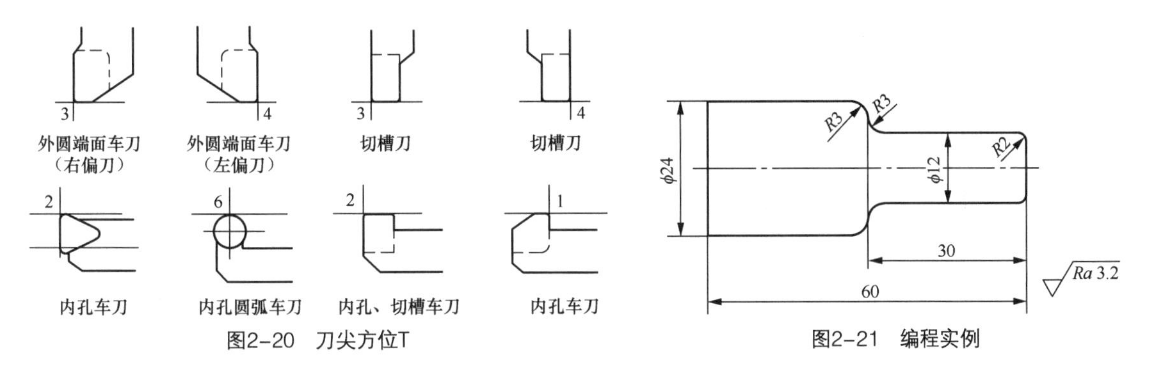

图2-20　刀尖方位T　　　　图2-21　编程实例

（1）确定刀具。90° 外圆车刀 T0101，用于精车各外圆面。

（2）编程。编程原点设在零件图的右端面与中心线相交处，程序如下。

程序	说明
O2105	程序名
N10 T0101;	调用 1 号外圆车刀
N20 M03 S1000;	主轴正转，转速为 1 000r/min
N30 G00 X30 Z10;	刀具快速定位
N40 G42 X24 Z5;	建立刀具半径右补偿，准备精车
N50 X8;	径向进刀
N60 G01 Z0 F0.15;	刀具到达端面
N70 G03 X12 Z-2 R2;	车 *R*2 逆圆弧
N80 G01 Z-27;	车 *φ*12 圆柱面
N90 G02 X18 Z-30 R3;	车 *R*3 顺圆弧
N100 G03 X24 Z-33 R3;	车 *R*3 逆圆弧
N110 G01 Z-64;	车 *φ*24 圆柱面
N120 G40 G00 X30 Z-68;	取消刀补

```
N130 X100 Z100;          退刀
N140 M05;                主轴停转
N150 M30;                程序结束
```

3．暂停指令（G04）

（1）功能：该指令可使刀具作短时间的停顿。

（2）编程格式：G04 X（U）__或 G04 P__；

（3）说明：

① G04 为非模态指令，仅在其规定的程序段中有效；

② X、U 指定时间，单位为秒，允许有小数点；

③ P 指定时间，单位为毫秒，不允许有小数点。

（4）应用场合。车削沟槽或钻孔时，为使槽底或孔底得到准确的尺寸精度及光滑的加工表面，在加工到槽底或孔底时，刀具应暂停适当时间。

【例 2-4】 若要暂停 1s，编程如下。

G04 X1.0;

或 G04 P1000;

4．基本螺纹切削指令（G32）

该指令用于车削等螺距直螺纹、锥螺纹，其轨迹如图 2-22 所示。

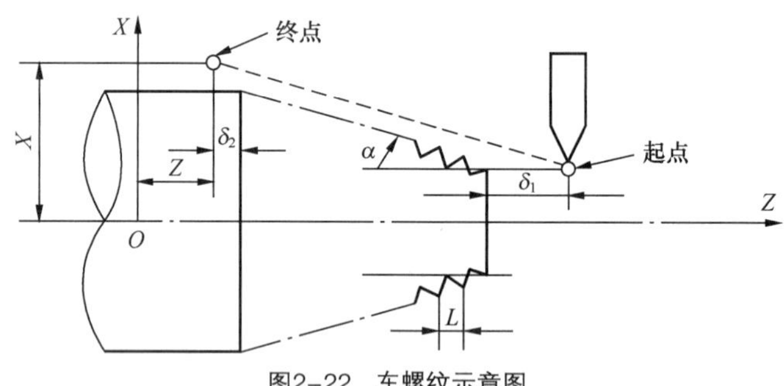

图2-22 车螺纹示意图

（1）编程格式：G32 X（U）__Z（W）__F__；

（2）说明：

① X（U）、Z（W）是螺纹终点坐标；

② F 是螺纹螺距。

（3）注意：

① 车螺纹期间的进给速度倍率、主轴速度倍率无效（固定 100%）；

② 车螺纹期间，机床主轴功能不要使用恒线切削速度控制指令 G96，而要使用恒转速控制指令 G97；

③ 车螺纹时，必须设置升速段和降速段；

④ 因受机床结构及数控系统的影响，车螺纹时主轴的转速有一定的限制。

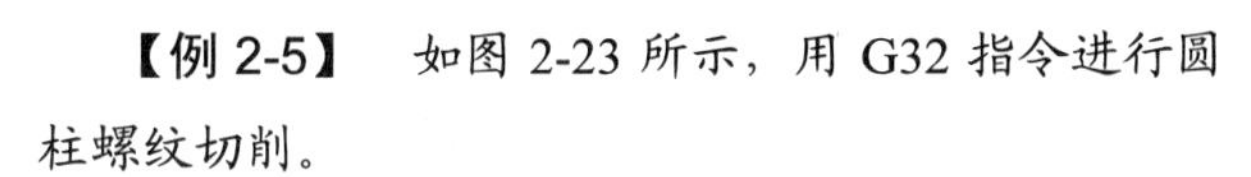

【例 2-5】 如图 2-23 所示，用 G32 指令进行圆柱螺纹切削。

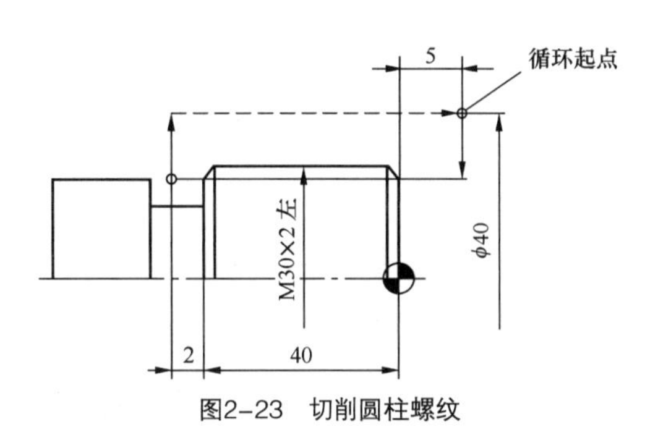

图2-23　切削圆柱螺纹

设定升速段为 5mm，降速段为 2mm。

$D_{大}=D_{公}-0.1P=30-0.1\times2=29.8$（mm）

$D_{小}=D_{公}-1.3P=30-1.3\times2=27.4$（mm）

$H=(D_{大}-D_{小})/2=(29.8-27.4)/2=1.2$（mm）

程序如下。

```
…
G00 X29.1 Z5;
G32 Z-42. F2;           第 1 次车螺纹,背吃刀量为 0.9mm
G00 X32;
Z5;
X28.5;                  第 2 次车螺纹,背吃刀量为 0.6mm
G32 Z-42. F2;
G00 X32;
Z5;
X27.9;
G32 Z-42. F2;           第 3 次车螺纹,背吃刀量为 0.6mm
G00 X32;
Z5;
X27.5;
G32 Z-42. F2;           第 4 次车螺纹,背吃刀量为 0.4mm
G00 X32;
Z5;
X27.4;
G32 Z-42. F2;           最后 1 次车螺纹,背吃刀量为 0.1mm
G00 X32;
Z5;
…
```

5．螺纹切削循环指令（G92）

螺纹切削循环指令将“切入→螺纹切削→退刀→返回”4 个动作作为 1 个循环，用 1 个程序段来指定，如图 2-24 所示。

（1）直螺纹切削。

编程格式：G92 X（U）__Z（W）__F__;

其中 F 为螺纹螺距。

（2）锥螺纹切削。轨迹如图 2-25 所示。

编程格式：G92 X（U）__Z（W）__R__F__;

其中 *R* 的取值参见表 2-5，*F* 为螺纹螺距。

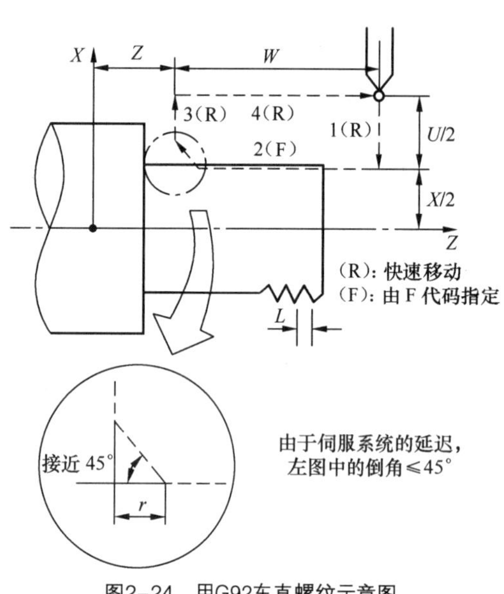

图2-24 用G92车直螺纹示意图

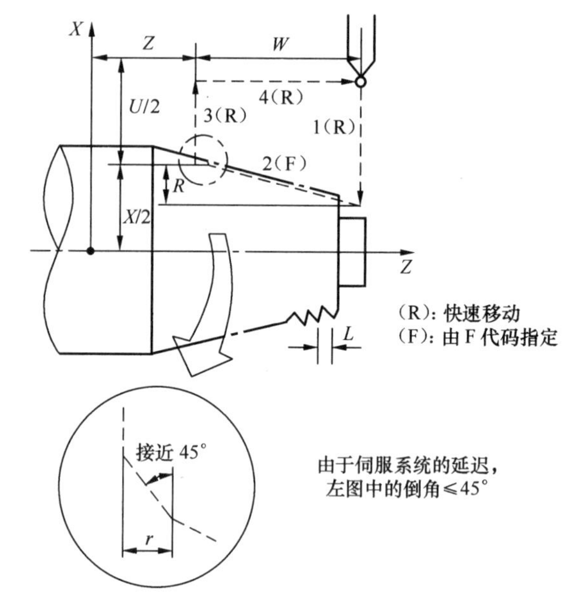

图2-25 用G92车锥螺纹示意图

表 2-5 G92编程时，*R*值的正负与刀具轨迹的关系

序号	示意图	*U*、*W*、*R*值
1	X Z 4(R) U/2 3(F) 1(R) R 2(F) W	$U<0$ $W<0$ $R<0$
2	X Z W 2(F) R U/2 3(F) 1(R) 4(R)	$U>0$ $W<0$ $R>0$
3	X Z 4(R) 1(R) U/2 3(F) 2(F) R W	$U<0$ $W<0$ $R>0$
4	X Z W R U/2 3(F) 2(F) 1(R) 4(R)	$U>0$ $W<0$ $R<0$

【例 2-6】　如图 2-23 所示，用 G92 进行圆柱螺纹切削。

```
…
G00 X40 Z5;              刀具定位到循环起点
G92 X29.1 Z-42 F2;       第 1 次车螺纹
X28.5;                   第 2 次车螺纹
X27.9;                   第 3 次车螺纹
X27.5;                   第 4 次车螺纹
X27.4;                   最后 1 次车螺纹
G00 X150 Z150;           刀具回换刀点
…
```

6．螺纹切削复合循环指令（G76）

该指令用于多次自动循环车螺纹，数控加工程序中只需指定 1 次，并在指令中定义好有关参数，就能完成 1 个螺纹段的全部加工，如图 2-26 所示。

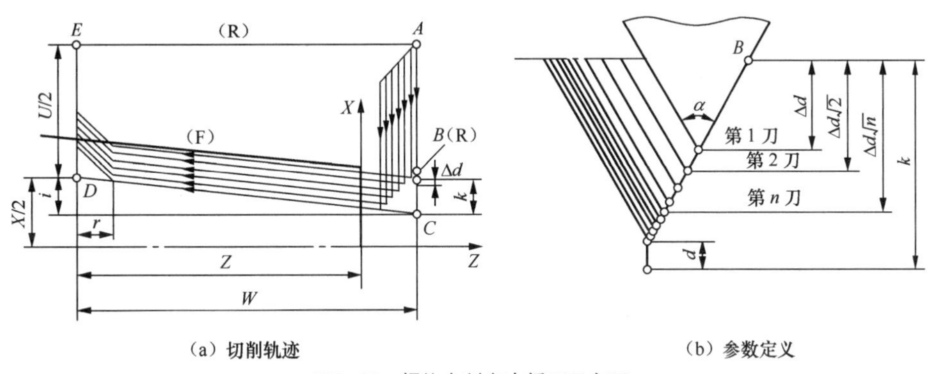

（a）切削轨迹　　（b）参数定义

图2-26　螺纹车削多次循环示意图

（1）编程格式：G76 P$\underline{m}$ $\underline{r}$ $\underline{\alpha}$ Q$\underline{\Delta d_{min}}$ R$\underline{d}$;

G76 X（U）__Z（W）__R$\underline{i}$ P$\underline{k}$ Q$\underline{\Delta d}$ F$\underline{L}$;

（2）说明：

① m 是精车重复次数，m=1～99，该参数为模态量。

② r 是螺纹尾端倒角值，该值的大小可设置在 0.0L～9.9L，系数应为 0.1 的整数倍，用 00～99 的两位整数来表示，其中 L 为螺距，该参数为模态量。

③ α是刀具角度，可从 80°、60°、55°、30°、29°、0° 六个角度中选择，用两位整数来表示，该参数为模态量。

m、r、α用地址 P 同时指定，例如，$m=2$，$r=1.2L$，$\alpha=60°$，表示为 P021260。

④ Δd_{min} 是最小车削深度，用半径值编程。车削过程中每次的车削深度为$\Delta d\sqrt{n}-\Delta d\sqrt{n-1}$，当计算深度小于这个极限值时，车削深度锁定在这个值，该参数为模态量。

⑤ d 是精车余量，用半径值编程，该参数为模态量。

⑥ X（U）、Z（W）是螺纹终点坐标值。

⑦ i 是螺纹锥度值，用半径值编程。若 i=0，则为直螺纹。

⑧ k 是螺纹高度，用半径值编程。

⑨ Δd 是第1次车削深度，用半径值编程。

i、k、Δd 的数值应以无小数点形式表示。

⑩ L 是螺距。

【例2-7】 如图2-23所示，用G76指令进行圆柱螺纹切削。

```
…
G00 X40 Z5;                            刀具定位到循环起点
G76 P011060 Q100 R0.2;                 车螺纹
G76 X27.4 Z-42.0 R0 P1299 Q900 F2.0;   螺纹高度为1.299mm,第1次车削深度为0.9mm,螺距为2mm
G00 X150 Z150;                         刀具回换刀点
…
```

三、项目实施

（一）零件工艺性分析

（1）结构分析。如图2-1所示，该零件属于轴类零件，加工内容包括圆弧、圆柱、沟槽、螺纹、倒角。

（2）尺寸分析。该零件图尺寸完整，主要尺寸分析如下。

$\phi 50_{-0.025}^{\ 0}$：经查表，加工精度等级为IT7。

$\phi 40 \pm 0.02$：经查表，加工精度等级为IT8。

M36×2−7g：加工精度等级为IT7。

其他尺寸的加工精度按GB/T 1804—m处理。

（3）表面粗糙度分析。所有表面的表面粗糙度为3.2μm。

根据分析，螺纹球形轴的所有表面都可以加工出来，经济性能良好。

（二）制订机械加工工艺方案

1．确定生产类型

零件数量为4件，属于单件小批量生产。

2．拟订工艺路线

（1）确定工件的定位基准。确定坯料轴线和左端面为定位基准。

（2）选择加工方法。该零件的加工表面均为回转体，主要加工表面的加工精度等级为IT7，表面粗糙度为3.2μm。采用加工方法为粗车、半精车、精车。

（3）拟订工艺路线。

① 按ϕ52mm×130mm下料。

② 车削各表面。

③ 去毛刺。

④ 检验。

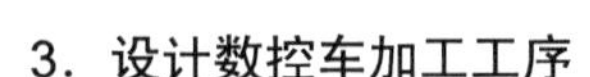

3．设计数控车加工工序

（1）选择加工设备。选用长城机床厂生产的 CK7150A 型数控车床，系统为 FANUC 0i，配置后置式刀架。

（2）选择工艺装备。

① 该零件采用三爪自动定心卡盘自定心夹紧。

② 刀具选择如下。

外圆机夹粗车刀 T0101（刀片的刀尖角为 55°）：车端面，粗车、半精车各外圆。

外圆机夹精车刀 T0202（刀片的刀尖角为 35°）：精车各外圆。

切断刀（宽 3mm）T0303：用于切槽和切断。

螺纹刀 T0404：车螺纹。

③ 量具选择如下。

量程为 200mm，分度值为 0.02mm 的游标卡尺。

测量范围为 25～50mm，分度值为 0.001mm 的外径千分尺。

M30×2−7g 环规。

（3）确定工步和走刀路线。按加工过程确定走刀路线如下：车端面→粗车各外圆→半精车各外圆→精车各外圆→切槽→车螺纹→切断。

如图 2-27 所示，粗车各外圆的走刀路线为 1→2→3→4→5→6→7→4→8→9→6→10→11。

如图 2-28 所示，半精车各外圆的走刀路线为 $a→b→c→d→e→f→g→h$。

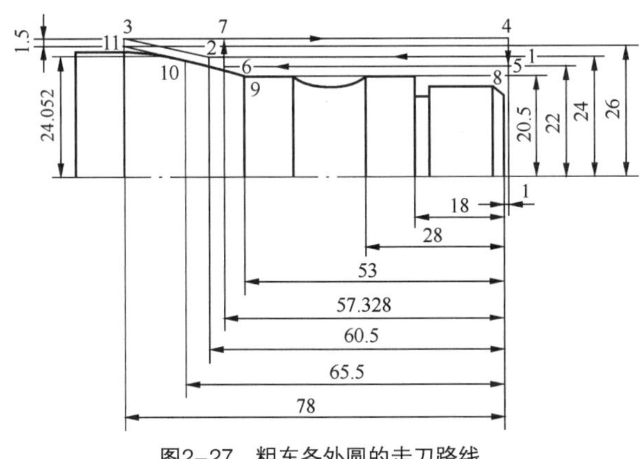

图2-27　粗车各外圆的走刀路线

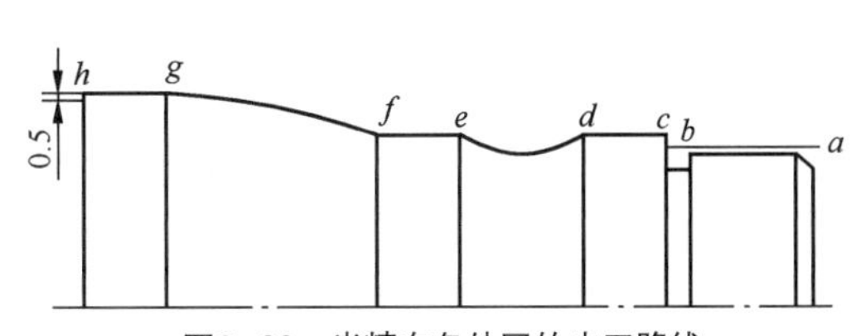

图2-28　半精车各外圆的走刀路线

如图 2-29 所示，精车各外圆的走刀路线为 $A→B→C→D→E→F→G→H→I$。

如图 2-30 所示，切槽的走刀路线为：$K→L→K$。

（4）确定切削用量。

① 背吃刀量。粗车时，确定背吃刀量为 2mm，精车时，确定背吃刀量为 0.5mm。

② 主轴转速。粗车外圆时，确定主轴转速为 800r/min，精车外圆时，确定主轴转速为 1 200r/min。车螺纹时，确定主轴转速为 500r/min。切槽时，确定主轴转速为 600r/min。切断时，确定主轴转速为 400r/min。

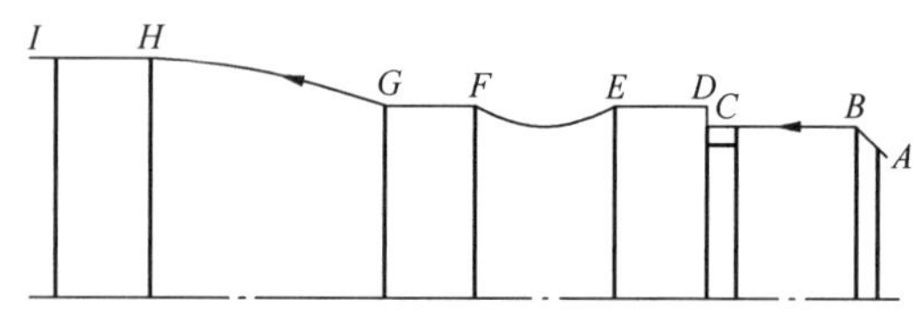

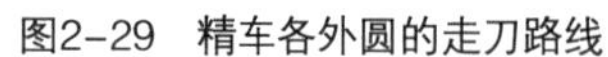

图2-29 精车各外圆的走刀路线

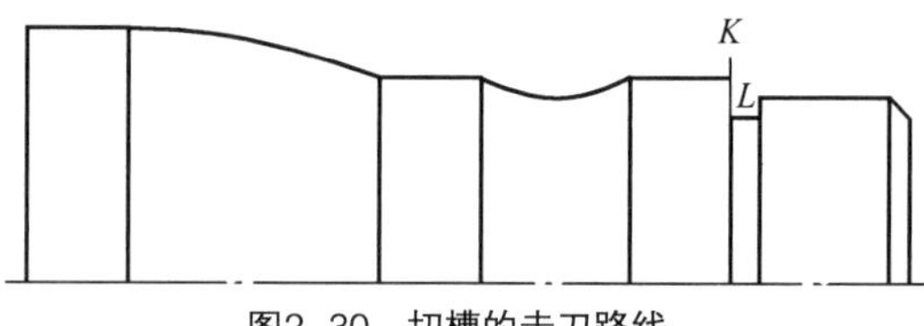

图2-30 切槽的走刀路线

③ 进给量。粗车外圆时，确定进给量为0.2mm/r。精车外圆时，确定进给量为0.1mm/r。切槽、切断时，确定进给量为0.05mm/r。

（三）编制数控技术文档

1．编制机械加工工艺过程卡

编制机械加工工艺过程卡，见表2-6。

表2-6 螺纹球形轴的机械加工工艺过程卡

机械加工工艺过程卡		产品名称		零件名称	零件图号	材料	毛坯规格
				螺纹球形轴	C02	45 钢	ϕ52mm×130mm
工序号	工序名称	工序简要内容		设备	工艺装备		工时
5	下料	按ϕ52mm×130mm 下料		锯床			
10	车	车削各表面		CK7150A	三爪卡盘、游标卡尺、千分尺、M30×2−7g 环规、外圆机夹粗车刀、外圆机夹精车刀、螺纹刀、切断刀		
15	钳	去毛刺			钳工台		
20	检验						
编制		审核		批准		共　页	第　页

2．编制数控加工工序卡

编制数控加工工序卡，见表2-7。

表2-7 螺纹球形轴的数控加工工序卡

数控加工工序卡				产品名称	零件名称		零件图号		
					螺纹球形轴		C02		
工序号	程序编号	材料	数量	夹具名称	使用设备		车间		
10	02001	45 钢	4	三爪卡盘	CK7150A		数控加工车间		
工步号	工步内容	切削用量				刀具		量具	
		v_c (m/min)	n (r/min)	f (mm/r)	a_p (mm)	编号	名称	编号	名称
1	车端面	125	800	0.2	1	T0101	外圆机夹粗车刀	1	游标卡尺
2	粗车各外圆	125	800	0.2	2	T0101	外圆机夹粗车刀	1	游标卡尺
3	半精车各外圆	128	800	0.2		T0101	外圆机夹粗车刀	1	游标卡尺

续表

工步号	工步内容	切削用量				刀具		量具	
		v_c（m/min）	n（r/min）	f（mm/r）	a_p（mm）	编号	名称	编号	名称
4	精车各外圆	188	1 200	0.1	0.5	T0202	外圆机夹精车刀	2	千分尺
5	切槽	60	600	0.05		T0303	切断刀	1	游标卡尺
6	车螺纹		500	2		T0404	螺纹刀	3	M30×2−7g 环规
7	切断	62	400	0.05		T0303	切断刀	1	游标卡尺
编制		审核		批准		共　页		第　页	

3．编制刀具调整卡

编制刀具调整卡，见表 2-8。

表 2-8　　螺纹球形轴的车削加工刀具调整卡

产品名称或代号			零件名称	螺纹球形轴	零件图号	C02
序号	刀具号	刀具规格名称	刀具参数		刀补地址	
			刀尖半径	刀杆规格	半径	形状
1	T0101	外圆机夹粗车刀（刀片的刀尖角为 55°）	0.8mm	25mm×25mm		01
2	T0202	外圆机夹精车刀（刀片的刀尖角为 35°）	0.4mm	25mm×25mm	02	02
3	T0303	切断刀	0.4mm	25mm×25mm		03
4	T0404	螺纹刀		25mm×25mm		04
编制		审核		批准	共　页	第　页

4．编制数控加工程序卡

编程原点选择在工件右端面的中心处，粗车各外圆时，既可以用 G90 编程，也可以用 G01、G00 编程。在表 2-9 中，是采用 G01、G00 编程的。

表 2-9　　螺纹球形轴的数控加工程序卡

零件图号	C02	零件名称	螺纹球形轴	编制日期	
程序号	O2001	数控系统	FANUC 0i	编制	
程序内容			程序说明		
N5　T0101；			换外圆机夹粗车刀		
N10 M03 S800；			主轴正转，800r/min		
N15 G00 X60 Z20；			刀具快速定位		
N20 X56 Z0；			快速定位，准备车端面		
N25 G01 X0 F0.2；			车端面		
N30 Z1；					

续表

程序内容	程序说明
N35 X48；	刀具移到1点
N40 Z-60.5；	刀具移到2点
N45 X55 Z-78；	刀具移到3点
N50 G00 Z1；	刀具移到4点
N55 X44；	刀具移到5点
N60 G01 Z-57.328；	刀具移到6点
N65 X55；	刀具移到7点
N70 G00 Z1；	刀具移到4点
N75 G01 X41；	刀具移到8点
N80 Z-53；	刀具移到9点
N85 X44 Z-57.328；	刀具移到6点
N90 X48.104 Z-65.5；	刀具移到10点
N95 X52；	刀具移到11点
N100 G00 Z1；	
N105 X37；	刀具移到 *a* 点
N110 G01 Z-18；	刀具移到 *b* 点
N115 X41；	刀具移到 *c* 点
N120 Z-28；	刀具移到 *d* 点
N125 G02 U0 W-15 R15；	刀具移到 *e* 点
N130 G01 W-10；	刀具移到 *f* 点
N135 G03 U10 W-25 R80；	刀具移到 *g* 点
N140 G01 Z-91；	刀具移到 *h* 点
N145 X54；	
N150 G00 X150 Z100；	
N155 T0202；	换外圆机夹精车刀
N160 M03 S1200；	
N162 G00 X50 Z6；	
N165 G42 X30 Z1；	建立刀具半径右补偿，刀具移到 *A* 点
N170 G01 X35.8 Z-2；	刀具移到 *B* 点
N175 Z-18；	刀具移到 *C* 点
N180 X40；	刀具移到 *D* 点
N185 W-10；	刀具移到 *E* 点
N190 G02 U0 W-15 R15；	刀具移到 *F* 点
N195 G01 W-10；	刀具移到 *G* 点
N200 G03 U10 W-25 R80；	刀具移到 *H* 点

续表

程序内容	程序说明
N205 G01 Z-91；	刀具移到 *I* 点
N210 X54；	
N212 G40 X60 Z-95；	取消刀具半径补偿
N215 G00 X150 Z100；	
N220 T0303；	换切断刀
N225 M03 S600；	
N230 G00 X42 Z-18；	刀具移到 *K* 点
N235 G01 X32 F0.05；	刀具移到 *L* 点，切槽
N240 X42；	刀具移到 *K* 点
N245 G00 X150 Z100；	
N250 T0404；	换螺纹刀
N255 M03 S500；	
N260 G00 X41 Z-17；	
N265 G92 X35.1 Z2 F2；	车螺纹
N270 X34.5；	
N275 X33.9；	
N280 X33.5；	
N285 X33.4；	
N290 G00 X150 Z100；	
N295 T0303；	
N300 M03 S400；	
N305 G00 X54 Z-91；	
N310 G01 X1 F0.05；	切断
N315 X54；	
N320 G00 X150 Z100 M05；	
N325 M30；	

（四）试加工与优化

（1）进入数控车仿真软件并开机。

（2）回零。

（3）手动移动机床，使机床各轴的位置离机床零点有一定的距离。

（4）输入程序。

（5）调用程序。

（6）安装工件。

（7）装刀并对刀。

在刀具补正/几何状态输入补偿数据时，除了要输入 X、Z 值外，还要输入刀具半径 R 值和刀尖方位 T 值。

（8）让刀具退到距离工件较远处。

（9）自动加工。

（10）测量工件。

（11）退出数控车仿真软件。

四、拓展知识

（一）SINUMERIK 802S 系统的车圆弧指令和车螺纹指令

1. SINUMERIK 802S 系统的圆弧插补及刀具半径补偿指令

（1）圆弧插补指令（G02、G03）。圆弧插补的格式如下：

① 采用圆心坐标和终点坐标编程。G02（G03）X__Z__I__K__；

② 采用半径和终点坐标编程。G02（G03）X__Z__CR=__；

③ 采用圆心和张角编程。G02（G03）AR=__I__K__；

④ 采用张角和终点坐标编程。G02（G03）AR=__X__Z__；

（2）刀具半径补偿指令（G41、G42、G40）。SINUMERIK 802S 系统的刀具半径补偿编程指令的编程格式和功能与 FANUC 0i 系统相同。

不同之处如下。

① 在 SINUMERIK 802D 系统中，1 个刀具可以匹配 1～9 个不同补偿的数据组（用于多个切削刃），用 D 及其相应的序号可以编程 1 个专门的切削刃。若没有编写 D 指令，则 D1 自动生效。若编写 D0，则刀具补偿值无效。

② 可以在补偿运行过程中变换补偿号 D，补偿号变换后，在新补偿号程序段的段起始点处，新刀具半径就已经生效，但整个变化需等到程序段的结束才能发生，这些修改值由整个程序段连续执行，圆弧插补时也一样。

③ 补偿方向指令 G41 和 G42 可以互相变换，无需在其中再写入 G40 指令。原补偿方向的程序段在其轨迹终点处按补偿矢量的正常状态结束，然后在其新的补偿方向开始进行补偿（在起始点按正常状态）。

2. SINUMERIK 802S 系统的暂停指令

功能：该指令可使刀具作短时间的停顿。

格式：G04 F__；

或 G04 S__；

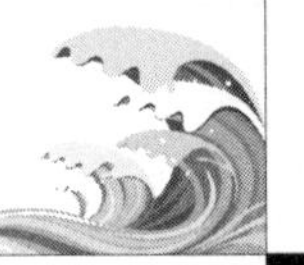

说明：

① F 表示暂停时间（s）；

② S 表示暂停主轴转数。

3．SINUMERIK 802S 系统的车螺纹指令

（1）恒螺距螺纹切削指令 G33。

功能：用 G33 指令可以加工内圆柱螺纹、外圆柱螺纹、圆锥螺纹、单螺纹、多重螺纹、多段连续螺纹等恒螺距螺纹。

格式：

① 圆柱螺纹：G33 Z__K__

② 锥角小于 45° 圆锥螺纹：G33 Z__X__K__

③ 锥角大于 45° 圆锥螺纹：G33 X__Z__I__

④ 端面螺纹：G33 X__I__

说明：

① 右旋和左旋螺纹由主轴旋转方向 M3 和 M4 确定（M3——右旋，M4——左旋）；

② 螺纹长度中要考虑导入空刀量和退出空刀量；

③ 在螺纹加工期间，进给修调开关和主轴修调开关均无效。

（2）螺纹切削指令 LCYC97。

功能：可以按纵向或横向加工形状为圆柱体或圆锥体的外螺纹或内螺纹，并且既能加工单头螺纹也能加工多头螺纹。

格式：

R100=　R101=　R102=　R103=　R104=　R105=　R106=

R109=　R110=　R111=　R112=　R113=　R114=

LCYC97

说明：

① 切削进刀深度可自动设定；

② 左旋螺纹/右旋螺纹由主轴的旋转方向确定，它必须在调用循环之前的程序中编入；

③ 参数含义见表 2-10。

表 2-10　LCYC97 指令参数含义

参数	含义及数值范围	参数	含义及数值范围
R100	螺纹起始点直径	R109	空刀导入量，无符号
R101	纵向轴螺纹起始点	R110	空刀退出量，无符号
R102	螺纹终点直径	R111	螺纹深度，无符号
R103	纵向轴螺纹终点	R112	起始点偏移，无符号
R104	螺纹导程值，无符号	R113	粗切削次数，无符号
R105	加工类型，数值：1 或 2	R114	螺纹头数，无符号
R106	精加工余量，无符号		

① R100、R101：这两个参数分别用于确定螺纹在 X 轴和 Z 轴方向上的起始点。

② R102、R103：确定螺纹终点。若是圆柱螺纹，则其中必有 1 个数值等同于 R100 或 R101。

③ R104：螺纹导程值为坐标轴平行方向的数值，不含符号。

④ R105：加工内螺纹时，R105 取 1；加工外螺纹时，R105 取 2。

⑤ R106：螺纹深度减去参数 R106 设定的精加工余量后剩下的尺寸划分为几次粗切削进给。精加工余量是指粗加工之后的切削进给量。

⑥ R109、R110：用于循环内部计算空刀导入量和空刀退出量，循环中编程起始点提前 1 个空刀导入量，编程终点延长 1 个空刀退出量。

⑦ R111：确定螺纹深度。

⑧ R112：在该参数下编程 1 个角度值，由该角度确定车削件圆周上第 1 螺纹线的切削切入点位置，也就是说确定真正的加工起始点。参数值范围 0.000 1～+359.999。如果没有说明起始点的偏移量，则第 1 条螺纹线自动从 0° 位置开始加工。

⑨ R113：数控系统根据参数 R105 和 R111 自动计算出每次切削进刀深度。

⑩ R114：确定螺纹头数，螺纹头数应该对称地分布在车削件的圆周上。

（二）华中世纪星 HNC-21T 系统的车圆弧指令和车螺纹指令

1. 华中世纪星 HNC-21T 系统的圆弧插补、刀尖半径补偿指令

华中世纪星 HNC-21T 系统的圆弧插补、刀尖半径补偿指令的功能及编程格式与 FANUC 0i 系统相同，在此不再重述。

2. 华中世纪星 HNC-21T 系统的暂停指令

功能：该指令可使刀具作短时间的停顿。

格式：G04 P__;

说明：P 表示暂停时间（ms）。

3. 华中世纪星 HNC-21T 系统的车螺纹指令

（1）螺纹切削指令 G32。

功能：使用 G32 指令能加工圆柱螺纹、锥螺纹和端面螺纹。

格式：G32 X（U）__Z（W）__R__E__P__F__;

说明：如图 2-31 所示。

X、Z：为绝对编程时，有效螺纹终点在工件坐标系中的坐标。

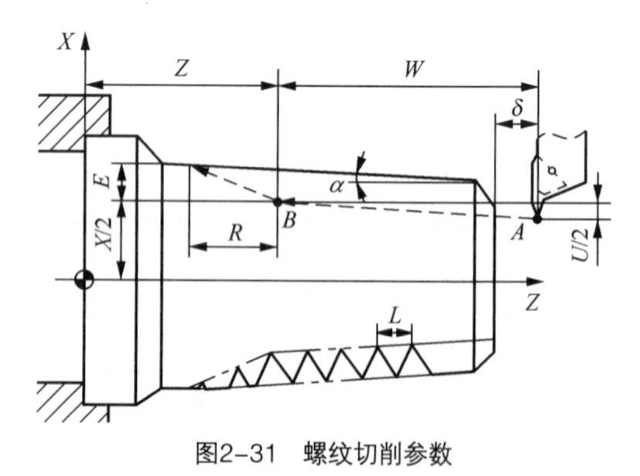

图2-31 螺纹切削参数

U、W：为增量编程时，有效螺纹终点相对于螺纹切削起点的位移量。

F：螺纹导程，即主轴每转一圈，刀具相对于工件的进给值。

R、E：螺纹切削的退尾量，R 表示 Z 向退尾量；E 为 X 向退尾量，R、E 在绝对或增量编程时都是以增量方式指定，其为正表示沿 Z、X 正向回退，为负表示沿 Z、X 负向回退。使用 R、E 可免去退刀槽。R、E 可以省略，表示不用回退功能；R 一般取 2 倍的螺距，E 取螺纹的牙

型高。

P：主轴基准脉冲处距离螺纹切削起始点的主轴转角。

（2）螺纹切削循环指令 G82。

① 直螺纹切削循环。

格式：G82X（U）__Z（W）__R__E__C__P__F__；

说明：如图 2-32 所示。

X（U）、Z（W）：绝对值编程时，为螺纹终点 *C* 在工件坐标系下的坐标；增量值编程时，为螺纹终点 *C* 相对于循环起点 *A* 的有向距离，图形中用 *U*、*W* 表示，其符号由轨迹 1 和轨迹 2 的方向确定。

R，E：螺纹切削的退尾量，R、E 均为向量，R 为 *Z* 向回退量；E 为 *X* 向回退量，R、E 可以省略，表示不用回退功能。

C：螺纹头数，为 0 或 1 时切削单头螺纹。

P：单头螺纹切削时，为主轴基准脉冲处距离切削起始点的主轴转角（默认值为 0）；多头螺纹切削时，为相邻螺纹头的切削起始点之间对应的主轴转角。

F：螺纹导程。

该指令执行图 2-32 所示 $A \to B \to C \to D \to E \to A$ 的轨迹动作。

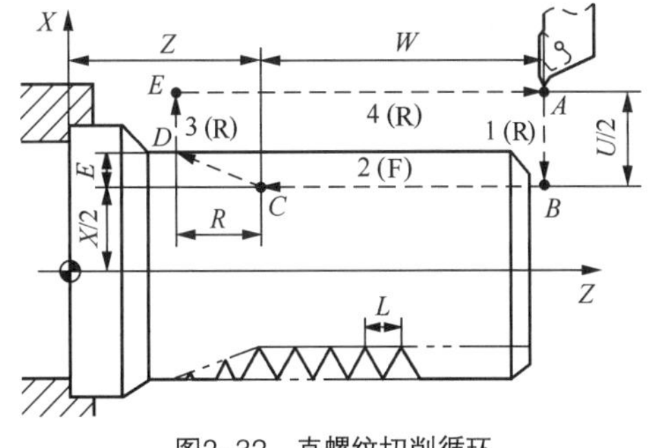

图2-32　直螺纹切削循环

② 锥螺纹切削循环。

格式：G82 X（U）__Z（W）__I__R__E__C__P__F__；

说明：如图 2-33 所示。

X（U）、Z（W）：绝对值编程时，为螺纹终点 *C* 在工件坐标系下的坐标；增量值编程时，为螺纹终点 *C* 相对于循环起点 *A* 的有向距离，图形中用 *U*、*W* 表示。

I：为螺纹起点 *B* 与螺纹终点 *C* 的半径差，其符号为差的符号（无论是绝对值编程还是增量值编程）。

R，E：螺纹切削的退尾量，R、E 均为向量，R 为 *Z* 向回退量；E 为 *X* 向回退量，R、E 可以省略，表示不用回退功能。

C：螺纹头数，为 0 或 1 时切削单头螺纹。

P：单头螺纹切削时，为主轴基准脉冲处距离切削起始点的主轴转角（默认值为 0）；多头螺纹切削时，为相邻螺纹头的切削起始点之间对应的主轴转角。

F：螺纹导程。

【例 2-8】　如图 2-34 所示，毛坯外形已加工完成，用 G82 指令编写车螺纹程序。

```
%2324;
N10 G54 G00 X35 Z104;              选定坐标系 G54，到循环起点
N20 M03 S300;                      主轴以 300r/min 正转
N30 G82 X29.2 Z18.5 C2 P180 F3;    第一次循环切螺纹，切深 0.8mm
N40 X28.6 Z18.5 C2 P180 F3;        第二次循环切螺纹，切深 0.6mm
```

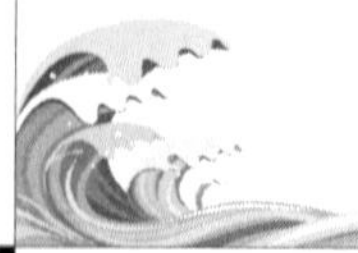

```
N50 X28.2 Z18.5 C2 P180 F3;        第三次循环切螺纹，切深0.4mm
N60 X28.04 Z18.5 C2 P180 F3;       第四次循环切螺纹，切深0.16mm
N70 M30;                           主轴停转主程序结束并复位
```

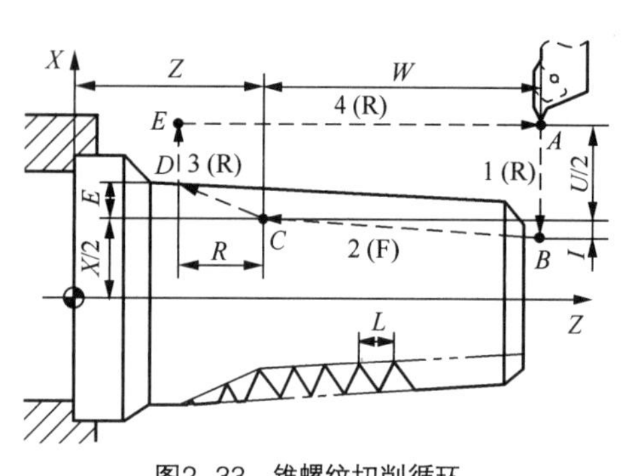

图2-33　锥螺纹切削循环

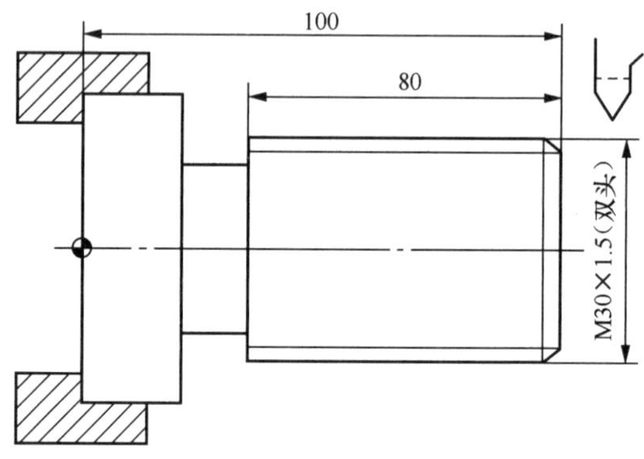

图2-34　G82切削循环编程实例

（3）螺纹切削复合循环指令G76。

格式：G76 C（c）R（r）E（e）A（α）X（x）Z（z）I（i）K（k）U（d）V（$\Delta d_{\min}$）Q（Δd）P（p）F（L）;

说明：螺纹切削复合循环指令G76执行如图2-35所示的加工轨迹。其单边切削及参数如图2-36所示。

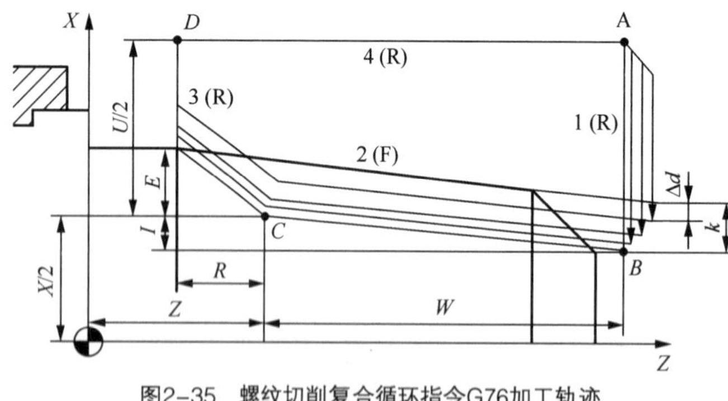

图2-35　螺纹切削复合循环指令G76加工轨迹

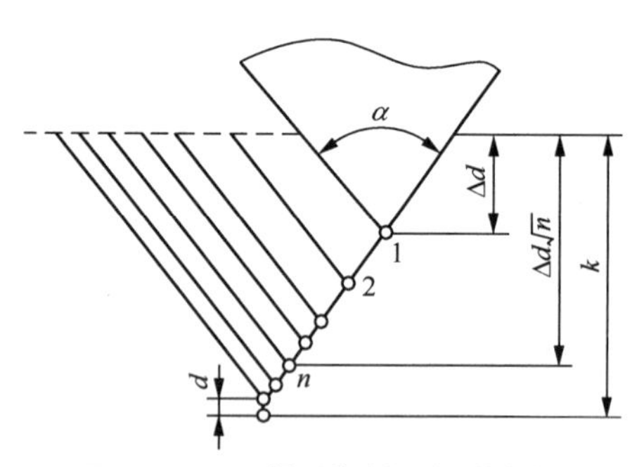

图2-36　G76循环单边切削及其参数

各参数含义如下。

c：精车重复次数（1～99），为模态值。

r：螺纹Z向退尾长度，为模态值。

e：螺纹X向退尾长度，为模态值。

α：刀尖角度（二位数字），为模态值；取值要大于10°，小于80°。

x、z：绝对值编程时，为有效螺纹终点C的坐标；增量值编程时，为有效螺纹终点C相对于循环起点A的有向距离；（用G91指令定义为增量编程，使用后用G90定义为绝对编程）。

i：螺纹两端的半径差；如i=0，为直螺纹（圆柱螺纹）切削方式。

k：螺纹高度，该值由 X 轴方向上的半径值指定。

Δd_{min}：最小切削深度（半径值）；当第 n 次切削深度（$\Delta d\sqrt{n}-\Delta d\sqrt{n-1}$）小于$\Delta d_{min}$时，则切削深度设定为$\Delta d_{min}$。

d：精加工余量（半径值）。

Δd：第一次切削深度（半径值）。

p：主轴基准脉冲处距离切削起始点的主轴转角。

L：螺纹导程。

注意　按 G76 段中的 X（x）和 Z（z）指令实现循环加工，增量编程时，要注意 u 和 w 的正负号（由刀具轨迹 AC 和 CD 段的方向决定）。

G76 循环进行单边切削，减小了刀尖的受力。第一次切削时切削深度为 Δd，第 n 次的切削总深度为 $\Delta d\sqrt{n}$，每次循环的背吃刀量为 $\Delta d(\sqrt{n}-\sqrt{n-1})$。

图 2-35 中，B 点到 C 点的切削速度由 F 代码指定，而其他轨迹均为快速进给。

【例 2-9】　如图 2-37 所示，加工螺纹 ZM60×2，其中括弧内尺寸根据标准得到，用螺纹切削复合循环 G76 指令编程。（tan1.79° =0.031 25）

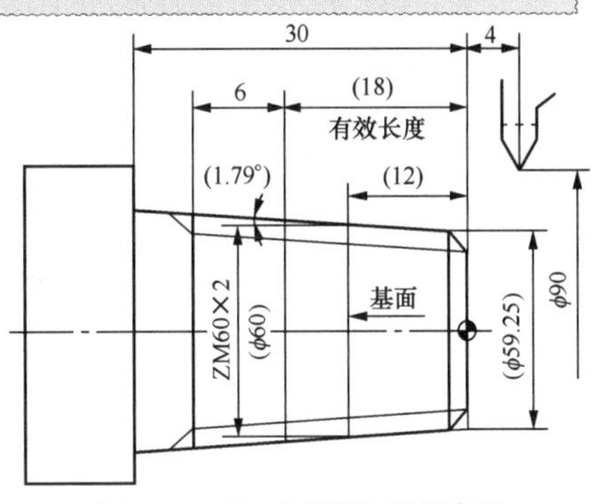

图2-37　G76切削循环编程实例

```
%2341;
N10 T0101;                                        换 1 号刀，确定其坐标系
N20 G00 X100 Z100;                                到程序起点或换刀点位置
N30 M03 S400;                                     主轴以 400r/min 正转
N40 G00 X90 Z4;                                   到简单循环起点位置
N50 G80 X61.125 Z-30 I-1.063 F80;                 加工锥螺纹外表面
N60 G00 X100 Z100 M05;                            到程序起点或换刀点位置
N70 T0202;                                        换二号刀，确定其坐标系
N80 M03 S300;                                     主轴以 300r/min 正转
N90 G00 X90 Z4;                                   到螺纹循环起点位置
N100 G76 C2 R-3 E1.3 A60 X58.15 Z-24 I-0.875 K1.299 U0.1 V0.1 Q0.9 F2;
                                                  车螺纹
N110 G00 X100 Z100;                               返回程序起点位置或换刀点位置
N120 M05;                                         主轴停
N130 M30;                                         主程序结束并复位
```

小结

本项目详细介绍了螺纹车刀的选用，车圆弧面、螺纹的走刀路线设计，数控车编程指令 G02、

G03、G40、G41、G42、G04、G32、G92、G76。要求读者了解螺纹车刀的选用，熟悉走刀路线的设计，掌握G02、G03、G40、G41、G42、G04、G92、G76的编程方法。

一、选择题（请将正确答案的序号填写在括号中，每题2分，满分20分）

1. 通常，在数控车床上加工圆弧时，圆弧的顺、逆方向的判别与车床刀架位置有关，如图2-38所示，正确的说法是（　　）。

（A）图（a）表示刀架在机床内侧时的情况

（B）图（b）表示刀架在机床外侧时的情况

（C）图（b）表示刀架在机床内侧时的情况

（D）以上说法均不正确

（a）　（b）

图2-38　圆弧的顺、逆方向判断

2. 数控车床在加工中为了实现对车刀刀尖磨损量的补偿，可沿假设的刀尖方向，在刀尖半径值上附加一个刀具偏移量，这称为（　　）。

（A）刀具位置补偿　（B）刀具半径补偿　（C）刀具长度补偿　（D）刀具直径补偿

3. 逆时针圆弧插补指令是（　　）。

（A）G01　（B）G02　（C）G03　（D）G04

4. 圆弧插补方向（顺时针和逆时针）的规定与（　　）有关。

（A）*X*轴　（B）*Z*轴

（C）不在圆弧平面内的坐标轴　（D）都有关

5. 车床上，刀尖圆弧只有在加工（　　）时才产生加工误差。

（A）端面　（B）圆柱　（C）圆弧　（D）沟槽

6. 执行程序段G04 X2.0后，暂停进给时间是（　　）。

（A）3s　（B）2s　（C）2 000s　（D）1s

7. 编制车螺纹指令时，F参数是指（　　）。

（A）进给速度　（B）螺距　（C）头数　（D）不一定

8. 下列（　　）指令不是螺纹加工指令。

（A）G76　（B）G92　（C）G32　（D）G90

9. 需要多次自动循环的螺纹加工，应选择（　　）指令。

（A）G76　（B）G92　（C）G32　（D）G90

10. 若要加工规格为“M30×2”的螺纹，则螺纹底径为（　　）mm。

（A）27.4　（B）28　（C）27　（D）27.6

二、判断题（请将判断结果填入括号中，正确的填“√”，错误的填“×”，每题 2 分，满分 20 分）

(　　) 1. 刀具位置偏置补偿可分为刀具形状补偿和刀具磨损补偿两种。

(　　) 2. 沿着刀具前进方向看，刀具在被加工面的左边为左刀补，用 G42 指令编程。

(　　) 3. 不考虑车刀刀尖圆弧半径，车出的圆柱面是有误差的。

(　　) 4. 使用 G04 可使刀具作短时间的无进给光整加工，常用于切槽、镗平面、锪孔等场合，以提高表面光洁度。

(　　) 5. *X* 坐标的圆心坐标符号一般用 *K* 表示。

(　　) 6. 螺纹指令 G32 X41.0 W-43.0 F1.5 是以 1.5mm/min 的速度加工螺纹。

(　　) 7. 数控车床可以车削直线、斜线、圆弧、公制和英制螺纹、圆柱管螺纹、圆锥螺纹，但是不能车削多头螺纹。

(　　) 8. 刃磨车削右旋丝杠的螺纹车刀时，左侧工作后角应大于右侧工作后角。

(　　) 9. G92 指令适用于对直螺纹和锥螺纹进行循环切削，每指定 1 次，螺纹切削自动进行 1 次循环。

(　　) 10. 锥螺纹“R _”参数的正负由螺纹起点与目标点的关系确定，若起点坐标比目标点的 *X* 坐标小，则 *R* 应取负值。

三、编程题（在下面 4 道题中，任选 1 道，满分 60 分）

1. 加工如图 2-39 所示零件，数量为 1 件，毛坯为ϕ30mm 的 45 钢棒料。要求设计数控加工工艺方案，编制机械加工工艺过程卡、数控加工工序卡、数控车刀具调整卡、数控加工程序卡，进行仿真加工，优化走刀路线和程序。

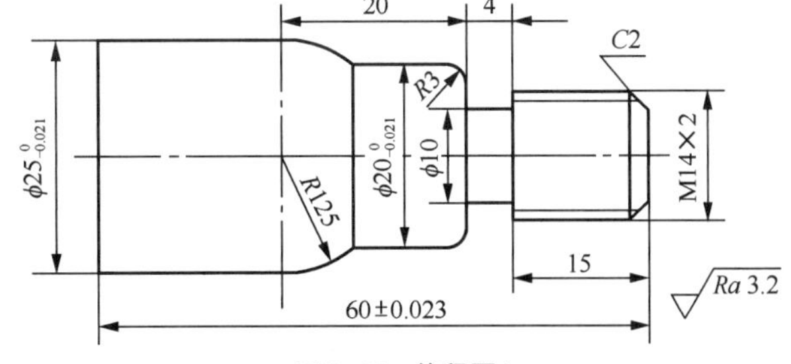

图2-39　编程题1

2. 加工如图 2-40 所示零件，数量为 1 件，毛坯为ϕ60mm 的 45 钢棒料。要求设计数控加工工艺方案，编制机械加工工艺过程卡、数控加工工序卡、数控车刀具调整卡、数控加工程序卡，进行仿真加工，优化走刀路线和程序。

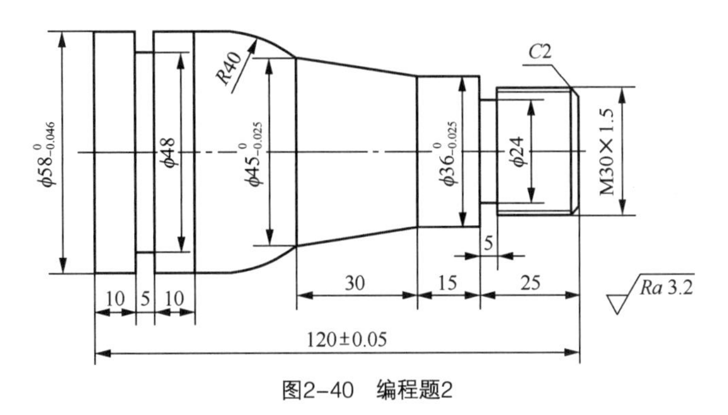

图2-40　编程题2

3. 加工如图 2-41 所示零件，数量为 1 件，毛坯为ϕ60mm×90mm 的 45 钢。要求设计数控加工工艺方案，编制机械加工工艺过程卡、数控加工工序卡、数控车刀具调整卡、数控加工程序卡，进行仿真加工，优化走刀路线和程序。

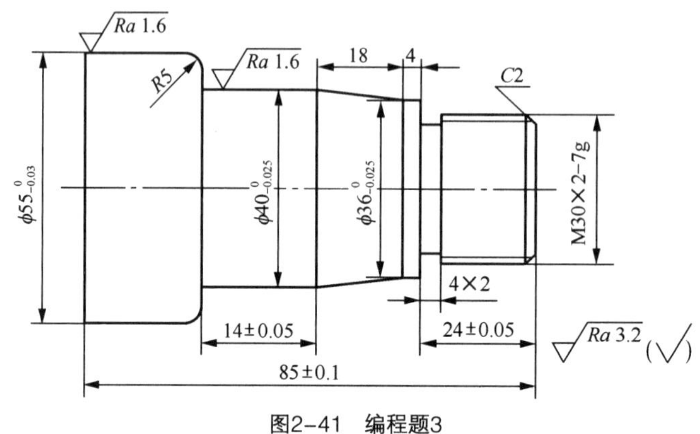

图2-41　编程题3

4. 加工如图 2-42 所示零件，数量为 1 件，毛坯为ϕ50mm×80mm 的 45 钢。要求设计数控加工工艺方案，编制机械加工工艺过程卡、数控加工工序卡、数控车刀具调整卡、数控加工程序卡，进行仿真加工，优化走刀路线和程序。

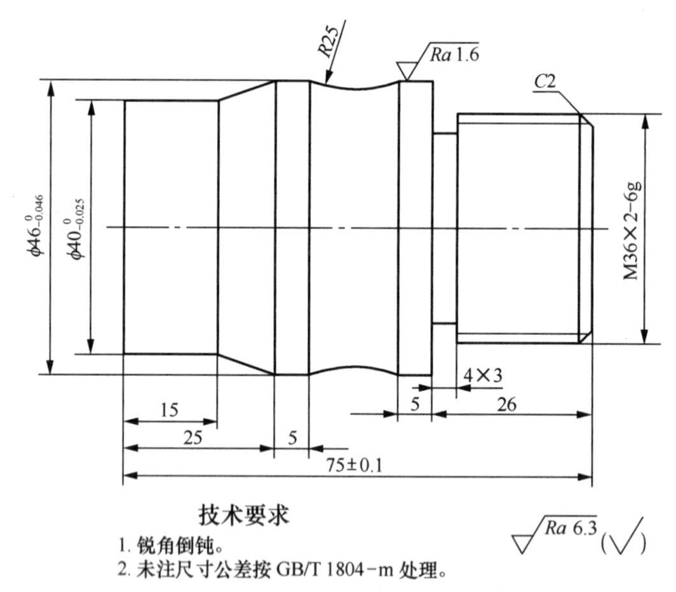

图2-42　编程题4

Chapter 3

项目三 定位套的数控加工工艺设计与程序编制

【能力目标】

通过定位套的数控加工工艺设计与程序编制，具备编制车削内、外圆弧面，沟槽，螺纹数控加工程序的能力。

【知识目标】

1. 了解内孔车刀的选用。
2. 掌握车内表面的走刀路线设计。
3. 掌握数控车编程指令（G71、G72、G73、G70、M98、M99）。

一、项目导入

加工定位套，如图 3-1 所示，要求设计数控加工工艺方案，编制机械加工工艺过程卡、数控加工工序卡、数控车刀具调整卡、数控加工程序卡，进行仿真加工，优化走刀路线和程序。

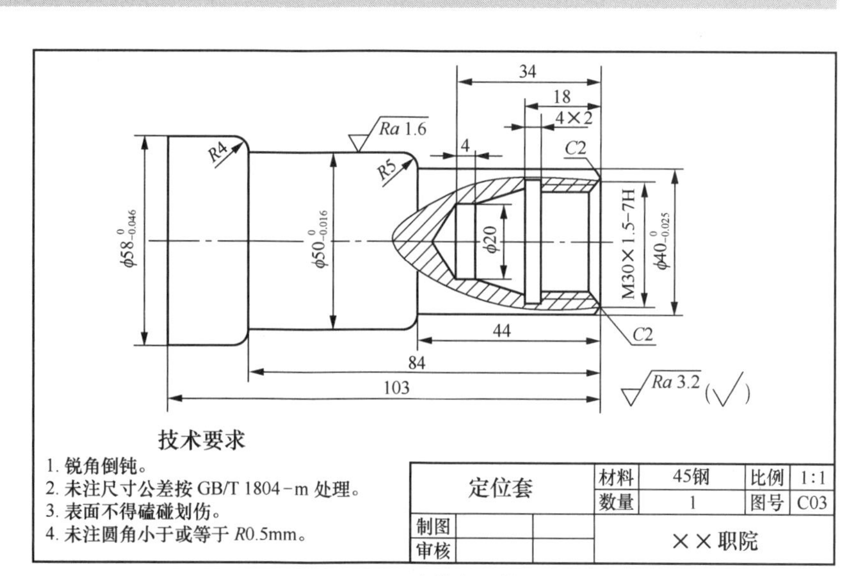

图3-1　定位套零件图

二、相关知识

（一）内孔车刀的选用

1. 可转位内孔车刀的型号表示规则

以成都英格数控刀具模具有限公司的产品为例，介绍可转位内孔车刀的型号表示规则。

如图3-2所示，可转位内孔车刀的型号由规定顺序排列的1组字母和数字组成，共有10位代号，分别表示其各项特征。

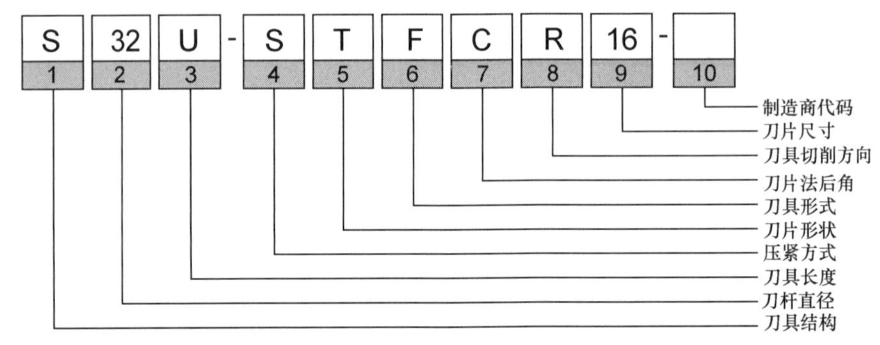

图3-2 可转位内孔车刀的型号

（1）刀具结构。

S：钢刀杆。

H：重金属材料刀杆。

A：内冷式钢刀杆。

（2）刀杆直径。刀杆直径用 d 表示，单位为mm，如图3-3所示。

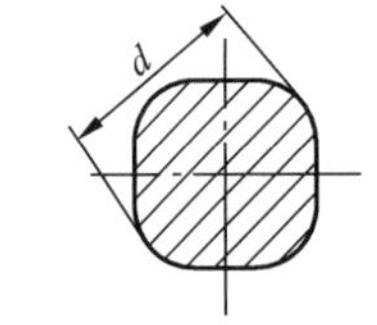

图3-3 刀杆直径示意图

（3）刀具长度。刀具长度及其代号见表3-1。

表3-1 刀具长度及其代号

代号	A	B	C	D	E	F	G	H	J	K
长度（mm）	32	40	50	60	70	80	90	100	110	125
代号	L	M	N	P	Q	R	S	T	U	V
长度（mm）	140	150	160	170	180	200	250	300	350	400
代号	W	Y	X							
长度（mm）	450	500	特殊							

（4）压紧方式。刀片压紧方式见表3-2。

表3-2 刀片压紧方式

压紧方式	上压紧式	上压及孔压紧式	孔压紧式	螺钉压紧式
代号	C	M	P	S
示意图				

（5）刀片形状。刀片形状见表 3-3。

表 3-3　　刀片形状

代号	T	S	C	D	V	W
示意图			80°	55°	35°	80°

（6）刀具形式。刀具形式见表 3-4。

表 3-4　　刀具形式

代号	K	F	U	L	Q
头部形式	75°	90°	93°	95°	107°30′
代号	J	P	S	X	
头部形式	93°	62°30′	45°	其他	

（7）刀片法后角。刀片法后角见表 3-5。

表 3-5　　刀片法后角

代号	B	C	P	N
示意图	5°	7°	11°	0°

（8）刀具切削方向。刀具切削方向见表 3-6。

表 3-6　　刀具切削方向

代号	R	L
示意图		

（9）刀片尺寸。如图 3-4 所示，用两位数字表示车刀或刀夹上刀片的边长，选取舍去小数值部分的刀片切削刃长度数值作代号，若刀片边长数值不足两位，则在该数前加“0”。

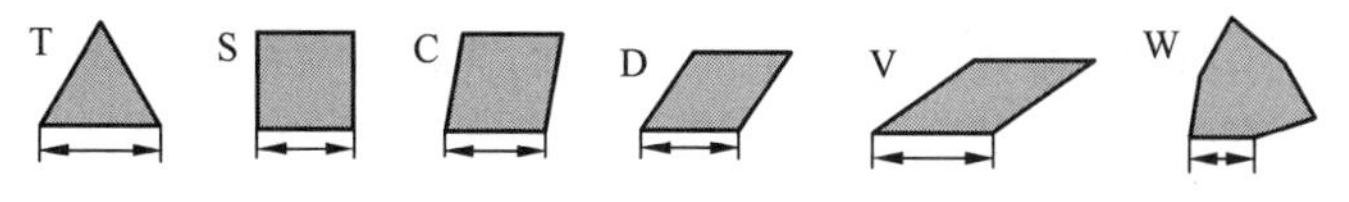

图3-4　刀片尺寸示意图

（10）制造商代号。

D：加大偏置 f+1.0mm。

E：加大偏置 f+2.0mm。

X：背镗。

2．选择和安装可转位内孔车刀的注意事项

为防止震动过大，应选择主偏角接近 90°，但不要小于 75° 的刀具形式。应选择较小的刀尖半径，尽量选择正前角刀片，避免使用后刀面过度磨损的刀片。

安装可转位内孔车刀时，选择尽可能小的刀杆悬伸。一般情况下，刀杆悬伸是刀杆直径的 3 倍。

（二）车内表面的走刀路线设计

如图 3-5（a）所示，车削通孔时，车刀作纵向进给。

如图 3-5（b）、图 3-5（c）所示，车削盲孔和台阶孔时，车刀要先作纵向进给，当车到孔的根部时再作横向进给，从外向中心进给车端面或台阶端面。

如图 3-5（d）所示，车削内环槽时，车刀作横向进给。

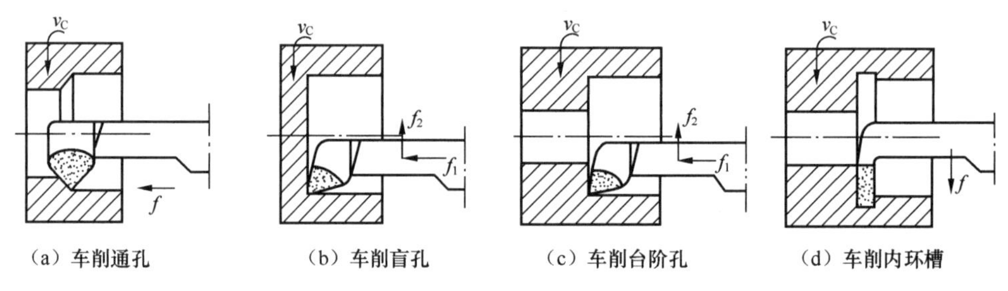

图3-5　车削内表面

（三）数控车编程指令

1．外圆粗车循环指令（G71）

该指令只需指定精加工路线，系统会自动给出粗加工路线，适于车削圆棒料毛坯，其轨迹如图 3-6 所示。

（1）编程格式：

G71 U$\underline{\Delta d}$ R$\underline{e}$;

G71 P$\underline{n_s}$ Q$\underline{n_f}$ U$\underline{\Delta u}$ W$\underline{\Delta w}$ F__S__T__;

（2）说明：

① Δd 是切深，无正负号，半径值；

② e 是退刀量，无正负号，半径值；

③ n_s 是指定精加工路线的第 1 个程序段的段号；

④ n_f 是指定精加工路线的最后 1 个程序段的段号；

⑤ Δu 是 X 方向上的精加工余量，直径值。车外圆时为正值，车内孔时为负值；

⑥ Δw 是 Z 方向上的精加工余量。

注意：

① 粗车过程中，$n_s \rightarrow n_f$ 程序段中的 F、S、T 功能均被忽略，只有 G71 指令中指定的 F、S、T 功能有效；

② 零件沿 X 轴的外形必须是单调递增或单调递减。

2．端面粗车循环指令（G72）

端面粗车循环指令适于 Z 向余量小，X 向余量大的棒料粗加工。该指令的执行过程除了其切削行程平行于 X 轴之外，其他与 G71 相同，其轨迹如图 3-7 所示。

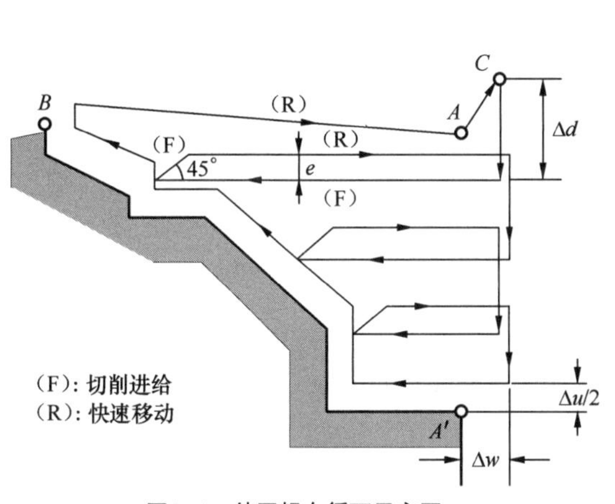

图3-6　外圆粗车循环示意图

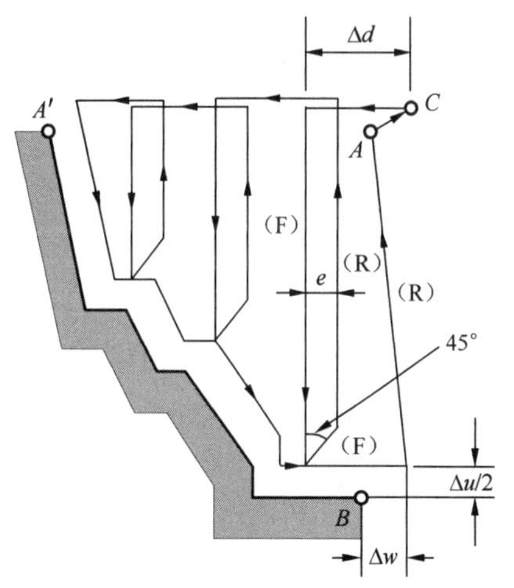

图3-7　平端面粗车循环示意图

（1）编程格式：

G72 W$\underline{\Delta d}$ R$\underline{e}$;

G72 P$\underline{n_s}$ Q$\underline{n_f}$ U$\underline{\Delta u}$ W$\underline{\Delta w}$ F__S__T__;

（2）注意：

① 粗车过程中，$n_s \rightarrow n_f$ 程序段中的 F、S、T 功能均被忽略，只有 G72 指令中指定的 F、S、T 功能有效；

② 零件轮廓必须符合 X 轴、Z 轴方向同时单调增大或单调减少。

3．成形车削循环指令（G73）

该指令可以车削固定的图形，适于车削铸造、锻造类毛坯或半成品，对零件轮廓的单调性没有要求，其轨迹如图 3-8 所示。

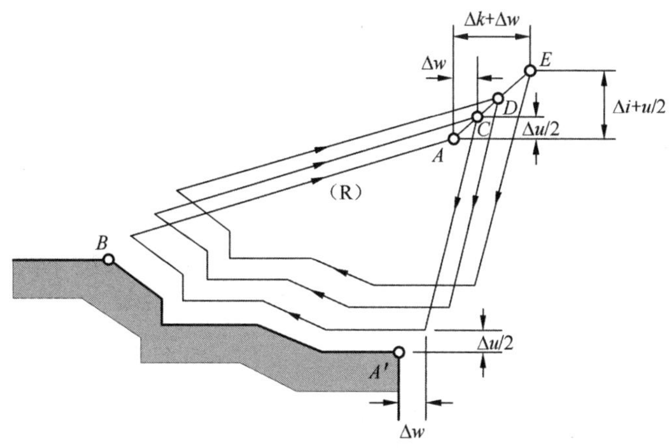

图3-8　成形车削循环示意图

（1）编程格式：

G73 U$\underline{\Delta i}$ W$\underline{\Delta k}$ R$\underline{d}$;

G73 P$\underline{n_s}$ Q$\underline{n_f}$ U$\underline{\Delta u}$ W$\underline{\Delta w}$ F__S__T__;

（2）说明：

① Δi 是 X 方向总退刀量，半径值；

② Δk 是 Z 方向总退刀量；

③ d 是循环次数；

④ n_s 是指定精加工路线的第 1 个程序段的段号；

⑤ n_f 是指定精加工路线的最后 1 个程序段的段号；

⑥ Δu 是 X 方向上的精加工余量，直径值；

⑦ Δw 是 Z 方向上的精加工余量；

⑧ 粗车过程中，$n_s \rightarrow n_f$ 程序段中的 F、S、T 功能均被忽略，只有 G73 指令中指定的 F、S、T 功能有效。

4．精车循环指令（G70）

用 G71、G72、G73 粗车完毕后，可以用 G70 进行精加工。精加工时，G71、G72、G73 程序段中的 F、S、T 指令无效，只有在 $n_s \rightarrow n_f$ 程序段中的 F、S、T 才有效。

（1）编程格式：

G70 P$\underline{n_s}$ Q$\underline{n_f}$;

（2）说明：

① n_s 是指定精加工路线的第 1 个程序段的段号；

② n_f 是指定精加工路线的最后 1 个程序段的段号。

【例 3-1】 在 FANUC 0i Mate-TB 数控车床上加工如图 3-9 所示零件，设毛坯是 ϕ30mm 的 45 钢棒料。

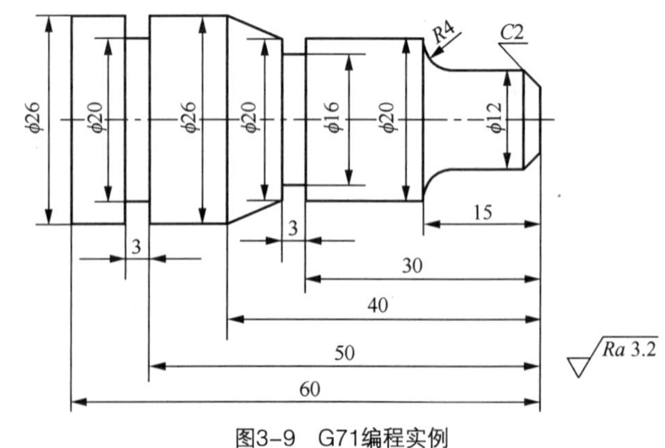

图3-9 G71编程实例

（1）确定工艺方案。

① 车端面。

② 从右至左粗加工各面。

③ 从右至左精加工各面。

④ 切槽、切断。

（2）选择刀具。

① 外圆车刀 T0101：车端面，粗车、精车各表面。

② 切断刀 T0202（宽 3mm）：切槽、切断。

（3）切削用量确定，见表 3-7。

（4）编程。编程原点设在零件图的右端面与中心线相交处。采用 G71 粗车各外圆，G70 精车各外圆，程序如下。

表 3-7　　切削用量表

加工内容	主轴转速（或切削速度）	进给速度（mm/r）
车端面	120m/min	0.15
粗车外圆	500r/min	0.15
精车外圆	800r/min	0.08
切槽及切断	300r/min	0.05

```
程序                                         说明
O3020                                        程序名
N10 T0101 G96 G99;
N20 S120 M03;
N30 G50 S2000;
N40 G00 X32 Z5;
N50 G94 X0 Z0 F0.15;                         车端面
N60 G97 S500;
N70 G71 U1.5 R1;                             粗车各外圆
N80 G71 P90 Q150 U0.5 W0 F0.15;
N90 G00 X6 Z1;
N100 G01 X12 Z-2 F0.08;
N110 Z-11;
N120 G02 X20 W-4 R4;
N130 G01 W-18;
N140 X26 Z-40;
N150 Z-63;
N160 G70 P90 Q150;                           精车各外圆
N170 G00 X100 Z100 T0202;
N180 M03 S300;
N190 G00 X22 Z-33;
N200 G01 X16 F0.05;                          切槽φ16mm×3mm
N210 X28 F0.3;
N220 Z-53;
N230 X20 F0.05;                              切槽φ20mm×3mm
N240 X32 F0.3;
N250 Z-63;
N260 X1 F0.05;                               切断
N270 X32 F0.3;
N280 G00 X100 Z100 M05;
N290 M02;
```

【例 3-2】　在 FANUC 0i Mate-TB 数控车床上加工如图 3-10 所示零件，设毛坯是ϕ30mm 的 45 钢棒料。

（1）确定工艺方案。

① 车端面。

② 从右至左粗加工各面。

③ 从右至左精加工各面。

④ 切槽、切断。

（2）选择刀具。

① 外圆车刀 T0101：车端面。

② 外圆车刀 T0202（选用 35° 刀片）：粗、精车各表面。

③ 切断刀 T0303（宽 3mm）：切槽、切断。

（3）切削用量确定，见表 3-8。

（4）编程。编程原点设在零件图的右端面与中心线相交处。采用 G73 粗车各外圆，G70 精车各外圆，程序如下。

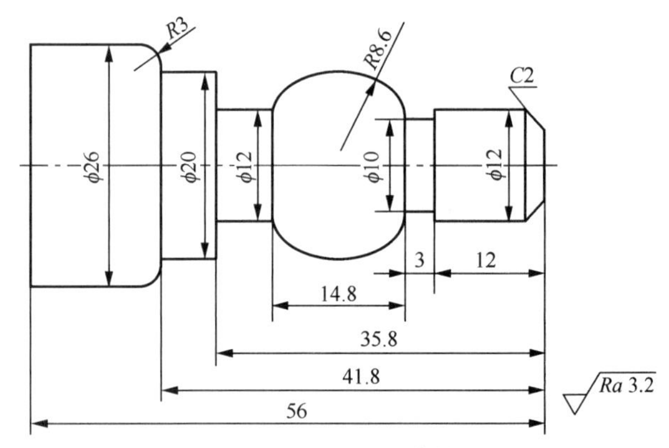

图3-10 G73编程实例

表 3-8 切削用量表

加工内容	主轴转速（或切削速度）	进给速度（mm/r）
车端面	120m/min	0.15
粗车各外圆面	500r/min	0.15
精车各外圆面	800r/min	0.08
切槽及切断	300r/min	0.05

```
程序                              说明
O3025                             程序名
T0101;
G96 S120 M03;
G50 S2000;
G00 X32 Z5;
G94 X0 Z0 F0.15;                  车端面
G00 X100 Z100;
T0202;
G00 X32 Z5;
G97 S500;
G73 U9 W1 R6;                     粗车各外圆面
G73 P10 Q20 U0.5 W0;
N10 G00 X6 Z1 S800;
G01 X12 Z-2 F0.08;
Z-15;
G03 X12 W-14.8 R8.6;
G01 Z-35.8;
X20;
Z-41.8;
G03 U6 W-3 R3;
G01 X26 Z-59;
N20 X32;
G70 P10 Q20;                      精车各外圆面
G00 X100;
Z100;
T0303;
```

```
M03 S300;
G00 X15 Z-15;
G01 X10 F0.05;                        切槽
X32;
G00 Z-59;
G01 X1 F0.05;                         切断
X32;
G00 X100 Z100;
M05;
M30;
```

5. 子程序指令（M98、M99）

当程序中出现某些固定顺序或重复出现的程序段时，将这部分程序段抽出来，按一定格式编成一个程序以供调用，这个程序就是“子程序”。子程序以外的加工程序称为“主程序”。

子程序调用不是数控系统的标准功能，不同的数控系统所用的指令和格式不同。

在主程序中调用子程序的指令：M98 表示调用子程序，M99 表示子程序结束。

调用子程序的格式：M98 P××× ××××；

子程序格式如下：

```
O×××× (子程序号)
…
M99;
```

说明：

① P 后的前 3 位数为子程序被重复调用的次数，当不指定重复次数时，子程序只调用一次，后 4 位数为子程序号；

② M99 为子程序结束，并返回主程序；

③ M98 程序段中不得有其他指令出现；

④ 主程序调用同一子程序执行加工，最多可执行 999 次，在子程序中也可以调用另一子程序执行加工。

三、项目实施

（一）零件工艺性分析

1. 结构分析

如图 3-1 所示，该零件属于轴套类零件，加工内容包括外圆柱面、外圆弧面、外倒角、内圆柱面、内锥面、内沟槽、内螺纹和内倒角。

2. 尺寸分析

该零件图尺寸完整，主要尺寸分析如下。

$\phi 58_{-0.046}^{\ 0}$：经查表，加工精度等级为 IT8。

$\phi 50_{-0.016}^{\ 0}$：经查表，加工精度等级为 IT6。

$\phi 40_{-0.025}^{\ 0}$：经查表，加工精度等级为 IT7。

M30×1.5-7H：加工精度等级为IT7。

其他尺寸的加工精度按GB/T 1804—m处理。

3．表面粗糙度分析

$\phi50_{-0.016}^{\ 0}$ mm圆柱面的表面粗糙度为1.6μm，ϕ20mm底孔的表面粗糙度为6.3μm，其他表面的表面粗糙度为3.2μm。

根据分析，定位套的所有表面都可以加工出来，经济性能良好。

（二）制订机械加工工艺方案

1．确定生产类型

零件数量为1件，属于单件小批量生产。

2．拟订工艺路线

（1）确定工件的定位基准。确定坯料轴线和左端面为定位基准。

（2）选择加工方法。该零件的加工表面均为回转体，加工表面的最高加工精度等级为IT6，表面粗糙度为1.6μm。采用加工方法为粗车、半精车、精车。

（3）拟订工艺路线。

① 按ϕ60mm×150mm下料。

② 车削各表面。

③ 去毛刺。

④ 检验。

3．设计数控车加工工序

（1）选择加工设备。选用长城机床厂生产的CK7150A型数控车床，系统为FANUC 0i，配置后置式刀架。

（2）选择工艺装备。

① 该零件采用三爪自动定心卡盘自定心夹紧。

② 刀具选择如下。

外圆机夹车刀T0101：车端面，粗车、半精车、精车外圆。

内孔镗刀T0202：车内表面。

内槽刀（宽3mm）T0303：切内槽。

内螺纹车刀T0404：车内螺纹。

ϕ20mm麻花钻T0505：钻底孔。

切断刀（宽4mm）T0606：切断。

③ 量具选择如下。

量程为200mm，分度值为0.02mm的游标卡尺。

测量范围是25～50mm，分度值为0.001mm的外径千分尺。

测量范围是50～75mm，分度值为0.001mm的外径千分尺。

M30×1.5-7H塞规。

（3）确定工步和走刀路线。

① 钻底孔（采用手动方式）。

② 车端面。

③ 粗车、半精车外圆。

④ 精车外圆。

⑤ 粗镗内孔。

⑥ 精车内孔。

⑦ 车内退刀槽。

⑧ 车内螺纹。

⑨ 切断。

（4）确定切削用量。

① 背吃刀量。粗车时，确定背吃刀量为1.5mm；精车时，确定背吃刀量为0.25mm。

② 主轴转速。粗车外圆时，确定主轴转速为800r/min；精车外圆时，确定主轴转速为1 200r/min；车螺纹时，确定主轴转速为720r/min；切槽时，确定主轴转速为400r/min；切断时，确定主轴转速为400r/min。

③ 进给量。粗车外圆时，确定进给量为0.2mm/r；精车外圆时，确定进给量为0.1mm/r；切槽、切断时，确定进给量为0.05mm/r。

（三）编制数控技术文档

1．编制机械加工工艺过程卡

编制机械加工工艺过程卡，见表3-9。

表3-9　定位套的机械加工工艺过程卡

机械加工工艺过程卡		产品名称		零件名称	零件图号		材料	毛坯规格
				定位套	C03		45钢	ϕ60mm×150mm
工序号	工序名称	工序简要内容		设备	工艺装备			工时
5	下料	按ϕ60mm×150mm下料		锯床				
10	车	车削各表面		CK7150A	三爪卡盘、游标卡尺、外径千分尺、ϕ20mm麻花钻、外圆车刀、内孔镗刀、内槽刀、内螺纹车刀、切断刀			
15	钳	去毛刺			钳工台			
20	检验							
编制		审核		批准		共　页		第　页

2．编制数控加工工序卡

编制数控加工工序卡，见表3-10。

3．编制刀具调整卡

编制刀具调整卡，见表3-11。

表 3-10 定位套的数控加工工序卡

数控加工工序卡				产品名称	零件名称	零件图号
					定位套	C03
工序号	程序编号	材料	数量	夹具名称	使用设备	车间
10	03001	45 钢	1	三爪卡盘	CK7150A	数控加工车间

工步号	工步内容	切削用量				刀具		量具	
		v_c (m/min)	n (r/min)	f (mm/r)	a_p (mm)	编号	名称	编号	名称
1	钻孔（采用手动方式）	25	398	0.1	20	T0505	ϕ20mm 麻花钻	1	游标卡尺
2	车端面	150	800	0.2	1	T0101	外圆车刀	1	游标卡尺
3	粗车、半精车外圆	150	800	0.2	1.5	T0101	外圆车刀	1	游标卡尺
4	精车外圆	220	1 200	0.1	0.25	T0101	外圆车刀	2	外径千分尺
5	粗镗内孔	50	800	0.15	1	T0202	内孔镗刀	1	游标卡尺
6	精车内孔	94	1 000	0.1	0.25	T0202	内孔镗刀	1	游标卡尺
7	车内退刀槽	35	400	0.05		T0303	内槽刀	1	游标卡尺
8	车内螺纹	68	720	1.5		T0404	内螺纹车刀	3	M30×1.5-7H 塞规
9	切断		400	0.05		T0606	切断刀	1	游标卡尺
编制		审核		批准		共 页		第 页	

表 3-11 定位套的数控车刀具调整卡

产品名称或代号			零件名称	定位套	零件图号	C03
序号	刀具号	刀具规格名称	刀具参数		刀补地址	
			刀尖半径	刀杆规格	半径	形状
1	T0101	外圆车刀	0.4mm	25mm×25mm	01	01
2	T0202	内孔镗刀	0.4mm	ϕ16mm		02
3	T0303	3mm 宽内槽刀		25mm×25mm		03
4	T0404	内螺纹车刀		25mm×25mm		04
5	T0505	ϕ20mm 麻花钻		莫氏锥柄		
6	T0606	4mm 宽切断刀		25mm×25mm		06
编制		审核		批准	共 页	第 页

4．编制数控加工程序卡

编程原点选择在工件右端面的中心处，粗车各外圆时，用 G71 编程，见表 3-12。

表 3-12　　定位套的数控加工程序卡

零件图号	C03	零件名称	定位套	编制日期	
程序号	O3001	数控系统	FANUC 0i	编制	

程序内容	程序说明
T0101; M03 S800; G00 X65 Z5; G94 X0 Z0 F0.2;	换 1 号外圆车刀 车端面
G00 X61 Z5; G71 U1.5 R0.5; G71 P10 Q20 U0.5 W0.05 F0.2; N10 G42 G01 X34; Z1; X40 Z-2; Z-44; G03 X50 Z-49 R5; G01 Z-84; G03 X58 W-4R4; G01 Z-107; N20 G40 X61;	快速定位循环起点 粗车循环
M03 S1200; G70 P10 Q20 F0.1; G00 X150 Z150;	精车循环
T0202; M03 S800; M08; G00 X19 Z5; G71 U1 R0.5; G71 P30 Q40 U-0.5 W0.05 F0.15; N30 G01 X34.5; Z1; X28.5 Z-2; Z-18; X20 Z-30; Z-34; X19; N40 Z5;	换 2 号内孔镗刀 快速定位 粗车循环 注意：粗车内表面时，“U”为负值
M03 S1000; G70 P30 Q40 F0.1; G00 X150 Z100;	精车循环

续表

程序内容	程序说明
T0303； M03 S400； M08； G00 X28 Z5； Z-18； G01 X34 F0.05； X28； Z-17； X34 F0.05； X28； G00 Z150； X150； M09；	换3号内槽刀
T0404； M03 S720； M08； G00 X25 Z5； G76 P010160 Q100 R0.08； G76 X30 Z-15 P974 Q400 F1.5； G00 X150 Z150； M09；	换4号内螺纹车刀 快速定位 车削内螺纹（螺纹高度为0.974mm，第1次切削深度为0.4mm，螺距为1.5mm）
T0606； M03 S300； M08； G00 X60 Z5； Z-107； G01 X1 F0.05； X60 F0.2； G00 X150； Z150； M09； M05； M30；	换6号切断刀 程序结束，返回程序起始点

（四）试加工与优化

（1）进入数控车仿真软件并开机。

（2）回零。

（3）手动移动机床，使各轴位于机床行程的中间位置。

（4）输入程序。

（5）调用程序。

（6）安装工件。

（7）装刀并对刀。

注意 对内孔车刀的操作与对外圆车刀的操作稍有不同，下面介绍对内孔镗刀 T0202 的操作。

假设内孔镗刀已安装好并位于加工位，单击图标，让屏幕显示如图 3-11 所示，单击“确定”。

单击，然后单击【补正】对应的键，让刀具磨损中 W002 号中的 X、Z 均为 0。

单击【形状】对应的键，将光标移到 G002 号的 X 位置，在提示“>_”处输入 X0，然后单击【测量】对应的键，将光标移到 G001 号的 Z 位置，在提示“>_”处输入 Z0，然后单击【测量】对应的键，此时，对刀完毕。

内槽刀、内螺纹车刀的对刀操作与内孔镗刀的对刀操作相同。

（8）让刀具退到距离工件较远处。

（9）自动加工。

（10）测量工件。

（11）退出数控车仿真软件。

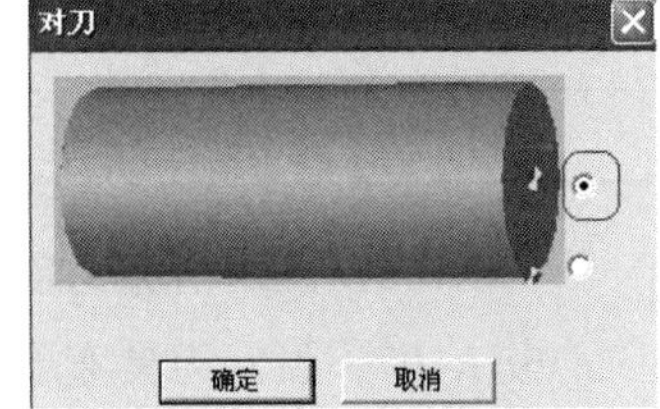

图3-11 刀具原点设置

四、拓展知识

（一）SINUMERIK 802S 系统的循环编程指令

1. 切槽循环指令（LCYC93）

（1）功能：在圆柱形工件上，对称加工出槽，包括外部切槽和内部切槽。

（2）格式：

R100=__R101=__R105=__R106=__R107=__R108=__R114=__

R115=__R116=__R117=__R118=__R119=__

LCYC93

（3）如图 3-12 所示，切槽参数的说明如下。

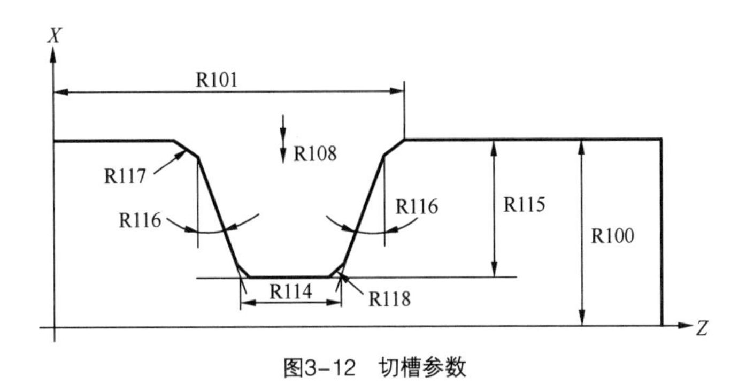

图3-12 切槽参数

① R100：规定 *X* 向切槽起始点直径。

② R101：规定 *Z* 向切槽起始点。

③ R105：确定加工方式，取值为 1～8，具体见表 3-13。

表 3-13　　R105 加工方式定义表

数值	纵向/横向	外部/内部	起始点位置
1	纵向	外部	左边
2	横向	外部	左边
3	纵向	内部	左边
4	横向	内部	左边
5	纵向	外部	右边
6	横向	外部	右边
7	纵向	内部	右边
8	横向	内部	右边

④ R106：设定精加工余量。

⑤ R107：设定刀具宽度，实际所用的刀具宽度必须与此参数相符。如果实际所用刀具宽度大于 R107 的值，则会使实际所加工的槽大于编程的槽而导致轮廓损伤，这种损伤是循环所不能监控的。如果编程的刀具宽度大于槽底的宽度，则循环中断并产生报警：G1602“刀具宽度错误定义”。

⑥ R108：设定进刀深度，可以把切槽加工分成许多个切深进给。在每次切深之后刀具上提 1mm，以便断屑。

⑦ R114：设定槽底（不考虑倒角）的宽度值。

⑧ R115：设定切槽的深度。

⑨ R116：设定切槽齿面的斜度。

⑩ R117：设定槽口的倒角。

⑪ R118：设定槽底的倒角。

⑫ R119：设定槽底停留时间，其最小值至少为主轴旋转一转所用时间。编程停留时间与 F 一致。

2．毛坯切削循环指令（LCYC95）

（1）功能：如图 3-13 所示，在与坐标轴平行的方向加工由子程序编程的轮廓，可以进行纵向和横向加工，也可以进行内、外轮廓的加工。调用循环之前，必须在所调用的程序中激活刀具补偿参数。

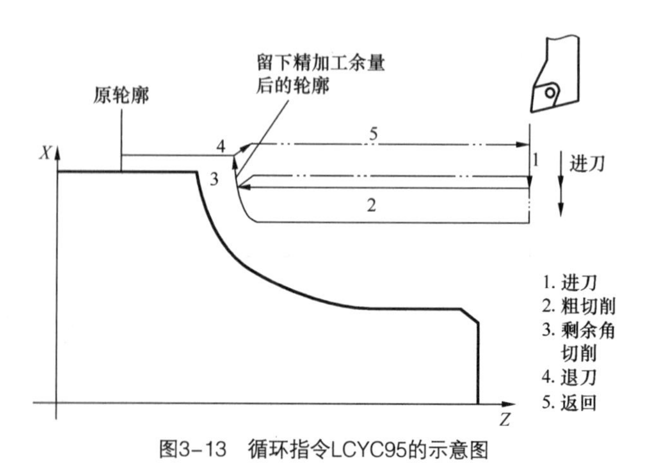

图3-13　循环指令LCYC95的示意图

前提条件如下。

① 直径编程 G23 指令必须有效。

② 系统中必须已经装入文件 SGUD.DEF。

③ 程序嵌套中至多可以从第三级程序界面中调用此循环（两级嵌套）。

（2）格式：

R105=__R106=__R108=__R109=__R110=__R111=__R112=__

LCYC95

（3）说明如下。

① R105：加工类型，取值为 1～12，具体见表 3-14。

表 3-14　　R105 加工方式定义表

数值	纵向/横向	外部/内部	粗加工/精加工/综合加工
1	纵向	外部	粗加工
2	横向	外部	粗加工
3	纵向	内部	粗加工
4	横向	内部	粗加工
5	纵向	外部	精加工
6	横向	外部	精加工
7	纵向	内部	精加工
8	横向	内部	精加工
9	纵向	外部	综合加工
10	横向	外部	综合加工
11	纵向	内部	综合加工
12	横向	内部	综合加工

② R106：设定精加工余量，无符号。如果没有设定精加工余量，则一直进行粗加工，直至最终轮廓。

③ R108：设定粗加工最大可能的进刀深度，无符号。当前粗加工中所用的进刀深度由循环自动计算出来。

④ R109：设定粗加工切入角。

⑤ R110：设定粗加工时的退刀量。每次粗加工之后要从轮廓退刀，然后用 G0 返回刀具起始点。

⑥ R111：设定粗加工进给率，加工方式为精加工时该参数无效。

⑦ R112：设定精加工进给率，加工方式为粗加工时该参数无效。

⑧ 定义轮廓：在一个子程序中编程待加工的工件轮廓，循环通过变量_CNAME 名下的子程序名调用子程序。轮廓由直线或圆弧组成，并可以插入圆角和倒角。编程的圆弧段最大可以为四分之一圆。轮廓中不允许含根切。若轮廓中包含根切，则循环停止运行并发出报警：G1605 “轮廓定义出错”。轮廓的编程方向必须与精加工时所选择的加工方向相一致。

⑨ 循环开始之前的位置：可任意设定，但须保证每次从该位置加工时不发生刀具碰撞。

⑩ 粗加工走刀路线如下。

a. 用 G00 在两个坐标轴方向同时回循环加工起始点（内部计算）。

b. 按照参数 R109 编程的角度进行深度进给。

c. 在坐标轴平行方向用 G1 和参数 R111 下进给率回粗切削交点。

d. 用 G1/G2/G3 按参数 R111 设定的进给率进行粗加工，直至沿着“轮廓+精加工余量”加工到最后一点。

e. 在每个坐标轴方向按参数 R110 中所编程的退刀量（mm）退刀并用 G0 返回。

f. 重复以上过程，直至加工到最后深度。

⑪ 精加工走刀路线如下。

a. 用 G00 按不同的坐标轴分别回循环加工起始点。

b. 用 G00 在两个坐标轴方向同时回轮廓起始点。

c. 用 G1/G2/G3 按参数 R112 设定的进给率沿着轮廓进行精加工。

d. 用 G00 在两个坐标轴方向回循环加工起始点。

⑫ 设定起始点：循环自动计算加工起始点。在粗加工时两个坐标轴同时回起始点；在精加工时则按不同的坐标轴分别回起始点，首先运行的是进刀坐标轴；“综合加工”方式中，在最后一次粗加工之后，不再回到内部计算的起始点。

3．凹凸切削循环指令（LCYC94）

（1）功能：如图 3-14 所示，对形状为 E 和 F 的凹凸形状进行切削，要求成品直径大于 3mm。在调用循环之前必须要激活刀具补偿参数。

（2）前提条件：直径编程 G23 指令必须有效。

（3）格式：

R100 =__R101 =__R105 =__R107 =__

LCYC94

（4）说明如下。

E 型　F 型

用于加工具有一个加工面的工件　用于加工具有两个相互垂直加工面的工件

图3–14　形状为E和F的凹凸切削

① R100：横向坐标轴起始点参数，无符号。通过参数 R100 设定凹凸切削后的成品直径。如果根据 R100 编程的值所生成的成品直径小于或等于 3mm，则循环中断并产生报警：G1601“成品直径太小”。

② R101：纵向坐标轴起始点参数。R101 确定成品在纵向坐标轴方向的尺寸。

③ R105：形状定义参数。当 R105 = 55 时，形状为 E；当 R105 = 56 时，形状为 F。

④ R107：确定刀具的刀尖位置，从而确定凹凸切削加工位置，取值为 1～4。该参数值必须与循环调用之前所选刀具的刀尖位置相一致，如图 3-15 所示。

⑤ 设定循环开始之前的位置：可任意设定，但须保证每次从该位置加工时不发生刀具碰撞。

⑥ 走刀路线如下。

a. 用 G00 回到循环内部所计算的起始点。

b. 根据当前的刀尖位置选择刀尖半径补偿，并按循环调用之前所编程的进给率进行凹凸轮廓的加工，直至最后。

c. 用 G00 回到起始点，并用 G40 指令取消刀尖半径补偿。

（二）华中世纪星 HNC-21T 系统的循环编程指令

1. 简单循环指令

华中世纪星 HNC-21T 系统有五类简单循环指令，分别是内（外）径切削循环指令 G80、端面切削循环指令 G81、螺纹切削循环指令 G82、端面深孔钻加工循环指令 G74、外径切槽循环指令 G75。下面介绍常用的内（外）径切削循环指令 G80、端面切削循环指令 G81 的编程方法。

（1）内（外）径切削循环指令 G80。

① 圆柱面内（外）径切削循环指令。

格式：G80 X（U）__Z（W）__F__；

说明：该指令执行如图 3-16 所示 $A \to B \to C \to D \to A$ 的轨迹动作。

X（U）、Z（W）：绝对值编程时，为切削终点 C 在工件坐标系下的坐标；增量值编程时，为切削终点 C 相对于循环起点 A 的有向距离，用 U、W 表示。

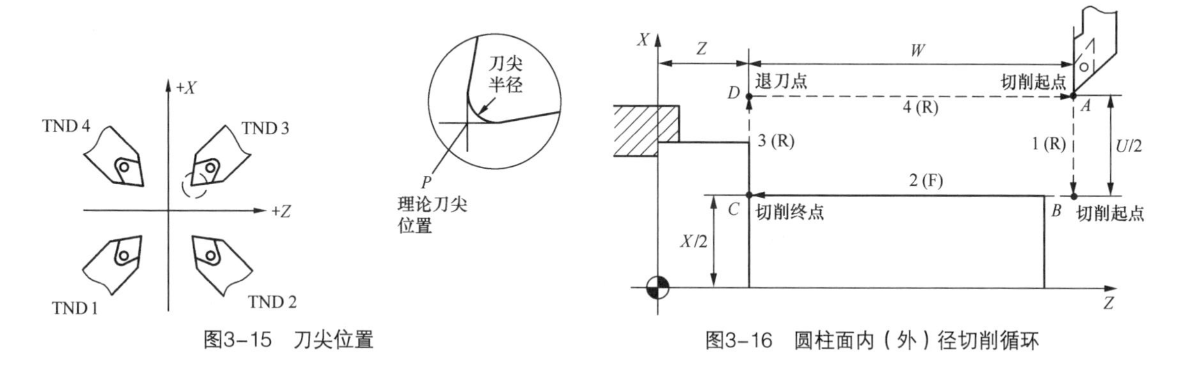

图3-15　刀尖位置　　图3-16　圆柱面内（外）径切削循环

② 圆锥面内（外）径切削循环。

格式：G80 X（U）__Z（W）__I__F__；

说明：该指令执行如图 3-17 所示 $A \to B \to C \to D \to A$ 的轨迹动作。

X（U）、Z（W）：绝对值编程时，为切削终点 C 在工件坐标系下的坐标；增量值编程时，为切削终点 C 相对于循环起点 A 的有向距离，用 U、W 表示。

I：为切削起点 B 与切削终点 C 的半径差。其符号为差的符号（无论是绝对值编程还是增量值编程）。

（2）端面切削循环指令 G81。

① 端平面切削循环。

格式：G81 X（U）__Z（W）__F__；

说明：该指令执行如图 3-18 所示 $A \to B \to C \to D \to A$ 的轨迹动作。

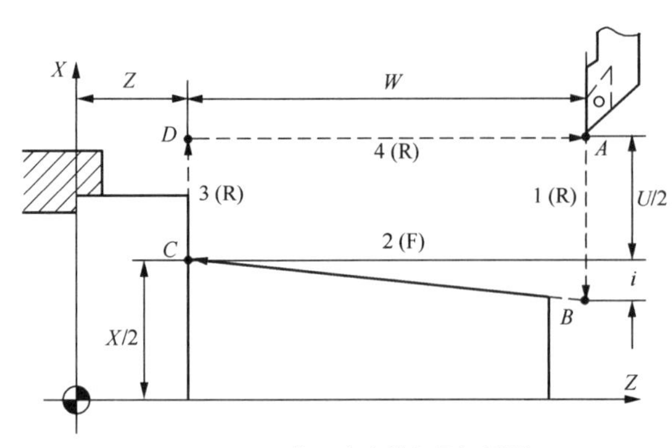

图3-17 圆锥面内（外）径切削循环

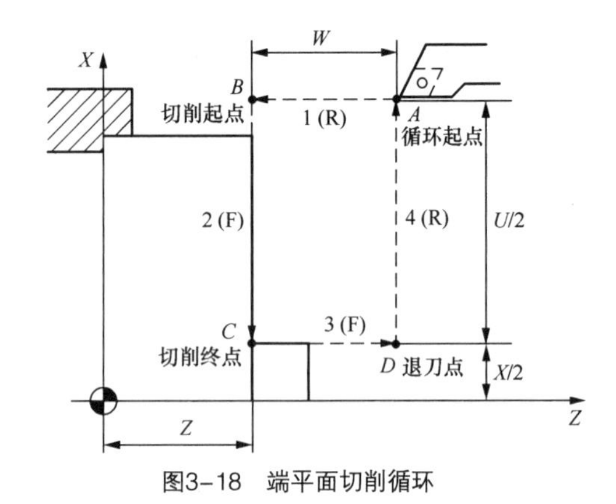

图3-18 端平面切削循环

X（U）、Z（W）：绝对值编程时，为切削终点 *C* 在工件坐标系下的坐标；增量值编程时，为切削终点 *C* 相对于循环起点 *A* 的有向距离，用 U、W 表示。

② 圆锥端面切削循环。

格式：G81 X（U）__Z（W）__K__F__；

说明：该指令执行如图 3-19 所示 *A*→*B*→*C*→*D*→*A* 的轨迹动作。

X（U）、Z（W）：绝对值编程时，为切削终点 *C* 在工件坐标系下的坐标；增量值编程时，为切削终点 *C* 相对于循环起点 *A* 的有向距离，用 U、W 表示。

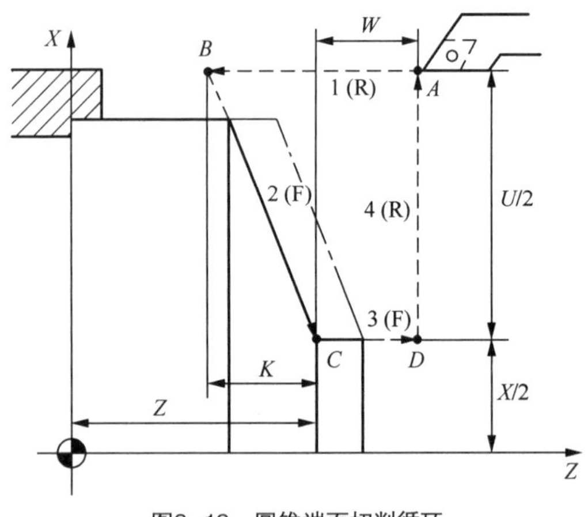

图3-19 圆锥端面切削循环

K：为切削起点 *B* 相对于切削终点 *C* 的 *Z* 向有向距离。

2．复合循环指令

华中世纪星 HNC-21T 系统有四类复合循环指令，分别是内（外）径粗车复合循环指令 G71、端面粗车复合循环指令 G72、闭环车削复合循环指令 G73、螺纹切削复合循环指令 G76。运用这组复合循环指令，只需指定精加工路线和粗加工的背吃刀量，系统就会自动计算粗加工路线和走刀次数。下面介绍内（外）径粗车复合循环指令 G71、端面粗车复合循环指令 G72、闭环车削复合循环指令 G73 的编程方法。

（1）内（外）径粗车复合循环指令 G71。

① 无凹槽内（外）径粗车复合循环。

格式：G71 U（Δd） R（r） P（n_s） Q（n_f） X（Δx） Z（Δz） F（f） S（s） T（t）;

说明：该指令执行如图 3-20 所示的粗加工，并且刀具回到循环起点。精加工路径 *A*→*A′*→*B′*→*B* 的轨迹按后面的指令循序执行。

Δd：切削深度（每次切削量），指定时不加符号，方向由矢量 *AA′* 决定；

r：每次退刀量；

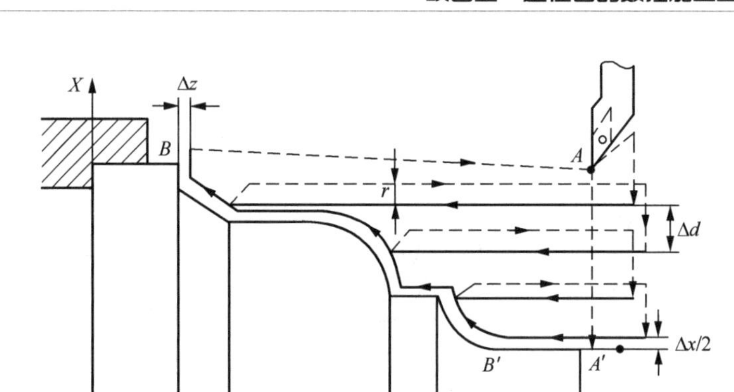

图3-20　无凹槽内（外）径粗车复合循环

n_s：精加工路径第一个程序段的顺序号；

n_f：精加工路径最后程序段的顺序号；

Δx：X 方向精加工余量；

Δz：Z 方向精加工余量；

f、s、t：粗加工时 G71 程序段的 F、S、T 有效，而精加工时处于 n_s～n_f 程序段之间的 F、S、T 有效。

采用 G71 编程时，切削进给方向平行于 Z 轴，X（Δx）和 Z（Δz）的符号如图 3-21 所示。其中（+）表示沿轴正方向移动，（－）表示沿轴负方向移动。

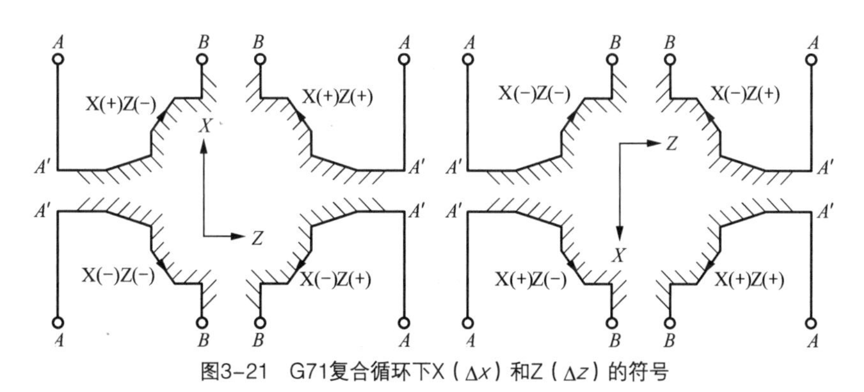

图3-21　G71复合循环下X（Δx）和Z（Δz）的符号

② 有凹槽内（外）径粗车复合循环。

a. 格式：G71 U（Δd） R（r） P（n_s） Q（n_f） E（e） F（f） S（s） T（t）；

b. 说明：该指令执行如图 3-22 所示的粗加工和精加工，其中精加工路径为 $A \rightarrow A' \rightarrow B' \rightarrow B$ 的轨迹。

Δd：切削深度（每次切削量），指定时不加符号，方向由矢量 AA' 决定；

r：每次退刀量；

n_s：精加工路径第一程序段（即图中的 AA'）的顺序号；

n_f：精加工路径最后程序段（即图中的 $B'B$）的顺序号；

e：精加工余量，其为 X 方向的等高距离；外径切削时为正，内径切削时为负；

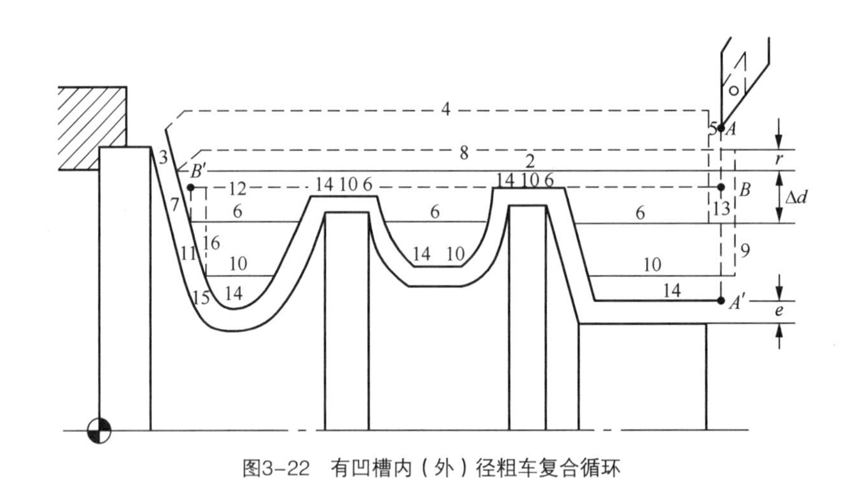

图3-22 有凹槽内（外）径粗车复合循环

f、s、t：粗加工时 G71 程序段的 F、S、T 有效，而精加工时处于 n_s～n_f 程序段之间的 F、S、T 有效。

G71 指令必须带有 P、Q 地址 n_s、n_f，且与精加工路径起、止顺序号对应，否则不能进行该循环加工。n_s 的程序段必须为 G00/G01 指令，即从 A 到 A' 的动作必须是直线或点定位运动。在顺序号为 n_s～n_f 的程序段中，不应包含子程序。

（2）端面粗车复合循环指令 G72。

① 格式：G72 W（Δd）R（r）P（n_s）Q（n_f）X（Δx）Z（Δz）F（f）S（s）T（t）;

② 说明：该循环与 G71 的区别仅在于切削方向平行于 X 轴。

G72 切削循环下，切削进给方向平行于 X 轴，X（Δx）和 Z（Δz）的符号如图 3-23 所示。其中（+）表示沿轴的正方向移动，（−）表示沿轴负方向移动。

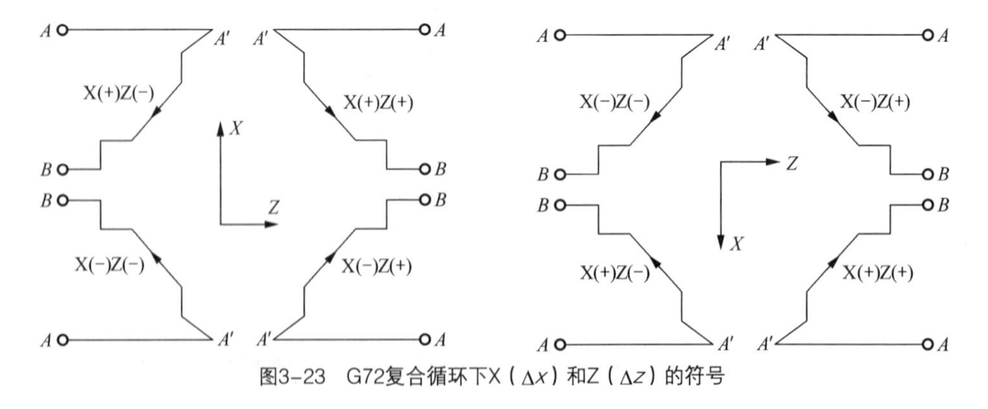

图3-23 G72复合循环下X（Δx）和Z（Δz）的符号

G72 指令必须带有 P、Q 地址，否则不能进行该循环加工。在 n_s 的程序段中应包含 G00、G01 指令，进行由 A～A' 的动作，且该程序段中不应编有 X 向移动指令。在顺序号为 n_s～n_f 的程序段中，可以有 G02/G03 指令，不应包含子程序。

（3）闭环车削复合循环指令 G73。

① 格式：G73U（ΔI）W（ΔK）R（r）P（n_s）Q（n_f）E（e）F（f）S（s）T（t）

② 说明：该功能在切削工件时刀具轨迹为如图 3-24 所示的封闭回路，刀具逐渐进给，使封闭切削回路逐渐向零件最终形状靠近，最终切削成工件的形状，其精加工路径为 $A \to A' \to B' \to B$。该指令适合于加工铸造、锻造等粗加工中已初步成形的工件。

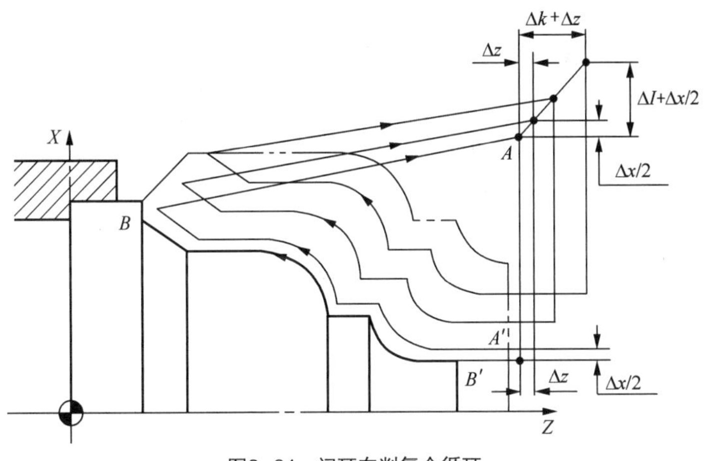

图3-24 闭环车削复合循环

ΔI：X 轴方向的粗加工总余量；

Δk：Z 轴方向的粗加工总余量；

r：粗切削次数；

n_s：精加工路径第一程序段（即图中的 AA'）的顺序号；

n_f：精加工路径最后程序段（即图中的 $B'B$）的顺序号；

Δx：X 方向精加工余量；

Δz：Z 方向精加工余量；

F、S、T：粗加工时 G73 程序段的 F、S、T 有效，而精加工时处于 n_s～n_f 程序段之间的 F、S、T 有效。

ΔI 和 ΔK 表示粗加工时总的切削量，粗加工次数为 r，则每次 X、Z 方向的切削量为 $\Delta I/r$，$\Delta K/r$；按 G73 段中的 P 和 Q 指令值实现循环加工，要注意 Δx 和 Δz、ΔI 和 ΔK 的正负号。

本项目详细介绍了内孔车刀的选用，车内表面的走刀路线设计，数控车编程指令 G71、G72、G73、G70、M98、M99。要求读者了解内孔车刀的选用，熟悉车内表面的走刀路线设计，掌握 G71、G73、G70 的编程方法。

一、选择题（请将正确答案的序号填写在括号中，每题2分，满分20分）

1. 在FANUC数控系统中，（　　）指令适合粗加工铸、锻造类毛坯。

（A）G71　　（B）G70　　（C）G73　　（D）G72

2. 下列（　　）指令属于单一固定循环。

（A）G72　　（B）G90　　（C）G71　　（D）G73

3.（　　）指令适于粗车圆棒料毛坯。

（A）G71　　（B）G72　　（C）G73　　（D）G92

4. 若待加工零件具有凹圆弧面时，则应选择（　　）指令完成粗车循环。

（A）G70　　（B）G71　　（C）G73　　（D）G72

5. 在FANUC系统数控车床编程中，程序段N10 G71 U2 R1；N20 G71 P100 Q200 U0.2 W0.1 F100；其中U0.2表示（　　）。

（A）*X*方向的精车余量　　（B）背吃刀量

（C）退刀量　　（D）*Z*方向的精车余量

6. 在程序段G71 U $\underline{\Delta d}$ R$\underline{e}$ 中，Δd表示（　　）。

（A）切深，无正负号，半径值　　（B）切深，有正负号，半径值

（C）切深，无正负号，直径值　　（D）切深，有正负号，直径值

7. 在程序段G71 P$\underline{n}_s$ Q$\underline{n}_f$ U$\underline{\Delta u}$ W$\underline{\Delta w}$ F__ S__ T__ 中，Δw表示（　　）。

（A）切深　　（B）退刀量

（C）*X*方向的精加工余量　　（D）*Z*方向的精加工余量

8. 在程序段G73 U$\underline{\Delta i}$ W$\underline{\Delta k}$ R$\underline{d}$ 中，d表示（　　）。

（A）切深　　（B）循环次数

（C）*X*方向的精加工余量　　（D）*Z*方向的精加工余量

9.（　　）指令用于对工件进行精加工。

（A）G70　　（B）G71　　（C）G72　　（D）G00

10. 从子程序返回到主程序用（　　）指令。

（A）M98　　（B）M99　　（C）G92　　（D）G91

二、判断题（请将判断结果填入括号中，正确的填"√"，错误的填"×"，每题2分，满分20分）

（　　）1. 在实际加工中，各粗车循环指令可根据实际情况结合使用，即一部分用G71，另一部分用G73，尽可能提高效率。

（　　）2. G71、G72、G73、G76均属于复合固定循环指令。

（　　）3. 单一固定循环方式可对工件的内、外圆柱面及内、外圆锥面进行粗车。

（　　）4. 套类工件因受刀体强度、排屑状况的影响，所以每次切削深度要少一点，进给量要慢一点。

（　　）5. 用 G71 编程进行粗车时，程序段号 n_s～n_f之间的 F、S、T 功能均有效。

（　　）6. 使用 G73 时，零件沿 X 轴的外形必须是单调递增或单调递减。

（　　）7. 在程序段 G73 Pn_s Qn_f UΔu WΔw F__S__T__中，Δu 表示 X 方向的精加工余量，半径值编程。

（　　）8. 在程序段 G73 Pn_s Qn_f UΔu WΔw F__S__T__中，Δw 表示 Z 方向上的精加工余量。

（　　）9. G72 是平端面粗车循环。

（　　）10. 程序 M98 P51002，是将子程序号为 5100 的子程序连续调用两次。

三、编程题（在下面 4 道题中，任选 1 道，满分 60 分）

1. 加工如图 3-25 所示零件，数量为 1 件，毛坯为ϕ60mm 的 45 钢棒料。要求设计数控加工工艺方案，编制机械加工工艺过程卡、数控加工工序卡、数控车刀具调整卡、数控加工程序卡，进行仿真加工，优化走刀路线和程序。

2. 加工如图 3-26 所示零件，数量为 1 件，毛坯为ϕ60mm×60mm 的 45 钢。要求设计数控加工工艺方案，编制机械加工工艺过程卡、数控加工工序卡、数控车刀具调整卡、数控加工程序卡，进行仿真加工，优化走刀路线和程序。

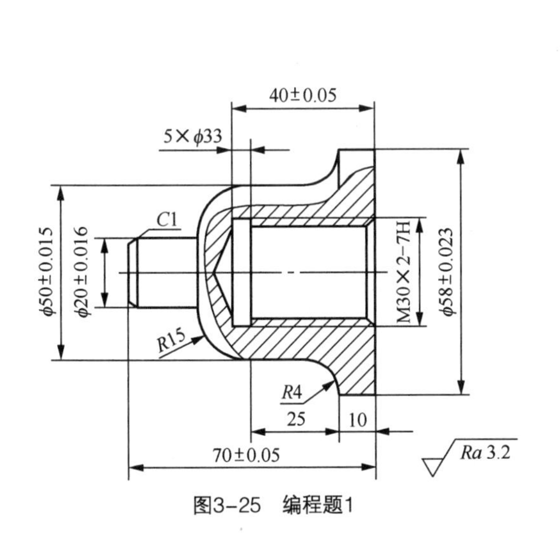

图3-25　编程题1

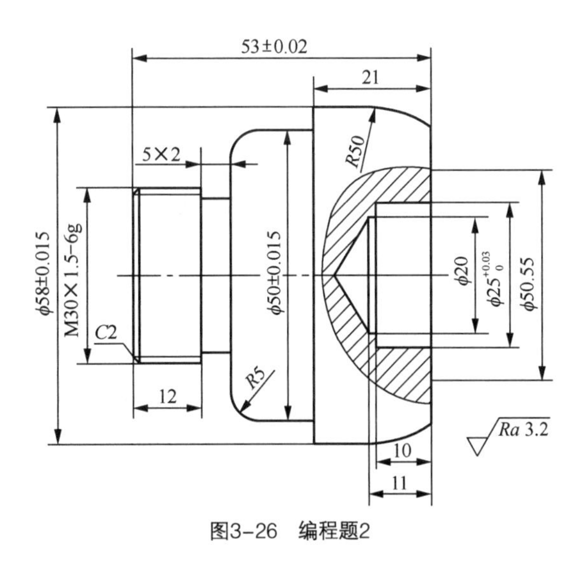

图3-26　编程题2

3. 加工如图 3-27 所示零件，数量为 1 件，毛坯为ϕ50×80 的 45 钢，已预钻ϕ20 的通孔。要求设计数控加工工艺方案，编制机械加工工艺过程卡、数控加工工序卡、数控车刀具调整卡、数控加工程序卡，进行仿真加工，优化走刀路线和程序。

4. 加工如图 3-28 所示零件，数量为 1 件，毛坯为ϕ50×80 的 45 钢，已预钻ϕ20 的通孔。要求设计数控加工工艺方案，编制机械加工工艺过程卡、数控加工工序卡、数控车刀具调整卡、数控加工程序卡，进行仿真加工，优化走刀路线和程序。

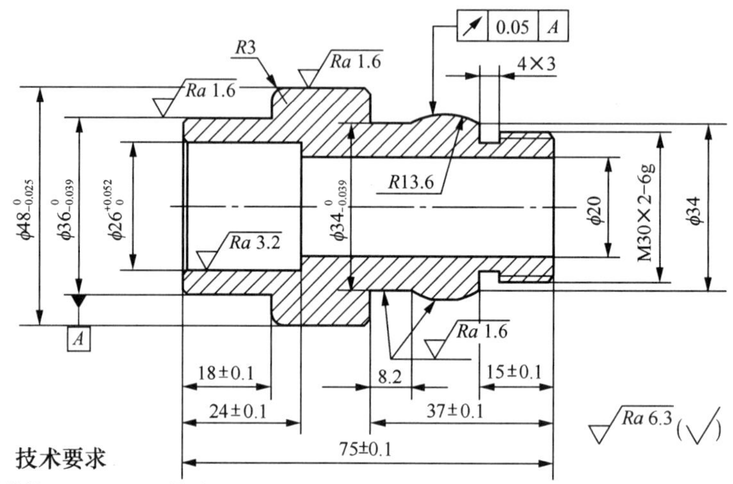

图3-27　编程题3

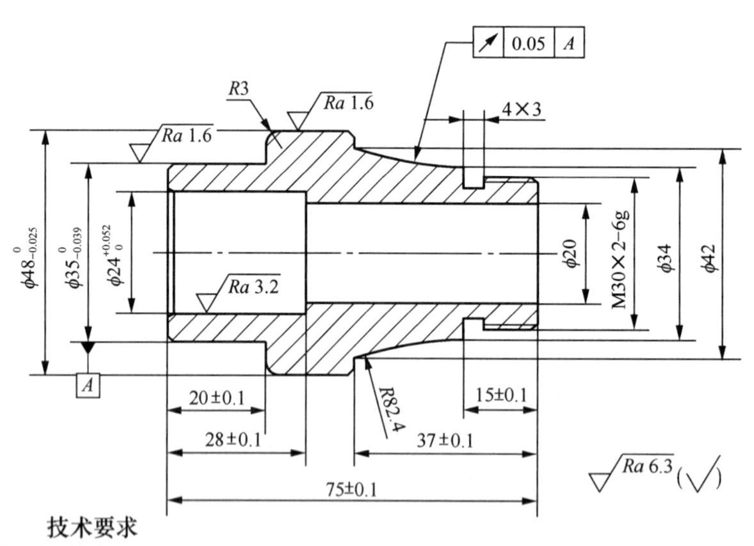

图3-28　编程题4

Chapter 4

项目四 椭圆手柄的数控加工工艺设计与程序编制

【能力目标】

通过椭圆手柄的数控加工工艺设计与程序编制，具备使用宏程序编制含有公式曲线的零件的数控车削程序的能力。

【知识目标】

1. 了解车非圆曲线的走刀路线设计。
2. 熟悉用户宏程序基础。
3. 掌握用户宏程序功能 A。
4. 掌握用户宏程序功能 B。

一、项目导入

加工椭圆手柄，如图 4-1 所示，要求设计数控加工工艺方案，编制机械加工工艺过程卡、数控加工工序卡、数控车刀具调整卡、数控加工程序卡，进行仿真加工，优化走刀路线和程序。

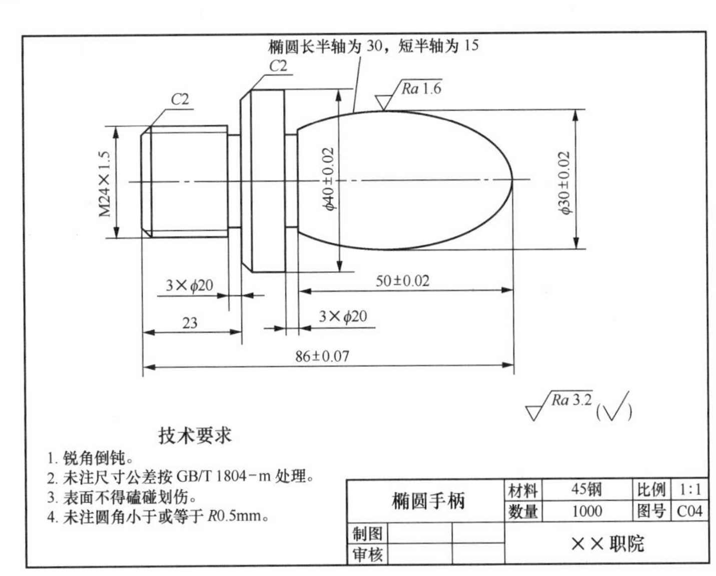

图4-1　椭圆手柄零件图

二、相关知识

（一）车非圆曲线的走刀路线设计

一般情况下，数控系统只有直线和圆弧插补功能，要对椭圆、双曲线、抛物线等非圆曲线进行加工，数控系统无法直接实现插补，需要通过一定的数学处理。数学处理的方法是，用直线段或圆弧段去逼近非圆曲线，逼近线段与被加工曲线的交点称为节点，各几何要素之间的连接点称为基点。

如图 4-2 所示，*OE* 是一段椭圆，在 *OE* 之间插入节点 *A*、*B*、*C*、*D*，相邻两点之间在 *Z* 方向的距离相等，均为 *a*。节点数目的多少或 *a* 的大小，决定了椭圆加工的精度和程序的长度。

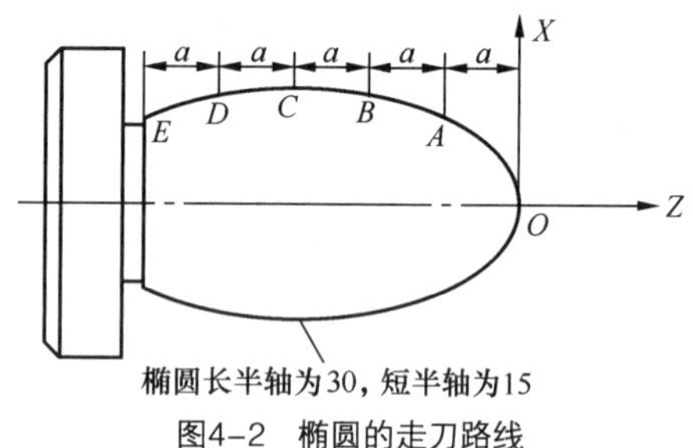

图4-2　椭圆的走刀路线

采用直线段 *OA*、*AB*、*BC*、*CD*、*DE* 去逼近椭圆，关键是求出节点 *O*、*A*、*B*、*C*、*D*、*E* 的坐标。节点的计算一般比较复杂，必须借助宏程序的转移和循环指令处理。求得各节点后，就可按相邻两节点间的直线来编写加工程序。

（二）用户宏程序基础

1. 用户宏程序的概念

用户宏程序的主体是一系列指令，相当于子程序体。使用时，通常将能完成某一功能的一系列指令像子程序一样存入存储器，然后用一个总指令代表它们，使用时只需给出这个总指令就能执行其功能。

用户宏程序的最大特点是可以对变量进行运算，使程序应用更加灵活、方便。

FANUC 0i 系统提供两种用户宏程序，即用户宏程序功能 A 和用户宏程序功能 B。用户宏程序功能 A 是 FANUC 系统的标准配置功能，任何配置的 FANUC 系统都具备此功能，而用户宏程序功能 B 虽然不是 FANUC 系统的标准配置功能，但绝大部分的 FANUC 系统也都支持用户宏程序功能 B。

2. 变量

普通数控加工程序直接用数值指定 G 代码和移动距离，使用宏程序时，数值可以直接指定或用变量指定。当用变量时，变量值可用程序或 MDI 面板上的操作改变。

（1）变量的表示。一个变量由符号“#”和变量号组成，例：# *i* (*i*=1，2，3，…)。

表达式可以用于指定变量号。此时，表达式必须封闭在括号中，例：#[#1+#2-10]。

（2）变量的引用。当在程序中定义变量值时，应指定变量号的地址。

例如，G01 X#100 Y#101 F#102。

当#100=800，#101=500，#102=80 时，上面这句程序即表示为 G01 X800 Y500 F80。

（3）变量的类型。变量分为空变量、局部变量、公共变量（全局变量）、系统变量 4 种

① 空变量。空变量（#0）总是空，没有值能赋给该变量。

② 局部变量。局部变量（#1～#33）是在宏程序中局部使用的变量。当宏程序 1 调用宏程序 2

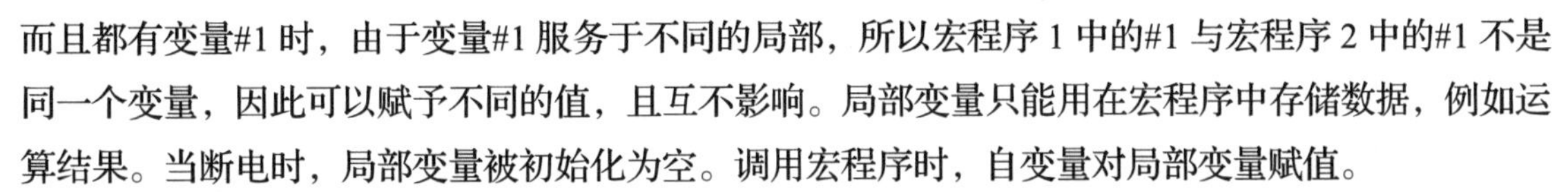

而且都有变量#1 时，由于变量#1 服务于不同的局部，所以宏程序 1 中的#1 与宏程序 2 中的#1 不是同一个变量，因此可以赋予不同的值，且互不影响。局部变量只能用在宏程序中存储数据，例如运算结果。当断电时，局部变量被初始化为空。调用宏程序时，自变量对局部变量赋值。

③ 公共变量。公共变量（#100～#199，#500～#999）在不同的宏程序中的意义相同。例如，当宏程序 1 和宏程序 2 都有变量#100 时，由于#100 是全局变量，所以宏程序 1 中的#100 与宏程序 2 中的#100 是同一个变量。当断电时，变量#100～#199 初始化为空，变量#500～#999 的数据保存，即使断电也不丢失。

④ 系统变量。系统变量（#1 000～）是指有固定用途的变量，它的值决定系统的状态。系统变量包括刀具偏置值变量、接口输入与接口输出信号变量及位置信号变量等。

（4）赋值与变量。赋值是指将一个数据赋予一个变量。例如#1=0，表示#1 的值是 0。其中#1 代表变量，0 就是给变量#1 赋的值。这里“=”是赋值符号，起语句定义作用。

赋值的规律如下。

① 赋值号“=”两边内容不能随意互换，左边只能是变量，右边可以是表达式、数值或变量。

② 一个赋值语句只能给一个变量赋值。

③ 可以多次给一个变量赋值，新变量值将取代原变量值（即最后赋的值生效）。

④ 赋值语句具有运算功能，它的一般形式为：变量 = 表达式。

在赋值运算中，表达式可以是变量自身与其他数据的运算结果，如#1 = #1+1，则表示#1 的值为#1+1。

⑤ 赋值表达式的运算顺序与数学运算顺序相同。

⑥ 辅助功能（M 代码）的变量有最大值限制，例如，将 M30 赋值为 300 显然是不合理的。

（三）用户宏程序功能 A

用户宏程序功能 A 可以用以下方法调用宏程序。

宏程序非模态调用：G65

宏程序模态调用：G66、G67

子程序调用：M98

用 M 代码调用子程序：M<*m*>

用 T 代码调用子程序：T<*t*>

其中，宏程序非模态调用 G65 应用较广泛。下面介绍 G65 的编程方法。

（1）编程格式。

```
G65 Hm P(#i) Q(#j) R(#k);
```

（2）说明。

① *m* 可以是 01～99 中的任何一个整数，表示运算指令或转移指令的功能。

② #*i* 表示存放运算结果的变量。

③ #*j* 为需要运算的第一个变量，可以是常数，常数可以直接表示，不带#。

④ #*k* 为需要运算的第二个变量，可以是常数，常数可以直接表示，不带#。

⑤ G65 表示：$\#i=\#j\odot\#k$，⊙代表运算符号，它由 H*m* 指定。

（3）G65H*m* 宏指令。

① 算术运算指令，见表 4-1。

表 4-1 算术运算指令

指令	H码	功能	定义	编程格式
G65	H01	定义，替换	$\#i=\#j$	G65 H01 P#*i* Q#*j*
G65	H02	加	$\#i=\#j+\#k$	G65 H02 P#*i* Q#*j* R#*k*
G65	H03	减	$\#i=\#j-\#k$	G65 H03 P#*i* Q#*j* R#*k*
G65	H04	乘	$\#i=\#j\times\#k$	G65 H04 P#*i* Q#*j* R#*k*
G65	H05	除	$\#i=\#j/\#k$	G65 H05 P#*i* Q#*j* R#*k*
G65	H21	平方根	$\#i=\sqrt{\#j}$	G65 H21 P#*i* Q#*j*
G65	H22	绝对值	$\#i=\|\#j\|$	G65 H22 P#*i* Q#*j*
G65	H23	求余	$\#i=\#j-\mathrm{trunc}(\#j/\#k)\times\#k$ trunc:丢弃小于 1 的分数部分	G65 H23 P#*i* Q#*j* R#*k*
G65	H24	十进制码变为二进制码	$\#i=\mathrm{BIN}(\#j)$	G65 H24 P#*i* Q#*j*
G65	H25	二进制码变为十进制码	$\#i=\mathrm{BCD}(\#j)$	G65 H25 P#*i* Q#*j*
G65	H26	复合×乘/除	$\#i=(\#i\times\#j)\div\#k$	G65 H26 P#*i* Q#*j* R#*k*
G65	H27	复合平方根 1	$\#i=\sqrt{\#j^2+\#k^2}$	G65 H27 P#*i* Q#*j* R#*k*
G65	H28	复合平方根 2	$\#i=\sqrt{\#j^2-\#k^2}$	G65 H28 P#*i* Q#*j* R#*k*

【例 4-1】 G65 H01 P#101 Q1005;（#101=1005）

【例 4-2】 G65 H02 P#101 Q#102 R#103;（#101=#102+#103）

【例 4-3】 G65 H03 P#101 Q#102 R#103; （#101=#102-#103）

【例 4-4】 G65 H04 P#101 Q#102 R#103; （#101=#102×#103）

【例 4-5】 G65 H05 P#101 Q#102 R#103; （#101=#102/#103）

【例 4-6】 G65 H21 P#101 Q#102; （ $\#101=\sqrt{\#102}$ ）

【例 4-7】 G65 H22 P#101 Q#102; （ $\#101=|\#102|$ ）

【例 4-8】 G65 H27 P#101 Q#102 R#103; （ $\#101=\sqrt{\#102^2+\#103^2}$ ）

【例 4-9】 G65 H28 P#101 Q#102 R#103; （ $\#101=\sqrt{\#102^2-\#103^2}$ ）

② 逻辑运算指令，见表 4-2。

表 4-2 逻辑运算指令

指令	H码	功能	定义	编程格式
G65	H11	逻辑或	#*i*=#*j* OR #*k*	G65 H11 P#*i* Q#*j* R#*k*
G65	H12	逻辑与	#*i*=#*j* AND #*k*	G65 H12 P#*i* Q#*j* R#*k*
G65	H13	异或	#*i*=#*j* XOR #*k*	G65 H13 P#*i* Q#*j* R#*k*

【例 4-10】　G65 H11 P#101 Q#102 R#103;（#101=#102 OR #103）

【例 4-11】　G65 H12 P#101 Q#102 R#103;（#101=#102 AND #103）

③ 三角函数指令，见表 4-3。

表 4-3　三角函数指令

指令	H 码	功能	定义	编程格式
G65	H31	正弦	#*i*=#*j* sin（#*k*）	G65 H31 P#*i* Q#*j* R#*k*（单位：°）
G65	H32	余弦	#*i*=#*j* cos（#*k*）	G65 H32 P#*i* Q#*j* R#*k*（单位：°）
G65	H33	正切	#*i*=#*j* tan（#*k*）	G65 H33 P#*i* Q#*j* R#*k*（单位：°）
G65	H34	反正切	#*i*=#*j* atan（#*j* /#*k*）	G65 H34 P#*i* Q#*j* R#*k*（单位：°，0°≤#*j*≤360°）

【例 4-12】　G65 H31 P#101 Q#102 R#103;（#101=#102×sin（#103））

【例 4-13】　G65 H32 P#101 Q#102 R#103;（#101=#102×cos（#103））

【例 4-14】　G65 H33 P#101 Q#102 R#103;（#101=#102×tan（#103））

【例 4-15】　G65 H34 P#101 Q#102 R#103;（#101=#102×atan（#103））

④ 控制指令，见表 4-4。

表 4-4　控制指令

指令	H 码	功能	定义	编程格式
G65	H80	无条件转移	GOTO *n*	G65 H80 P*n*（*n* 为程序段号）
G65	H81	条件转移 1（EQ）	IF #*j*=#*k*, GOTO *n*	G65 H81 P*n* Q#*j* R#*k*（*n* 为程序段号）
G65	H82	条件转移 2（NE）	IF #*j*≠#*k*, GOTO *n*	G65 H82 P*n* Q#*j* R#*k*（*n* 为程序段号）
G65	H83	条件转移 3（GT）	IF #*j*>#*k*, GOTO *n*	G65 H83 P*n* Q#*j* R#*k*（*n* 为程序段号）
G65	H84	条件转移 4（LT）	IF #*j*<#*k*, GOTO *n*	G65 H84 P*n* Q#*j* R#*k*（*n* 为程序段号）
G65	H85	条件转移 5（GE）	IF #*j*≥#*k*, GOTO *n*	G65 H85 P*n* Q#*j* R#*k*（*n* 为程序段号）
G65	H86	条件转移 6（LE）	IF #*j*≤#*k*, GOTO *n*	G65 H86 P*n* Q#*j* R#*k*（*n* 为程序段号）
G65	H99	产生 P/S 报警	P/S 报警号 500+*n* 出现	

【例 4-16】　G65 H80 P120;（转移到 N120）

【例 4-17】　G65 H81 P1000 Q#101 R#102;（当#101=#102，转移到 N1000 程序段；若#101≠#102，执行下一程序段）

【例 4-18】　G65 H82 P1000 Q#101 R#102;（当#101≠#102，转移到 N1000 程序段；若#101=#102，执行下一程序段）

【例 4-19】　G65 H83 P1000 Q#101 R#102;（当#101>#102，转移到 N1000 程序段；若#101≤#102，执行下一程序段）

【例 4-20】　G65 H84 P1000 Q#101 R#102;（当#101<#102，转移到 N1000 程序段；若#101≥#102，执行下一程序段）

【例 4-21】 G65 H85 P1000 Q#101 R#102;（当#101≥#102，转移到 N1000 程序段；若#101<#102，执行下一程序段）

【例 4-22】 G65 H86 P1000 Q#101 R#102;（当#101≤#102，转移到 N1000 程序段；若#101>#102，执行下一程序段）

（4）编程时的注意事项。为了保证宏程序的正常运行，在使用用户宏程序 A 的过程中，应注意以下几点。

① 由 G65 规定的 H 码不影响偏移量的任何选择。

② 在分支转移目标地址中，如果序号为正值，则检索过程是先向大程序号查找，如果序号为负值，则检索过程是先向小程序号查找。

③ 转移目标序号可以是变量。

④ 变量值是不含小数点的数值，它以系统的最小输入单位为其值的单位。例如当系统的最小输入单位为 0.001 时，#101 = 10，则 X#101 代表 0.01mm。当运算结果出现小数点后的数值时，其值将被舍去。

⑤ 当变量以角度形式指定时，其单位为 0.001°。

⑥ 在各运算中，当必要的 Q、R 没有指定时，系统自动将其值作为“0”处理。

⑦ 运算、转移指令中的 H、P、Q、R 都必须写在 G65 之后，在 G65 之前的地址符只能是 O、N。

【例 4-23】 如图 4-3 所示，用用户宏程序功能 A 编写椭圆手柄的精加工程序。

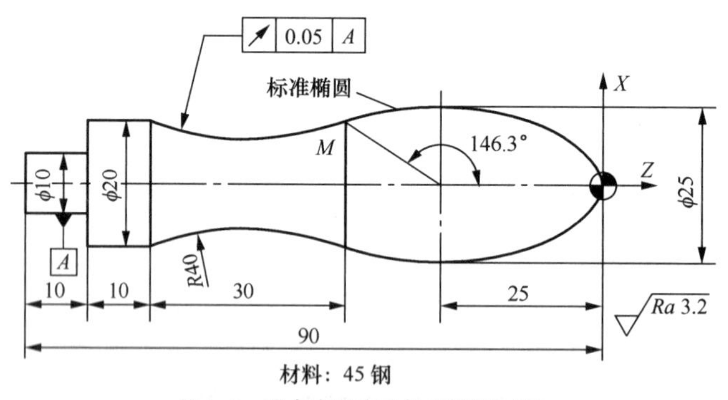

图4-3 用户宏程序功能A编程实例1

（1）编程思路。图 4-3 所示的轮廓表面主要为非圆曲线，无法采用常规的直线和圆弧指令进行编程，因此，采用宏程序编程的方式进行曲线拟合编程。

该椭圆的方程为 $\frac{X^2}{12.5}+\frac{(Z+25)^2}{25^2}=1$，其另一种表达方式为“$X=12.5\sin\alpha$，$Z=25\cos\alpha-25$”，椭圆上各点坐标分别是（12.5sin α，25cos α–25），坐标值随角度的变化而变化，“α”是自变量，每次角度增量为 0.1°，坐标“X”和“Z”是因变量。注意：用极坐标编写该椭圆程序时，M 点处的极角不等于图样上已知的平面角 146.3°，而是经过换算后得到该点的极角 126.86°。

在编程时，使用以下变量进行运算。

#100：椭圆 X 向半轴 A 的长度。

#101：椭圆 Z 向半轴 B 的长度。

#102：椭圆上各点对应的角度 α。

#103：$A\sin\alpha$。

#104：$B\cos\alpha$。

#105：椭圆上各点在编程坐标系中的 X 坐标。

#106：椭圆上各点在编程坐标系中的 Z 坐标。

（2）刀具选择。

T0101：93°硬质合金外圆车刀。

（3）编程。

```
程序                                    说明
O4110                                   主程序
T0101;
M03 S1200;
G00 X0.0 Z5.0;                          宏程序起点
M98 P4010;                              调用精加工宏程序
G02 X20.0 Z-70.0 R40.0 F0.2;            加工圆弧
G01 Z-85.0;
G00 X100.0 Z100.0;
M30;                                    主程序结束

O4010;                                  椭圆精加工宏程序
G65 H01 P#100 Q12500;                   短半轴A赋初值，A=12.5mm
G65 H01 P#101 Q25000;                   短半轴B赋初值，B=25mm
G65 H01 P#102 Q0;                       角度α赋初值，α=0°
N40 G65 H31 P#103 Q#100 R#102;          #103=#100sin[#102]
G65 H32 P#104 Q#101 R#102;              #104=#101cos[#102]
G65 H04 P#105 Q#103 R2;                 X坐标变量，#105=2#103
G65 H03 P#106 Q#104 R25000;             Z坐标变量，#106=#104-25.0
G01 X#105 Z#106 F0.2;                   直线轨迹拟合
G65 H02 P#102 Q#102 R100;               角度增量为0.1°
G65 H86 P40 Q#102 R126860;              条件判断，极角α≤126.86°
M99;                                    子程序结束，返回主程序
```

【例4-24】 如图4-4所示，用用户宏程序功能A编写 $A\rightarrow B$ 的数控精加工程序。

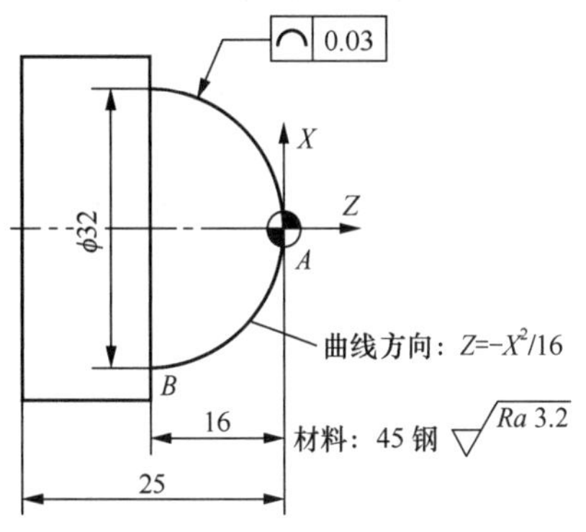

图4-4 用户宏程序功能A编程实例2

（1）编程思路。$A\rightarrow B$ 的轮廓表面为抛物线，无法采用常规的直线和圆弧指令进行编程，因此，采用宏程序编程的方式进行曲线拟合编程。

该抛物线的方程为 $Z=-X^2/16$，即 $X^2=-16Z$（注意：X 为半径值）。设 Z 是自变量，每次增量为-0.1mm。X 是因变量，当采用直径编程时，$X=2\sqrt{-16Z}=\sqrt{-64Z}$。

在编程时，使用以下变量进行运算。

#101：抛物线上各点的 Z 坐标。

#102：抛物线上各点的 X 坐标。

（2）刀具选择。

T0101：93°硬质合金外圆车刀。

（3）编程。

程序	说明
O4120	主程序
T0101;	
M03S1200;	
G00 X0.0 Z2.0;	宏程序起点
G65 H01 P#101 Q0;	Z 坐标赋初值
G65 H01 P#102 Q0;	X 坐标赋初值
N100 G01 X#102 Z#101 F0.2;	
G65 H03 P#101 Q#101 R100;	Z 坐标值每次减 0.1mm
G65 H04 P#100 Q#101 R-64000;	注意 R 值是 64 000，而不是 64
G65 H21 P#102 Q#100;	计算 X 坐标值
G65 H86 P100 Q102 R32000;	如果 X 坐标小于 32mm，则返回 N100
G01 X42.0;	
G00 X100.0 Z100.0;	
M30;	主程序结束

（四）用户宏程序功能 B

用户宏程序功能 B 可以用宏程序非模态调用、宏程序模态调用、用 G 代码调用宏程序、用 M 代码调用宏程序、用 M 代码调用子程序、用 T 代码调用子程序 6 种方法调用。

下面介绍宏程序非模态调用 G65 的编程方法。

1．宏程序非模态调用 G65 的编程格式

功能：当指定 G65 时，调用以地址 P 指定的用户宏程序，数据（自变量）能传递到用户宏程序中。

格式：G65 P<*p*> L<*l*> <自变量赋值>;

<*p*>：要调用的程序号。

<*l*>：重复次数（默认值为 1）。

<自变量赋值>：传递到宏程序的数据。

【例 4-25】 宏程序非模态调用 G65 的编程如图 4-5 所示。

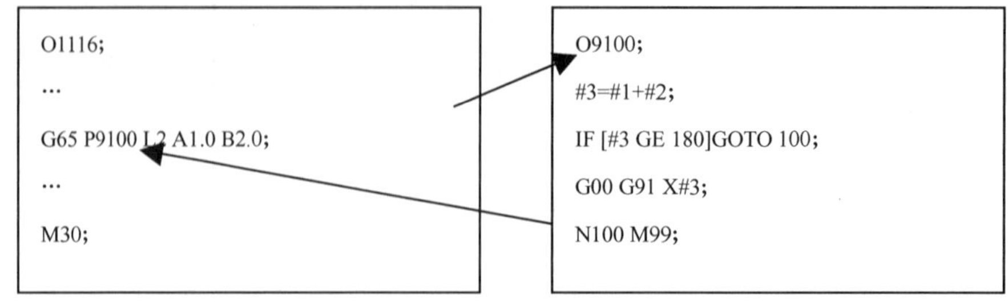

图4-5 G65的编程实例

调用说明：在 G65 之后，用地址 P 指定用户宏程序的程序号。任何自变量前必须指定 G65。当要求重复时，在地址 L 后指定 1～9999 的重复次数，省略 *L* 值时，默认 *L* 值等于 1。使用自变量指定（赋值），其值被赋值给宏程序中相应的局部变量。

2．自变量指定

自变量指定又称为自变量赋值，即若要向用户宏程序本体传递数据时，须由自变量赋值来指定，其值可以有符号和小数点，且与地址无关。

这里使用的是局部变量（#1～#33，共有 33 个），与其对应的自变量赋值共有两种类型。

自变量赋值Ⅰ：用英文字母后加数值进行赋值，除了 G、L、O、N 和 P 之外，其余所有 21 个英文字母都可以给自变量赋值，每个字母赋值一次。赋值不必按字母顺序进行，但使用 I、J、K 时，必须按字母顺序指定（赋值），不赋值的地址可以省略。

自变量赋值Ⅱ：使用 A、B、C 和 I_i、J_i、K_i（*i* 为 1～10），同组的 I、J、K 必须按字母顺序指定，不赋值的地址可以省略。

自变量赋值Ⅰ和自变量赋值Ⅱ与用户宏程序本体中局部变量的对应关系见表 4-5。

表 4-5　　FANUC 0i 地址与局部变量的对应关系

自变量赋值Ⅰ地址	变量号	自变量赋值Ⅱ地址	变量号
A	#1	A	#1
B	#2	B	#2
C	#3	C	#3
I	#4	I_1	#4
J	#5	J_1	#5
K	#6	K_1	#6
D	#7	I_2	#7
E	#8	J_2	#8
F	#9	K_2	#9
—	#10	I_3	#10
H	#11	J_3	#11
—	#12	K_3	#12
M	#13	I_4	#13
—	#14	J_4	#14
—	#15	K_4	#15
—	#16	I_5	#16
Q	#17	J_5	#17
R	#18	K_5	#18
S	#19	I_6	#19
T	#20	J_6	#20
U	#21	K_6	#21
V	#22	I_7	#22
W	#23	J_7	#23

续表

自变量赋值Ⅰ地址	变量号	自变量赋值Ⅱ地址	变量号
X	#24	K_7	#24
Y	#25	I_8	#25
Z	#26	J_8	#26
		K_8	#27
		I_9	#28
		J_9	#29
		K_9	#30
		I_{10}	#31
		J_{10}	#32
		K_{10}	#33

表4-5中，I、J、K的下标用于确定自变量指定的顺序，在实际编写中不写。

自变量赋值的其他说明如下。

（1）自变量赋值Ⅰ、Ⅱ的混合使用。CNC内部自动识别自变量赋值Ⅰ和Ⅱ。如果自变量赋值Ⅰ和Ⅱ混合赋值，较后赋值的自变量类型有效（以从左到右书写的顺序为准，左为先，右为后）。建议在实际编程时，使用自变量赋值Ⅰ进行赋值。

（2）小数点的问题。没有小数点的自变量数据的单位为各地址的最小设定单位。传递的没有小数点的自变量的值将根据机床实际的系统配置而定。建议在宏程序调用中一律使用小数点。

（3）调用嵌套。调用可以4级嵌套，包括非模态调用（G65）和模态调用（G66），但不包括子程序调用（M98）。

（4）局部变量的级别。局部变量嵌套从0级到4级，主程序是0级。用G65或G66调用宏程序，每调用一次（2、3、4级），局部变量级别加1，而前一级的局部变量值保存在CNC中，即每级局部变量（1、2、3级）被保存，下一级的局部变量（2、3、4级）被准备，可以进行自变量赋值。当在宏程序中执行M99时，控制返回到调用的程序，此时，局部变量级别减1，并恢复宏程序调用时保存的局部变量值，即上一级被储存的局部变量被恢复，如同它被储存一样，而下一级的局部变量被清除。

3. 算术运算指令

用户宏程序功能B的算术运算指令见表4-6。

表4-6　　用户宏程序功能B的算术运算指令

算术运算	表达形式
变量的定义和替换	$\#i=\#j$
加	$\#i=\#j+\#k$
减	$\#i=\#j-\#k$
乘	$\#i=\#j\times\#k$

续表

算术运算	表达形式
除	#i=#j/#k
正弦函数（单位：（°））	#i=SIN[#j]
余弦函数（单位：（°））	#i=COS [#j]
正切函数（单位：（°））	#i=TAN[#j]
反正切函数（单位：（°））	#i=ATAN [#j]
平方根	#i=SQRT [#j]
取绝对值	#i=ABS [#j]

运算的先后顺序是：表达式中括号的运算、函数运算、乘除运算、加减运算。

4．控制指令

（1）无条件转移（GOTO 语句）。

功能：转移（跳转）到标有顺序号 *n* 的程序段。

格式：GOTO *n*;

说明：*n* 为顺序号（1～99 999）。

例：GOTO 99；表示转移至第 99 行。

（2）条件转移（IF 语句）

IF 之后指定条件表达式。

① IF[<条件表达式>] GOTO *n*

功能：如果指定的条件表达式满足时，则转移（跳转）到标有顺序号 *n* 的程序段；如果不满足指定的条件表达式，则顺序执行下个程序段。

【例 4-26】　IF[#1 GT 10] GOTO 90;

```
…
N90 G00 G90 Z30;
```

表示如果变量#1 的值大于 10，即转移（跳转）到标有顺序号为 N90 的程序段。

② IF[<条件表达式>] THEN

功能：如果指定的条件表达式满足时，则执行预先指定的宏程序语句，而且只执行一个宏程序语句。

【例 4-27】　IF[#1EQ#2] THEN #3=5；如果#1 和#2 的值相同，5 赋值给#3。

条件表达式必须包括运算符。运算符插在两个变量中间或变量和常量中间，并且用“[]”封闭。表达式可以替代变量。运算符由两个字母组成，用于两个值的比较，以决定它们是相等还是一个值小于或大于另一个值，见表 4-7。

表 4-7 运算符

运算符	含义	英文注释
EQ	等于（=）	Equal
NE	不等于（≠）	Not Equal
GT	大于（>）	Great Than
GE	大于或等于（≥）	Great Than or Equal
LT	小于（<）	Less Than
LE	小于或等于（≤）	Less Than or Equal

（3）循环（WHILE 语句）。

在 WHILE 后指定一个条件表达式。

功能：当指定条件满足时，则执行从 DO 到 END 之间的程序，否则，转到 END 后的程序段。DO 后面的号是指定程序执行范围的标号，标号值为 1、2、3。

格式：WHILE[<条件表达式>]DO *m*；（*m*=1，2，3）

…

END *m*;

三、任务实施

（一）零件工艺性分析

1. 结构分析

如图 4-1 所示，该零件属于轴类零件，加工内容包括椭圆面、圆柱、沟槽、螺纹、倒角。

2. 尺寸分析

该零件图尺寸完整。主要尺寸分析如下。

$\phi 40 \pm 0.02$：经查表，加工精度等级为 IT8。

$\phi 30 \pm 0.02$：经查表，加工精度等级为 IT8。

50 ± 0.02：经查表，加工精度等级为 IT8。

86 ± 0.07：经查表，加工精度等级为 IT10。

其他尺寸的加工精度按 GB/T 1804—m 处理。

3. 表面粗糙度分析

除椭圆面的表面粗糙度为 1.6μm 外，其他表面的表面粗糙度为 3.2μm。

根据分析，椭圆手柄的所有表面都可以加工出来，经济性能良好。

（二）制订机械加工工艺方案

1. 确定生产类型

零件数量为 1 000 件，属于中批量生产。

2. 拟订工艺路线

（1）确定工件的定位基准。确定坯料轴线和左端面为定位基准。

（2）选择加工方法。该零件的加工表面均为回转体，加工表面的最高加工精度等级为 IT8，表面粗糙度为 1.6μm。采用加工方法为粗车、半精车、精车。

（3）拟订工艺路线。

① 按ϕ45mm×95mm 下料。

② 车削左边各表面。

③ 车削右边各表面。

④ 去毛刺。

⑤ 检验。

3．设计数控车加工工序

（1）选择加工设备。选用长城机床厂生产的 CK7150A 型数控车床，系统为 FANUC 0i，配置后置式刀架。

（2）选择工艺装备。

① 该零件采用三爪自动定心卡盘自定心夹紧。

② 刀具选择如下。

外圆机夹粗车刀 T0101：车端面，粗车、半精车圆柱面，倒角。

切槽刀（宽 3mm）T0202：切槽。

外螺纹刀 T0303：车螺纹。

外圆机夹车刀 T0404（刀片的刀尖角为 35°）：车椭圆面。

③ 量具选择如下。

量程为 200mm，分度值为 0.02mm 的游标卡尺。

M24×1.5 环规。

（3）确定工步和走刀路线。

① 粗、精车工件左端的工步为：车端面→粗车螺纹外圆和ϕ40mm 外圆→精车螺纹外圆和ϕ40mm 外圆→切槽→车螺纹。

② 粗、精车工件右端的工步为：车端面→粗车椭圆→精车椭圆→切槽。

（4）确定切削用量。

① 背吃刀量。粗车时，确定背吃刀量为 2mm；精车时，确定背吃刀量为 0.25mm。

② 主轴转速。粗车外圆时，确定主轴转速为 800r/min；精车外圆柱面时，确定主轴转速为 1 200r/min；精车椭圆面时，确定主轴转速为 1 500r/min；车螺纹时，确定主轴转速为 800r/min；切槽时，确定主轴转速为 500r/min。

③ 进给量。粗车外圆时，确定进给量为 0.2mm/r；精车外圆时，确定进给量为 0.08mm/r；切槽，确定进给量为 0.05mm/r。

（三）编制数控技术文档

1．编制机械加工工艺过程卡

编制机械加工工艺过程卡，见表 4-8。

表 4-8　　椭圆手柄的机械加工工艺过程卡

机械加工工艺过程卡		产品名称	零件名称	零件图号	材料	毛坯规格	
			椭圆手柄	C04	45 钢	ϕ45mm×95mm	
工序号	工序名称	工序简要内容	设备型号	工艺装备		工时	
5	下料	按ϕ45mm×95mm 下料	锯床				
10	车	粗、精车工件左端成形	CK7150A	三爪自定心卡盘、游标卡尺、外圆车刀、切槽刀、外螺纹刀、M24×1.5 环规			
20	车	粗、精车工件右端成形	CK7150A	三爪自定心卡盘、游标卡尺、外圆车刀、切槽刀			
30	钳	去毛刺		钳工台			
50	检验						
编制		审核		批准		共　页	第　页

2．编制数控加工工序卡

编制数控加工工序卡，见表 4-9 和表 4-10。

表 4-9　　椭圆手柄的数控加工工序卡 1

数控加工工序卡				产品名称		零件名称		零件图号	
						椭圆手柄		C04	
工序号	程序编号	材料	数量	夹具名称		使用设备		车间	
10	04001	45 钢	1 000	三爪卡盘		CK7150A		数控加工车间	
工步号	工步内容	切削用量				刀具		量具	
		v_c（m/min）	n（r/min）	f（mm/r）	a_p（mm）	编号	名称	编号	名称
1	车端面	125	800	0.2					
2	粗车螺纹外圆至ϕ24.5mm，ϕ40mm 外圆至ϕ40.5mm	113	800	0.2	2	T0101	外圆车刀	01	游标卡尺
3	精车螺纹外圆至ϕ23.85mm，精车ϕ40mm 外圆至尺寸要求	153	1 200	0.08	0.25	T0101	外圆车刀	02	千分尺
4	切槽 3mm×ϕ20mm	64	500	0.05		T0202	3mm 宽切槽刀	01	游标卡尺
5	车螺纹 M24×1.5	60	800	1.5		T0303	外螺纹刀	03	螺纹环规
编制		审核		批准			共　页	第　页	

3．编制刀具调整卡

编制刀具调整卡，见表 4-11。

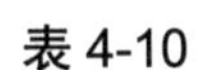

表 4-10　　　　椭圆手柄的数控加工工序卡 2

数控加工工序卡				产品名称		零件名称		零件图号	
						椭圆手柄		C04	
工序号	程序编号	材料	数量	夹具名称		使用设备		车间	
20	04002	45 钢	1000	三爪卡盘		CK7150A		数控加工车间	
工步号	工步内容	切削用量				刀具		量具	
		v_c（m/min）	n（r/min）	f（mm/r）	a_p（mm）	编号	名称	编号	名称
1	车端面，保证总长 86mm	125	800	0.2					
2	粗车椭圆留精加工余量 0.5mm	113	800	0.2	2	T0404	外圆车刀	01	游标卡尺
3	精车椭圆至尺寸要求	150	1 500	0.08	0.25	T0404	外圆车刀	01	游标卡尺
4	切槽 3mm×ϕ20mm	64	500	0.05		T0202	3mm 宽切槽刀	01	游标卡尺
编制		审核		批准			共　页		第　页

表 4-11　　　　椭圆手柄的车削加工刀具调整卡

产品名称或代号			零件名称	椭圆手柄	零件图号	C04
序号	刀具号	刀具规格名称	刀具参数		刀补地址	
			刀尖半径	刀杆规格	半径	形状
1	T0101	外圆车刀	0.8mm	25mm×25mm		01
2	T0202	切槽刀	0.8mm	25mm×25mm		02
3	T0303	外螺纹刀		25mm×25mm		03
4	T0404	外圆车刀（副偏角 55°或刀片的刀尖角 35°）	0.8mm	25mm×25mm		04
编制		审核	批准		共　页	第　页

4．编制数控加工程序卡

编程原点选择在工件右端面的中心处。车工件左端的程序见表 4-12，车工件右端的程序见表 4-13。车椭圆面时采用了用户宏程序功能 B 编程。

表 4-12　　　　椭圆手柄左端的数控加工程序卡

零件图号	C04	零件名称	椭圆手柄	编制日期	
程序号	04001	数控系统	FANUC 0i	编制	
程序内容			程序说明		
T0101; M03 S800; G00 X50 Z5; G94 X0 Z0 F0.2;			换 1 号外圆车刀加工外圆 车端面		

续表

零件图号	C04	零件名称	椭圆手柄	编制日期	
程序号	O4001	数控系统	FANUC 0i	编制	
程序内容			程序说明		
G71 U2 R1; G71 P10 Q20 U0.5 W0.05 F0.2; N10 G01 X18; Z1; X23.85 Z−2; Z−23; X36; X40 W−2; Z−55; N20 G01 X46;			粗车外圆		
M03 S1200; G70 P10 Q20 F0.08;			精车外圆		
G00 X150 Z150; T0202; M03 S500; G00 X41 Z5; Z−23; G01 X40.5 F0.2; X20 F0.05;			换 2 号切槽刀 快速定位		
X40.5 F0.2; G00 X150 Z150; T0303; M03 S800; G00 X25 Z5; G76 P010160 Q100 R0.08; G76 X22.04 Z-21 P974 Q400 F1.5; G00 X150 Z150; M05; M30;			换 3 号外螺纹刀 快速定位 螺纹循环车削 程序结束，返回程序头		

表 4-13　　椭圆手柄右端的数控加工程序卡

零件图号	C04	零件名称	椭圆手柄	编制日期	
程序号	O4002	数控系统	FANUC 0i	编制	
程序内容			程序说明		
T0101; G00 X50 Z5; G94 X0 Z0 F0.2;			换 1 号外圆车刀 车端面		
G00 X150 Z150; T0404; M03 S800; G00 X46 Z5; G73 U23 W1 R20;			换 4 号外圆车刀，加工椭圆圆弧 快速定位循环起点 粗车循环		

续表

零件图号	C04	零件名称	椭圆手柄	编制日期	
程序号	O4002	数控系统	FANUC 0i	编制	

程序内容	程序说明
G73 P10 Q20 U0.5 W0.05 F0.15; N10 G01 X0; Z0; #1=30; #2=-20; WHILE[#1GE#2]DO1; #3=15*SQRT[30*30-#1*#1]/30; G01 X[#3*2] Z[#1-30] ; #1=#1−0.5; END1; G01 Z-53; N20 X46;	
G50 S1500; G96 S150; G70 P10 Q20 F0.08;	限定最高限速为 1 500r/min 设定线速度为 150m/min 精车循环
G00 X150 Z150; T0202; G97 S500; G00 X40.5 Z−53; G01 X20 F0.05; X40.5; G00 X150 Z150; M05; M30;	换 2 号切槽刀 切槽 3mm×ϕ20mm 程序结束，返回程序头

（四）试加工与优化

（1）进入数控车仿真软件并开机。

（2）回零。

（3）手动移动机床，使机床各轴的位置离机床零点有一定的距离。

（4）输入程序。

（5）调用程序。

（6）安装工件。

（7）装刀并对刀。

（8）让刀具退到距离工件较远处。

（9）自动加工。

（10）测量工件。

（11）退出数控车仿真软件。

四、拓展知识

（一）SINUMERIK 802S 系统宏程序功能

1. 计算参数

SIEMENS 系统宏程序应用的计算参数如下。

R0～R99——可自由使用。

R100～R249——加工循环传递参数（如果程序中没有使用加工循环，那么这部分参数可自由使用）。

R250～R299——加工循环内部计算参数（如果程序中没有使用加工循环，那么这部分参数可自由使用）。

2. 赋值方式

为程序的地址字赋值时，在地址字之后应使用“=”，N、G、L 除外。

例如：G00 X = R2；

3. 控制指令

（1）IF 条件 GOTOF 标号。

（2）IF 条件 GOTOB 标号。

（3）说明。

① IF：如果满足条件，跳转到标号处；如果不满足条件，执行下一条指令。

② GOTOF：向前跳转。

③ GOTOB：向后跳转。

④ 标号：目标程序段的标记符，必须由 2～8 个字母或数字组成，其中开始两个符号必须是字母或下划线。标记符必须位于程序段首，如果程序段有顺序号字，标记符必须紧跟顺序号字，标记符后面必须为冒号。

⑤ 条件：计算表达式，通常用比较运算表达式，比较运算符见表 4-14。

表 4-14　比较运算符

比较运算符	含义	比较运算符	含义
=	等于	<	小于
< >	不等于	> =	大于或等于
>	大于	< =	小于或等于

（二）华中世纪星 HNC-21T 系统宏指令编程

1. 宏变量及常量

（1）宏变量。

#0～#49　当前局部变量

#50～#199　全局变量（#100～#199 全局变量可以在子程序中定义半径补偿量）

#200～#249　0 层局部变量

#250～#299　1 层局部变量

#300～#349　2 层局部变量

#350～#399　3 层局部变量

#400～#449　4 层局部变量

#450～#499　5 层局部变量

#500～#549　6 层局部变量

#550～#599　7 层局部变量

注：用户编程仅限使用#0～#599 局部变量。#599 以后变量用户不得使用。

（2）常量。

PI：圆周率π；TRUE：条件成立（真）；FALSE：条件不成立（假）。

2．运算符与表达式

（1）算术运算符。

包括+、−、*、/。

（2）条件运算符。

包括 EQ（=）、NE（≠）、GT（>）、GE（≥）、LT（<）、LE（≤）。

（3）逻辑运算符。

包括 AND、OR、NOT。

（4）函数。

包括 SIN（正弦）、COS（余弦）、TAN（正切）、ATAN（反正切−π/2～π/2）、ABS（绝对值）、INT（取整）、SIGN（取符号）、SQRT（开方）、EXP（指数）。

（5）表达式。

例如：175/SQRT[2] * COS[55 * PI/180];

　　#3*6 GT 14;

3．赋值语句

格式：宏变量=常数或表达式;

把常数或表达式的值送给一个宏变量称为赋值。

例如：#2=175/SQRT[2] * COS[55 * PI/180];

　　#3=124.0;

4．条件判别语句 IF、ELSE、ENDIF

格式 1：IF　条件表达式

　　…

　　ELSE

　　…

　　ENDIF

格式 2 ：IF　条件表达式

```
        …
        ENDIF
```

5．循环语句 WHILE、ENDW

格式：　WHILE 条件表达式

```
        …
        ENDW
```

本项目讲述了车非圆曲线的走刀路线设计、宏程序的概念、变量及变量的引用、变量的控制及运算指令、转移和循环语句、用户宏程序功能 A 和用户宏程序功能 B 的编程方法和宏程序的调用，要求读者了解宏程序的应用场合、变量的概念，熟悉转移和循环语句，掌握宏程序的调用。

一、选择题（请将正确答案的序号填写在括号中，每题 3 分，满分 24 分）

1. 宏程序（　　）。

（A）计算错误率高　　（B）计算功能差，不可用于复杂零件

（C）可用于加工不规则形状零件　　（D）无逻辑功能

2. 在变量赋值方法 I 中，自变量 B 对应的变量是（　　）。

（A）#230　　（B）#2　　（C）#110　　（D）#25

3. 在变量赋值方法 I 中，自变量 F 对应的变量是（　　）。

（A）#23　　（B）#9　　（C）#110　　（D）#125

4. IF [#1 EQ #2] GOTO 80 表示的意义是（　　）。

（A）如果#1=#2，则执行 N80　　（B）如果#1≥#2，则执行下一个程序段

（C）如果#1＞#2，则执行 N80　　（D）如果#1＜#2，则执行 N80

5. G65 P<*p*> L<*l*> <自变量赋值>中，*p* 表示（　　）。

（A）重复次数　　（B）要调用的程序号

（C）自变量　　（D）传递到宏程序中的数据

6. 在运算指令中，#*i*=SQRT[#*j*]代表的意义是（　　）。

（A）矩阵　　（B）数列　　（C）平方根　　（D）求和

7. 在运算指令中，#*i*=#*j*AND#*k* 代表的意义是（　　）。

（A）逻辑与　　（B）逻辑乘　　（C）倒数和余数　　（D）负数和正数

8. 宏程序的结尾用（　　）返回主程序。

（A）M30　　（B）M99　　（C）G99　　（D）G00

二、判断题（请将判断结果填入括号中，正确的填“√”，错误的填“×”，每题 4 分，满分 16 分）

（　　）1. 在变量赋值方法 I 中，自变量 A 对应的变量是#1。

（　　）2. 在变量赋值方法 I 中，自变量 J 对应的变量是#25。

（　　）3. #*j*GT#*k* 表示#*j* 大于#*k*。

（　　）4. 在运算指令中，形式为#*i*=#*j**#*k* 代表的意义是积。

三、编程题（在下面 3 道题中，任选 1 道，满分 60 分）

1. 加工如图 4-6 所示零件，数量为 1 件，毛坯为ϕ26mm 的 45 钢棒料。要求设计数控加工工艺方案，编制机械加工工艺过程卡、数控加工工序卡、数控车刀具调整卡、数控加工程序卡，进行仿真加工，优化走刀路线和程序。

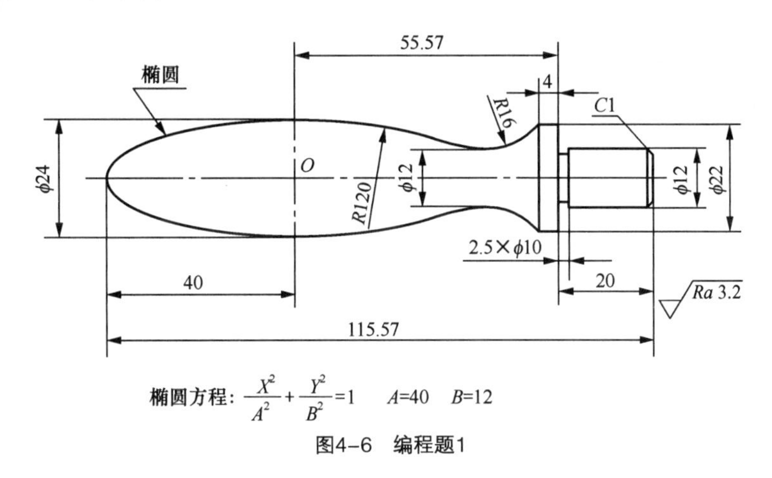

图4-6　编程题1

2. 加工如图 4-7 所示零件，数量为 1 件，毛坯为ϕ45mm 的 45 钢棒料。要求设计数控加工工艺方案，编制机械加工工艺过程卡、数控加工工序卡、数控车刀具调整卡、数控加工程序卡，进行仿真加工，优化走刀路线和程序。

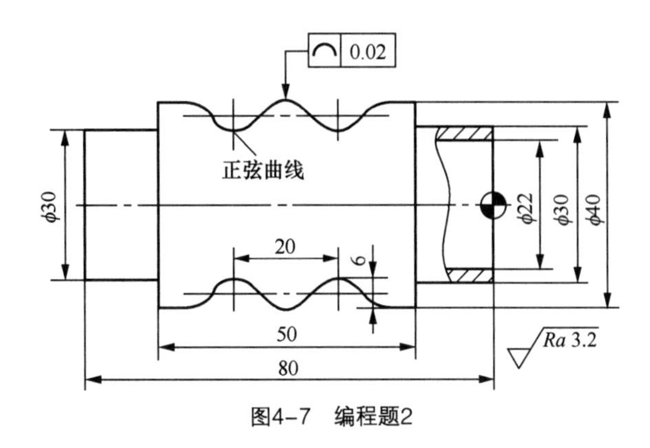

图4-7　编程题2

3. 加工如图4-8所示零件，数量为1件，毛坯为ϕ60mm×100mm的45钢。要求设计数控加工工艺方案，编制机械加工工艺过程卡、数控加工工序卡、数控车刀具调整卡、数控加工程序卡，进行仿真加工，优化走刀路线和程序。

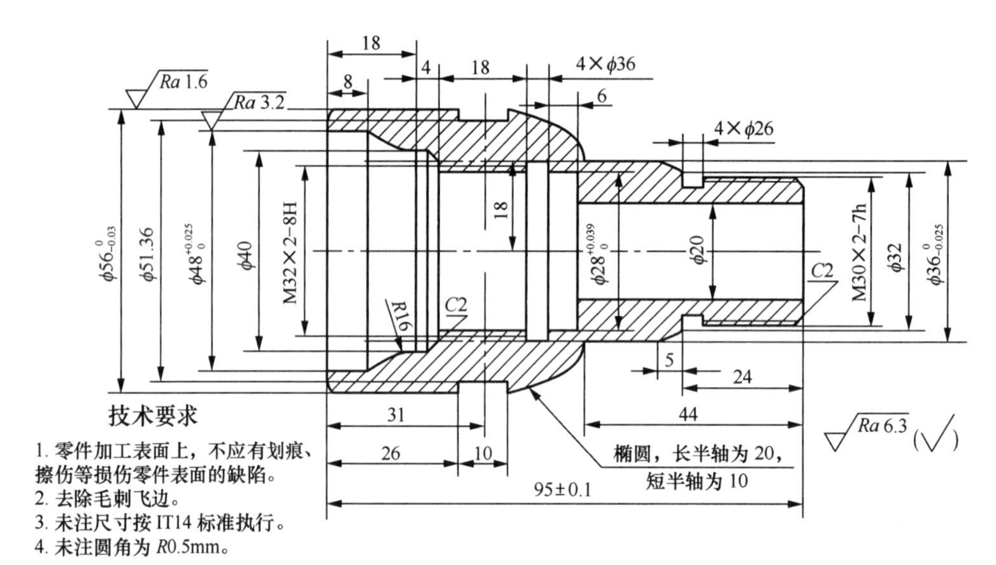

技术要求
1. 零件加工表面上，不应有划痕、擦伤等损伤零件表面的缺陷。
2. 去除毛刺飞边。
3. 未注尺寸按IT14标准执行。
4. 未注圆角为R0.5mm。
椭圆，长半轴为20，短半轴为10

图4-8 编程题3

项目五

U 形槽的数控加工工艺设计与程序编制

【能力目标】

通过 U 形槽的数控加工工艺设计与程序编制，具备编制铣削槽、键槽数控加工程序的能力。

【知识目标】

1. 掌握槽、键槽的加工方法。
2. 了解键槽铣刀。
3. 了解立式数控铣床坐标系及编程坐标系。
4. 掌握数控铣 F、S、T 指令。
5. 掌握数控铣常用编程指令（G92、G90、G91、G43、G44、G49、G00、G01、G02、G03、G54～G59 指令）。
6. 了解宇航数控铣仿真软件的操作。

一、项目导入

加工 U 形槽，如图 5-1 所示，要求设计数控加工工艺方案，编制机械加工工艺过程卡、数控加工工序卡、数控铣刀具调整卡、数控加工程序卡，进行仿真加工，优化走刀路线和程序。

二、相关知识

（一）槽、键槽的加工方法

1. 铣通槽

铣通槽可以采用立铣刀或三面刃铣刀铣削，如图 5-2 和图 5-3 所示。

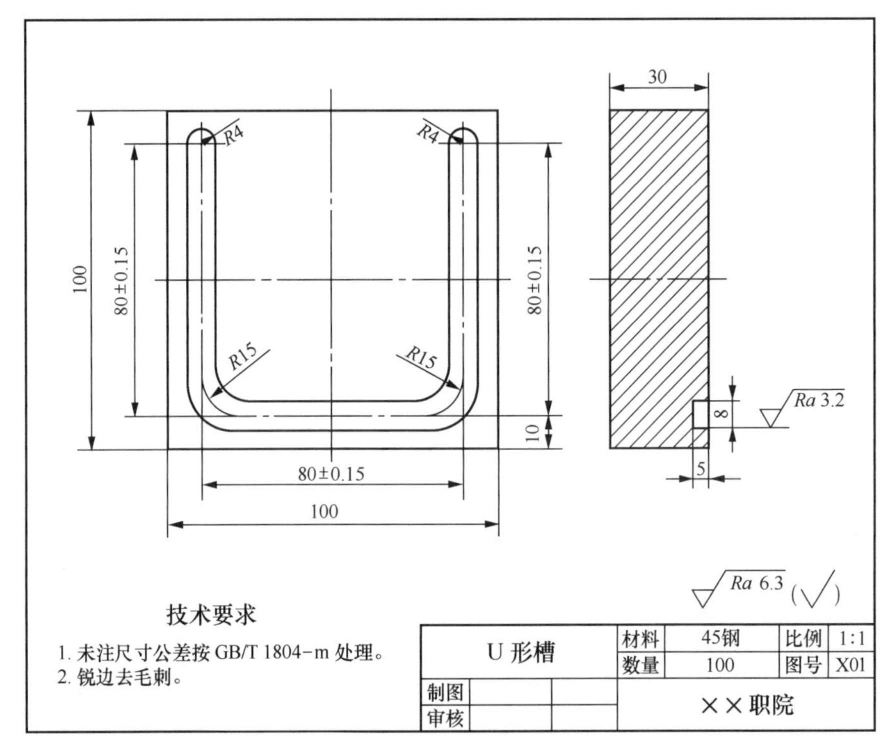

图5-1　U形槽零件图

图5-2　用立铣刀铣通槽

图5-3　用三面刃铣刀铣通槽

2．铣封闭窄槽

（1）用立铣刀铣削。一般情况下，当槽的宽度较小时，可选择直径与槽的宽度相等的立铣刀。若槽的宽度较大时，可选择直径比槽的宽度小的立铣刀。

加工时先沿斜线或螺旋线方向下刀，到达槽深，然后沿槽的形状走刀，最后沿轴线方向抬刀。

（2）用键槽铣刀铣削。用键槽铣刀铣槽时，一般先沿轴向进给达到槽深，然后沿槽的轨迹进行铣削。由于切削力引起刀具和工件变形，因此一次走刀铣出的槽形状误差较大，槽底一般不是直角。通常采用两步法铣槽，即先用小号铣刀粗加工出槽，然后以逆铣方式精加工四周，可得到真正的直角，能获得最佳的精度。

（二）键槽铣刀

键槽铣刀与立铣刀相似，如图 5-4 所示，它有两个刀齿，端面的切削刃为主切削刃，圆周的切削刃是副切削刃，端面刃延至中心。

国家标准规定，直柄键槽铣刀直径为 2～22mm，锥柄键槽铣刀直径为 14～50mm。键槽铣刀直径的偏差有 e8 和 d8 两种。键槽铣刀的圆周切削刃仅在靠近端面的一小段长度内发生磨损，重磨时，只需刃磨端面切削刃，重磨后铣刀直径不变。

键槽铣刀的刀位点是刀具中心线与刀具底面的交点。

（三）立式数控铣床坐标系及编程坐标系

工件被安装在立式数控铣床上，编程原点、机床原点、刀具参考点和机床参考点（机床零点）如图 5-5 所示。

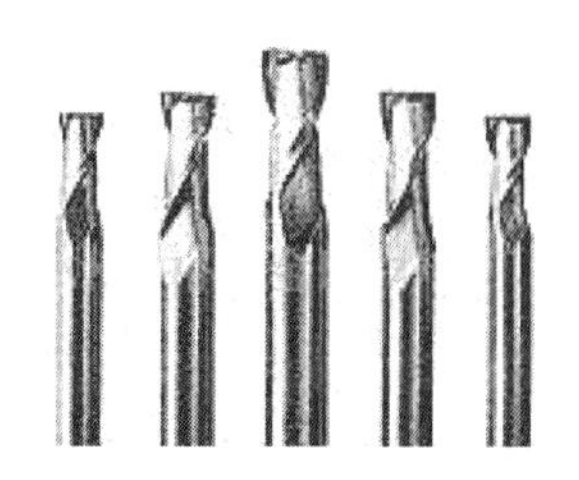

图5-4　键槽铣刀

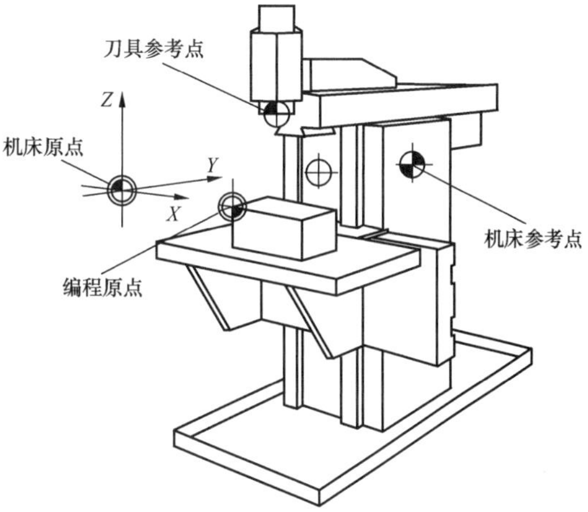

图5-5　立式数控铣床坐标系及编程坐标系

（四）数控铣 F、S、T 指令

1．F 指令

F 指令用于控制刀具移动时的进给速度，F 后面所接的数值代表每分钟刀具进给量，单位是 mm/min，它为模态指令。

2．S 指令

S 指令用于指令主轴转速，单位是 r/min。S 代码由地址 S 后面接 1～4 位数字组成。一般加工中心的主轴转速为 0～6 000r/min，它为模态指令。

3．T 指令

数控铣床因为不带刀库和自动换刀装置，所以必须人工换刀。T 功能只适用于加工中心。T 功能由地址 T 后面接两位数字组成。

在加工中心 XH713A 换刀时，还必须结合 M98 指令。具体换刀的编程格式如下。

```
T_M98 P9000;
```

其中：T 后为刀具号，一般取 2 位；M98 为调用换刀子程序；P9000 为换刀子程序号。

（五）数控铣常用编程指令

1．绝对和增量编程方式

数控铣床或加工中心有两种方式指令刀具的移动，即绝对编程方式与增量编程方式。

G90 指令表示按绝对值设定输入坐标，即移动指令终点的坐标值 X、Y、Z 都是以工件坐标系坐标原点（编程原点）为基准来计算。

G91 指令表示按增量值设定输入坐标，即移动指令的坐标值 X、Y、Z 都是以前一点为基准来计算，再根据终点相对于前一点的方向判断正负，与坐标轴正方向一致取正，相反取负。

【例 5-1】 如图 5-6 所示，已知刀具中心轨迹为“$A \to B \to C$”，使用绝对坐标方式与增量坐标方式编程时，各动点的坐标如下。

（1）采用 G90 编程时：A（10，10），B（35，50），C（90，50）。

（2）采用 G91 编程时：B（25，40），C（55，0）。

图5-6 绝对、增量坐标

2．工件坐标系的设置与偏置

工件坐标系的设定有以下两种方法。

（1）用 G92 设置工件坐标系。

① 功能：G92 指令是规定工件坐标系坐标原点（编程原点）的指令。

② 编程格式：G92　X__Y__Z__；

③ 说明：坐标值 X、Y、Z 为刀具中心点在工件坐标系中（相对于编程原点）的坐标。执行 G92 指令时，机床不动作，即 X、Y、Z 轴均不移动。如图 5-7 所示，在加工之前，用手动方式使刀具的刀位点位于刀具起点 A，若已知刀具起点在工件坐标系的坐标值为（α，β，γ），则执行程序段 G92　X$\underline{\alpha}$　Y$\underline{\beta}$　Z$\underline{\gamma}$后即建立了以 O_P 为编程原点的工件坐标系。

（2）用 G54～G59 设置工件坐标系（又称零点偏置）。所谓零点偏置就是在编程过程中进行工件坐标系的平移变换，使工件坐标系的零点偏移到新的位置。

若在工作台上同时加工多个相同零件或较复杂的零件时，可以设定不同的编程原点，以简化编程。如图 5-8 所示，通过 G54～G59 可建立 6 个加工坐标系（即工件坐标系），其中：G54——加工坐标系 1；G55——加工坐标系 2；G56——加工坐标系 3；G57——加工坐标系 4；G58——加工坐标系 5；G59——加工坐标系 6。

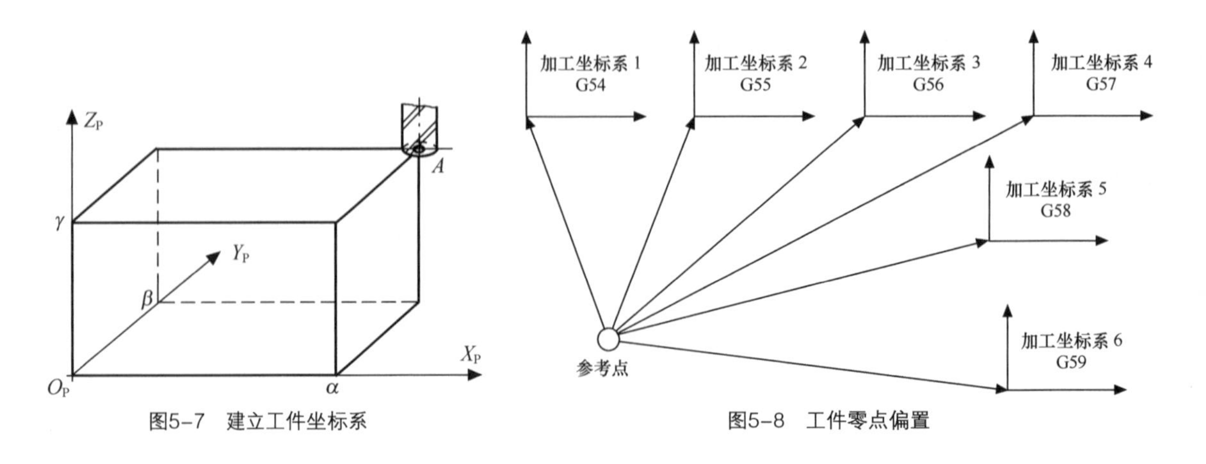

图5-7 建立工件坐标系

图5-8 工件零点偏置

工件坐标系（加工坐标系）是通过设定各轴从机械原点（图 5-8 中的参考点）到它们各自坐标原点之间的距离来确定的。各轴坐标原点在机床坐标系中的值可用 MDI 方式输入，系统自动记忆，以便应用时调用。

> **注意** G92 与 G54～G59 指令都是用于设定工件坐标系的，但在使用中是有区别的。G92 指令是通过程序来设定工件坐标系的，它所设定的工件坐标系原点与当前刀具所在的位置有关。G54～G59 指令是通过 MDI 方式在设置参数方式下设定工件坐标系的，一旦设定，编程原点在机床坐标系中的位置是不变的，它与刀具的当前位置无关，除非再通过 MDI 方式修改。一般，G54～G59 与 G92 不能同时出现在一个程序中。

3．刀具长度补偿指令（G43、G44、G49）

刀具长度补偿功能用于 Z 轴方向的刀具补偿，其实质是将刀具相对工件的坐标由刀具长度基准点（或称刀具安装定位点，即图 5-9 中的 B 点）移到刀具刀位点的位置。这时，必须检测刀具长度 L，并将其值输入控制系统。这样，编程者可在不知道刀具长度的情况下，按假定的标准刀具长度编程，即编程不必考虑刀具的长度。同样，当加工中刀具因磨损、重磨、换新刀而长度发生变化时，也不必修改程序中的坐标值，只要修改刀具参数库中的长度补偿值即可。此外，若加工一个零件需用几把刀，各刀的长短不一，编程时也不必考虑刀具长短对坐标值的影响，只要把其中一把刀设为标准刀，其余各刀相对标准刀设置长度补偿值即可。

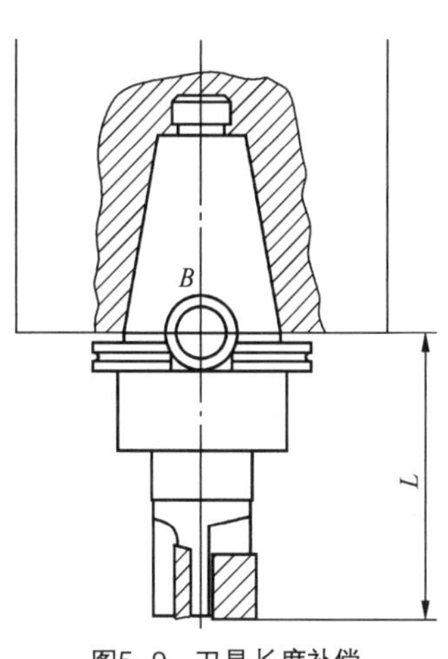

图5-9　刀具长度补偿

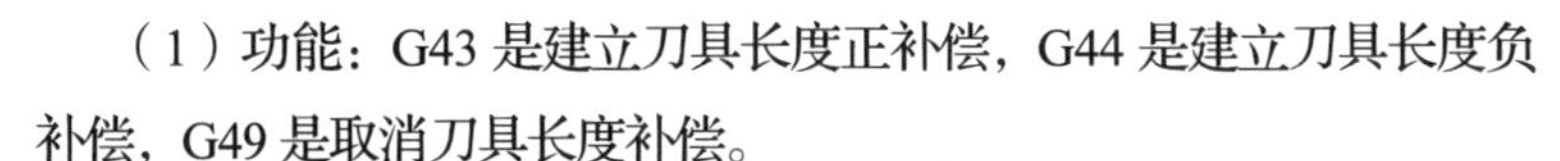
（1）功能：G43 是建立刀具长度正补偿，G44 是建立刀具长度负补偿，G49 是取消刀具长度补偿。

（2）编程格式：

```
G43（G44）G01（G00）Z__H__;
…
G49;
```

（3）说明：

① 建立或取消刀具长度补偿必须与 G01 或 G00 指令组合完成；

② Z 为补偿轴的终点坐标，H 为长度补偿偏置号；

③ 使用 G43、G44 指令时，无论用绝对尺寸还是用增量尺寸编程，程序中指定的 Z 轴的终；坐标值都要与 H 所指定寄存器中的长度补偿值进行运算，然后将运算结果作为终点坐标值进行加工；

执行 G43 时：$Z_{实际值}=Z_{指令值}+$（H××）

执行 G44 时：$Z_{实际值}=Z_{指令值}-$（H××）

上式中，H××是指编号为××寄存器中的长度补偿值。

④ 采用 G49 或用 G43 H00、G44 H00 可以撤销刀具长度补偿；

⑤ G43 和 G44 为模态指令，机床初始状态为 G49；

⑥ G49 后面不跟 G00、G01，若在一个程序段中出现 G49、G01（G00），则先执行 G49，再执行 G00、G01，易撞刀。实际工作中，最好不用 G49。建立第 2 把刀的长度补偿时，数控系统会自动替代第 1 把刀的长度补偿值。

4．平面选择指令（G17、G18、G19）

功能：该组指令用于选择直线、圆弧插补的平面。G17 选择 *XY* 平面，G18 选择 *XZ* 平面，G19 选择 *YZ* 平面，如图 5-10 所示。该组指令为模态指令，一般系统初始状态为 G17 状态。

5．快速点位运动指令（G00）

（1）功能：刀具以快速移动速度，从当前点移动到目标点。它只是快速定位，对中间空行程无轨迹要求，G00 移动速度是机床设定的空行程速度，与程序段中的进给速度无关。

（2）编程格式：

```
G00  X_Y_Z_;
```

（3）说明：

① 常见 G00 轨迹如图 5-11 所示，刀具从 *A* 点快速点位运动到 *E* 点有 5 种方式：直线 *AE*、直角线 *ADE*、*ACDE*、*ABDE*、折线 *AFDE*。在后 4 种方式中，当 *Z* 轴按指令靠近工件时，先 *XY* 平面运动，再 *Z* 轴运动；当 *Z* 轴按指令离开工件时，先 *Z* 轴运动，再 *XY* 平面运动；

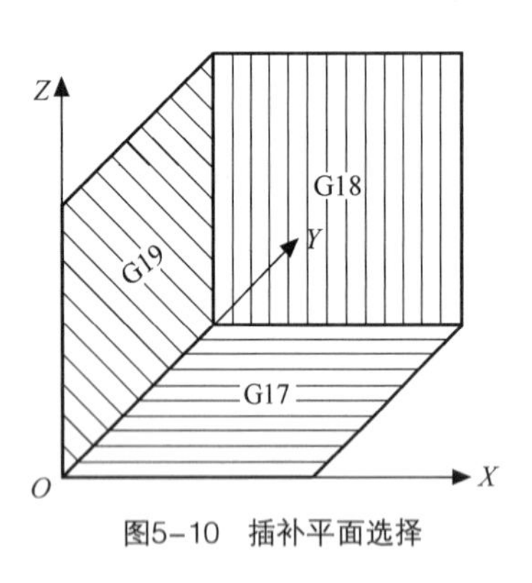

图5-10　插补平面选择

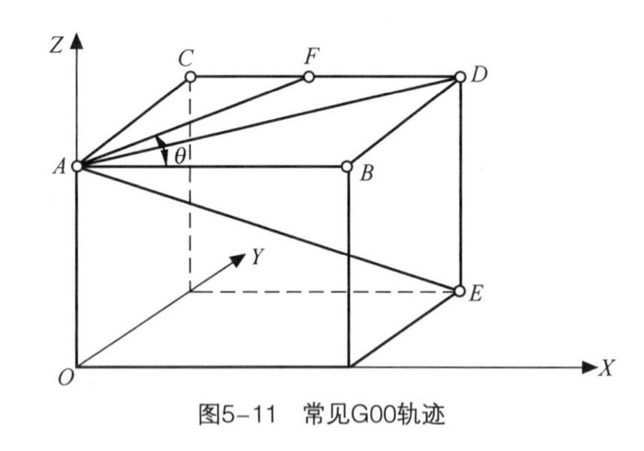

图5-11　常见G00轨迹

② X、Y、Z 是目标点的坐标；

③ 在未知 G00 轨迹的情况下，应尽量不用三轴联动，避免刀具碰撞工件或夹具。

6．直线插补指令（G01）

（1）功能：刀具以指定的进给速度，从当前点沿直线移动到目标点。

（2）编程格式：

```
G01  X_Y_Z_F_;
```

（3）说明：

① X、Y、Z 是目标点的坐标；

② F 是进给速度指令代码，单位为 mm/min

③ 如果F代码不指定，进给速度被当作零处理。

【例5-2】 如图5-12所示，刀具从A点直线插补到B点，编程如下。

（1）绝对坐标方式。

G90 G01 X45 Y30 F100;

（2）增量坐标方式。

G91 G01 X35 Y15 F100;

7．圆弧插补指令（G02、G03）

（1）功能：使刀具从圆弧起点，沿圆弧移动到圆弧终点。G02为顺时针圆弧（CW）插补，G03为逆时针圆弧（CCW）插补。

（2）圆弧的顺、逆方向的判断：沿与圆弧所在平面相垂直的另一坐标轴的负方向看去，顺时针为G02，逆时针为G03，如图5-13所示。

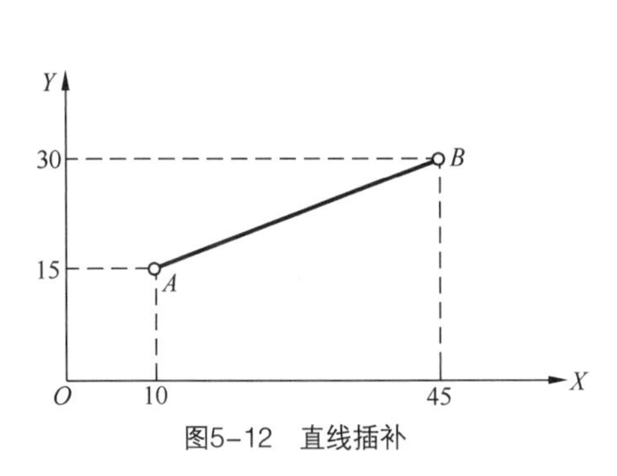

图5-12 直线插补

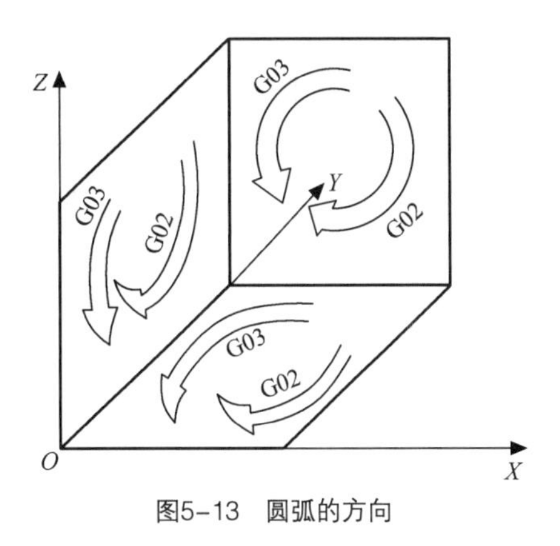

图5-13 圆弧的方向

（3）编程格式：

① XY平面圆弧。

$$G17 \begin{Bmatrix} G02 \\ G03 \end{Bmatrix} X\_\ Y\_\ \begin{Bmatrix} I\_\ J\_ \\ R\_ \end{Bmatrix} F\_;$$

② XZ平面圆弧。

$$G18 \begin{Bmatrix} G02 \\ G03 \end{Bmatrix} X\_\ Z\_\ \begin{Bmatrix} I\_\ K\_ \\ R\_ \end{Bmatrix} F\_;$$

③ YZ平面圆弧。

$$G19 \begin{Bmatrix} G02 \\ G03 \end{Bmatrix} Y\_\ Z\_\ \begin{Bmatrix} J\_\ K\_ \\ R\_ \end{Bmatrix} F\_;$$

（4）说明：

① 进行圆弧插补时，首先要用G17、G18、G19指定圆弧所在的平面；

② X、Y、Z为圆弧终点坐标；

③ I、J、K分别为圆弧圆心相对圆弧起点在X、Y、Z轴方向的坐标增量；

④ 圆弧的圆心角小于等于 180° 时用“+R”编程，圆弧的圆心角大于 180° 时用“−R”编程，若用半径 R，则圆心坐标不用；

⑤ 加工整圆时，不可以使用 R 编程，只能使用 I、J、K 编程。

【例 5-3】 如图 5-14 所示，铣削圆弧槽，刀具从 A 点移动到 B 点，编程如下。

（1）采用绝对方式、圆心坐标编程。

G90 G02 X95 Y75 I30 J10 F100;

（2）采用绝对方式、圆弧半径编程。

G90 G02 X95 Y75 R31.62 F100;

（3）采用增量方式、圆心坐标编程。

G91 G02 X40 Y40 I30 J10 F100;

（4）采用增量方式、圆弧半径编程。

G91 G02 X40 Y40 R31.62 F100;

8．螺旋线插补指令（G02、G03）

（1）功能：在插补圆弧时，垂直插补平面的直线轴同步运动，构成螺旋线插补运动，如图 5-15 所示。G02、G03 分别表示顺时针、逆时针螺旋线插补。

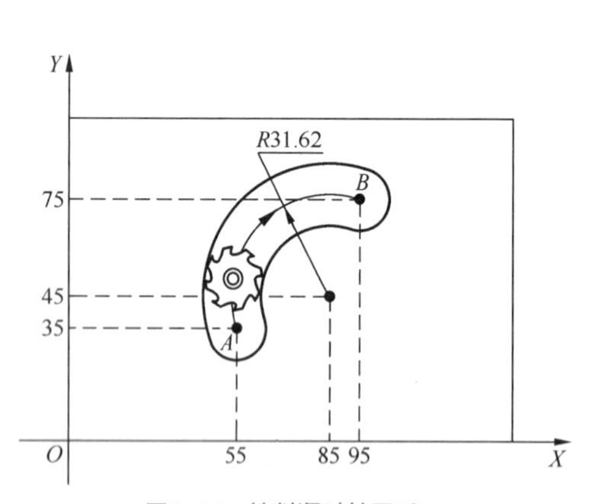

图5-14 铣削顺时针圆弧

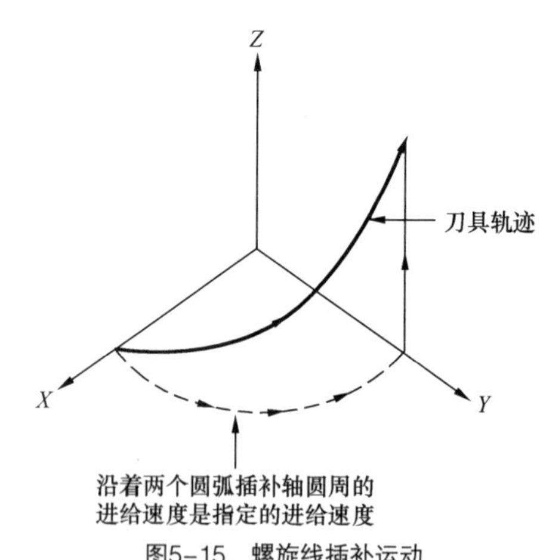

图5-15 螺旋线插补运动

（2）编程格式。

① XY 平面圆弧螺旋线插补：

G17 G02（G03）X__Y__I__J__Z__K__F__;

② XZ 平面圆弧螺旋线插补：

G18 G02（G03）X__Z__I__K__Y__J__F__;

③ YZ 平面圆弧螺旋线插补：

G19 G02（G03）Y__Z__J__K__X__I__F__;

（3）说明：以 XY 平面螺旋线插补为例。

① X、Y、Z 是螺旋线的终点坐标。

② I、J是圆心在 XY 平面上，相对螺旋线起点的增量坐标。若省略，则为0。

③ K 是螺旋线的导程，为正值。

【例5-4】 如图5-16所示，螺旋槽由两个螺旋面组成，前半圆 AmB 弧为左旋螺旋面，后半圆 AnB 弧为右旋螺旋面。螺旋槽最深处为 A 点，最浅处为 B 点。要求用 ϕ8mm的立铣刀进行加工，试编制其数控加工程序。

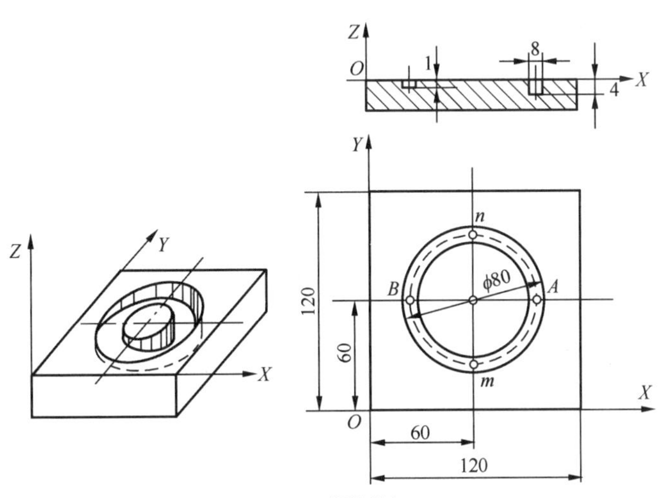

图5-16　螺旋槽加工

（1）计算得到刀心轨迹坐标如下。

A 点：$X=96$，$Y=60$，$Z=-4$

B 点：$X=24$，$Y=60$，$Z=-1$

导程：$K=6$

（2）数控加工程序编制如下。

程序	说明
O5010	程序名
N10 G90 G54 G00 X0 Y0;	设置编程原点
N20 G43 Z50 H01;	建立刀具长度补偿
N30 X24 Y60;	快速运动到 B 点上方安全高度
N40 Z2;	快速运动到 B 点上方2mm处
N50 M03 S1000;	主轴正转，转速为1 000r/min
N60 M07;	开启冷却液
N70 G01 Z-1 F50;	Z 轴进刀，进给速度为50mm/min
N80 G03 X96 Y60 Z-4 I36 J0 K6 F150;	螺旋插补 BmA 弧，进给速度为150mm/min
N90 G03 X24 Y60 Z-1 I-36 J0 K6;	螺旋插补 AnB 弧
N100 G01 Z1.5;	进给抬刀，以免擦伤工件
N110 G00 Z50 M09;	快速抬刀至安全面高度，关闭冷却液
N120 X0 Y0;	快速运动到编程原点的上方

```
N130 M05;                                    主轴停转
N140 M30;                                    程序结束
```

9．任意角度倒角/拐角圆弧

（1）功能：对直线和直线、直线和圆弧、圆弧和圆弧进行倒圆角和倒直角。

任意角度倒角/拐角圆弧可以自动地插入在直线和直线插补、直线和圆弧插补、圆弧和直线插补、圆弧和圆弧插补程序段中。

（2）编程格式：

，C__倒角

，R__拐角圆弧过渡

（3）说明：上面指令加在直线插补或圆弧插补程序段的末尾。倒角和拐角圆弧过渡的程序段可以连续地指定。

① 倒角：在 C 之后，指定从虚拟拐点到拐角起点和终点的距离。虚拟拐点是假定不执行倒角的话，实际存在的拐点。

② 拐角圆弧过渡：在 R 之后，指定拐角圆弧的半径。

宇航数控铣仿真软件不支持任意角度倒角/拐角圆弧指令。

【例5-5】 不考虑刀具 Z 方向的进刀，刀具在 XY 平面的进给路线如图 5-17 所示，编程如下。

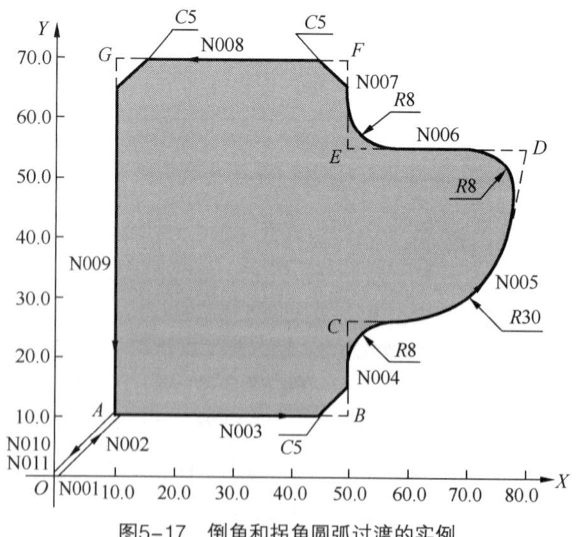

图5-17 倒角和拐角圆弧过渡的实例

```
O5015
N5 G90 G54 G00 X0 Y0;
N10 G43 Z10 H01;
N15 X10.0 Y10.0;
N20 G01 X50.0 F100.0, C5.0;
N25 Y25.0, R8.0;
```

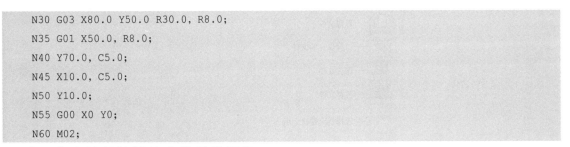

```
N30 G03 X80.0 Y50.0 R30.0, R8.0;
N35 G01 X50.0, R8.0;
N40 Y70.0, C5.0;
N45 X10.0, C5.0;
N50 Y10.0;
N55 G00 X0 Y0;
N60 M02;
```

（六）宇航数控铣仿真软件的操作

1．宇航数控铣仿真软件的工作窗口

打开计算机，双击图标，单击“Fanuc 数控铣仿真”即进入 FANUC 数控铣仿真系统。

数控铣仿真软件的工作窗口分为标题栏区、菜单区、工具栏区、机床显示区、机床操作面板区、数控系统操作区，如图 5-18 所示。

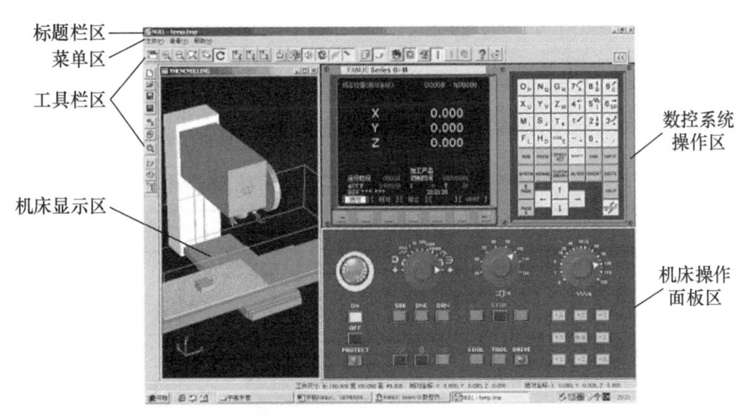

图5-18 FANUC数控铣仿真系统工作窗口

（1）菜单区。数控铣仿真软件的菜单区包含了文件、查看、帮助三大菜单。

（2）工具栏区。工具栏区包括横向工具栏和纵向工具栏，分别如图 5-19、图 5-20 所示。

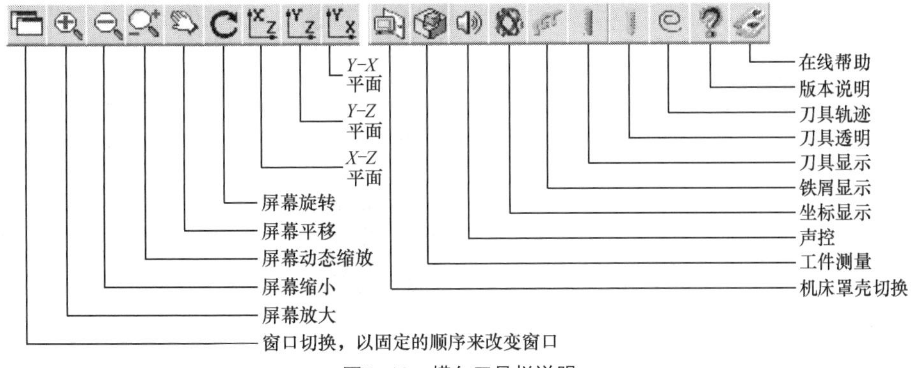

图5-19 横向工具栏说明

（3）机床操作面板区。如图 5-18 所示，机床操作面板区位于窗口的右下侧，主要用于控制机床的运动和选择机床的运行状态，由模式选择旋钮、数控程序运行控制开关等多个部分组成，旋钮和开关的功能见表 5-1。

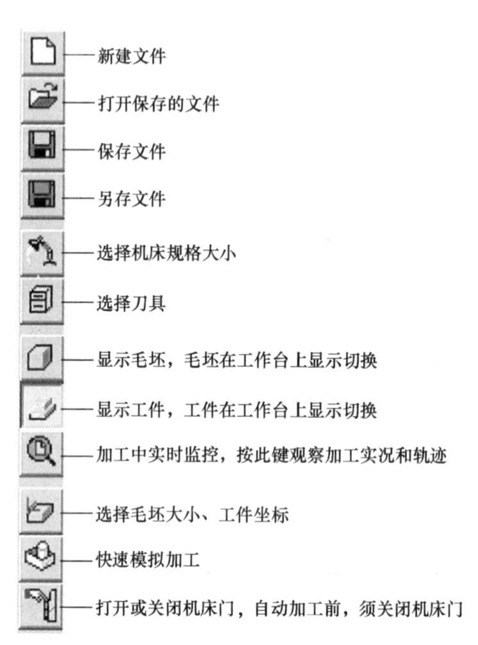

图5-20　纵向工具栏说明

表 5-1　　机床操作面板上各旋钮或开关的功能说明

旋钮或开关图标	功能说明	旋钮或开关图标	功能说明
	急停键，按下此开关，机床停止运动	ON	机床开
OFF	机床关		模式选择旋钮。置光标于旋钮上，单击鼠标左键，转动旋钮选择工作方式
（EDIT）	用于输入和编辑数控程序	（MDI）	手动数据输入
（JOG）	手动方式	1 10 100 1000 10000	在手动方式下，刀具单步移动的距离。1 为 0.001mm，10 为 0.01mm，100 为 0.1mm。置光标于旋钮上，单击鼠标左键选择
	MDI 手动数据输入的备用键	（AUTO）	进入自动加工模式
	回机床参考点		主轴速度调节旋钮。调节主轴速度，调节范围为 0～120%
	进给速度（F）调节旋钮。调节数控程序运行中的进给速度倍率	SBK	单步执行开关。每按 1 次，执行 1 条数控指令
DNC	进行数控程序文件传输	DRN	机床空转。按下时，各轴以固定的速度运动

续表

旋钮或开关图标	功能说明	旋钮或开关图标	功能说明
CW、CCW	使主轴正、反转	STOP	使主轴停转
	程序复位		程序运行停止，在运行数控程序中，按下此按钮，程序运行停止
	程序运行开始。只有模式选择旋钮在“AUTO”和“MDI”位置时，按下才有效	COOL	冷却液开关。按下时，冷却液开
TOOL	按下时，可在刀库中选刀	DRIVE	驱动开关。驱动关，程序运行，机床不运动
+A　+Z　-Y　+X　快速　-X　+Y　-Z　-A	手动移动机床台面按钮，快速表示快速移动刀具	PROTECT	机床锁开关，置于“ON”位置，机床不动，可编辑程序

（4）数控系统操作区。如图 5-18 所示，数控系统操作区位于窗口的右上角，由数控系统显示屏和操作键盘组成。其中，数控系统操作键盘上各键的功能说明见表 5-2。

表 5-2　　数控系统操作键盘上各键的功能说明

键的图标	名称及功能
7A 8B 9C 4[5] 6SP 1, 2# 3= -+ 0. ./	数字/字母键，例如，若要输入数字“7”，则用鼠标单击图标 7A 即可；若要输入字母“A”，则用鼠标单击图标 SHIFT，然后单击图标 7A 即可
EOB E	回车换行键，结束 1 行程序的输入并且换行
POS	位置显示页面，位置显示有 3 种方式，即绝对、相对、综合，用翻页键选择
PROG	数控程序显示与编辑页面
OFSET SET	参数输入页面
SHIFT	输入字符切换键，一次性有效
CAN	修改键，消除输入域内的数据
INPUT	输入键，把输入域内的数据输入参数页面或输入一个外部的数控程序
SYSTM	本软件不支持
MESGE	本软件不支持
CUSTM GRAPH	在自动运行状态下将数控显示切换至轨迹模式
ALTER	替代键，用输入的数据替代光标所在的数据
INSERT	插入键，把输入域之中的数据插入到当前光标之后的位置
DELTE	删除键，删除光标所在的数据，或者删除一个数控程序

续表

键的图标	名称及功能
PAGE↑ PAGE↓	翻页键（PAGE），向下或向上翻页
↑ ← → ↓	光标移动键，向下或向上、向左或向右移动光标
HELP	本软件不支持
RESET	机床复位、程序复位

2．宇航数控铣仿真软件的基本操作

（1）回参考点。进入 FANUC 数控铣仿真系统后，单击图标，这时，系统提示“请回机床参考点”，按下+X键，数控铣床沿 *X* 方向回零；按下+Y键，数控铣床沿 *Y* 方向回零；按下+Z键，数控铣床沿 *Z* 方向回零。回零之后，屏幕显示 X0.000 Y0.000 Z0.000。

（2）手动移动机床。将模式选择旋钮旋至。

单击图标，按方向按钮，各轴移动到机床行程的中间位置。

（3）MDI 手动数据输入。将模式选择旋钮旋至→单击图标PROG→单击 MDI 对应的键→输入程序段→单击INSERT→单击图标即可。

（4）设置并安装工件。单击图标，选择“工件装夹”，如图 5-21 所示，有直接装夹、工艺板装夹、平口钳装夹 3 种方式，一般选择工艺板装夹。

单击图标，选择“工件大小、原点”，则进入工件菜单，如图 5-22 所示。

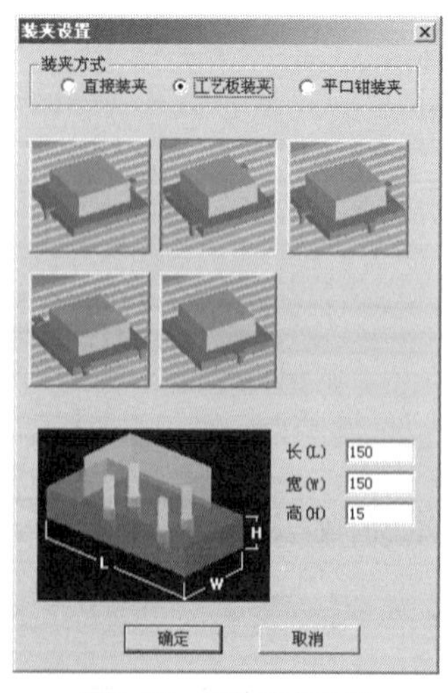

图5-21　工件装夹设置

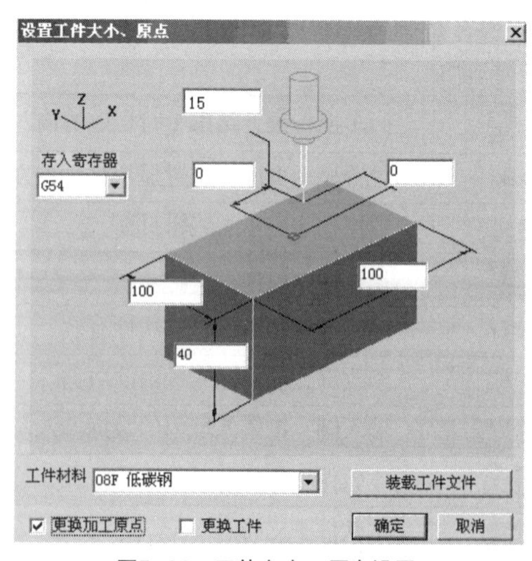

图5-22　工件大小、原点设置

此时，可以定义工件的长、宽、高以及材料、工件原点。

数控铣仿真软件中可以用理论方法设置工件原点。例如，若将工件坐标系原点设在工件上表面中心处，并存入 G54 中，则设置参数如图 5-22 所示，单击“确定”按钮即可。若工件坐标系原点

不设在工件上表面中心处，即在图 5-22 中的 G54 中输入实际工件原点相对工件中心点的增量值，如输入 X-20 Y-30 Z-15，则表示编程原点设在距工件上表面中心点 X-20 Y-30 Z0 处。

（5）设置刀具。单击图标，如图 5-23 所示，可以添加、删除、修改刀具，将刀具添加到机床刀库，将刀具安装到主轴上。

添加刀具的步骤如下：单击“添加”按钮，弹出如图 5-24 所示对话框，输入刀具号（如 3）→输入刀具名称（如 T33）→选择刀具类型（可选择端铣刀、球头刀、圆角刀、钻头、镗刀等）→定义刀具参数（定义直径或半径、刀杆长度、转速、进给率）→单击“确定”按钮，即将刀具添加到刀具管理库中。

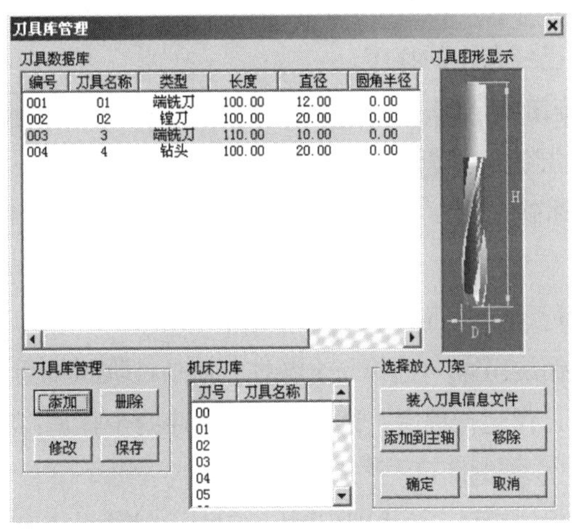

图5-23 刀具库管理

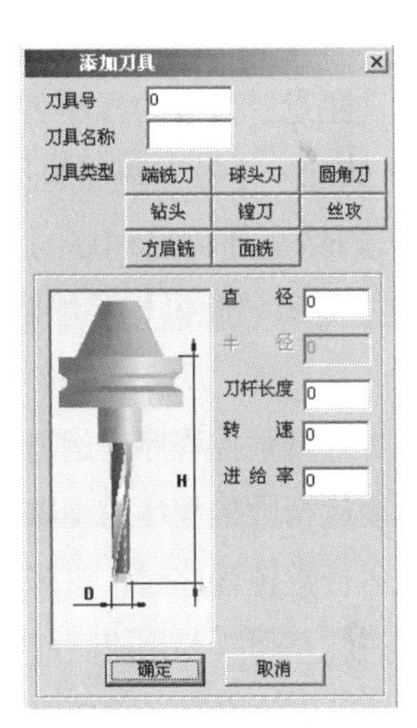

图5-24 刀具添加

将刀具添加到机床刀库的步骤如下：在刀具数据库里选择所需刀具→按住鼠标左键拖曳到机床刀库对应刀号上，如图 5-25 所示，单击“确定”按钮即可。

（6）输入刀具补偿参数。按键进入参数设定页面，如图 5-26 所示。按“补正”，移动光标到对应位置，输入相应的补偿值到长度补偿 *H* 或半径补偿 *D* 中。

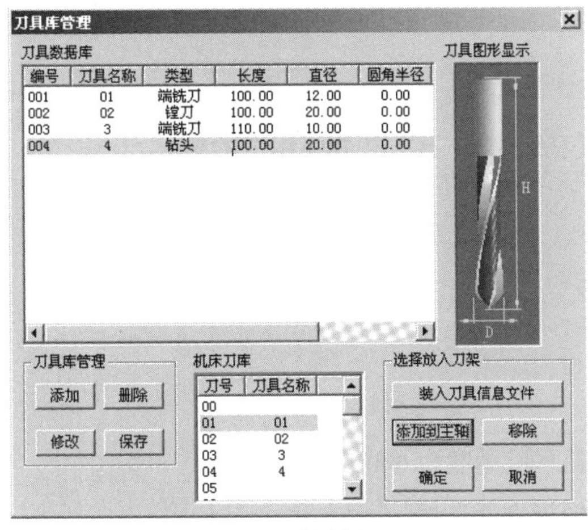

图5-25 刀具库添加

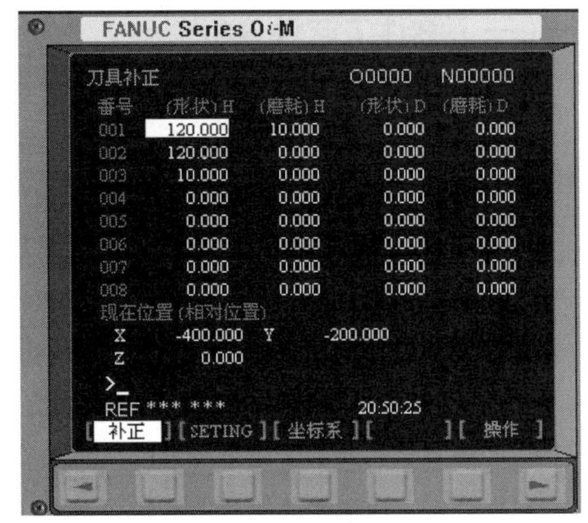

图5-26 刀具补偿参数输入

（7）编辑数控程序。

① 通过操作面板手工输入数控程序的步骤。将模式选择旋钮旋至 → 按 PROG 键，进入程序页面 → 键入一个程序名 → 按 INSERT 键，开始程序输入。注意：程序名不可以与已有程序名重复，每输完一段程序，键入 EOB E，进行换行，再继续输入下一段程序。

② 从外界导入数控程序的步骤。将模式选择旋钮旋至 → 按 PROG 键，进入程序页面 → 键入一个程序名 → 按 INSERT 键，进入程序页面 → 单击 ，根据文档的路径打开文档。注意文档的文件名后缀为“.NC”，文档保存类型为文本文档。

③ 选择一个数控程序的步骤。将模式选择旋钮旋至 或 → 按 PROG 键，键入程序名，如“O0007” → 按 ↓ 开始搜索；找到后，“O0007”显示在屏幕右上角程序编号位置，数控程序显示在屏幕上。注意：搜索的程序名必须是数控系统中已经存在的程序。

④ 删除一个数控程序的步骤。将模式选择旋钮旋至 → 按 PROG 键，键入程序名 → 按 DELTE 键。

⑤ 删除全部数控程序的步骤。将模式选择旋钮旋至 → 按 PROG 键，键入“O9999” → 按 DELTE 键，屏幕提示“此操作将删除所有登记程式，你确定吗？”，单击“是”按钮，则全部数控程序被删除。

（8）运行数控程序。运行数控程序有自动运行、试运行、单步运行3种方式。

自动运行数控程序的步骤是：将模式选择旋钮旋至 → 选择一个数控程序 → 按 键即可。

试运行数控程序时，机床和刀具不切削零件，仅运行程序。试运行数控程序的步骤是：将模式选择旋钮旋至 → 按 DRIVE 键 → 选择一个数控程序 → 按 键即可。

单步运行数控程序的步骤是：将模式选择旋钮旋至 → 单击图标 SBK → 每按1次 执行1段数控程序。

（9）测量工件。单击测量键 ，选择长度测量键 ↦ 即可进行测量。若单击图标 ，则退出测量状态。

三、任务实施

（一）零件工艺性分析

1. 结构分析

如图5-1所示，该零件属于板类零件，加工内容包括平面、直线和圆弧组成的槽。

2. 尺寸分析

该零件图尺寸完整，主要尺寸分析如下。

80±0.15：经查表，加工精度等级为IT12。

其他尺寸的加工精度按GB/T 1804—m处理。

3. 表面粗糙度分析

U形槽侧面的表面粗糙度为3.2μm，其他表面的表面粗糙度为6.3μm。

根据分析，U形槽的所有表面都可以加工出来，经济性能良好。

（二）制订机械加工工艺方案

1．确定生产类型

零件数量为 100 件，属于单件小批量生产。

2．拟订工艺路线

（1）确定工件的定位基准。以工件底面和两侧面为定位基准。

（2）选择加工方法。该零件的加工表面为平面、槽，加工表面的最高加工精度等级为 IT12，表面粗糙度为 3.2μm，采用加工方法为粗铣。

（3）拟订工艺路线。

① 按 105mm×105mm×35mm 下料。

② 在普通铣床上铣削 6 个面，保证 100mm×100mm×30mm。

③ 去毛刺。

④ 在加工中心或数控铣床上铣槽。

⑤ 去毛刺。

⑥ 检验。

3．设计数控铣加工工序

（1）选择加工设备。选用南通机床厂生产的 XH713A 型加工中心，系统为 FANUC 0i，如图 5-27 所示。

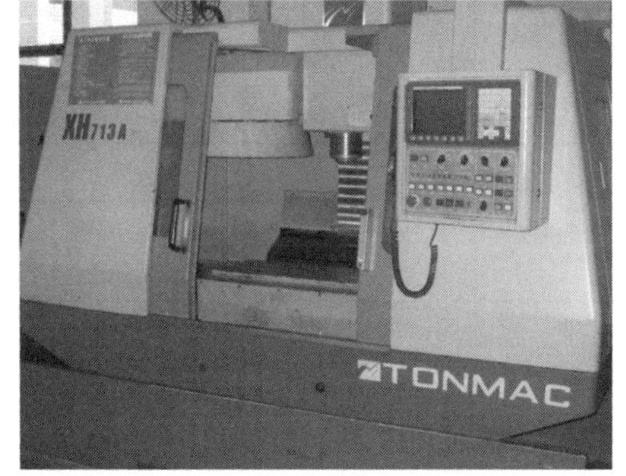

图5–27　XH713A型加工中心

（2）选择工艺装备。

① 该零件采用平口钳定位夹紧。

② 刀具选择如下。

ϕ8mm 硬质合金键槽铣刀：铣 U 形槽。

③ 量具选择如下。

量程为 150mm，分度值为 0.02mm 的游标卡尺。

（3）确定工步和走刀路线。因为 U 形槽的加工精度和表面粗糙度要求不高，所以安排 1 次铣削即可。

走刀路线包括深度进给和平面进给两部分。深度进给有两种方法，一种是在 *XZ* 或 *YZ* 平面来回铣削逐渐进刀到既定深度，另一种方法是先打 1 个工艺孔，然后从工艺孔进刀到既定深度。平面进给时，为了使槽具有较好的表面质量，采用顺铣方式铣削。

（4）确定切削用量。切削用量见表 5-4。

（三）编制数控技术文档

1．编制机械加工工艺过程卡

编制机械加工工艺过程卡，见表 5-3。

2．编制数控加工工序卡

编制数控加工工序卡，见表 5-4。

表 5-3　　U 形槽的机械加工工艺过程卡

机械加工工艺过程卡		产品名称		零件名称	零件图号		材料		毛坯规格
				U 形槽	X01		45 钢		105mm×105mm×35mm
工序号	工序名称	工序简要内容		设备	工艺装备				工时
5	下料	105mm×105mm×35mm		锯床					
10	铣面	铣削 6 个面，保证 100mm×100mm×30mm		X52	平口钳、面铣刀、游标卡尺				
15	钳	去毛刺			钳工台				
20	数控铣	铣槽		XH713A	平口钳、ϕ8mm 硬质合金键槽铣刀、游标卡尺				
25	钳	去毛刺			钳工台				
30	检验								
编制		审核		批准			共　页		第　页

表 5-4　　U 形槽的数控加工工序卡

数控加工工序卡				产品名称				零件名称		零件图号	
								U 形槽		X01	
工序号	程序编号	材料	数量	夹具名称				使用设备		车间	
20	05000	45 钢	100	平口钳				XH713A		数控加工车间	
工步号	工步内容		切削用量					刀具		量具	
			v_c (m/min)	n (r/min)	f (mm/min)	a_p (mm)		编号	名称	编号	名称
1	铣槽		38	1 500	75(f=0.05mm/r)	5		T1	键槽铣刀	1	游标卡尺
编制		审核			批准			共　页		第　页	

3．编制刀具调整卡

编制刀具调整卡，见表 5-5。

表 5-5　　U 形槽的数控铣刀具调整卡

产品名称或代号				零件名称	U 形槽	零件图号	X01
序号	刀具号	刀具名称	刀具材料	刀具参数		刀补地址	
				直径	长度	直径	长度
1	T1	键槽铣刀	硬质合金	ϕ8mm	100mm		H01
编制		审核		批准		共　页	第　页

4．编制数控加工程序卡

编程原点选择在工件上表面的中心处，程序见表 5-6。

表 5-6 U 形槽的数控加工程序卡

零件图号	X01	零件名称	U 形槽	编制日期	
程序号	05000	数控系统	FANUC 0i	编制	

程序内容	程序说明
O5000	程序名
N5 G90 G54 G00 X0 Y0 T01;	设置编程原点，选择刀具
N10 G43 Z50 H01;	建立刀具长度补偿
N15 M03 S1500;	主轴正转，转速为 1 500r/min
N20 G00 X40 Y40 Z5;	刀具快速降至（40，40，5）
N25 G01 Z-5 F20;	刀具下刀至 *Z*−5mm 处
N30 Y-25 F75;	直线插补
N35 G02 X25 Y-40 R15;	圆弧插补
N40 G01 X-25;	直线插补
N45 G02 X-40 Y-25 R15;	圆弧插补
N50 G01 Y40;	直线插补
N55 Z5;	刀具抬刀至 *Z*+5mm 处
N60 G00 Z100;	刀具 *Z* 向快退
N65 X0 Y0;	刀具回起刀点
N70 M05;	主轴停转
N75 M02;	程序结束

（四）试加工与优化

1．进入数控铣仿真软件并开机

打开计算机，双击图标，单击“Fanuc 数控铣仿真”，进入 FANUC 数控铣仿真系统，屏幕显示如图 5-28 所示，单击“确定”按钮。单击图标，显示机床操作面板区，单击图标，屏幕又显示如图 5-28 所示，单击“确定”按钮。

2．回零

将模式选择旋钮旋至，按下+X键，数控铣床沿 *X* 方向回零；按下+Y键，数控铣床沿 *Y* 方向回零；按下+Z，数控铣床沿 *Z* 方向回零。回零之后，屏幕显示“X0.000 Y0.000 Z0.000”。

3．输入程序

单击桌面上的“开始”→“程序”→“附件”→“写字板”或“记事本”。在写字板中将程序输入，程序输入完成后，单击“文件”→“保存”。如图 5-29 所示，将保存类型设为“文本文档（*.txt）”，在文件名中输入“O5000.nc”，O5000 为文件名，由拼音和数字组成，后缀必须为“.nc”。

4．调用程序

将模式选择旋钮旋至编辑键，打开程序锁，单击图标，在提示“>_”处输入程序号“O 5000”，单击，即新建了 1 个程序名为“O5000”的程序。单击图标，将文件类型改为

“NC代码文件（*.cnc;*.nc）”，在相应文件夹中找到文件“O5000.nc”，单击“打开”按钮，此时，程序被调入到数控系统中。

图5-28　回参考点

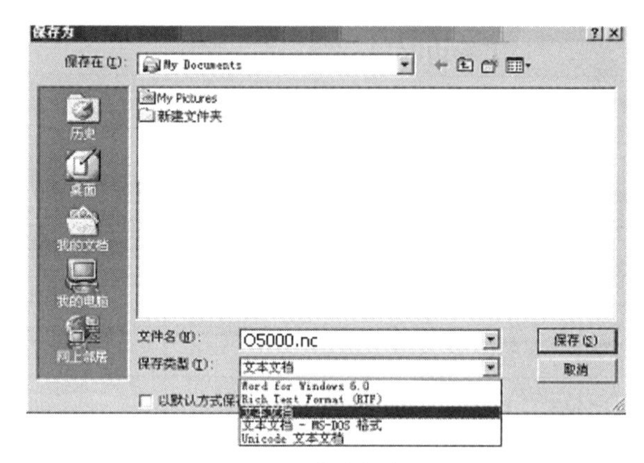

图5-29　程序保存

5．安装工件并确定编程原点

单击图标，出现工件菜单，如图5-30所示，选择工件装夹方式，采用工艺板装夹，如图5-31所示。

单击图标，选择工件大小、原点，设置工件大小及原点如图5-32所示，单击“确定”按钮即可。

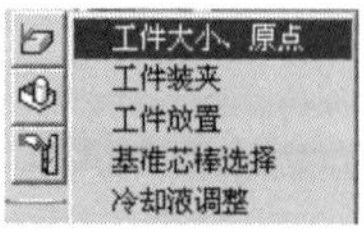

工件大小、原点
工件装夹
工件放置
基准芯棒选择
冷却液调整

图5-30　工件菜单

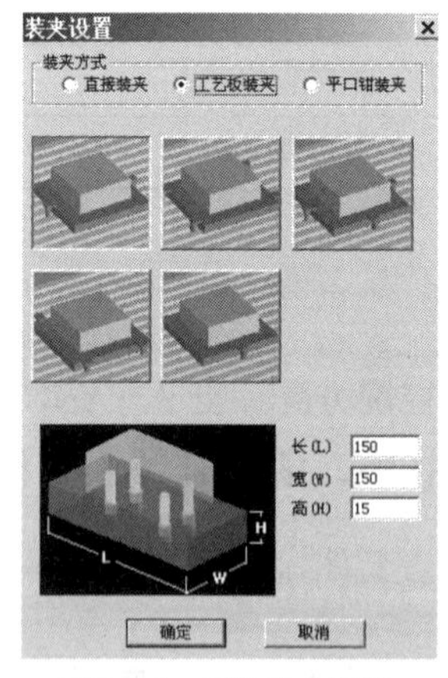

图5-31　工件装夹设置

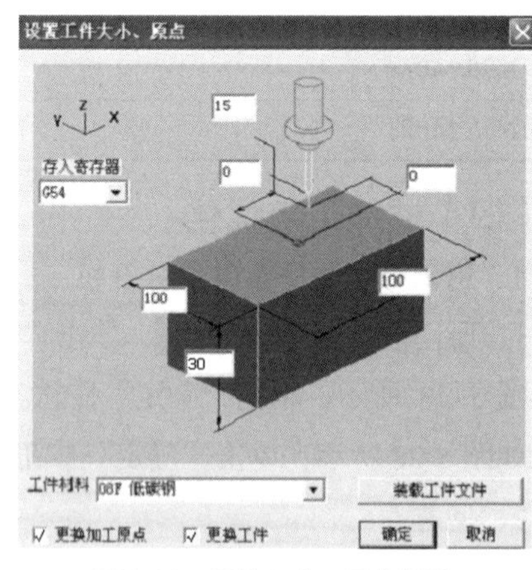

图5-32　工件大小、原点设置

6．装刀并设置刀具参数

因为数控铣仿真软件中没有键槽铣刀，所以在模拟时采用ϕ8mm端铣刀代替。

（1）选刀并装刀。单击图标，选择ϕ8mm端铣刀，并将之放置在机床刀库的01刀位号中，如图5-33所示。

（2）设置刀具参数。单击图标OFSET SET键，点选“补正”，如图5-34所示，通过光标键移动到参数修改位置，其中，*H*为刀具长度，*D*为刀具半径。注意输入的参数应与所用刀具号的相关参数一致。磨耗值须设为0。

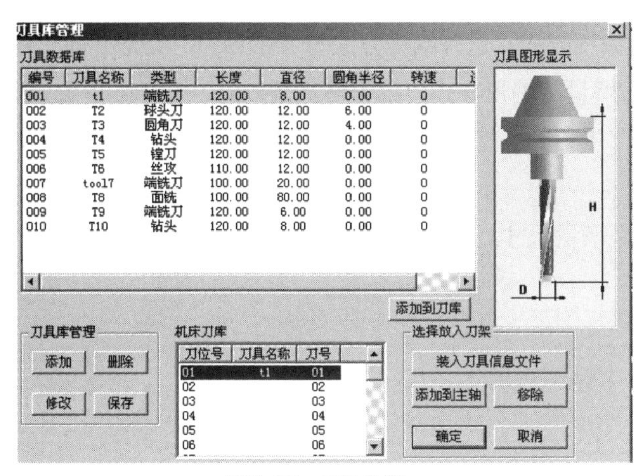

图5-33　刀具选择

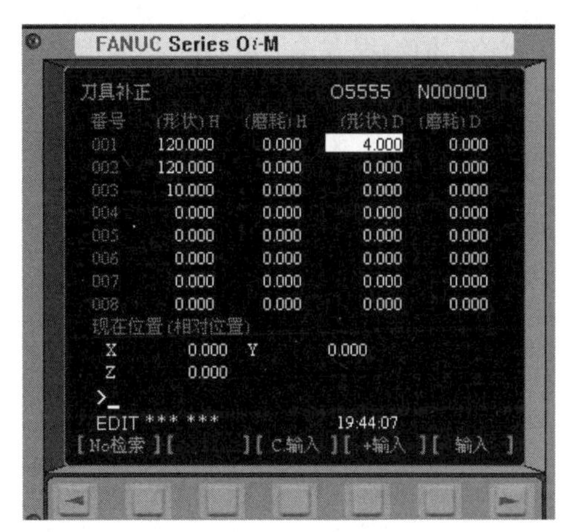

图5-34　刀具参数设置

7．自动加工

将模式选择旋钮旋至，依次按 PROG 键→单段执行键→舱门开关键→床身显示模式键→循环启动键，即可观察程序运行中机床加工零件的过程。

8．测量工件

模拟加工之后，单击测量键，选择长度测量键，单击 隐藏 ，即可测量工件。为测量退出键。

四、拓展知识

（一）SINUMERIK 802D 系统的基本编程指令

1．刀具 T 指令

T 指令用于选择刀具，刀具调用后，刀具长度补偿立即生效。

2．设置工件坐标系

其含义是给出编程原点在机床坐标系中的位置，编程指令及功能如下。

G54：第 1 可设定零点偏置。

G55：第 2 可设定零点偏置。

G56：第 3 可设定零点偏置。

G57：第 4 可设定零点偏置。

G58：第 5 可设定零点偏置。

G59：第 6 可设定零点偏置。

G500：取消可设定零点偏置，模态指令。

G53：取消可设定零点偏置，非模态指令。

G153：同 G53，取消附加的基本框架。

3．绝对值与增量值编程

在 SINUMERIK 802D 系统中，有两种方式指定绝对值和增量值编程方式。一种是用 G90 指令指定绝对值编程方式，用G91指令指定增量值编程方式，这种编程方法与FANUC 0i系统相同。另一种是在程序段中通过AC/IC分别设定绝对值/增量值编程方式，编程格式是=AC（ ），=IC（ ），赋值时必须要有一个等于符号，数值要写在“( )”中，圆心坐标也可以用绝对尺寸=AC（ ）定义。

例如：N10 G90 X20 Y80；绝对尺寸。

N20 X75 Y=IC（−38）；*X*是绝对尺寸，*Y*是增量尺寸。

…

N160 G91 X50 Y20；*X*、*Y*是增量尺寸。

N170 X−15 Y=AC（−18）；*X*是增量尺寸，*Y*是绝对尺寸。

4. 快速点位运动指令（G0）

格式：G0　X__Y__Z__；直角坐标系。

G0　RP=__AP=__；极坐标系，RP表示极坐标半径，即该点到极点的距离。AP表示极坐标角度，即与所在平面中的横坐标轴之间的夹角。

5. 直线插补指令（G1）

格式：G1　X__Y__Z__F__；直角坐标系。

G1　RP=__AP=__F__；极坐标系。

G1　RP=__AP=__Z__F__；柱面坐标系。

6. 插补平面选择指令（G17、G18、G19）

G17、G18、G19的编程格式、功能与FANUC 0i相同。

7. 圆弧插补指令（G02、G03）

以*XY*平面为例，说明圆弧插补的格式。

G17　G02（G03）X__Y__I__J__；圆心和终点。

G17　G02（G03）CR=__X__Y__；半径和终点。

G17　G02（G03）AR=__I__J__；张角和圆心。

G17　G02（G03）AR=__X__Y__；张角和终点。

G17　G02（G03）AP=__RP=__；极坐标和极点圆弧。

8. 螺旋线插补指令（G02、G03）

以*XY*平面为例，说明螺旋线插补的格式。

G17　G02（G03）X__Y__I__J__TURN=__；圆心和终点。

G17　G02（G03）CR=__X__Y__TURN=__；半径和终点。

G17　G02（G03）AR=__I__J__TURN=__；张角和圆心。

G17　G02（G03）AR=__X__Y__TURN=__；张角和终点。

G17　G02（G03）AP=__RP=__TURN=__；极坐标和极点圆弧。

TURN表示螺旋线的导程，为正值。

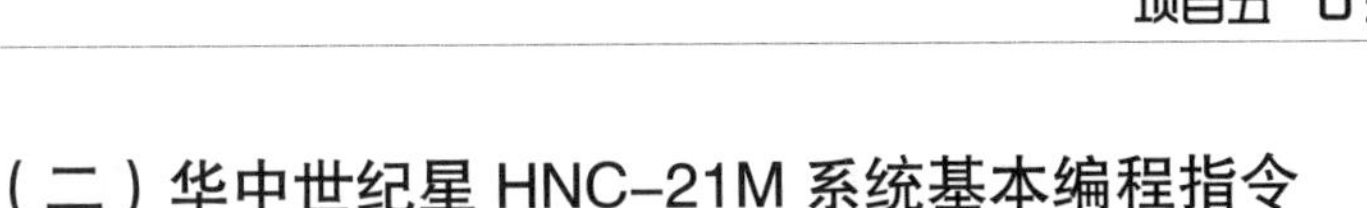

（二）华中世纪星 HNC-21M 系统基本编程指令

华中世纪星 HNC-21M 系统 M、F、S、T 指令功能与 FANUC 0i 系统相同，在此不再重述。

华中世纪星 HNC-21M 数控系统基本编程指令与 FANUC 0i 系统的比较见表 5-7。

表 5-7　华中世纪星 HNC-21M 数控系统基本编程指令与 FANUC 0i 系统的比较

功能	华中世纪星 HNC-21M 指令	与 FANUC 0i 系统的异同
尺寸单位选择	G20、G21、G22	G20、G21 的功能、编程格式与 FANUC 0i 系统完全相同，区别是：华中世纪星增加了一种尺寸单位，即脉冲当量输入，用 G22 编程
进给速度单位的设定	G94、G95	功能、编程格式与 FANUC 0i 系统完全相同
绝对值编程与相对值编程	G90、G91	功能、编程格式与 FANUC 0i 系统完全相同
坐标系设定	G92	功能、编程格式与 FANUC 0i 系统完全相同
工件坐标系选择	G54～G59	功能、编程格式与 FANUC 0i 系统完全相同
快速定位	G00	功能、编程格式与 FANUC 0i 系统完全相同
直线插补	G01	功能、编程格式与 FANUC 0i 系统完全相同
刀具长度补偿	G43、G44、G49	功能、编程格式与 FANUC 0i 系统完全相同
插补平面选择	G17、G18、G19	功能、编程格式与 FANUC 0i 系统完全相同
圆弧插补指令	G02、G03	功能、编程格式与 FANUC 0i 系统完全相同

由表 5-7 可知，对于常用的基本编程指令，华中世纪星 HNC-21M 数控系统与 FANUC 0i 系统相同。不同之处是螺旋线插补指令的编程格式。

华中世纪星 HNC-21M 系统的螺旋线插补指令 G02、G03 的编程格式如下。

$$G17\begin{Bmatrix}G02\\G03\end{Bmatrix}X\_\ Y\_\ \begin{Bmatrix}I\_J\_\\R\_\end{Bmatrix}Z\_\ F\_\ L;$$

$$G18\begin{Bmatrix}G02\\G03\end{Bmatrix}X\_\ Z\_\ \begin{Bmatrix}I\_K\_\\R\_\end{Bmatrix}Y\_\ F\_\ L;$$

$$G19\begin{Bmatrix}G02\\G03\end{Bmatrix}Y\_\ Z\_\ \begin{Bmatrix}J\_K\_\\R\_\end{Bmatrix}X\_\ F\_\ L;$$

G02、G03 分别表示顺时针、逆时针螺旋线插补。X、Y，X、Z，YZ 分别表示螺旋线投影到 G17、G18、G19 二维坐标平面内的圆弧终点。L 为螺旋线圈数（第 3 坐标轴上投影距离为增量值时有效）。

（三）宇龙数控铣仿真软件的操作

以 U 形槽的仿真加工介绍宇龙数控铣仿真软件的操作。

（1）进入宇龙数控铣仿真软件并开机。

① 在“开始\程序\数控加工仿真系统”菜单里单击“数控加工仿真系统”，或者在桌面双击图标，弹出登录窗口，选择“快速登录”或输入“用户名”和“密码”即可进入数控系统。

② 单击工具栏中的按钮，弹出“选择机床”设置窗口，选择“控制系统”、“机床类型”，如图5-35所示，单击“确定”按钮，就进入了FANUC 0i数控铣床的机床界面。

（2）回零。依次单击、，让机床开机。

机床回零。单击图标Z、图标+，数控铣床沿 *Z* 方向回零；单击图标Y、图标+，数控铣床沿 *Y* 方向回零；单击图标X、图标+，数控铣床沿 *X* 方向回零。此时，回零指示灯亮起，CRT面板显示的坐标为X0.000、Y0.000、Z0.000。

（3）定义毛坯。单击图标，设置图5-36所示的毛坯。

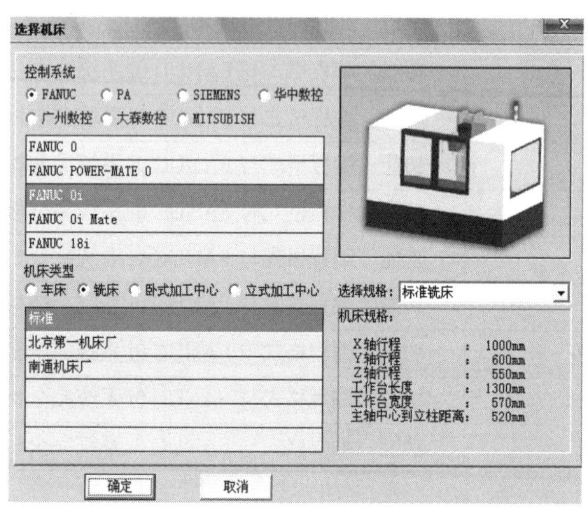

图5-35 “选择机床”窗口

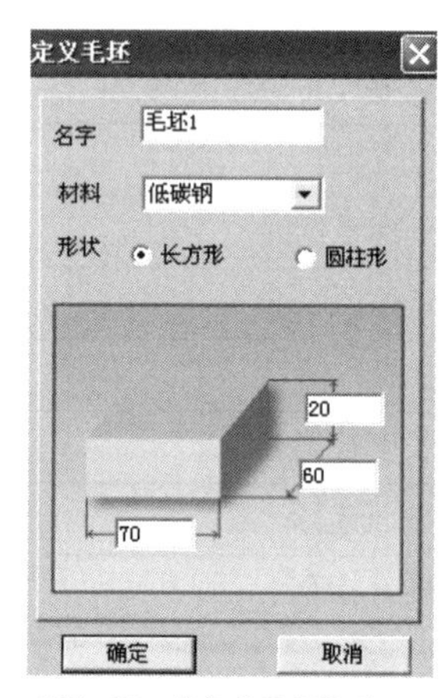

图5-36 “定义毛坯”窗口

（4）选择夹具。单击图标，零件选择“毛坯1”，夹具选择“工艺板”，单击“确认”按钮，退出夹具定义窗口。

（5）安装工件。单击图标，在弹出的“选择零件”窗口中选择刚才定义的毛坯、夹具组合，单击“安装零件”按钮，退出零件选择窗口。将毛坯、夹具组合放置在工作台，弹出移动零件窗口，如图5-37所示，可将零件及夹具安装在机床的合适位置。

（6）定义压板。在“零件”菜单中单击“安装压板”命令，弹出“选择压板”窗口，如图5-38所示，选择第2种，单击“确定”按钮。

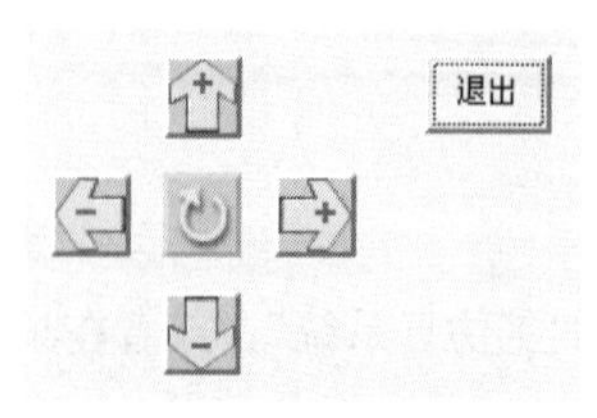

图5-37 移动零件按钮

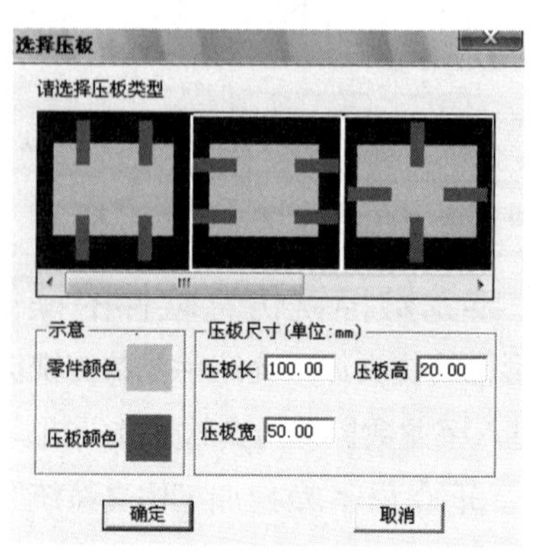

图5-38 选择压板

（7）关闭机床罩的显示。单击图标，弹出“视图选项”窗口，将“显示机床罩子”前的复选框取消，单击“确定”按钮。

（8）选择刀具。单击图标，弹出“选择铣刀”窗口，如图5-39所示。先在可选刀具列表中选择直径8mm、名称为DZ2000-8的平底刀，然后在已经选择的刀具中选中1号刀位，单击“确认”按钮。

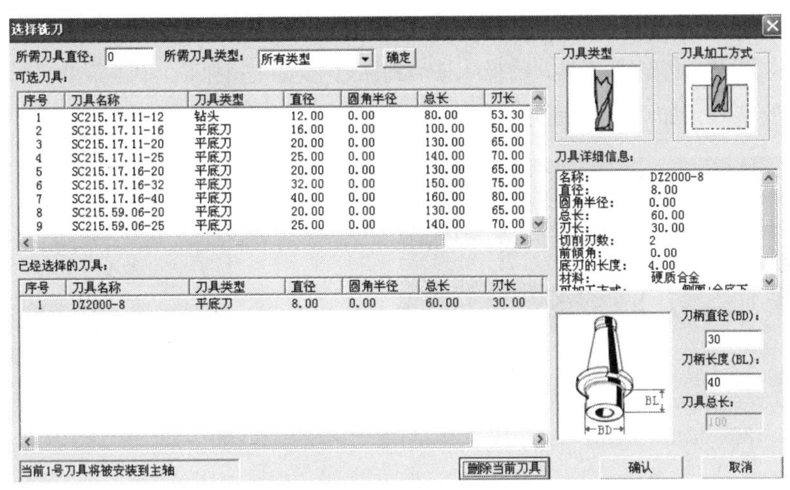

图5-39　刀具选择窗口

（9）安装对刀基准。单击图标，弹出如图5-40所示的窗口。

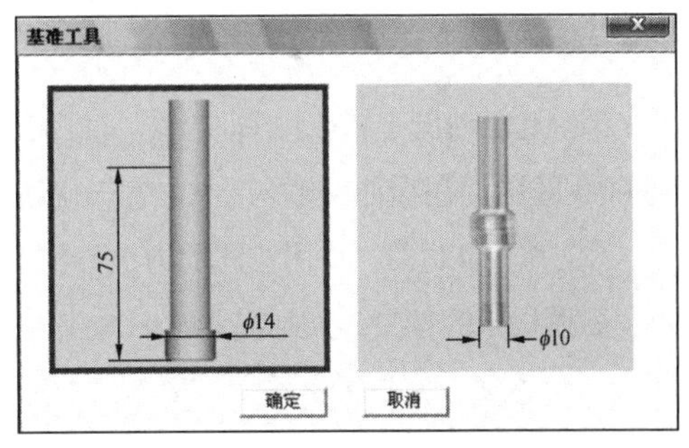

图5-40　对刀基准选择窗口

左边是刚性靠棒，它采用检查塞尺松紧的方式对刀，如图5-41所示。

右边是寻边器,它由固定端和测量端两部分组成。通过手动方式，使寻边器向工件基准面移动靠近，让测量端接触基准面。在测量端未接触工件时，固定端与测量端的中心线不重合，两者呈偏心状态。当测量端与工件接触后，偏心距减小，这时使用点动方式或手轮方式微调进给，寻边器继续向工件移动，偏心距逐渐减小。当测量端和固定端的中心线重合的瞬间，测量端会明显地偏出，出现明显的偏心状态。这时主轴中心位置距离工件基准面的距离等于测量端的半径，如图5-42所示。

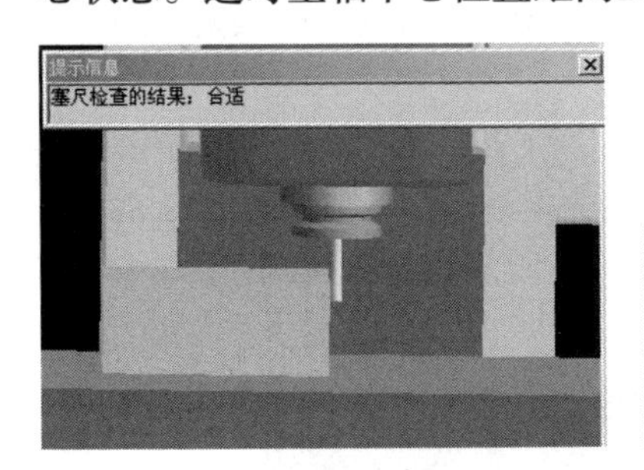

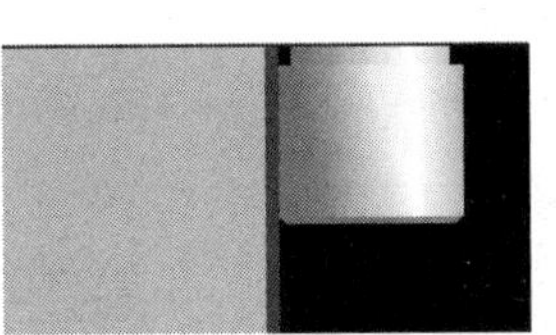

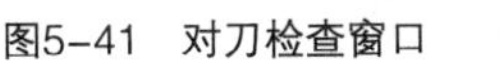
图5-41　对刀检查窗口

两种对刀工具的作用是相同的，通过基准工具与工件的边缘接触，根据基准工具的直径和刀位点（基准中心）的机床坐标计算出工件坐标系在机床坐标系中的坐标。

本操作范例中选择左边的刚性靠棒作为对刀基准，这样就将刚性靠棒安装在主轴上了。同时注意刚性靠棒的直径为14mm。

（10）对刀。

① *X*方向对刀。单击操作面板中的“手动”按钮，手动状态灯亮，进入“手动”方式，结合正视图、左视图、平移、缩放等工具，将机床移动到靠近毛坯的左侧面，单击菜单“塞尺检查\1mm”，置入厚度1mm的塞尺，如图5-43所示。

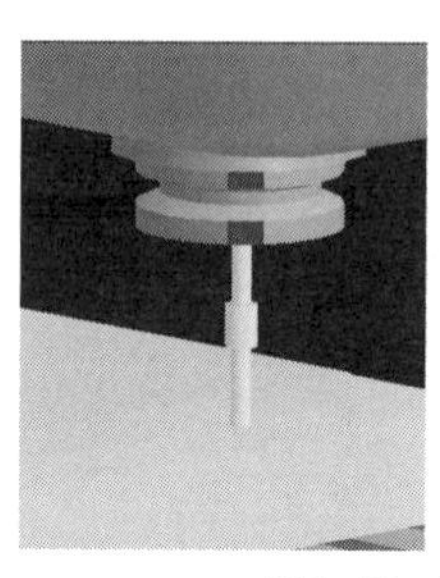

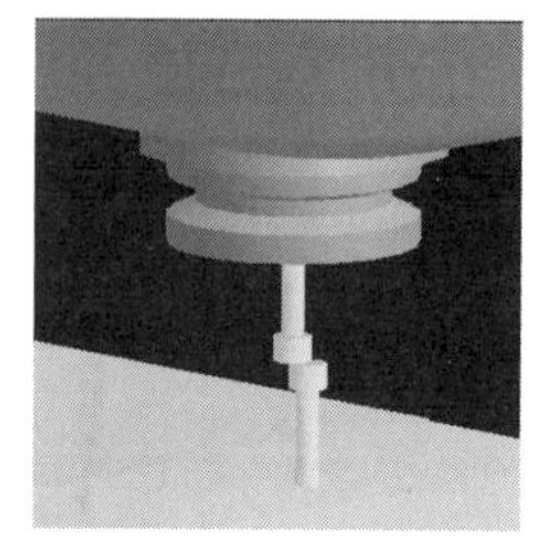

图5-42 寻边器对刀

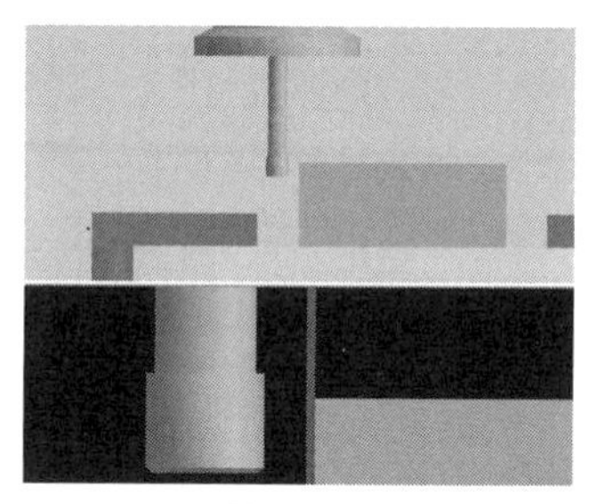

图5-43 刚性靠棒对零件左侧面

单击操作面板上的“手动脉冲”按钮或，使手动脉冲指示灯变亮，采用手动脉冲方式精确移动机床，单击图标显示手轮，将手轮对应轴旋钮置于X挡，调节手轮进给速度旋钮，在手轮上单击鼠标左键或右键精确移动靠棒，使提示信息对话框显示“塞尺检查的结果：合适”。

在MDI键盘上单击图标“OFFSET SETTING”，按菜单软键“坐标系”，进入坐标系参数设定界面，将光标移动到G54区域，在缓冲区输入“X-57.”，然后单击“测量”，系统自动计算出G54的*X*值，收回塞尺。

② *Y*方向对刀。采用相同的方法，将刚性靠棒移动到靠近毛坯的前侧面，如图5-44所示。置入塞尺，微调机床的位置，直到提示机床与工件之间的位置合适为止，进入坐标系参数设定界面，将光标移动到G54区域，在缓冲区输入“Y-57.”，然后单击“测量”，系统自动计算出G54的*Y*值，收回塞尺。

打开刀具设置对话框，将1号刀具安装在机床主轴上。

③ *Z*方向对刀。*Z*方向对刀有两种方法，一是设置多个工件坐标系G54～G59，二是用其中一把刀具建立一个坐标系，将此刀作为标准刀，然后调用长度补偿，本例中采用第二种方法。

将刀具移动到工件上表面，如图5-45所示，置入塞尺，微调机床的位置，直到提示机床与工件之间的位置合适为止，进入坐标系参数设定界面，将光标移动到G54区域，在缓冲区输入“Z1.”，然后单击“测量”，系统自动计算出G54的*Z*值，收回塞尺。

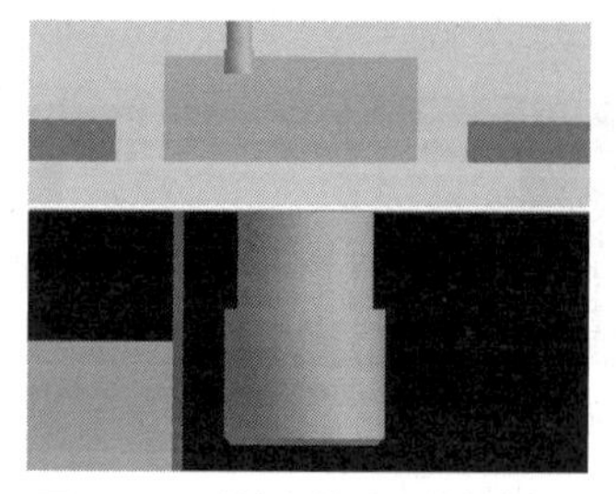

图5-44 刚性靠棒对零件前侧面

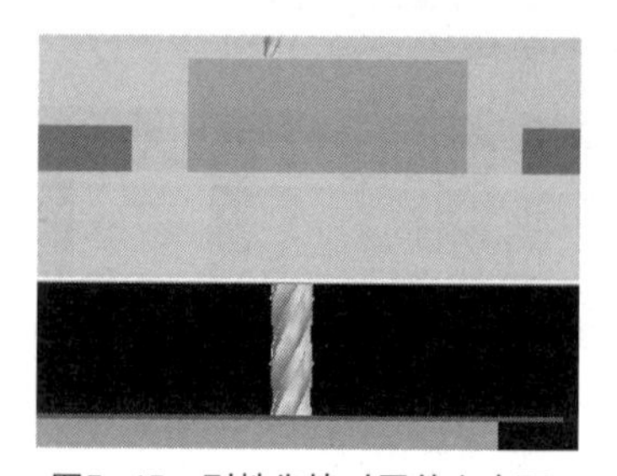

图5-45 刚性靠棒对零件上表面

（11）验证对刀结果。单击图标和图标，在 CRT 区域显示程序输入窗口，输入如图 5-46 所示的程序。

以上程序是让刀具停在编程原点，选择单段执行程序，以免撞刀。

（12）设置刀具长度和半径补偿。在 MDI 键盘上单击图标，按菜单软键“[补正]”，进入刀具补偿参数设定界面，设置参数如图 5-47 所示。

“001”为 1 号刀补偿参数，1 号刀被设置为标准刀。

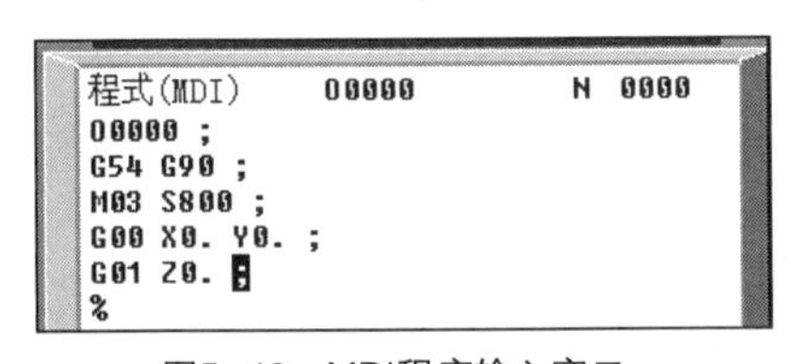

图5-46　MDI程序输入窗口

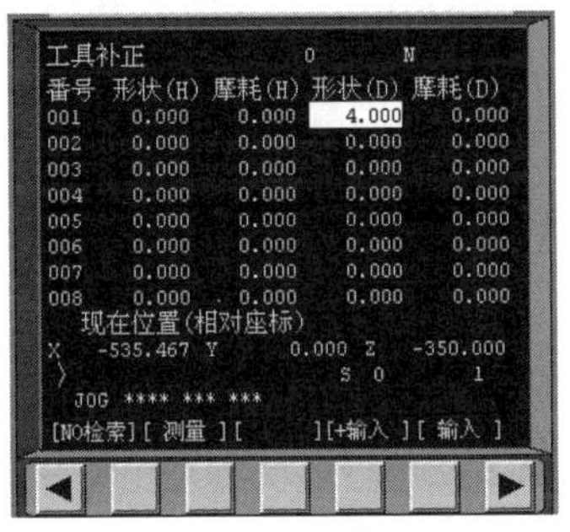

图5-47　刀具补偿窗口

（13）程序录入。首先，用记事本或 Word 输入程序，并保存。然后，在编辑模式下，单击软键，执行“[操作]”命令，按软键向后翻页，以显示其他菜单命令，执行“[READ]”命令后，浏览到加工程序存储目录，单击工具栏中的按钮，弹出文件选择窗口，选中保存的文件名，在缓冲区输入程序编号“O5000”，执行“[EXEC]”命令，将程序导入数控系统。

（14）模拟加工。单击图标，将机床设置为自动运行模式。

单击工具栏上的以显示俯视图，单击图标，在机床模拟窗口进行程序校验。

单击图标，设置为单段运行有效。

单击操作面板上的“循环启动”按钮，程序开始执行。

如果没有问题，则单击图标，以退出程序校验模式。

单击操作面板上的“循环启动”按钮，开始执行程序，进行自动加工。

（15）工件测量。单击菜单“测量”\“剖面图测量”，弹出测量面板，测量时选中“自动测量”后，进行智能捕捉。

本项目详细介绍了槽、键槽的加工方法，键槽铣刀的选用，数控铣床坐标系及编程坐标系，数控铣 F、S、T 指令，G92、G90、G91、G43、G44、G49、G00、G01、G02、G03、G17～G19、G54～G59 指令，宇航数控铣仿真软件的操作。要求读者熟悉槽、键槽的加工方法，宇航数控铣仿真软件的操作，掌握 G90、G91、G43、G44、G00、G01、G02、G03、G54 指令的编程。

自测题

一、选择题（请将正确答案的序号填写在括号中，每题2分，满分30分）

1. 可用作直线插补的准备功能代码是（　　）。

（A）G01　　（B）G03　　（C）G02　　（D）G04

2. （　　）不是零点偏置指令。

（A）G55　　（B）G57　　（C）G54　　（D）G53

3. 在G00程序段中，（　　）值将不起作用。

（A）X　　（B）S　　（C）F　　（D）T

4. 下列关于G54与G92指令说法中不正确的是（　　）。

（A）G54与G92都是用于设定工件加工坐标系的

（B）G92是通过程序来设定加工坐标系的，G54是通过CRT/MDI在设置参数方式下设定工件加工坐标系的

（C）G92设定的加工坐标原点与当前刀具所在位置无关

（D）G54设定的加工坐标原点与当前刀具所在位置无关

5. G91 G00 X30.0 Y-20.0 表示（　　）。

（A）刀具按进给速度移至机床坐标系 $X = 30$mm，$Y = -20$mm 点

（B）刀具快速移至机床坐标系 $X = 30$mm，$Y = -20$mm 点

（C）刀具快速向 X 正方向移动30mm，向 Y 负方向移动20mm

（D）编程错误

6. 程序中指定刀具长度补偿值的代码是（　　）。

（A）G　　（B）D　　（C）H　　（D）M

7. 某数控铣床加工的起始坐标为（0，0），接着分别是（0，5），（5，5），（5，0），（0，0），则加工的零件形状是（　　）。

（A）边长为5的平行四边形　　（B）边长为5的正方形

（C）边长为10的正方形　　（D）边长为10的平行四边形

8. 设H01 = 6mm，则G91 G43 G01 Z-15.0；执行后的实际移动量为（　　）。

（A）9mm　　（B）1mm　　（C）15mm　　（D）6mm

9. 执行程序段N10 G9O G01 X30 Z6；N20 Z15；Z 方向实际移动量为（　　）。

（A）9mm　　（B）1mm　　（C）15mm　　（D）6mm

10. 顺圆弧插补指令为（　　）。

（A）G04　　（B）G03　　（C）G02　　（D）G01

11. 选择 YZ 平面由（　　）指令执行。

（A）G17　　　（B）G18　　　（C）G19　　　（D）G20

12. 采用半径编程方法编制圆弧插补程序段时，当其圆弧所对应的圆心角（　　）180° 时，该半径 R 取负值。

（A）大于　　　（B）小于　　　（C）大于或等于　　　（D）小于或等于

13. 在 XY 平面上，某圆弧圆心为（0，0），半径为 80，如果需要刀具从（80，0）沿该圆弧到达（0，80），程序指令为（　　）。

（A）G02 X0. Y80. I80.0 J0. F300；　　　（B）G03 X0. Y80. I-80.0 J0. F300；

（C）G02 X80. Y0. I0. J80.0 F300；　　　（D）G03 X80. Y0. I0. J-80.0 F300；

14. 整圆编程时，应采用（　）编程方式。

（A）半径、终点　　（B）圆心、终点　　（C）圆心、起点　　（D）半径、起点

15. 铣削一个 XY 平面上的圆弧时，圆弧起点为（30，0），终点为（-30，0），半径为 50，圆弧起点到终点的旋转方向为顺时针，则程序为（　　）。

（A）G18 G90 G02 X-30.0 Y0 R50.0 F50；　　（B）G17 G90 G03 X-300.0 Y0 R-50.0 F50；

（C）G17 G90 G02 X-30.0 Y0 R50.0 F50；　　（D）G18 G90 G02 X30.0 Y0 R50.0 F50；

二、判断题（请将判断结果填入括号中，正确的填“√”，错误的填“×”，每题 2 分，满分 20 分）

（　　）1. G00、G01 指令都能使机床坐标轴准确到位，因此它们都是插补指令。

（　　）2. 编制数控加工程序时一般以机床坐标系作为编程的坐标系。

（　　）3. 数控加工中心编程有绝对值和增量值编程，使用时不能将它们放在同一程序段中。

（　　）4. 利用 G92 定义的工件坐标系，在机床重开机时仍然存在。

（　　）5. 圆弧编程时须指定 F 参数。

（　　）6. G90 G01 X0 Y0 与 G91 G01 X0 Y0 意义相同。

（　　）7. 刀具补偿功能字 H12（D12）表示使用第 12 号刀。

（　　）8. G43 在编程时只可作为长度补偿使用，不可作他用。

（　　）9. 执行 M03 时，机床所有运动都将停止。

（　　）10. 圆弧编程时先判断是在哪个平面内，若程序中没有指出是在哪个平面，则默认为 XY 平面。

三、编程题（在下面 2 道题中，任选 1 道，满分 50 分）

1. 加工如图 5-48 所示零件，数量为 1 件，毛坯为 100mm×100mm×30mm 的 45 钢。要求设计数控加工工艺方案，编制机械加工工艺过程卡、数控加工工序卡、数控铣刀具调整卡、数控加工程序卡，进行仿真加工，优化走刀路线和程序。

2. 加工如图 5-49 所示零件，数量为 1 件，毛坯为 70mm×70mm×10mm 的 45 钢。要求设计数控加工工艺方案，编制机械加工工艺过程卡、数控加工工序卡、数控铣刀具调整卡、数控加工程序卡，进行仿真加工，优化走刀路线和程序。

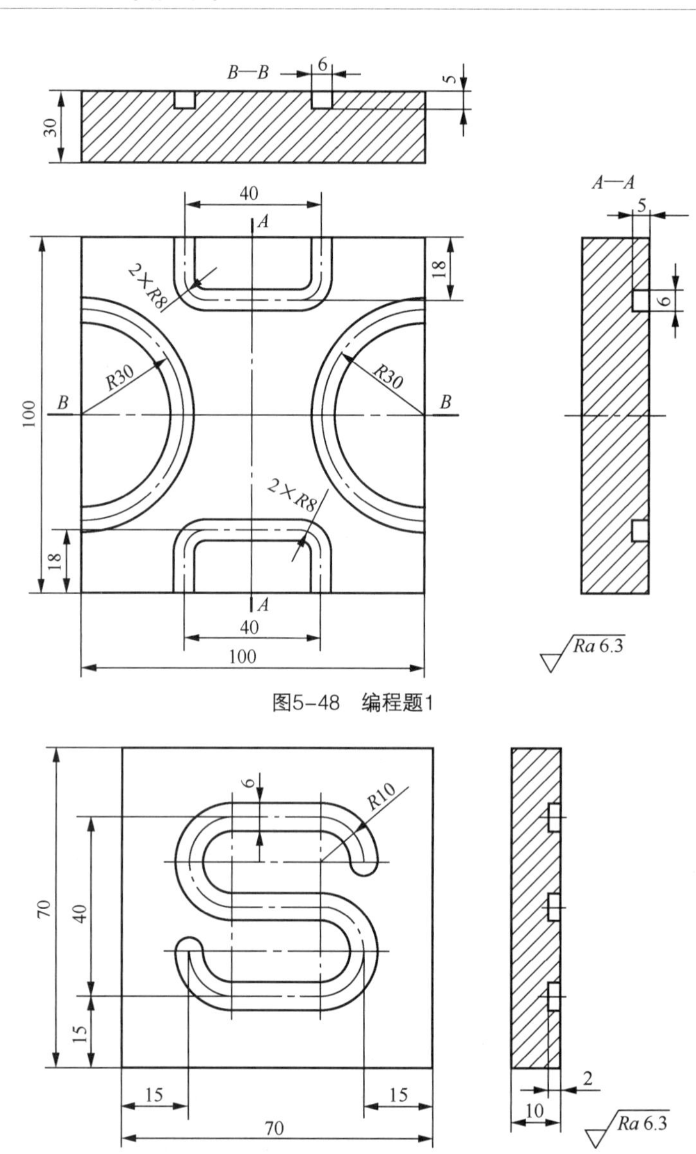

图5-48　编程题1

图5-49　编程题2

项目六

凸模板的数控加工工艺设计与程序编制

【能力目标】

通过凸模板的数控加工工艺设计与程序编制，具备编制平面轮廓及较复杂型腔铣削数控加工程序的能力。

【知识目标】

1. 了解平面铣削方法及面铣刀。
2. 了解内外轮廓的铣削方法。
3. 了解立铣刀。
4. 了解铣削用量。
5. 掌握数控铣编程指令（子程序、G40～G42）。

一、项目导入

加工凸模板，如图 6-1 所示，要求设计数控加工工艺方案，编制机械加工工艺过程卡、数控加工工序卡、数控铣刀具调整卡、数控加工程序卡，进行仿真加工，优化走刀路线和程序。

二、相关知识

（一）平面铣削方法及面铣刀

平面铣削是最常用的铣削类型，用于铣削与刀具面平行的平面。完成平面铣削加工一般采用面铣刀或立铣刀。若采用直径较大的面铣刀，就可在一次行程中完成平面的加工，若采用直径较小的面铣刀或立铣刀，则需要几次行程才能完成平面的加工。如图 6-2 所示，每两次走刀铣削平面的轨迹之间须有重叠部分。

下面介绍面铣刀的应用。

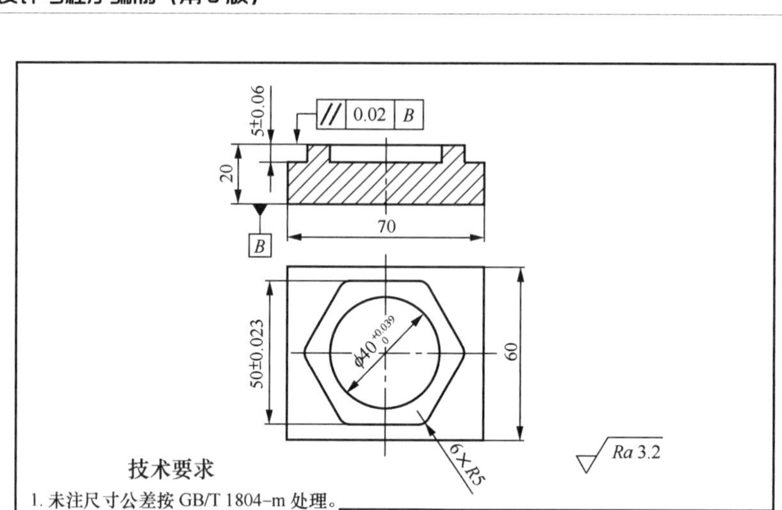

图6–1　凸模板零件图

如图 6-3 所示，面铣刀的圆周表面和端面上都有切削刃，端部切削刃为副切削刃。面铣刀多制成套式镶齿结构，刀齿为高速钢或硬质合金，刀体材料为 40 Cr。

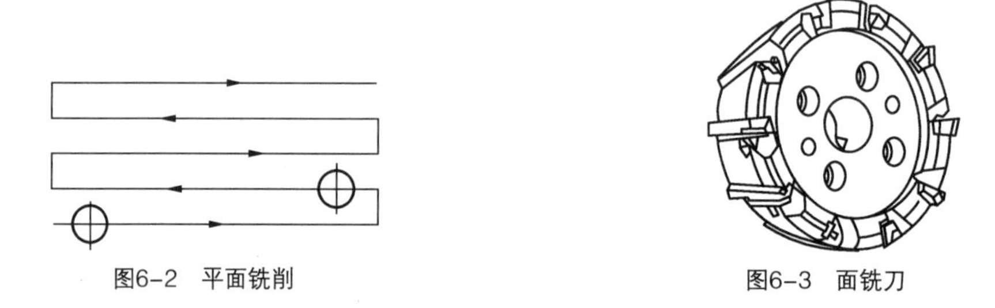
图6–2　平面铣削　　图6–3　面铣刀

高速钢面铣刀按国家标准规定，直径为 80～250mm，螺旋角为 10°，刀齿数为 10～26。

硬质合金面铣刀与高速钢面铣刀相比，铣削速度较高，加工效率高，加工表面质量也比较好，并可加工带有硬皮和淬硬层的工件，故得到广泛应用。硬质合金面铣刀按刀片和刀齿的安装方式不同，可分为整体焊接式、机夹焊接式和可转位式 3 种。其中可转位式面铣刀在数控加工中使用广泛。标准可转位面铣刀的直径为 16～630mm。

选择面铣刀直径时，主要是根据工件宽度选择，同时要考虑机床的功率、刀具的位置和刀齿与工件的接触形式等，也可将机床主轴直径作为选取的依据，面铣刀直径可按 $D = 1.5d$（D 为面铣刀直径，d 为主轴直径）选取。一般来说，面铣刀的直径应比切宽大 20%～50%。

（二）内外轮廓的铣削方法

1. 铣削方式

铣削内、外轮廓时，有顺铣和逆铣两种方式。

（1）顺铣。顺铣时，刀具旋转方向和进给方向相同，如图 6-4 所示。顺铣开始时切屑的厚度为最大值，切削力是指向机床台面的。

顺铣是为获得良好的表面质量而最常用的加工方法。它具有较小的后刀面磨损，机床运行平稳等优点，适用于在较好的切削条件下加工高合金钢。

顺铣不宜加工含硬表层的工件（如铸件表层），原因是这时刀刃必须从外部通过工件的硬化表层，从而产生较强的磨损。

（2）逆铣。逆铣时，刀具旋转方向与进给方向相反，如图 6-5 所示。逆铣开始时切屑的厚度为 0，当切削结束时切屑的厚度增大到最大值。铣削过程中包含抛光作用。切削力是离开安装工件的机床工作台面的。

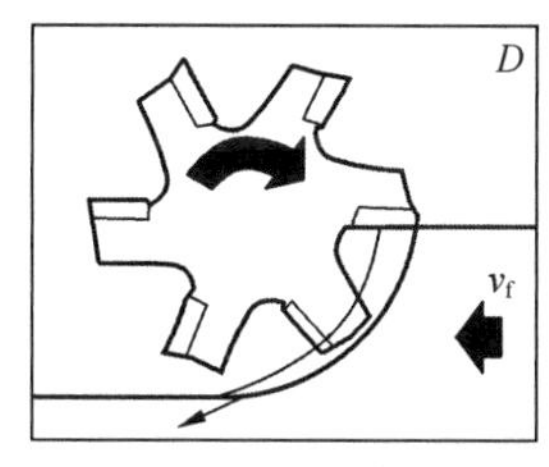

图6-4　顺铣

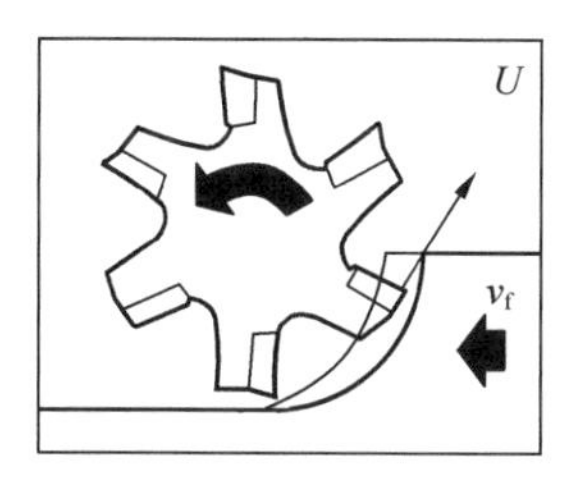

图6-5　逆铣

逆铣有如下缺点，如后刀面磨损加快从而降低刀片耐用度，在加工高合金钢时，产生表面硬化、表面质量不理想等，这种方法在精铣时较少使用。

采用逆铣时，必须完全将工件夹紧，否则有提起工作台的危险。

2．铣削内外轮廓的加工路线

铣削工件内外轮廓时，一般是采用立铣刀侧刃切削。对于二维轮廓加工，通常采用的进给路线为：从起刀点快速移到下刀点→沿切向切入工件→沿轮廓切削→刀具向上抬刀，退离工件→返回起刀点。沿切向切入工件有两种方式，一种是沿直线切入，另一种是沿圆弧切入，如图 6-6 所示。

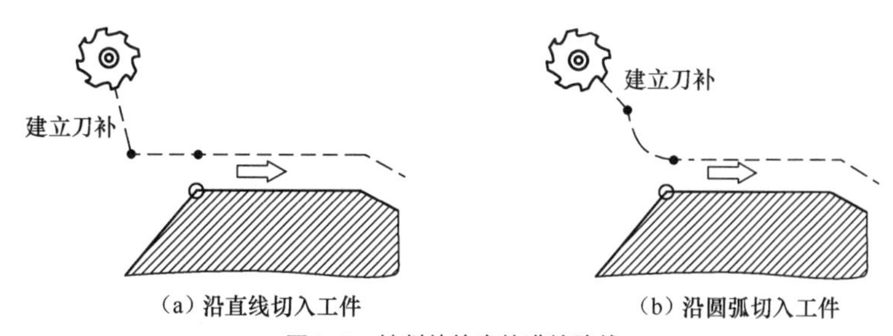

图6-6　铣削外轮廓的进给路线

如图 6-7 所示，铣削外整圆时，要安排刀具从切向进入圆周铣削加工，当整圆加工完毕后，不要在切点处直接退刀，而让刀具沿切线方向多运动一段距离，以免取消刀具补偿时，刀具与工件表面相碰撞，造成工件报废。铣削内圆弧时，也要遵守沿切向切入的原则，安排切入、切出过渡圆弧，如图 6-8 所示，若刀具从编程原点出发，其加工路线可安排为 1→2→3→4→5，这样，可以提高内孔表面的加工精度和质量。

铣削内腔时，一般用平底立铣刀加工，刀具圆角半径应符合内腔的图纸要求。图 6-9（a）所示为用行切方式加工内腔的进给路线，它能切除内腔中的全部余量，不留死角，不伤轮廓。但行切法将在两次走刀的起点和终点间留下残留高度，而达不到要求的表面粗糙度。如采用图 6-9（b）所示的进给路线，先用行切法，最后沿周向环切一刀，光整轮廓表面，则能获得较好的效果。图 6-9（c）所示也是一种较好的进给路线方式。

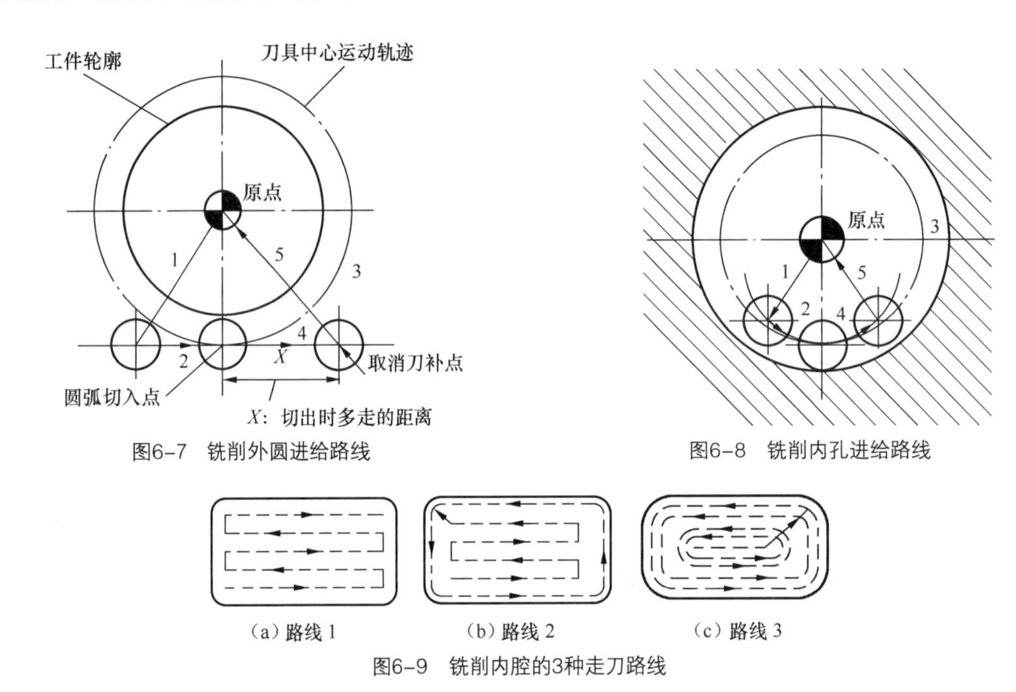

图6-7 铣削外圆进给路线

图6-8 铣削内孔进给路线

（a）路线 1 （b）路线 2 （c）路线 3

图6-9 铣削内腔的3种走刀路线

当内腔质量要求较高时，还可采用如下方法。

（1）钻孔，用比拐角小一号的钻头在拐角处钻孔。

（2）粗铣型腔，用可转位立铣刀进行分层铣削去余量。

（3）半精铣，用疏齿整体硬质合金立铣刀进行半精铣，并且把底面精加工完成。

（4）精铣，用半径小于拐角半径的整体硬质合金大螺旋角、多齿立铣刀进行侧面精铣。注意：在拐角处刀具的进给减半。

（三）立铣刀

立铣刀主要用于加工凸台、凹槽、小平面、曲面等。立铣刀的结构如图 6-10 所示。

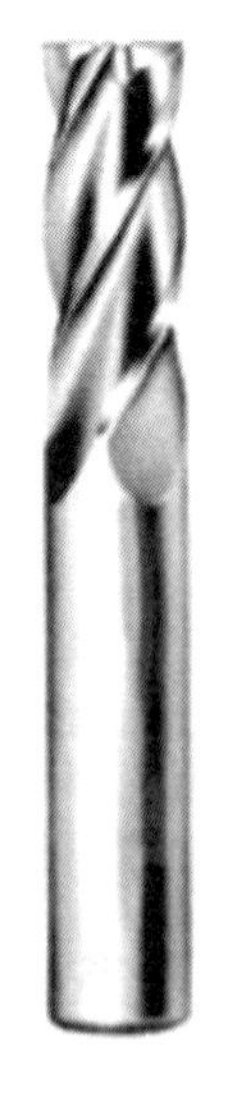

图6-10 立铣刀

1. 立铣刀的类型

立铣刀按端部切削刃的不同可分为过中心刃和不过中心刃两种。过中心刃的立铣刀可直接轴向进刀。不过中心刃的立铣刀的主切削刃位于圆周面上，端面上的切削刃是副切削刃，切削时一般不宜沿轴线方向进给。立铣刀按螺旋角可分为 30°、40°、60° 等形式，立铣刀按齿数可分为粗齿、中齿、细齿 3 种。

2. 立铣刀的选用

选取立铣刀时，要使刀具的尺寸与被加工工件的表面尺寸和形状相适应，立铣刀的主要结构参数有直径、长度、刃数、螺旋角。

（1）立铣刀直径的选择。选择立铣刀直径时，主要考虑工件加工尺寸的要求，并保证立铣刀所

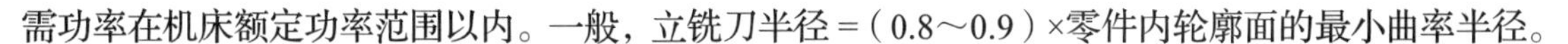

需功率在机床额定功率范围以内。一般，立铣刀半径 =（0.8～0.9）×零件内轮廓面的最小曲率半径。

（2）立铣刀长度的选择。对不通孔（深槽），选取 $L = H+(5\sim10)$ mm，其中 L 为刀具切削部分长度，H 为零件高度。

加工通孔及通槽时，选取 $L = H + r_c + (5\sim10)$ mm，其中 r_c 为刀尖角半径。

（3）立铣刀刃数的选择。常用立铣刀的刃数一般为 2、3、4、6、8。刃数少，容屑空槽较大，排屑效果好；刃数多，立铣刀的芯厚较大，刀具刚性好，适合大进给切削，但排屑较差。

一般按工件材料和加工性质选择立铣刀的刃数。例如，粗铣钢件时，首先须保证容屑空间及刀齿强度，应采用刃数少的立铣刀；精铣铸铁件或铣削薄壁铸铁件时，宜采用刃数多的立铣刀。

（4）立铣刀螺旋角的选择。粗加工时，螺旋角可选较小值；精加工时，螺旋角可选较大值。

3．立铣刀的刀位点

立铣刀的刀位点是刀具中心线与刀具底面的交点。

4．刀柄

加工中心所用的刀具是由通用刀具（又称为工作头或刀头）、与加工中心主轴前端锥孔配套的刀柄等组成。

由于加工中心类型不同，其刀柄柄部的形式及尺寸不尽相同。JT（ISO7388）表示加工中心用的锥柄柄部（带有机械手夹持槽），其后面的数字为相应的 ISO 锥度号，如 50、45 和 40 分别代表大端直径为 69.85mm、57.15mm 和 44.45mm 的 7:24 锥度。ST（ISO297）表示一般数控机床用的锥柄柄部（没有机械手夹持槽），数字意义与 JT 类相同。BT（MAS403）表示用于日本标准 MAS403 的带有机械手夹持槽连接。

加工中心刀具的刀柄分为整体式工具系统和模块式工具系统两大类。模块式工具系统由于其定位精度高，装卸方便，连接刚性好，具有良好的抗震性，是目前用得较多的一种形式。它由刀柄、中间接杆以及工作头组成。它具有单圆柱定心，径向销钉锁紧的连接特点，它的一部分为孔，而另一部分为轴，两者之间进行插入连接，构成一个刚性刀柄，一端和机床主轴连接，另一端安装上各种可转位刀具便构成一个工具系统。根据加工中心类型，可以选择莫氏及公制锥柄。中间接杆有等径和变径两类，根据不同的内外径及长度将刀柄和工作头模块相连接。工作头有可转位钻头、粗镗刀、精镗刀、扩孔钻、立铣刀、面铣刀、弹簧夹头、丝锥夹头、莫氏锥孔接杆、圆柱柄刀具接杆等多种类型。可以根据不同的加工工件尺寸和工艺方法，按需要组合成铣、钻、镗、铰、攻丝等各类工具进行切削加工。

（四）铣削用量的选择

确定铣削深度时，如果机床功率和工艺系统刚性允许而加工质量要求不高（*Ra* 值不小于 5 μm），且加工余量又不大（一般不超过 6mm），可以一次铣去全部余量。若加工质量要求较高或加工余量太大，铣削则应分两次进行。在工件宽度方向上，一般应将余量一次切除。

加工条件不同，选择的切削速度 v_c 和每齿进给量 f_z 也应不同。工件材料较硬时，f_z 及 v_c 值应取得小些；刀具材料韧性较大时，f_z 值可取得大些。刀具材料硬度较高时，v_c 的值可取得大些；铣削深度较大时，f_z 及 v_c 值应取得小些。

各种切削条件下的 f_z、v_c 值及计算公式可查阅《金属机械加工工艺手册》或相关刀具提供商的刀具手册等有关资料。

如果是高速钢立铣刀，推荐的铣削用量见表6-1。

表6-1　铣削用量推荐表（高速钢立铣刀）

工件材料	硬度（HBS）	切削速度（m/min）	进刀量（mm/z）	
			粗铣	精铣
钢	＜225	18～42	0.10～0.15	0.02～0.05
	225～325	12～36		
	325～425	6～21		
铸铁	＜190	21～36	0.12～0.20	
	190～260	9～18		
	260～320	4.5～10		

如果是硬质合金立铣刀，推荐的铣削用量见表6-2。

表6-2　铣削用量推荐表（硬质合金立铣刀）

工件材料	切削速度（m/min）	进刀量（mm/z）		
		d≤6mm	d≤12mm	d≤25mm
铝、铝合金	365～173	0.005～0.050	0.050～0.102	0.102～0.203
黄铜、青铜	107～60	0.013～0.050	0.050～0.076	0.076～0.125
紫铜、紫铜合金	275～107	0.013～0.050	0.050	0.050～0.153
铸铁（低硬度）	153～60	0.013～0.050	0.020～0.050	0.076～0.203
铸铁（高硬度）	107～24	0.008～0.020	0.025～0.050	0.050～0.102
球墨铸铁	122～24	0.005～0.025	0.025～0.076	0.050～0.153
可锻铸铁	183～122	0.005～0.025	0.025～0.050	0.076～0.178
低碳钢	153～60	0.010～0.038	0.038～0.050	0.076～0.178
中碳钢	75～30	0.005～0.025	0.025～0.076	0.050～0.125
高碳钢	37～7	0.005～0.013	0.013～0.025	0.025～0.076
低硬度不锈钢	150～120	0.013～0.025	0.025～0.050	0.050～0.130
高硬度不锈钢	120～90	0.013～0.025	0.025～0.050	0.050～0.130

备注：当径向切削量较小时，应使用推荐的表内速度较高值；当径向切削量较大时，应使用推荐的表内速度较低值；铣槽时，速度应比最低值低约20%；轴向切削深度，建议不超过刀具直径的1.0～1.5倍。

（五）数控铣编程指令

1．子程序指令（M98、M99）

当程序中含有某些固定顺序或重复出现的区域时，这些顺序或区域可以作为“子程序”存入存

储器内，反复调用以简化程序。子程序以外的加工程序称为“主程序”。

现代 CNC 系统一般都提供调用子程序功能。但子程序调用不是 CNC 系统的标准功能，不同的 CNC 系统所用的指令和编程格式不同。

（1）功能。M98 是调用子程序指令，M99 是子程序结束指令。

（2）编程格式。

① 调用子程序编程格式。

M98　P××××××× ;

② 子程序编程格式。

O××××（子程序号）

…

M99;

（3）说明。

① P 后的前 3 位数字为子程序被重复调用的次数，当不指定重复次数时，子程序只调用一次，后 4 位数字为子程序号。

② M98 程序段中，不得有其他指令出现。

③ M99 表示子程序结束，并返回主程序。

【例 6-1】　如图 6-11 所示，加工 3 个形状大小相同的槽，进给速度 f= 100mm/min，主轴转速 n=1 500r/min，用子程序指令编程。

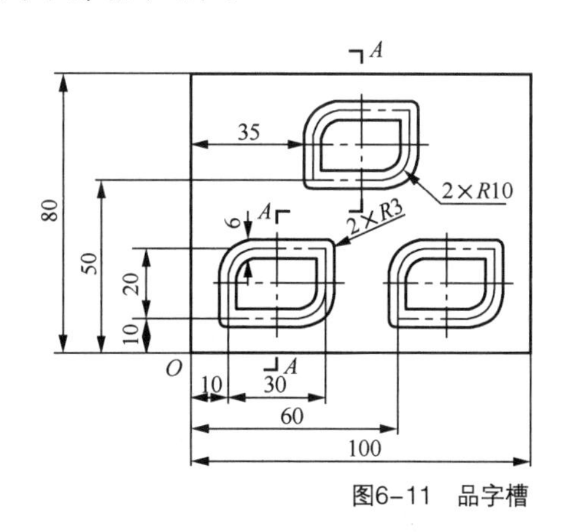

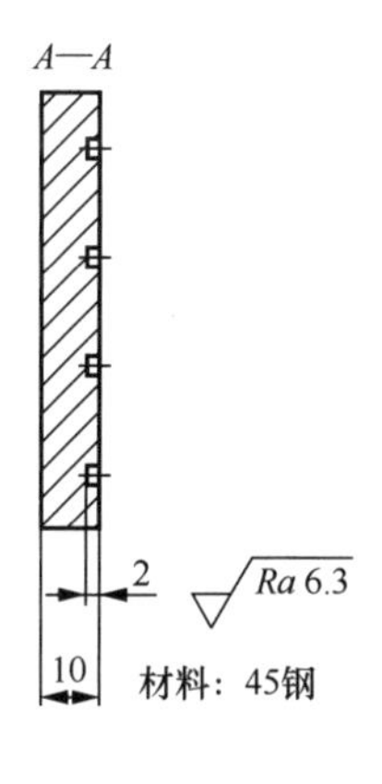

图6-11　品字槽

编程原点选择在如图 6-11 所示的 O 点，选用ϕ6mm 的立铣刀，采用逆铣。由于考虑到立铣刀不能垂直切入工件，所以采用斜线切入工件。将 1 个槽的加工编写成子程序，程序如下。

程序	说明
O8080	子程序名
N1010 G91;	增量编程
N1020 G01 Y-10 Z-4 F100;	刀具 z 向斜线下刀
N1030 G01 X20 F100;	
N1040 G03 X10 Y10 R10;	
N1050 G01 Y10;	

N1060 X-20;	
N1070 G03 X-10 Y-10 R10;	
N1080 G01 Y-10;	
N1090 Z4;	刀具 Z 向退刀到工件上表平面处
N1100 G90;	绝对编程
N1110 M99;	子程序结束，返回主程序

在主程序中调用 3 次，即可将 3 个槽加工出来。程序如下。

程序	说明
O6010	主程序名
N010 G90 G54 G00 X0 Y0;	设置编程原点，刀具定位于 O 点上方
N020 M03 S1500;	主轴正转，转速为 1 500r/min
N030 G43 H01 Z2;	建立刀具长度补偿
N040 G00 X10 Y20 M07;	刀具快进到（10，20），开启冷却液
N050 M98 P8080;	调用 P8080 子程序，加工槽
N060 G00 X60 Y20;	快进到安全平面
N070 M98 P8080;	调用 P8080 子程序，加工槽
N080 G00 X35 Y60;	快进到安全平面
N090 M98 P8080;	调用 P8080 子程序，加工槽
N100 G00 Z100 M09;	刀具沿 Z 向快退至起始平面，关闭冷却液
N110 X0 Y0 M05;	刀具回 O 点上方，主轴停转
N120 M02;	主程序结束

【例 6-2】 如图 6-12 所示，粗铣某型腔，用子程序指令编程。

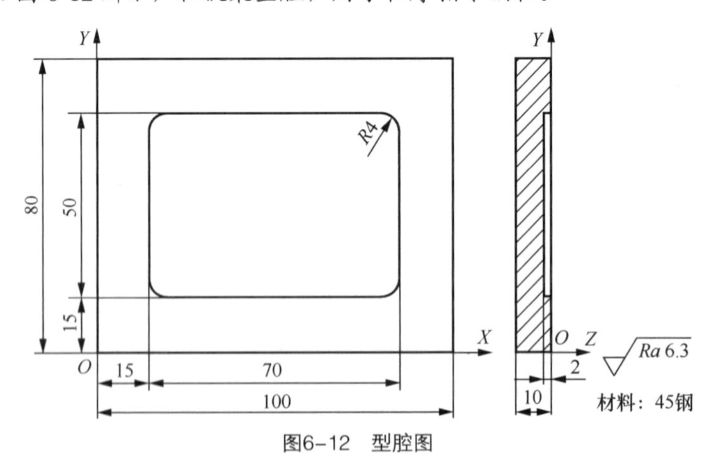

图6-12 型腔图

编程原点选择在如图 6-12 所示的 O 点，选用ϕ8mm 的立铣刀。刀心轨迹为“A→B→C→D→E→F→G”作为一个循环单元，反复循环多次，如图 6-13 所示。

计算刀心轨迹坐标、循环次数及步进量，如图 6-14 所示。

设循环次数为 N，Y 方向的步距为 Y，步进方向槽宽为 B，刀具直径为 D，则有如下关系。

循环 1 次：铣出槽宽为 $Y+D$

循环 2 次：铣出槽宽为 $3Y+D$

循环 3 次：铣出槽宽为 $5Y+D$

…

循环 N 次：铣出槽宽为 $(2N-1)Y+D=B$

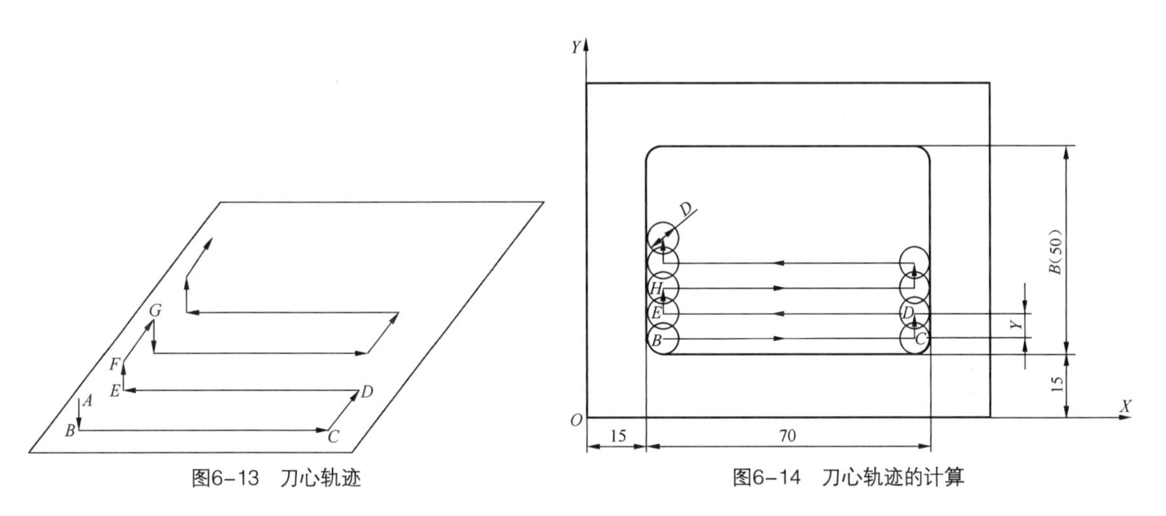

图6-13　刀心轨迹　　图6-14　刀心轨迹的计算

将 $B=50$，$D=8$ 代入上式，得 $(2N-1)Y=42$，取 $N=4$（必须为整数），得 $Y=6$，刀具轨迹有 2mm 重叠，可行。

此外，B 点的 X 坐标 $X_B=15+0.5D=19$，同样，$Y_B=19$，C 点坐标 $X_C=81$，$Y_C=19$。

将刀心轨迹为"$A \to B \to C \to D \to E \to F \to G$"编成子程序，程序如下。

程序	说明
O8090	子程序名
N10 G91;	增量编程
N20 G01 Z-4 F100;	$A \to B$
N30 X62;	$B \to C$
N40 Y6;	$C \to D$
N50 X-62;	$D \to E$
N60 Z4;	$E \to F$
N70 Y6;	$F \to G$
N80 M99;	子程序结束，返回主程序

然后在主程序中调用 4 次，程序如下。

程序	说明
O6020	主程序名
N010 G90 G54 G00 X0 Y0;	设置编程原点，刀具定位于 O 点上方
N020 M03 S1500;	主轴正转，转速为 1 500r/min
N030 G43 H01 Z2;	建立刀具长度补偿
N040 G00 X19 Y19 M07;	刀具快进到（19，19），开启冷却液
N050 M98 P48090;	调用 P8080 子程序，加工槽
N060 G90 G00 Z100 M09;	刀具沿 Z 向快退至起始平面，关闭冷却液
N070 X0 Y0 M05;	刀具回 O 点上方，主轴停转
N080 M02;	主程序结束

2．刀具半径补偿指令（G41、G42、G40）

（1）刀具半径补偿功能的作用。在用铣刀进行轮廓加工时，因为铣刀具有一定的半径，所以刀具中心（刀心）轨迹和工件轮廓不重合。目前，CNC 系统大都具有刀具半径补偿功能，为程序编制提供了方便。当编制零件加工程序时，只需按零件轮廓编程，使用刀具半径补偿指令，并在控制面板上用键盘（CRT/MDI）方式，人工输入刀具半径值，CNC 系统便能自动计算出刀具中心的偏移量，进而得到偏移后的中心轨迹，并使系统按刀具中心轨迹运动。如图 6-15 所示，使用了刀具半径补偿指令后，CNC 系统会控制刀具中心自动按图中的点画线进行加工。

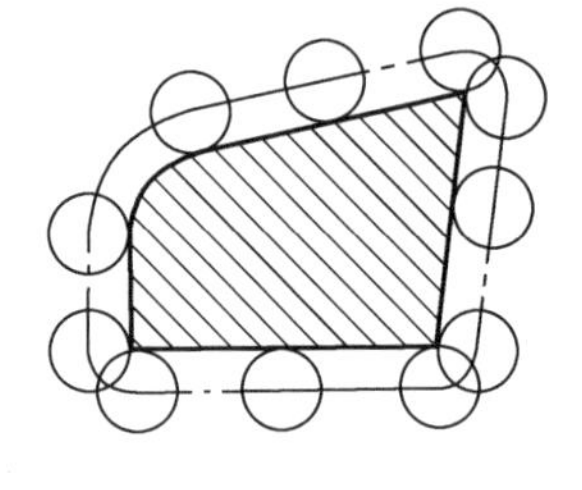

（a）外轮廓补偿

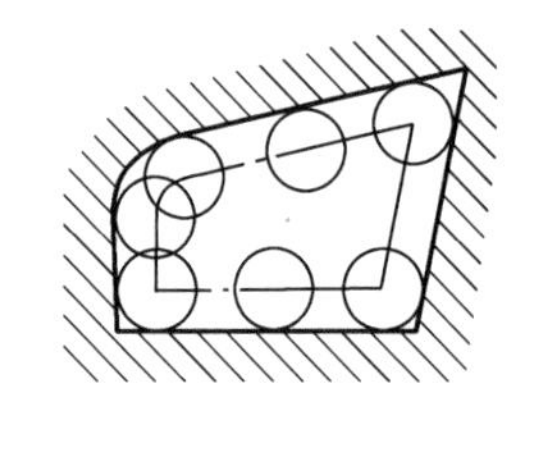

（b）内轮廓补偿

图6-15 刀具半径补偿

（2）功能。

① G41 是刀具半径左补偿指令（简称左刀补），即假定工件不动，顺着刀具前进方向看，刀具位于工件轮廓的左边，如图 6-16（a）所示。

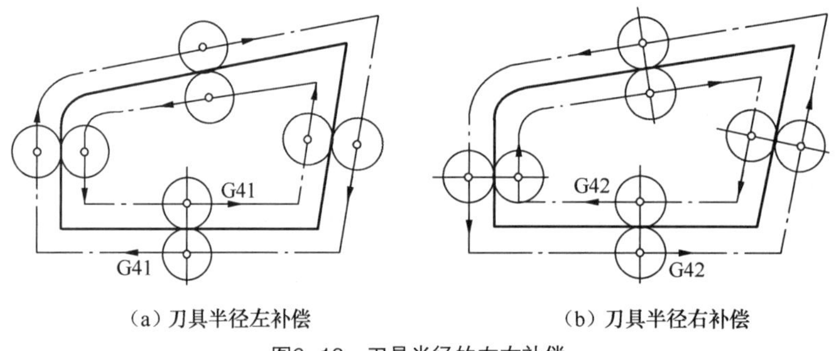

（a）刀具半径左补偿　（b）刀具半径右补偿

图6-16 刀具半径的左右补偿

② G42 是刀具半径右补偿指令（简称右刀补），即假定工件不动，顺着刀具前进方向看，刀具位于工件轮廓的右边，如图 6-16（b）所示。

③ G40 是取消刀具半径补偿指令。使用该指令后，G41、G42 指令无效。

（3）编程格式。

```
G17    G41 ─┐ G01     X__Y__D__;
G18  { G42 ╱       } { X__Z__D__;
G19    G40 ── G00     Y__Z__D__;
```

（4）说明。

① 建立和取消刀具半径补偿必须在指定平面中进行。

② 建立和取消刀具半径补偿必须与 G01 或 G00 指令组合完成。建立刀具半径补偿的过程如图 6-17 所示，是使刀具从无刀具半径补偿状态（图中 P_0 点）运动到补偿开始点（图中 P_1 点），期间为 G01 运动。加工完轮廓后，还有一个取消刀具半径补偿的过程，即从刀具半径补偿结束点（图中 P_2 点），以 G01 或 G00 运动到无刀具半径补偿状态（图中 P_0 点）。

③ 以 G17 为例，X、Y 是 G01、G00 运动的目标点坐标值。如图 6-17 所示，在建立刀具半径补

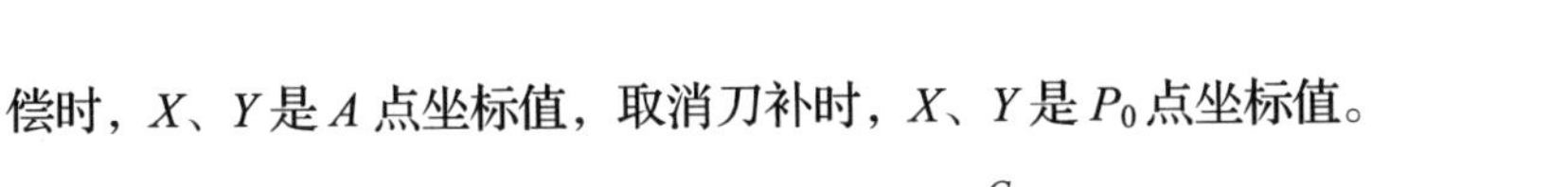

偿时，X、Y 是 A 点坐标值，取消刀补时，X、Y 是 P_0 点坐标值。

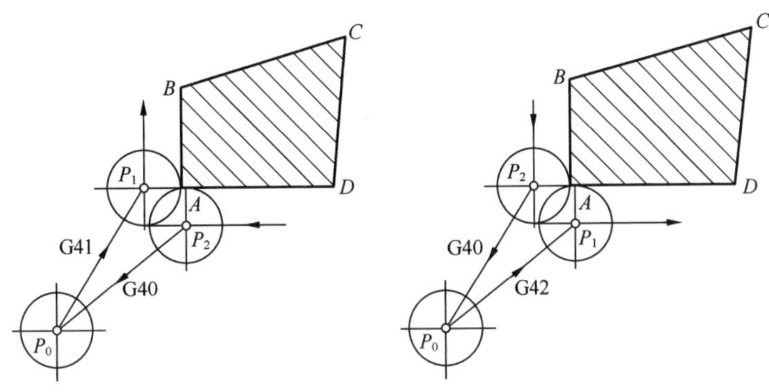

（a）左刀补应用过程　　（b）右刀补应用过程

图6-17　建立和取消刀补过程

④ D 为刀具补偿号（或称刀具偏置代号地址字），后面常用两位数字表示。D 代码中存放刀具半径值作为偏置量，用于 CNC 系统计算刀具中心的运动轨迹，一般有 D00～D99，偏置量可用 CRT/MDI 方式输入。

（5）编程注意事项。

① 建立补偿的程序段，必须是在补偿平面内不为零的直线移动。

② 建立补偿的程序段，一般应在切入工件之前完成。

③ 撤销补偿的程序段，一般应在切出工件之后完成，否则会发生碰撞。

④ 当建立起正确的偏移向量后，系统就将按程序要求实现刀具中心的运动。在补偿状态中不得变换补偿平面，否则将出现系统报警。

⑤ G41 或 G42 必须与 G40 成对使用。

⑥ G41、G42、G40 为模态指令，机床初始状态为 G40。

（6）刀具半径补偿功能的应用。

① 因磨损、重磨或换新刀而引起刀具直径改变后，不必修改程序，只需在刀具参数设置中输入变化后的刀具直径即可。

② 同一程序中，对同一尺寸的刀具，利用刀具半径补偿功能，可进行粗、精加工。

【例 6-3】 精加工图 6-18 所示外轮廓面，进给速度 $f=100$mm/min，主轴转速 $n=1\,000$r/min，试用刀具补偿指令编程。

编程原点选择在工件上表面的中心，选用 ϕ16mm 立铣刀，并将 ϕ16mm 立铣刀安装在机床主轴上，采用刀具半径左补偿功能，刀具偏置地址为 D01，并存入 8，数控程序编制如下。

程序	说明
O6020	程序名
G90 G54 G00 X0 Y0;	设置编程原点，刀具定位于编程原点上方
G43 H01 Z10;	建立刀具长度补偿
M03 S1000;	主轴正转，转速为 1 000r/min
G00 X-70 Y-70 Z2;	快速移动到下刀点上方
G01 Z-3 F100;	下刀

```
G41  G01  X-40  Y-40 D01;          建立刀具半径左补偿
Y0;                                直线插补
X0  Y30;                           直线插补
X30;                               直线插补
G02  X40  Y20  R10;                圆弧插补
G01  Y-10;                         直线插补
G03  X20  Y-30  R20;               圆弧插补
G01  X-50;                         直线插补
G40  G00  X-60  Y-50;              取消刀具半径补偿
Z100;                              抬刀
X0  Y0;                            刀具回到编程原点上方
M05;                               主轴停转
M02;                               程序结束
```

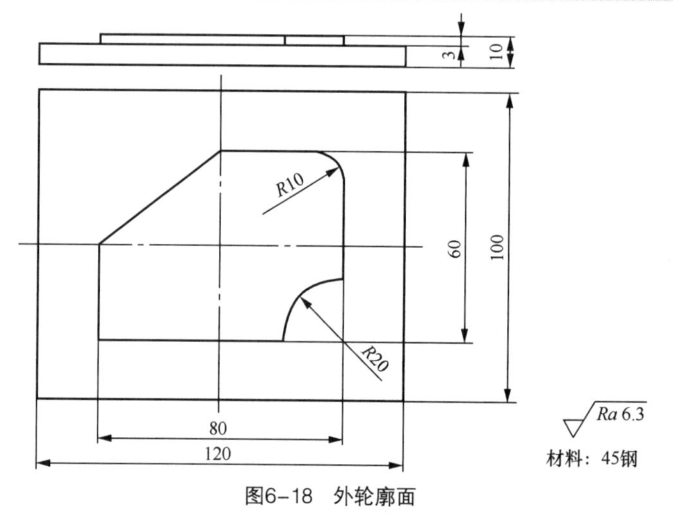

图6-18 外轮廓面

【例 6-4】 精加工图 6-19 所示内轮廓面，进给速度 $f = 100$mm/min，主轴转速 $n = 1\ 000$r/min，试用刀具补偿指令编程。

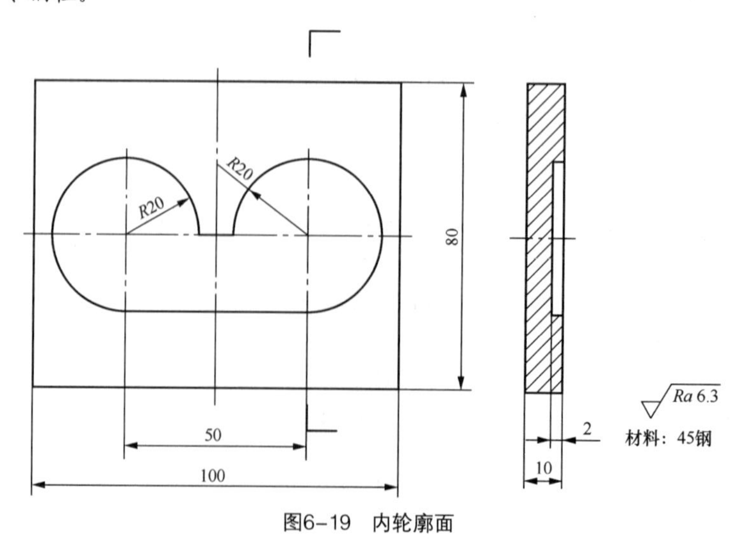

图6-19 内轮廓面

编程原点选择在工件上表面中心，选用ϕ10mm立铣刀，并将ϕ10mm立铣刀安装在机床主轴上，采用刀具半径右补偿功能，刀具偏置地址为D01，并存入5，数控程序编制如下。

程序	说明
O6030	程序名
G90 G54 G00 X0 Y0;	设置编程原点，刀具定位到编程原点上方
G43 H01 Z10;	建立刀具长度补偿
S1000 M03;	主轴正转，转速为1 000r/min
G00 X25 Y5 Z2;	快速移动到下刀点上方
G01 Z-2 F100;	切入工件
G42 G01 Y0 D01;	建立刀具半径右补偿
G02 X5 Y-20 R20;	圆弧切入工件
G01 X-25;	直线插补
G02 X-5 Y0 R-20;	圆弧插补
G01 X5;	直线插补
G02 X25 Y-20 R-20;	圆弧插补
G01 X5;	直线插补
G91 G02 X-6 Y6 R6;	圆弧切出工件
G90 G01 Z5;	抬刀
G40 G00 X0 Y0;	取消刀具半径补偿
Z100;	抬刀
M05;	主轴停转
M02;	程序结束

三、任务实施

（一）零件工艺性分析

（1）结构分析。如图6-1所示，该零件属于板类零件，加工内容包括平面和由直线和圆弧组成的内外轮廓。

（2）尺寸分析。该零件图尺寸完整，主要尺寸分析如下。

$\phi 40^{+0.039}_{0}$：经查表，加工精度等级为IT8。

5 ± 0.06：经查表，加工精度等级为IT12。

50 ± 0.023：经查表，加工精度等级为IT8。

其他尺寸的加工精度按GB/T 1804—m处理。

（3）形位公差分析。凸模板的上表面对下表面的平行度公差为0.02mm。

（4）表面粗糙度分析。所有表面的表面粗糙度为3.2μm。

根据分析，凸模板的所有表面都可以加工出来，经济性能良好。

（二）制订机械加工工艺方案

1．确定生产类型

零件数量为10件，属于单件小批量生产。

2．拟订工艺路线

（1）确定工件的定位基准。以工件底面和两侧面为定位基准。

（2）选择加工方法。该零件的加工表面为平面、内外轮廓，加工表面的最高加工精度等级为IT8，表面粗糙度为3.2μm。采用加工方法为粗铣、半精铣、精铣。

（3）拟订工艺路线。

① 按75mm×65mm×25mm下料。

② 在普通铣床上铣削6个面，保证尺寸为70mm×60mm×20mm。

③ 去毛刺。

④ 在加工中心或数控铣床上铣六边形凸台和圆槽。

⑤ 去毛刺。

⑥ 检验。

3．设计数控铣加工工序

（1）选择加工设备。选用南通机床厂生产的XH713A型加工中心，系统为FANUC 0i。

（2）选择工艺装备。

① 该零件采用平口钳定位夹紧。

② 刀具选择如下。

ϕ20mm高速钢立铣刀：粗铣、半精铣六方形凸台。

ϕ20mm硬质合金立铣刀：精铣六边形凸台。

ϕ12mm硬质合金立铣刀：粗铣、半精铣、精铣圆槽。

③ 量具选择如下。

量程为150mm，分度值为0.02mm的游标卡尺。

量程为25～50mm，分度值为0.001mm的内径千分尺。

量程为100mm，分度值为0.01mm的深度千分尺。

（3）确定工步和走刀路线。

确定工步如下：粗铣、半精铣、精铣六边形凸台→粗铣、半精铣、精铣圆槽。

确定走刀路线时，刀具先沿*Z*方向进刀到既定深度，为了使内外轮廓具有较好的表面质量，采用顺铣方式铣削。

铣六边形凸台时，首先在*XY*平面内建立刀补，沿直线切入，然后开始沿轮廓加工，最后沿圆弧切出并取消刀补，如图6-20所示。

铣圆槽时，刀具从1点沿斜线切入到2点，然后从2点→3点建立刀补，从3点→4点沿圆弧切入，然后开始沿轮廓加工，最后从4点→3点沿圆弧切出，最后刀具抬刀，取消刀补，如图6-21所示。

（4）确定切削用量。

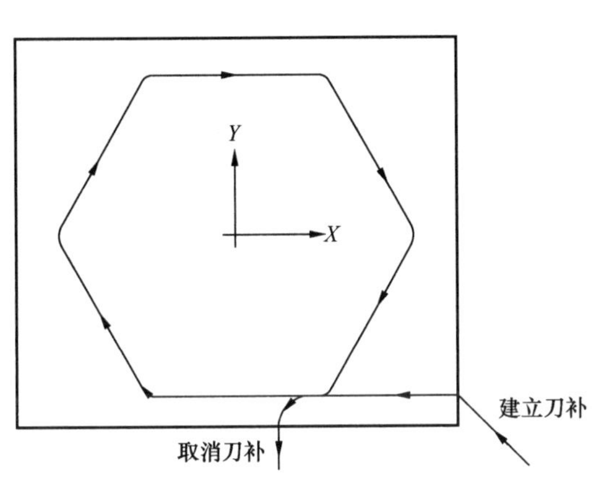

图6-20　铣六边形凸台的走刀路线

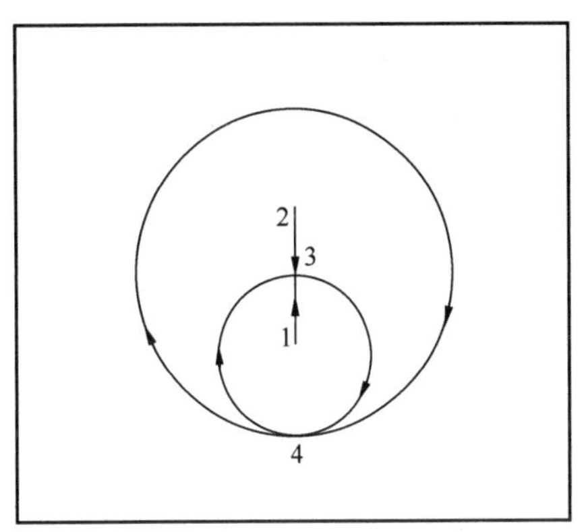

图6-21　铣圆槽的走刀路线

（三）编制数控技术文档

1. 编制机械加工工艺过程卡

编制机械加工工艺过程卡，见表 6-3。

表 6-3　　凸模板的机械加工工艺过程卡

<table>
<tr><td colspan="2" rowspan="2">机械加工工艺过程卡</td><td colspan="2">产品名称</td><td>零件名称</td><td>零件图号</td><td>材料</td><td>毛坯规格</td></tr>
<tr><td colspan="2"></td><td>凸模板</td><td>X02</td><td>45 钢</td><td>75mm×65mm×25mm</td></tr>
<tr><td>工序号</td><td>工序名称</td><td colspan="2">工序简要内容</td><td>设备</td><td colspan="2">工艺装备</td><td>工时</td></tr>
<tr><td>5</td><td>下料</td><td colspan="2">75mm×65mm×25mm</td><td>锯床</td><td colspan="2"></td><td></td></tr>
<tr><td>10</td><td>铣面</td><td colspan="2">铣削 6 个面，保证尺寸为 70mm×60mm×20mm</td><td>X52</td><td colspan="2">平口钳、面铣刀、游标卡尺</td><td></td></tr>
<tr><td>15</td><td>钳</td><td colspan="2">去毛刺</td><td></td><td colspan="2">钳工台</td><td></td></tr>
<tr><td>20</td><td>数控铣</td><td colspan="2">铣六边形凸台，圆槽</td><td>XH713A</td><td colspan="2">平口钳、ϕ20mm 高速钢立铣刀、ϕ20mm 硬质合金立铣刀、ϕ12mm 硬质合金立铣刀、游标卡尺、内径千分尺、深度千分尺</td><td></td></tr>
<tr><td>25</td><td>钳</td><td colspan="2">去毛刺</td><td></td><td colspan="2">钳工台</td><td></td></tr>
<tr><td>30</td><td>检验</td><td colspan="2"></td><td></td><td colspan="2"></td><td></td></tr>
<tr><td>编制</td><td></td><td>审核</td><td></td><td>批准</td><td></td><td>共　页</td><td>第　页</td></tr>
</table>

2. 编制数控加工工序卡

编制数控加工工序卡，见表 6-4。

3. 编制刀具调整卡

编制刀具调整卡，见表 6-5。

表 6-4　凸模板的数控加工工序卡

数控加工工序卡				产品名称	零件名称			零件图号	
					凸模板			X02	
工序号	程序编号	材料	数量	夹具名称	使用设备			车间	
20	06100、06200、06101、06201	45 钢	10	平口钳	XH713A			数控加工车间	

工步号	工步内容	切削用量				刀具		量具	
		v_c (m/min)	n (r/min)	F (mm/min)	a_p (mm)	编号	名称	编号	名称
1	粗铣、半精铣六边形凸台	38	600	180(f = 0.3mm/r)	5	T1	ϕ20mm 高速钢立铣刀	1 2	游标卡尺 深度千分尺
2	精铣六边形凸台到尺寸	75	1 200	180(f = 0.15mm/r)	5	T2	ϕ20mm 硬质合金立铣刀	1 2	游标卡尺 深度千分尺
3	粗铣、半精铣ϕ40mm 圆槽	30	8 00	80(f = 0.1mm/r)	5	T3	ϕ12mm 硬质合金立铣刀	3 2	内径千分尺 深度千分尺
4	精铣ϕ40mm 圆槽	60	1 600	80(f = 0.05mm/r)	5	T3	ϕ12mm 硬质合金立铣刀	3 2	内径千分尺 深度千分尺
编制		审核		批准		共　页		第　页	

表 6-5　凸模板的数控铣刀具调整卡

产品名称或代号			零件名称	凸模板		零件图号	X02
序号	刀具号	刀具名称	刀具材料	刀具参数（mm）		刀补地址	
				直径	长度	直径（mm）	长度
1	T1	立铣刀	高速钢	ϕ20	100	D01 = 15 D02 = 11	H01
2	T2	立铣刀	硬质合金	ϕ20	100	D03 = 10	H02
3	T3	立铣刀	硬质合金	ϕ12	100	D04 = 10 D05 = 6.5 D06 = 6	H03
编制		审核		批准		共　页	第　页

4．编制数控加工程序卡

编程原点选择在工件上表面中心，采用子程序编程。铣六边形凸台的主程序、子程序见表 6-6 和表 6-7；铣圆槽的主程序、子程序见表 6-8 和表 6-9。

表 6-6 铣六边形凸台的主程序

零件图号	X02	零件名称	凸模板	编制日期	
程序号	06100	数控系统	FANUC 0i	编制	

程序内容	程序说明
M06T1;	换ϕ20mm 高速钢立铣刀
G54 G90 G40 G49 G80;	
G43 G00 Z10 H01;	
M03S800;	
D01 M98 P6101 F40;	D01 中存储 15
D02 M98 P6101;	D02 中存储 11
M06T2;	换ϕ20mm 硬质合金立铣刀
G43 G00 H02 Z10;	
M03 S1200;	
D03 M98 P6101 F20;	D03 中存储 10
M05;	
M30;	

表 6-7 铣六边形凸台的子程序

零件图号	X02	零件名称	凸模板	编制日期	
程序号	06101	数控系统	FANUC 0i	编制	

程序内容	程序说明
G00 X50 Y−40;	
G01 Z−5;	
G41 X35 Y−25;	
X-11.547;	
G02 X−15.877 Y−22.5 R5;	
G01 X−27.424 Y−2.5;	
G02 Y2.5 R5;	
G01 X−15.877 Y22.5;	
G02 X−11.547 Y25 R5;	
G01 X11.547;	
G02 X15.877 Y22.5 R5;	
G01 X27.424 Y2.5;	
G02 X27.424 Y−2.5 R5;	
G01 X15.877 Y−22.5;	
G02 X11.547 Y−25 R5;	
G91 G02 X-5 Y−5 R5;	
G90 G40 G01 Y−50;	
Z100;	
M99;	

表 6-8　　铣ϕ40mm 圆槽的主程序

零件图号	X02	零件名称	凸模板	编制日期	
程序号	O6200	数控系统	FANUC 0i	编制	

程序内容	程序说明
M06T3;	换ϕ12mm 硬质合金立铣刀
G54 G90 G40 G49 G80;	
G43 G00 Z10 H03;	
M03 S800;	
D04 M98 P6201 F40;	D04 中存储 10
D05 M98 P6201 F40;	D05 中存储 6.5
M06 S1200;	
D06 M98 P6201 F20;	D06 中存储 6
M05;	
M30;	

表 6-9　　铣ϕ40mm 圆槽的子程序

零件图号	X02	零件名称	凸模板	编制日期	
程序号	O6201	数控系统	FANUC 0i	编制	

程序内容	程序说明
G00 X0 Y−8 Z2;	
G01 X0 Y8 Z−5;	
G42 X0 Y0;	
G02 X0 Y−20 R10;	
G02 X0 Y−20 I0 J20;	
G02 X0 Y0 R10;	
G00 Z100;	
G40 X10 Y10;	
M99;	

（四）试加工与优化

（1）进入数控铣仿真软件并开机。

（2）回零。

（3）输入程序。

（4）调用程序。

（5）安装工件并确定编程原点。

（6）装刀并设置刀具参数。

（7）自动加工。

（8）测量工件。

四、拓展知识

（一）SINUMERIK 802D 系统的子程序编程指令

（1）子程序结构。与主程序的结构一样，在子程序中的最后一个程序段中可以用 M02 或 RET

指令结束子程序运行。子程序结束后返回主程序。

（2）子程序名。给子程序命名时，必须符合以下规定。

① 开始两个符号必须是字母，其他符号为字母、数字或下划线，最多 16 个字符，没有分隔符。

② 在子程序中还可以使用地址字 L…，其后的值可以有 7 位（只能为整数）。

③ 子程序名的后缀名必须是“.SPF”。

地址字 L 之后的每个零均有意义，不可省略。子程序名 LL6 专门用于刀具更换。

例如，L128 并非 L0128 或 L00128。

以上表示 3 个不同的子程序。

（3）调用子程序。在一个程序（主程序或子程序）中，可以直接用程序名调用子程序，子程序调用要求占用一个独立的程序段。

例如：

N10 L785；表示调用子程序 L785。

N20 LFRAM17；表示调用子程序 LFRAM17。

（4）重复调用子程序。若要求多次连续地执行某一子程序，则编程时必须在所调用子程序的程序名后，编写地址 P，P 后面的数字表示调用次数，最大次数可以为 9 999。

例如：N10 L785 P3；表示调用子程序 L785，运行 3 次。

（5）嵌套深度。子程序不仅可以从主程序中调用，也可以从其他子程序中调用，这个过程称为子程序的嵌套。子程序的嵌套深度可以为 8 层，也就是四级程序界面（包括主程序界面）。

在子程序中可以改变模态有效的 G 功能，比如 G90 到 G91 的变换。在返回调用程序时，请注意检查一下所有模态有效的功能指令，并按照要求进行调整。

（二）SINUMERIK 802D 系统的刀具半径补偿编程指令

SINUMERIK 802D 系统的刀具半径补偿编程指令有 3 个，分别是 G41、G42、G40，其编程格式和功能与 FANUC 0i 系统相同。

不同之处有以下几方面。

（1）在 SINUMERIK 802D 系统中，一个刀具可以匹配 1～9 个不同补偿的数据组（用于多个切削刃），用 D 及其相应的序号可以编程一个专门的切削刃。若没有编写 D 指令，则 D1 自动生效。若编写 D0，则刀具补偿值无效。

（2）可以在补偿运行过程中变换补偿号 D，补偿号变换后，在新补偿号程序段的段起始点处，新刀具半径就已经生效，但整个变化需等到程序段的结束才能发生，这些修改值由整个程序段连续执行，圆弧插补时也一样。

（3）补偿方向指令 G41 和 G42 可以互相变换，无需在其中再写入 G40 指令。原补偿方向的程

序段在其轨迹终点处按补偿矢量的正常状态结束，然后在其新的补偿方向开始进行补偿（在起始点按正常状态）。

（4）如果通过M2（程序结束），而不是用G40指令结束补偿运行，则最后的程序段以补偿矢量正常位置坐标结束，不进行补偿移动，程序以此刀具位结束。

（三）华中世纪星 HNC-21M 系统的子程序编程指令

（1）指令。

M98：调用子程序。

M99：子程序结束并返回主程序。

（2）调用子程序的编程格式。

M98　P__L__;

其中，P为被调用的子程序号；L为重复调用次数。

（3）子程序编程格式。

%××××（子程序号）；此行开头不能有空格

…

M99;

在子程序开头，必须规定子程序号，以作为调用入口地址。在子程序的结尾用M99，以控制执行完该子程序后返回主程序。

（四）华中世纪星 HNC-21M 系统的刀具半径补偿编程指令

华中世纪星 HNC-21M 系统的刀具半径补偿编程指令 G41、G42、G40 的编程格式和功能与FANUC 0i系统完全相同，在此不再赘述。

本项目详细介绍了平面、内外轮廓的铣削方法，立铣刀的选用，铣削用量的选择，子程序及刀具半径补偿指令的应用。要求读者熟悉平面、内外轮廓的铣削方法和立铣刀的选用，掌握M98、M99、G41、G42、G40的编程方法。

一、选择题（请将正确答案的序号填写在括号中，每题2分，满分26分）

1. 在程序中含有某些固定顺序或重复出现的区域时，这些顺序或区域可作为（　　）存入存储器，反复调用以简化程序。

（A）主程序　　（B）子程序　　（C）程序　　（D）调用程序

2. 下列（　　）指令可取消刀具半径补偿。

（A）G49　　（B）G40　　（C）H00　　（D）G42

3. 子程序还可以调用子程序，最多可嵌套（　　）层。

（A）1　　（B）2　　（C）3　　（D）4

4. 在 FANUC 0i 系统中，结束子程序调用（　　）指令。

（A）M98　　（B）M99　　（C）M06　　（D）M02

5. 当加工（　　）零件时，采用子程序编程加工。

（A）相同轮廓较多且分布均匀或同一零件轮廓多工序加工的

（B）轮廓较多且工序较多的

（C）结构复杂工序多的

（D）轮廓少且工序少的

6. 程序“D01 M98 P1001”的含义是（　　）

（A）调用 P1001 子程序

（B）调用 O1001 子程序

（C）调用 P1001 子程序，且执行子程序时用 01 号刀具半径补偿值

（D）调用 O1001 子程序，且执行子程序时用 01 号刀具半径补偿值

7. 子程序调用格式为“M98　P×××　××××”，前 3 位代表重复调用次数，若不指定则默认为调用（　　）次。

（A）1　　（B）2　　（C）3　　（D）4

8. 设刀具半径为 r，精加工时半径方向余量为Δ，则最后一次粗加工走刀的半径补偿量为（　　）。

（A）r　　（B）Δ　　（C）$r+\Delta$　　（D）$2r+\Delta$

9. 假设主轴正转，为了实现顺铣加工，加工外轮廓时刀具应该（　　）走刀。

（A）逆时针　　（B）顺时针　　（C）A、B 均可　　（D）无法实现

10. 在数控铣床上铣一个正方形零件（外轮廓），如果使用的铣刀直径比原来小 1mm，则计算加工后的正方形尺寸（　　）。

（A）小 1mm　　（B）小 0.5mm　　（C）大 1mm　　（D）大 0.5mm

11. 如图 6-22 所示，刀具起点在（−40，−20），从切向切入到（−20，0）点，铣一个ϕ40mm 的整圆工件，并切向切出，然后到达（−40，20）点。根据刀具轨迹判断，正确的程序是（　　）。

（A）

```
N010 G90 G00 G41 X−20.0 Y−20 D01;
N020 G01 X−20.0 Y0  F200.0;
N030 G02 X−20.0 Y0 I20.0 J0;
N040 G01 X−20.0 Y20;
N050 G00 G40 X−40.0 Y20.0;
```

（B）

```
N010 G90 G00 G41 X−20.0 Y−20 D01;
N020 G01 X−20.0 Y0 D01 F200.0;
N030 G02 X−20.0 Y0 I−20.0 J0;
N040 G01 X−20.0 Y20;
N050 G00 G40 X−40.0 Y20.0;
```

（C）

N010 G90 G00 X−20.0 Y−20.0；

N020 G01 X−20.0 Y0 F200.0；

N030 G02 X−20.0 Y0 I-20.0 J0；

N040 G01 X−20.0 Y20.0；

N040 G01 X−20.0 Y20.0；

（D）

N010 G90 G00 X−20.0 Y−20.0；

N020 G91 G01 G41 X20.0 Y0 D01 F200.0；

N030 G02 X−20.0 Y0 I20.0 J0；

N040 G01 X−20.0 Y20.0；

N040 G01 X−20.0 Y20.0；

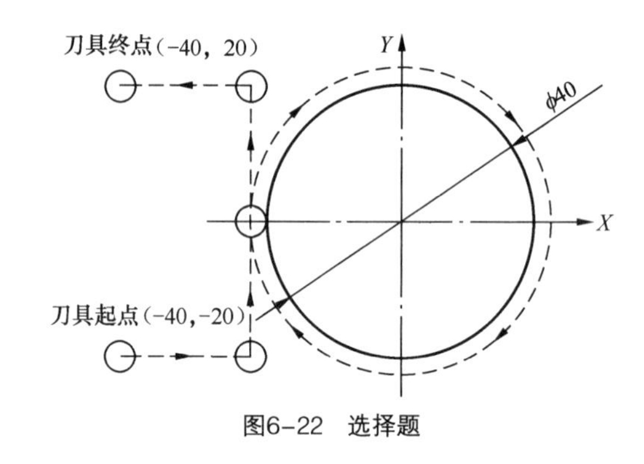

图6-22　选择题

12. 用ϕ12mm立铣刀进行轮廓的粗、精加工，要求精加工余量为0.4mm，则粗加工偏移量为（　　）mm。

（A）12.4　　（B）11.6　　（C）6.4　　（D）6.6

13. 数控程序中，指定半径补偿值的代码是（　　）。

（A）D　　（B）H　　（C）G　　（D）M

二、判断题（请将判断结果填入括号中，正确的填"√"，错误的填"×"，每题2分，满分16分）

（　　）1. 一个主程序中只能有一个子程序。

（　　）2. 子程序的编写方式必须是增量方式。

（　　）3. 主程序与子程序的内容不同，但两者的程序格式应相同。

（　　）4. M98指令的含义是调用子程序。

（　　）5. 对于同一轮廓零件进行粗、精加工时，可采用不同的刀具半径补偿多次调用子程序来实现多工步加工。

（　　）6. 若子程序内无M99，则执行程序时，可能会报警或出错。

（　　）7. 采用立铣刀加工内轮廓时，铣刀直径应小于或等于工件内轮廓最小曲率半径的2倍。

（　　）8. 数控编程时，刀具半径补偿号必须与刀具号对应。

三、编程题（在下面4道题中，任选1道，满分58分）

1. 加工如图6-23所示零件，数量为1件，毛坯为100mm×100mm×30mm的45钢。要求设计数控加工工艺方案，编制机械加工工艺过程卡、数控加工工序卡、数控铣刀具调整卡、数控加工程序卡，进行仿真加工，优化走刀路线和程序。

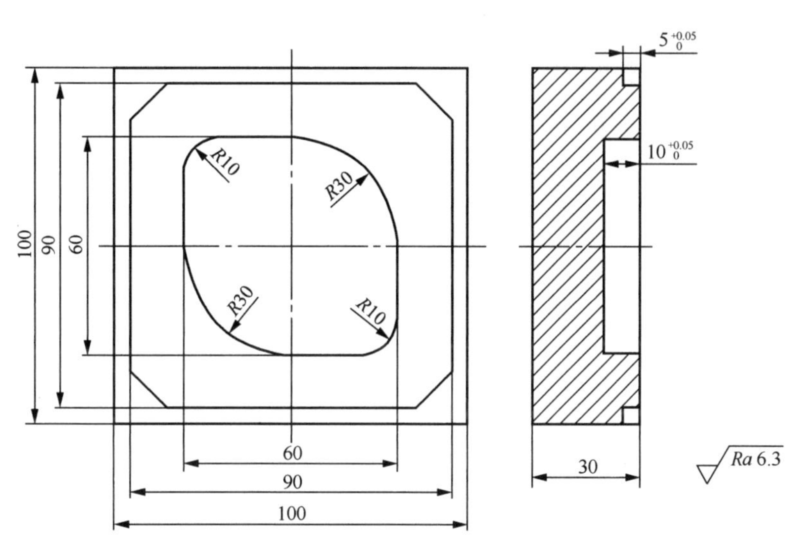

技术要求

1.未注尺寸公差按GB/T 1804-m处理。
2.未注倒角为C10。
3.去除毛刺飞边。

图6-23　编程题1

2. 加工如图 6-24 所示零件，数量为 1 件，毛坯为 100mm×100mm×30mm 的 45 钢。要求设计数控加工工艺方案，编制机械加工工艺过程卡、数控加工工序卡、数控铣刀具调整卡、数控加工程序卡，进行仿真加工，优化走刀路线和程序。

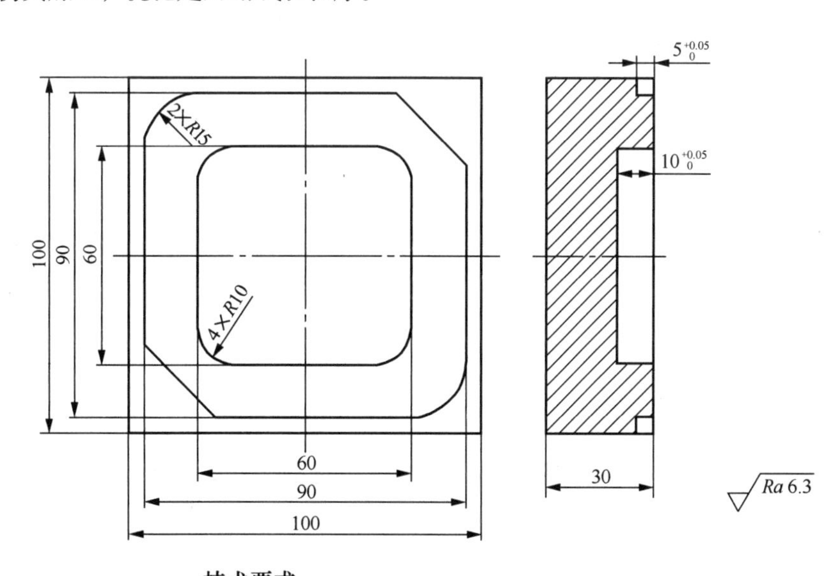

技术要求

1.未注尺寸公差按GB/T 1804-m处理。
2.未注倒角为 C20。
3.去除毛刺飞边。

图6-24　编程题2

3. 加工如图6-25所示零件，数量为1件，毛坯为120mm×120mm×25mm的45钢。要求设计数控加工工艺方案，编制机械加工工艺过程卡、数控加工工序卡、数控铣刀具调整卡、数控加工程序卡，进行仿真加工，优化走刀路线和程序。

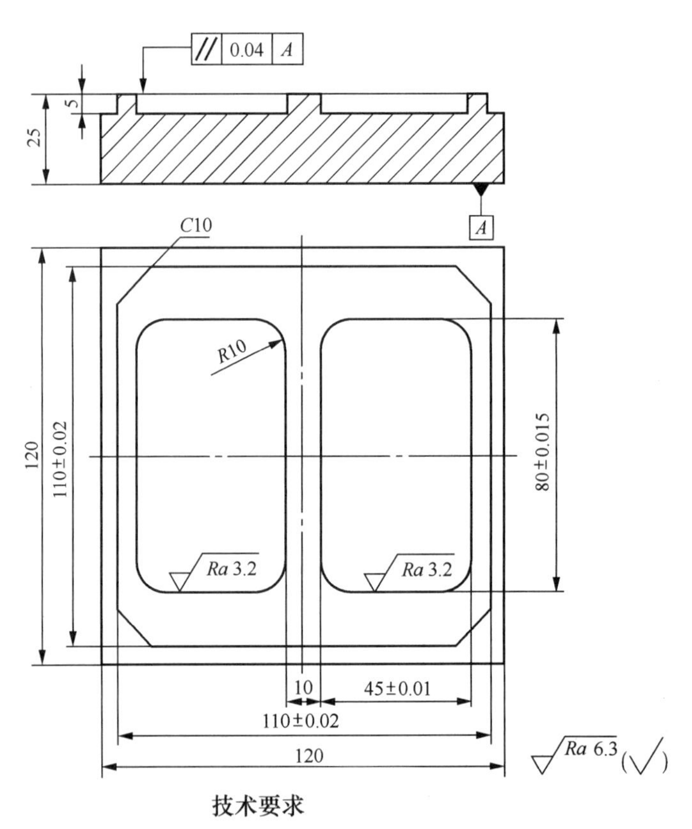

图6-25 编程题3

4. 加工如图6-26所示零件，数量为1件，毛坯为100mm×100mm×23mm的45钢，6个面已被平磨，并保证垂直度<0.05mm，尺寸公差±0.05。要求设计数控加工工艺方案，编制机械加工工艺过程卡、数控加工工序卡、数控铣刀具调整卡、数控加工程序卡，进行仿真加工，优化走刀路线和程序。

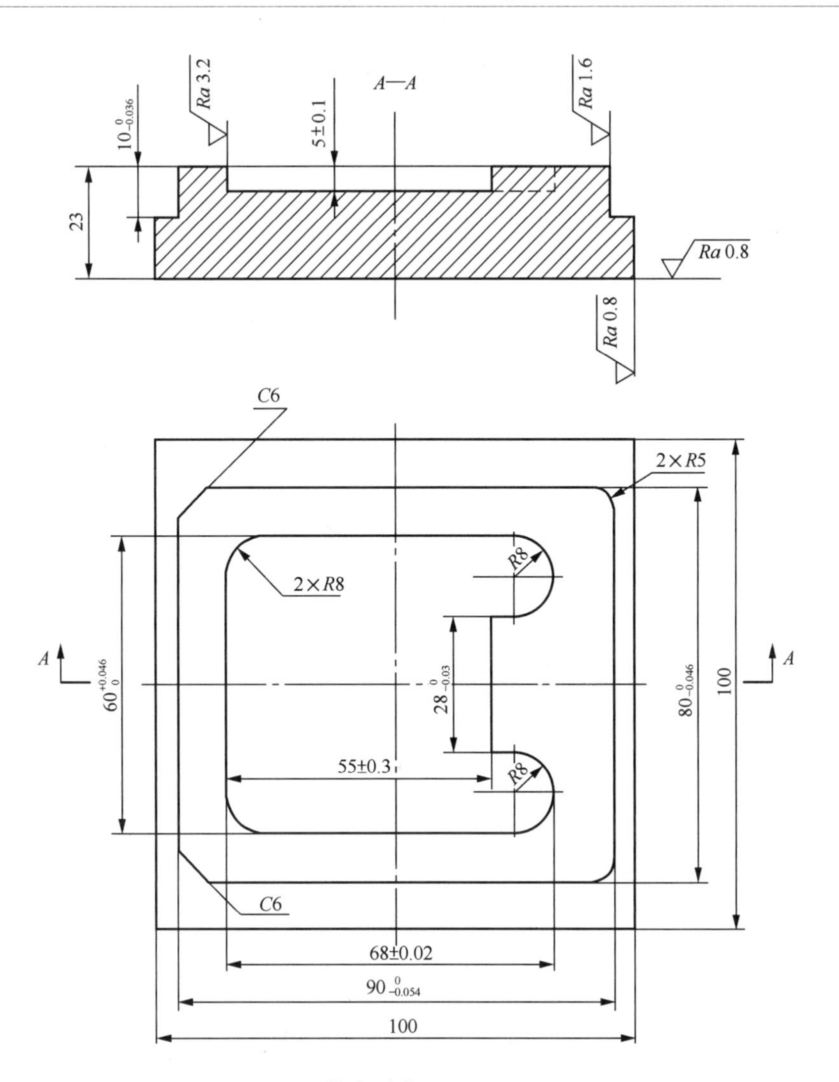

技术要求

1.未注尺寸公差按GB/T 1804-m处理。
2.零件加工表面上，不应有划痕、擦伤等损伤零件表面的缺陷。
3.去除毛刺飞边。

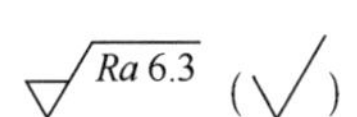

图6-26　编程题4

Chapter 7

项目七

调整板的数控加工工艺设计与程序编制

【能力目标】

通过调整板的数控加工工艺设计与程序编制，具备编制孔铣削数控加工程序的能力。

【知识目标】

1. 掌握孔的加工方法。
2. 了解加工孔走刀路线设计。
3. 掌握固定循环指令（G73～G89、G98、G99）。

一、项目导入

加工调整板，如图 7-1 所示，要求设计数控加工工艺方案，编制机械加工工艺过程卡、数控加工工序卡、数控铣刀具调整卡、数控加工程序卡，进行仿真加工，优化走刀路线和程序。

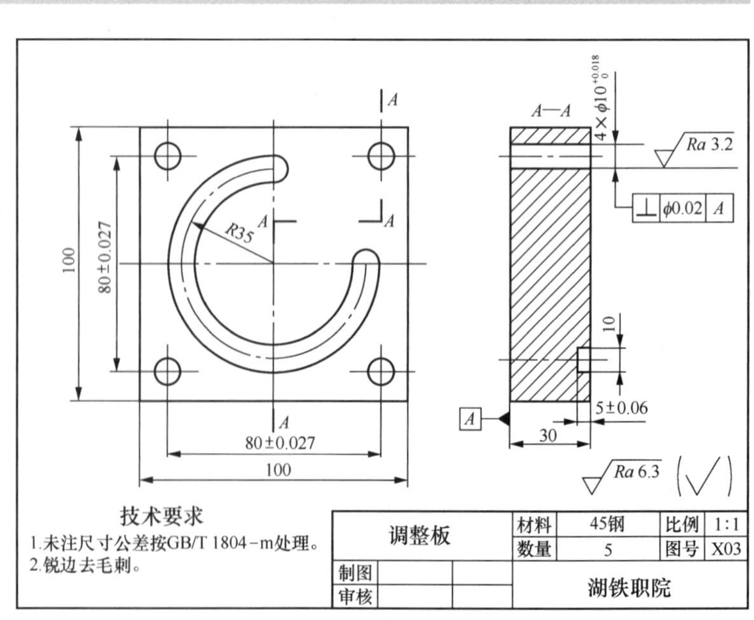

图7–1　调整板零件图

二、相关知识

（一）孔的加工方法

孔的加工方法如图 7-2 所示。

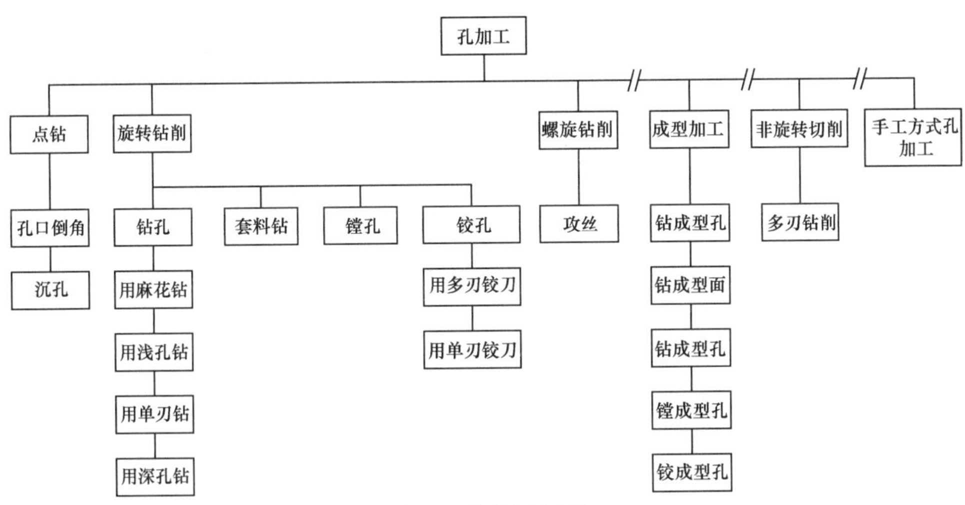

图7-2　孔的加工方法

1. 常用孔加工刀具

常用孔加工刀具如图 7-3 所示，其中麻花钻、中心钻、浅孔钻、丝锥的刀位点是刀具底部的中心，镗刀的刀位点是刀尖。

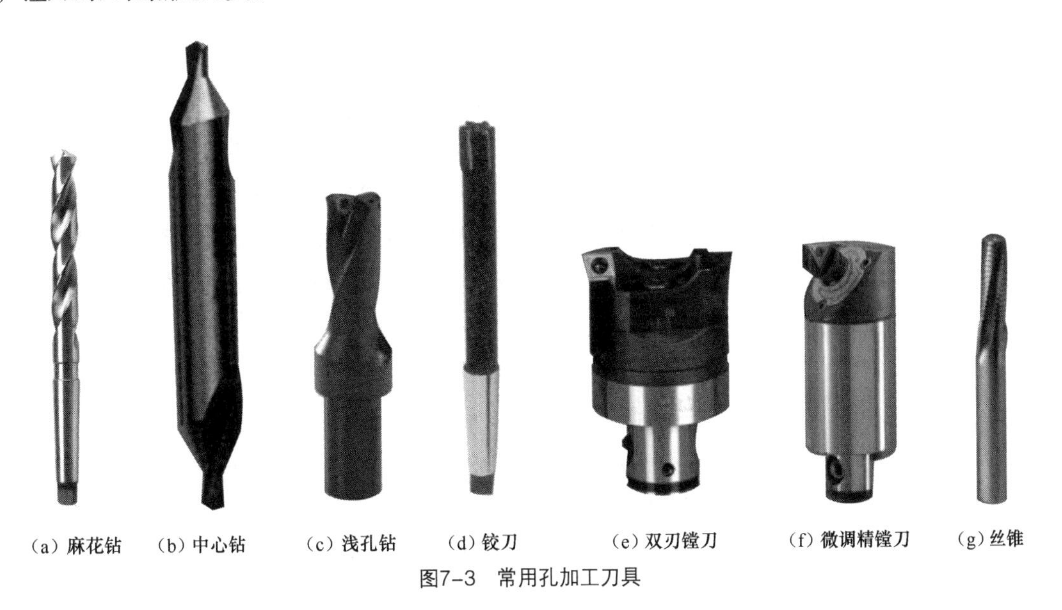

（a）麻花钻　（b）中心钻　（c）浅孔钻　（d）铰刀　（e）双刃镗刀　（f）微调精镗刀　（g）丝锥

图7-3　常用孔加工刀具

（1）麻花钻。在数控机床上钻孔一般无钻模，钻孔刚度差，应使钻头直径 D 满足 $L/D \leqslant 5$（L 为钻孔深度）。钻大孔时，可采用刚度较大的硬质合金扁钻；钻浅孔（$L/D \leqslant 2$）时，宜采用硬质合金

的浅孔钻，以提高效率和加工质量。

钻孔时，应选用大直径钻头或中心钻先锪一个内锥坑，作为钻头切入时的定心锥面，再用钻头钻孔，所锪的内锥面也是孔口的倒角，有硬皮时，可用硬质合金铣刀先铣去孔口表皮，再锪锥孔和钻孔。

（2）中心钻。中心钻用于加工中心孔。中心钻有 A、B、C 3 种形式，生产中常用 A 型和 B 型。A 型中心钻不带护锥，B 型中心钻带护锥。当加工直径 $d=1\sim10$ mm 的中心孔时，通常采用 A 型中心钻；工序较长、精度要求较高的工件，为了避免 60° 定心锥被损坏，一般采用 B 型中心钻。

（3）扩孔钻。扩孔钻与麻花钻相似，但齿数较多，一般有 3～4 齿。主切削刃不通过中心，无横刃，钻心直径较大，扩孔钻的强度和刚性均比麻花钻好，通常用来扩大孔径，或作为铰孔、磨孔前的预加工。

（4）铰刀。铰刀是对预制孔进行半精加工或精加工的多刃刀具。铰刀的精度等级分为 H7、H8、H9 三级，其公差由铰刀专用公差确定，分别适于铰削 H7、H8、H9 公差等级的孔。铰刀又可分为 A、B 两种类型，A 型为直槽铰刀，B 型为螺旋槽铰刀。螺旋槽铰刀切削过程稳定，适于加工断续表面。

精铰孔可采用浮动铰刀，但铰前孔口要倒角。

（5）镗刀。镗孔一般是悬臂加工，应尽量采用对称的两刃或两刃以上的镗刀头进行切削，以平衡径向力，减轻镗削振动。对阶梯孔的镗削加工采用组合镗刀，以提高镗削效率。精镗宜采用微调镗刀。

镗孔加工除选择刀片与刀具外，还要考虑镗杆的刚度，尽可能选择较粗（接近镗孔直径）的刀杆及较短的刀杆臂，以防止或消除振动。当刀杆臂小于 4 倍刀杆直径时可用钢制刀杆，加工要求较高的孔时最好选用硬质合金制刀杆。当刀杆臂为 4～7 倍刀杆直径时，小孔用硬质合金制刀杆，大孔用减振刀杆。当刀杆臂为 7～10 倍的刀杆直径时，需采用减振刀杆。

2．切削用量的选择

（1）钻削用量的选择。

① 钻头直径。钻头直径由工艺尺寸确定。孔径不大时，可将孔一次钻出。工件孔径大于 35mm 时，若仍一次钻出孔径，往往由于受机床刚度的限制，必须大大减小进给量。若两次钻出，可取大的进给量，既不降低生产效率，又提高了孔的加工精度。先钻后扩时，钻孔的钻头直径可取孔径的 50%～70%。

② 进给量。小直径钻头主要受钻头的刚性及强度限制，大直径钻头主要受机床进给机构强度及工艺系统刚性限制。在条件允许的情况下，应取较大的进给量，以降低加工成本，提高生产效率。

普通麻花钻钻削进给量可按以下经验公式估算选取。

$$f=(0.01\sim0.02)\,d_0$$

式中，d_0 为孔的直径。

直径小于 3mm 的钻头，常用手动进给。

加工条件不同时，其进给量可查阅切削用量手册。

③ 钻削速度。钻削的背吃刀量（即钻头半径）、进给量及切削速度对钻头耐用度都会产生影响，但背吃刀量对钻头耐用度的影响与车削不同。当钻头直径增大时，尽管增大了切削力，但钻头体积也显著增加，因而使散热条件明显改善。实践证明，钻头直径增大时，切削温度有所下降。因此，钻头直径较大时，可选取较高的钻削速度。

一般情况下，钻削速度可参考表 7-1 选取。

表 7-1　　普通高速钢钻头钻削速度参考值（m/min）

工件材料	低碳钢	中、高碳钢	合金钢	铸铁	铝合金	铜合金
钻削速度	25～30	20～25	15～20	20～25	40～70	20～40

目前有不少高性能材料制作的钻头，其钻削速度宜取更高值，可由有关资料查取。

（2）铰削用量的选择。

① 铰刀直径。铰刀直径的基本尺寸等于孔的直径基本尺寸。铰刀直径的上下偏差应根据被加工孔的公差、铰孔时产生的扩张量或收缩量、铰刀的制造公差和磨损公差来决定。

② 铰削余量。粗铰时，余量为 0.2～0.6mm；精铰时，余量为 0.05～0.2mm。一般情况下，孔的精度越高，铰削余量越小。

③ 进给量。在保证加工质量的前提下，f值可取得大些。用硬质合金铰刀加工铸铁时，通常取 f= 0.5～3mm/r；加工钢时，可取 f= 0.3～2mm/r。用高速钢铰刀铰孔时，通常取 f<1mm/r。

④ 铰削速度。铰削速度对孔的表面粗糙度 Ra 值影响最大，一般采用低速铰削来提高铰孔质量。用高速钢铰刀铰削钢或铸铁孔时，铰削速度<10m/min；用硬质合金铰刀铰削钢或铸铁孔时，铰削速度为 8～20m/min。

（二）加工孔走刀路线设计

孔加工时，因为一般是首先将刀具在 XY 平面内快速定位运动到孔中心线的位置上，然后刀具再沿 Z 向运动进行加工，所以，孔加工进给路线的确定包括 XY 平面和 Z 向进给路线。

1．确定 XY 平面的进给路线

孔加工时，刀具在 XY 平面的运动属于点位运动，确定进给路线时，主要考虑定位要迅速、准确。

定位迅速即在刀具不与工件、夹具和机床碰撞的前提下空行程时间尽可能短。如加工图 7-4（a）所示零件上的孔系，图 7-4（b）的进给路线为先加工完外圈孔后，再加工内圈孔，若改用图 7-4（c）的进给路线，则可节省定位时间近一半，提高了加工效率。

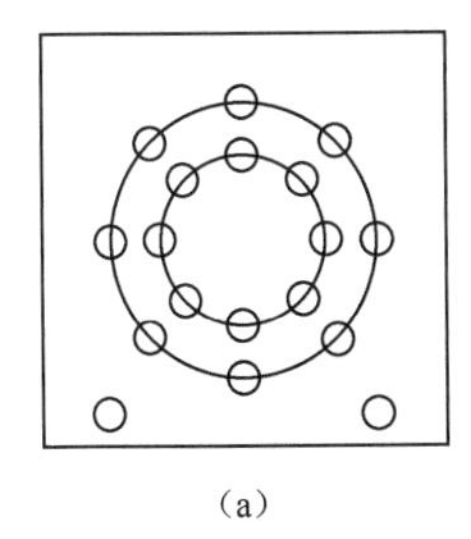
(a)

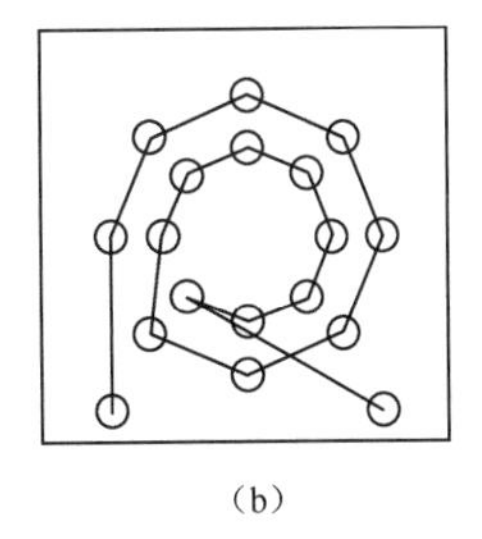
(b)

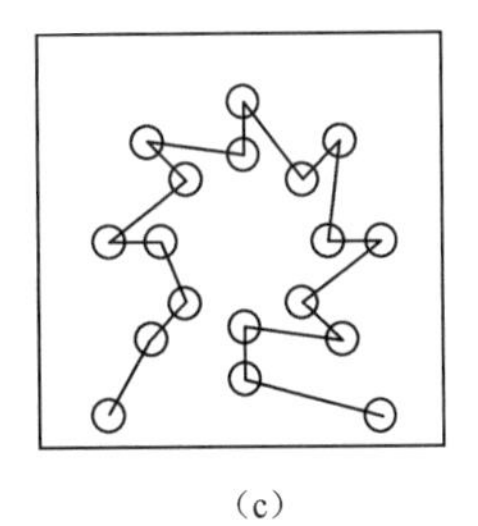
(c)

图7–4　钻孔时最短走刀路线设计

定位准确即安排进给路线时，要避免机械进给系统反向间隙对孔位精度的影响。对于孔位置精度要求较高的零件，在精镗孔系时，镗孔路线一定要注意各孔的定位方向一致，即采用单向趋近定位点的方法，以避免传动系统反向间隙误差或测量系统的误差对定位精度的影响。

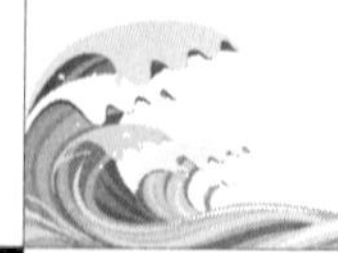

例如，如图 7-5 所示，镗削零件上 6 个尺寸相同的孔，有两种进给路线。按 1→2→3→4→5→6 路线加工时，由于 5、6 孔与 1、2、3、4 孔定位方向相反，Y 向反向间隙会使定位误差增加，而影响 5、6 孔与其他孔的位置精度。按 1→2→3→4→P→6→5 路线加工时，加工完 4 孔后往上多移动一段距离至 P 点，然后折回来在 6、5 孔处进行定位加工，这样加工进给方向一致，可避免反向间隙的引入，提高 5、6 孔与其他孔的位置精度。

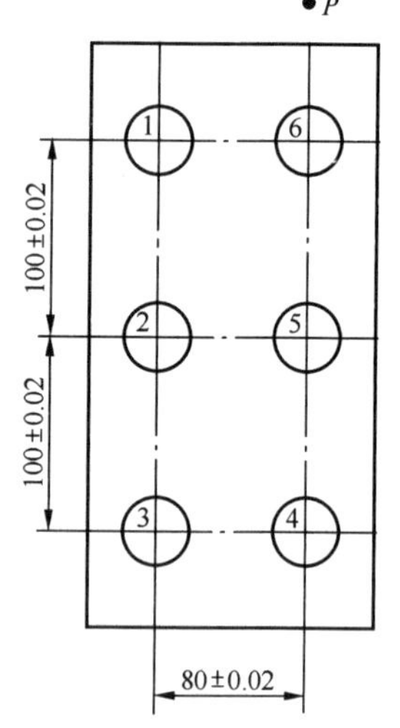

图7-5 定位进给路线设计示例

2．确定 Z 向（轴向）进给路线

刀具在 Z 向的进给路线分为快速移动进给路线和工作进给路线。刀具先从初始平面快速运动到距工件加工表面一定距离的 R 平面，然后按工作进给速度进行加工。图 7-6（a）所示为加工单个孔时刀具的进给路线。对加工多个孔而言，为减少刀具的空行程进给时间，加工中间孔时，刀具不必退回到初始平面，只要退回到 R 平面上即可，其进给路线如图 7-6（b）所示。

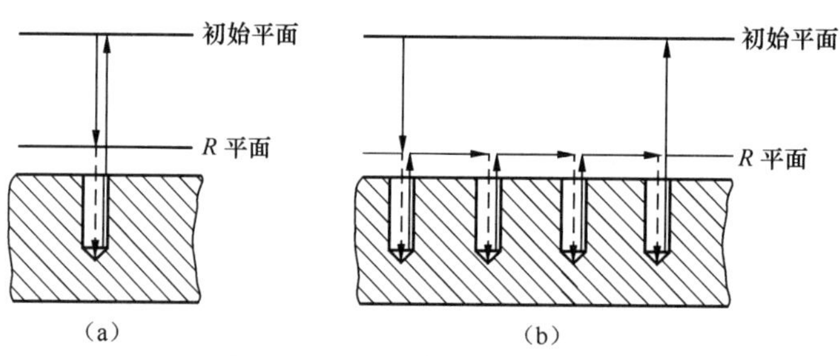

图7-6 刀具Z向进给路线设计示例

如图 7-7 所示，加工不通孔时，工作进给距离为

$$Z_F=Z_a+H+T_t$$

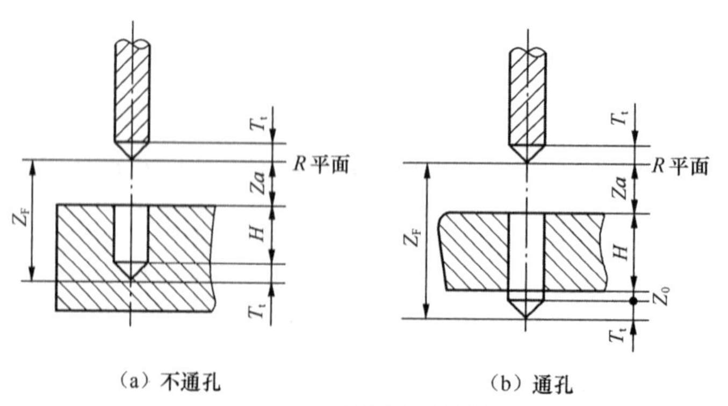

图7-7 工作进给距离计算

加工通孔时，工作进给距离为

$$Z_F=Za+H+Z_0+T_t$$

由于麻花钻的钻心角为 118°，所以，$T_t=\dfrac{D/2}{\tan 118/2}=\dfrac{D/2}{\tan 59}\approx 0.3D$

刀具切入、切出距离 Z_a 的经验数据见表 7-2。

表 7-2　　刀具切入、切出距离的经验数据（mm）

加工方式＼表面状态	已加工表面	毛坯表面	加工方式＼表面状态	已加工表面	毛坯表面
钻孔	2～3	5～8	铰孔	3～5	5～8
扩孔	3～5	5～8	铣削	3～5	5～10
镗孔	3～5	5～8	攻螺纹	5～10	5～10

（三）固定循环指令

1. 固定循环简述

在前面介绍的指令中，每一个 G 指令一般都对应机床的一个动作，它需要用一个程序段来实现。为了进一步提高编程工作效率，FANUC 0i 系统设计有固定循环功能，它规定对于一些典型孔加工中的固定、连续的动作，用一个 G 指令表达，即用固定循环指令来选择孔加工方式，这样可以简化程序的编制。

（1）固定循环的动作：孔加工固定循环通常由 6 个动作组成，如图 7-8 所示。

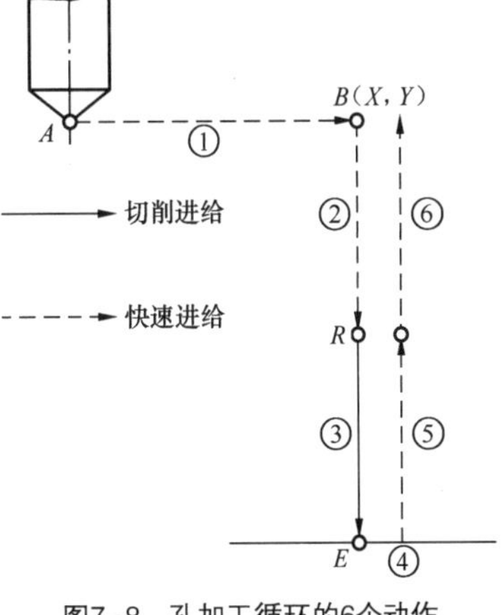

图7–8　孔加工循环的6个动作

动作①：*X*、*Y* 轴定位，使刀具快速定位到孔加工位置。

动作②：刀具快速移到 *R* 平面，该平面是刀具下刀时从快进转为工进的高度平面，其数据见表 7-2。

动作③：孔加工，刀具以切削进给的方式执行孔加工的动作。

动作④：在孔底的动作，包括暂停、主轴准停、刀具移位等动作。

动作⑤：刀具返回到 *R* 平面。

动作⑥：刀具快速返回到初始平面，孔加工完成后一般应选择返回初始平面。

（2）固定循环指令的编程格式：

$$\begin{Bmatrix} G90 \\ G91 \end{Bmatrix} \begin{Bmatrix} G98 \\ G99 \end{Bmatrix} \quad G73 \sim G89 \quad X\_Y\_Z\_R\_P\_Q\_F\_K\_;$$

（3）说明：

① G90 是绝对编程方式，G91 是增量编程方式；

② G98 是返回平面为初始平面，G99 是返回平面为安全平面（*R* 平面）；

③ G73～G89：孔加工方式，如钻孔加工、高速深孔钻加工、镗孔加工等；

④ X、Y 是孔的位置坐标；

⑤ *Z* 是孔底坐标；

⑥ R 是 *R* 平面的 *Z* 坐标。以增量方式编程时，R 值是起始点到 *R* 平面的增量距离；以绝对方式编程时，R 值是 *R* 平面的绝对坐标；

⑦ P是刀具在孔底的暂停时间（ms）；

⑧ Q是每次切削深度；

⑨ F是切削进给速度；

⑩ K是重复加工次数。

① *R* 平面是为安全下刀而规定的一个平面。初始平面到零件表面的距离可以任意设定在一个安全的高度上，当使用同一把刀具加工若干孔时，只有孔之间存在障碍需要跳跃或全部孔加工完成时，才使用G98功能使刀具返回到初始平面，否则使用G99返回 *R* 平面。

② 固定循环由G80或01组G代码撤销。

2．常用固定循环指令

（1）钻孔循环指令G81、G73、G83。

① G81主要用于中心钻加工定位孔和一般孔加工，其加工动作如图7-9所示，该指令的动作循环包括 *X*、*Y* 坐标定位、快进、工进、快速返回4个动作。

其编程格式为：G81　X__Y__Z__R__F__；

② G73用于高速深孔钻削，在钻孔时采取间断进给，有利于断屑和排屑，适合深孔加工。图7-10所示为高速钻深孔的工作过程。其中 *q* 为增量值，指定每次切削深度。*d* 为排屑退刀量，由系统参数设定。

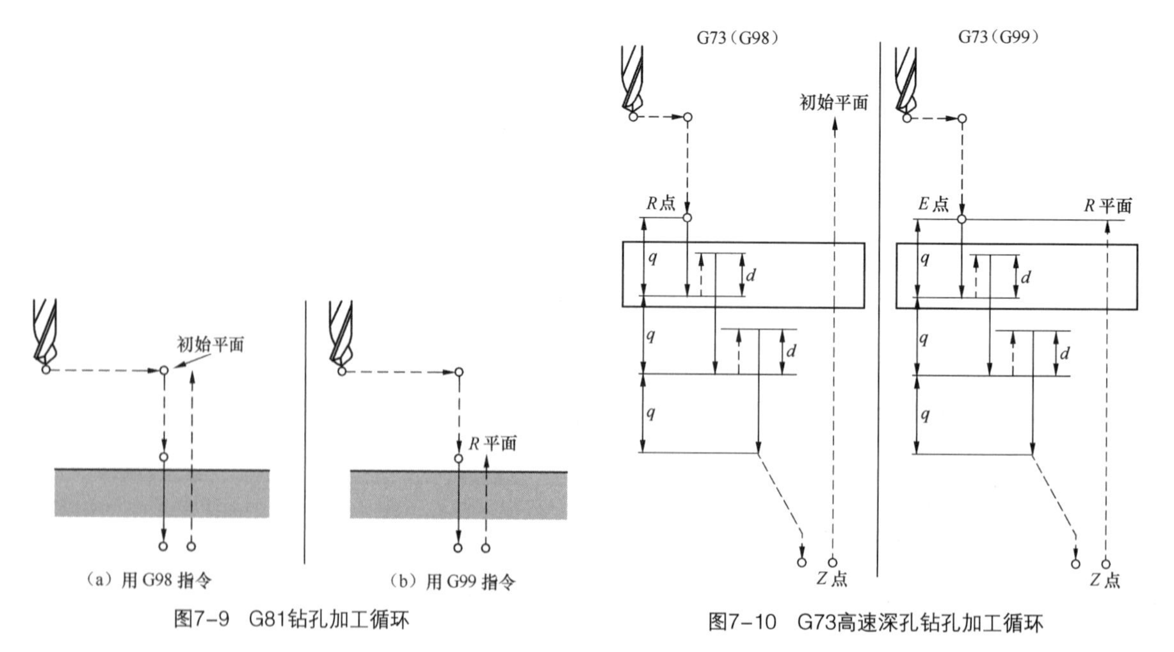

（a）用G98指令　（b）用G99指令

图7-9　G81钻孔加工循环

图7-10　G73高速深孔钻孔加工循环

其编程格式为：G73　X__Y__Z__R__Q__F__；

③ G83用于深孔加工，与G73略有不同的是每次刀具间歇进给后退到 *R* 平面，如图7-11所示，此处的“*d*”表示刀具间歇进给每次下降时由快进转为工进的那一点到前一次切削进给下降的点之间的距离，其值由系统参数设定。

其编程格式为：G83　X__Y__Z__R__Q__F__;

【例 7-1】　如图 7-12 所示零件，要求用 G81 加工所有的孔，刀具为ϕ10mm 的钻头，其数控加工程序见表 7-3。

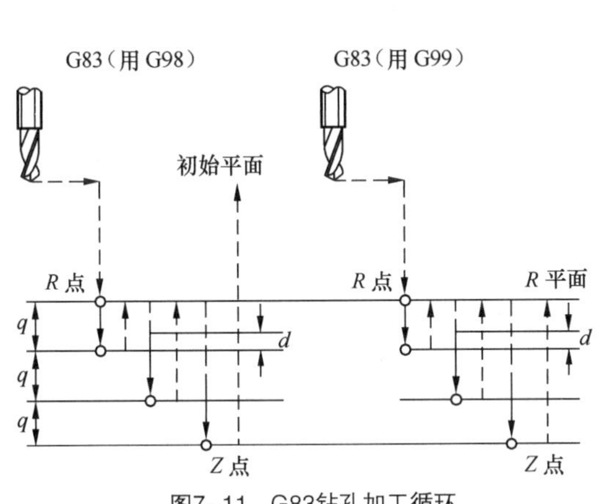

图7-11　G83钻孔加工循环

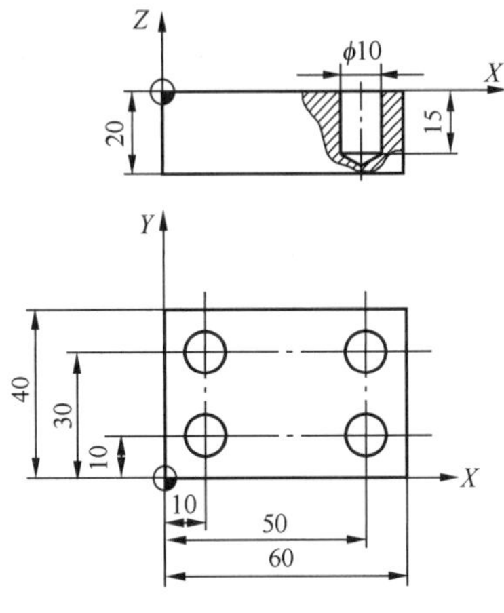

图7-12　孔加工零件

表 7-3　数控加工程序

程序	说明
O7035	
N10 G90 G54 G00 X0 Y0;	
N15 G43 G00 Z10 H03;	刀具定位到起始平面
N20 G99 M03 S1000;	启动主轴正转，转速为 1 000r/min，钻孔加工循环采用返回 *R* 平面的方式
N30 M07;	开启冷却液
N40 G81 X10 Y10 Z-15 R5 F20;	在（10，10）位置钻孔，孔的深度为 15mm，*R* 平面高度为 5mm
N50 X50;	在（50，10）位置钻孔
N60 Y30;	在（50，30）位置钻孔
N70 X10;	在（10，30）位置钻孔
N80 G80;	取消钻孔循环
N90 G00 Z50;	
N100　X0 Y0;	
N110　M30;	

（2）攻丝循环指令 G84、G74。

① G84 指令用于切削右旋螺纹孔。刀具向下切削时主轴正转，孔底动作是由正转改为反转，再退出，如图 7-13 所示。

其编程格式为：G84　X__Y__Z__R__P__F__;

其中：P 是丝锥在螺纹孔底暂停时间（ms）；F 是进给速度，F = 转速(r/min)×螺距(mm)。

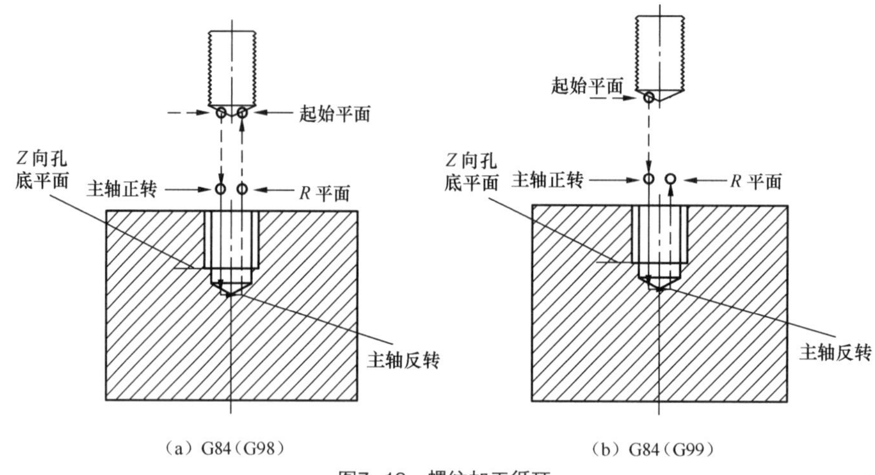

图7-13　螺纹加工循环

在 G84 切削螺纹期间速率修正无效，刀具移动将不会中途停顿，直到循环结束。

② G74 指令用于切削左旋螺纹孔。主轴反转进刀，正转退刀，正好与 G84 指令中的主轴转向相反，其他运动均与 G84 指令相同。

其编程格式为：G74　X__Y__R__Z__P__F__;

（3）镗孔循环指令 G76、G82、G85、G86、G89。

① G76 指令用于精镗孔加工。镗削至孔底时，主轴停止在定向位置上，即准停，然后使刀尖偏移离开加工表面，最后再退刀，如图 7-14 所示。这样可以高精度、高效率地完成孔加工而不损伤工件已加工表面。

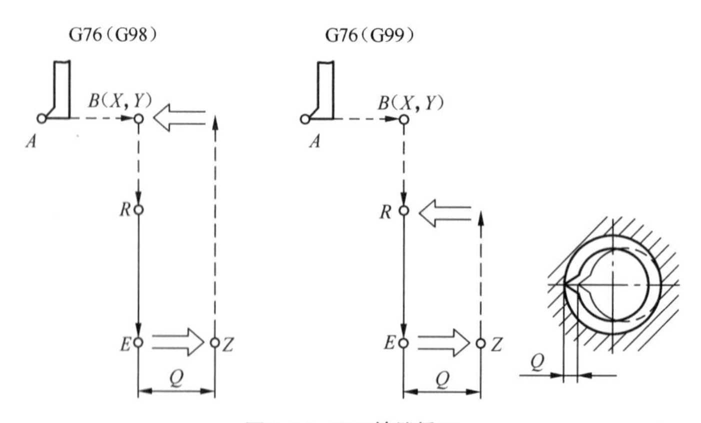

图7-14　G76精镗循环

其编程格式为：G76　X__Y__Z__R__Q__P__F__;

其中，Q 表示刀尖的偏移量，一般为正数，移动方向由机床参数设定。

② G82 用于镗孔或钻孔，编程格式与 G81 类似，唯一的区别是 G82 在孔底有进给暂停动作，即当镗刀在孔底停止进给一段时间后退刀，暂停时间由 P 设定（ms）。该指令一般适用于盲孔、台

阶孔的加工。

其编程格式为：G82　X__Y__Z__R__P__F__;

③ G85 是镗孔循环指令，如图 7-15 所示，主轴正转，刀具以进给速度向下运动镗孔，到达孔底位置后，立即以进给速度退出（没有孔底动作）。

其编程格式为：G85　X__Y__Z__R__F__;

④ G86 与 G85 的区别是：G86 在到达孔底位置后，主轴停止，并快速退出。

其编程格式为：G86　X__Y__Z__R__F__;

⑤ G89 与 G85 的区别是：G89 在到达孔底位置后，加进给暂停。

其编程格式为：G89　X__Y__Z__R__P__F__;

（4）背镗循环指令 G87。

如图 7-16 所示，刀具运动到起始点 B（X，Y）后，主轴准停，刀具沿刀尖的反方向偏移 Q 值，然后快速运动到孔底位置，接着沿刀尖正方向偏移回 E 点，主轴正转，刀具向上进给运动到 R 平面，再主轴准停，刀具沿刀尖的反方向偏移 Q 值，快退，接着沿刀尖正方向偏移到 B 点，主轴正转，本次加工循环结束。

其编程格式为：G87　X__Y__Z__R__Q__P__F__;

其中：Q 为刀具偏移值。

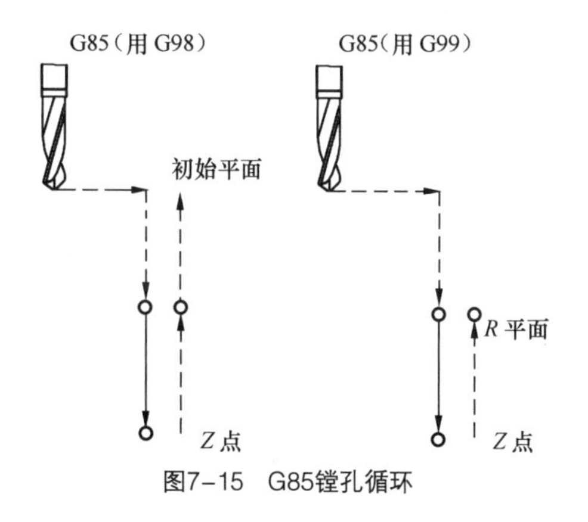

图7-15　G85镗孔循环

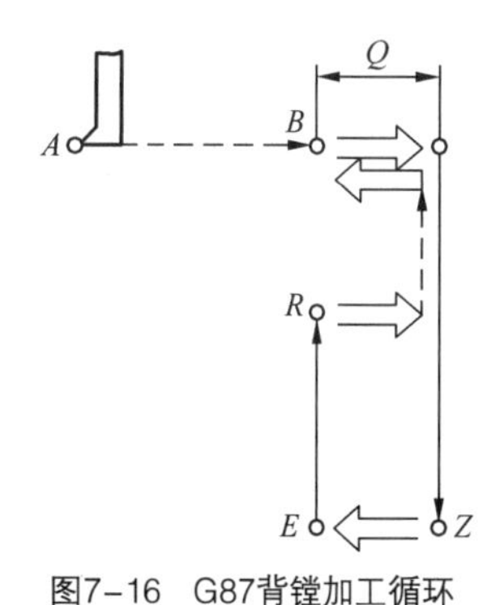

图7-16　G87背镗加工循环

三、项目实施

（一）零件工艺性分析

1. 结构分析

如图 7-1 所示，该零件的加工内容包括平面、孔、由圆弧组成的槽。

2. 尺寸分析

该零件图尺寸完整，主要尺寸分析如下。

80±0.027：经查表，加工精度等级为 IT8。

5±0.06：经查表，加工精度等级为 IT12。

$\phi10^{+0.018}_{0}$：经查表，加工精度等级为 IT7。

孔的轴线相对于底面 A 的垂直度误差不大于 0.02mm。

其他尺寸的加工精度按 GB/T 1804—m 处理。

3．表面粗糙度分析

4 个孔的表面粗糙度为 3.2μm，其他表面的表面粗糙度为 6.3μm。

根据分析，调整板的所有表面都可以加工出来，经济性能良好。

（二）制订机械加工工艺方案

1．确定生产类型

零件数量为 5 件，属于单件小批量生产。

2．拟订工艺路线

（1）确定工件的定位基准。以工件底面和两侧面为定位基准。

（2）选择加工方法。该零件的加工表面为平面、孔、由圆弧组成的槽。其中，孔的尺寸精度、位置精度、表面粗糙度要求较高，采用的方法为钻孔→铰孔。加工平面的方法为：粗铣→精铣。加工圆弧槽的方法为粗铣。

（3）拟订工艺路线。

① 按 105mm×105mm×35mm 下料。

② 在普通铣床上铣削 6 个面，保证 100mm×100mm×30mm。

③ 去毛刺。

④ 在加工中心或数控铣床上加工孔和铣槽。

⑤ 去毛刺。

⑥ 检验。

3．设计数控铣加工工序

（1）选择加工设备。选用南通机床厂生产的 XH713A 型加工中心，系统为 FANUC 0i。

（2）选择工艺装备。

① 该零件采用平口钳定位夹紧。

② 刀具选择如下。

ϕ3mm 高速钢中心钻：钻中心孔。

ϕ9.8mm 钻头：钻孔。

ϕ10H7 铰刀：铰孔。

ϕ10mm 硬质合金立铣刀：铣圆弧槽。

③ 量具选择如下。

量程为 150mm，分度值为 0.02mm 的游标卡尺。

量程为 25～50 mm，分度值为 0.001mm 的内径千分尺。

（3）确定工步和走刀路线。

确定加工孔的工步如下：钻ϕ3mm 中心孔→钻ϕ9.8mm 孔→铰ϕ10mm 孔。

确定铣圆弧槽的工步如下：钻ϕ3mm 中心孔→钻ϕ9.8mm 孔→铣圆弧槽。

（4）确定切削用量，见表 7-5。

（三）编制数控技术文档

1. 编制机械加工工艺过程卡

编制机械加工工艺过程卡，见表 7-4。

表 7-4　　调整板的机械加工工艺过程卡

<table>
<tr><td colspan="2" rowspan="2">机械加工工艺过程卡</td><td colspan="2">产品名称</td><td>零件名称</td><td>零件图号</td><td>材料</td><td colspan="2">毛坯规格</td></tr>
<tr><td colspan="2"></td><td>调整板</td><td>X03</td><td>45 钢</td><td colspan="2">105mm×105mm×35mm</td></tr>
<tr><td>工序号</td><td>工序名称</td><td colspan="2">工序简要内容</td><td>设备</td><td colspan="2">工艺装备</td><td colspan="2">工时</td></tr>
<tr><td>10</td><td>下料</td><td colspan="2">105mm×105mm×35mm</td><td></td><td colspan="2"></td><td colspan="2"></td></tr>
<tr><td>20</td><td>铣面</td><td colspan="2">铣削 6 个面，保证 100mm×100mm×30mm</td><td>X52</td><td colspan="2">平口钳、面铣刀、游标卡尺</td><td colspan="2"></td></tr>
<tr><td>30</td><td>钳</td><td colspan="2">去毛刺</td><td></td><td colspan="2">钳工台</td><td colspan="2"></td></tr>
<tr><td>40</td><td>数控铣</td><td colspan="2">钻 ϕ3mm 中心孔、钻 ϕ9.8mm 孔、铰 ϕ10mm 孔、铣圆弧槽</td><td>XH713A</td><td colspan="2">平口钳、ϕ3mm 中心钻、ϕ9.8mm 钻头、ϕ10H7 铰刀、ϕ10mm 立铣刀、游标卡尺、内径千分尺</td><td colspan="2"></td></tr>
<tr><td>50</td><td>钳</td><td>去毛刺</td><td colspan="2"></td><td colspan="3">钳工台</td><td></td></tr>
<tr><td>60</td><td>检验</td><td></td><td colspan="2"></td><td colspan="3"></td><td></td></tr>
<tr><td>编制</td><td></td><td>审核</td><td></td><td>批　准</td><td></td><td>共　页</td><td colspan="2">第　页</td></tr>
</table>

2. 编制数控加工工序卡

编制数控加工工序卡，见表 7-5。

表 7-5　　调整板的数控加工工序卡

<table>
<tr><td colspan="4" rowspan="2">数控加工工序卡</td><td colspan="2">产品名称</td><td colspan="2">零件名称</td><td colspan="4">零件图号</td></tr>
<tr><td colspan="2"></td><td colspan="2">调整板</td><td colspan="4">X03</td></tr>
<tr><td>工序号</td><td>程序编号</td><td>材料</td><td>数量</td><td colspan="2">夹具名称</td><td colspan="2">使用设备</td><td colspan="4">车间</td></tr>
<tr><td>40</td><td>O7100、O7200、O7300、O7400</td><td>45 钢</td><td>5</td><td colspan="2">台虎钳</td><td colspan="2">XH713A</td><td colspan="4">数控加工车间</td></tr>
<tr><td rowspan="2">工步号</td><td colspan="2" rowspan="2">工步内容</td><td colspan="5">切削用量</td><td colspan="2">刀具</td><td colspan="2">量具</td></tr>
<tr><td>v_c (m/min)</td><td>n (r/min)</td><td colspan="2">f (mm/min)</td><td>a_p (mm)</td><td>编号</td><td>名称</td><td>编号</td><td>名称</td></tr>
<tr><td>1</td><td colspan="2">钻中心孔（5 处）深 3 mm</td><td>18.8</td><td>2 000</td><td colspan="2">60（f=0.03mm/r）</td><td>1.5</td><td>T1</td><td>ϕ3mm 中心钻</td><td></td><td></td></tr>
<tr><td>2</td><td colspan="2">钻 4×ϕ9.8mm 通孔，钻 1 个深为 5 mm 的 ϕ9.8mm 孔</td><td>25</td><td>800</td><td colspan="2">80（f=0.1mm/r）</td><td>4.9</td><td>T2</td><td>ϕ9.8mm 钻头</td><td>1</td><td>游标卡尺</td></tr>
<tr><td>3</td><td colspan="2">铰 4×ϕ10mm 通孔</td><td>6.3</td><td>200</td><td colspan="2">80（f=0.4mm/r）</td><td>0.05</td><td>T3</td><td>ϕ10H7 铰刀</td><td>2</td><td>内径千分尺</td></tr>
<tr><td>4</td><td colspan="2">铣圆弧槽</td><td>31</td><td>1 000</td><td colspan="2">300（f=0.3mm/r）</td><td>5</td><td>T4</td><td>ϕ10mm 立铣刀</td><td>1</td><td>游标卡尺</td></tr>
<tr><td>编制</td><td></td><td>审核</td><td></td><td colspan="3">批准</td><td colspan="2"></td><td>共　页</td><td colspan="2">第　页</td></tr>
</table>

3．编制刀具调整卡

编制刀具调整卡，见表7-6。

表7-6　　调整板的数控铣刀具调整卡

产品名称或代号			零件名称		调整板	零件图号	X03
序号	刀具号	刀具名称	刀具材料	刀具参数（mm）		刀补地址	
				直径	长度	直径	长度
1	T1	中心钻	高速钢	ϕ3	50		H01
2	T2	钻头	高速钢	ϕ9.8	200		H02
3	T3	铰刀	高速钢	ϕ10H7	100		H03
4	T4	立铣刀	硬质合金	ϕ10	100		H04
编制		审核		批准		共　页	第　页

4．编制数控加工程序卡

编程原点选择在工件上表面的中心处，钻中心孔的程序卡见表7-7，钻孔的程序卡见表7-8，铰孔的程序卡见表7-9，铣圆弧槽的程序卡见表7-10。

表7-7　　钻中心孔的数控加工程序卡

零件图号	X03	零件名称	调整板	编制日期	
程序号	O7100	数控系统	FANUC 0i	编制	

程序内容	程序说明
M06　T1; G54　G90　G40　G49　G80; G43　G00　Z10　H03; M03　S2000; M07; G98　G81　X-40　Y-40　Z-3　R5　F60; Y40; X40 Y-40; Y40; X35 Y0; G80; G00 X0 Y0 Z100; M09; M05; M02;	换ϕ3mm 中心钻

表 7-8　　钻孔的数控加工程序卡

零件图号	X03	零件名称	调整板	编制日期	
程序号	O7200	数控系统	FANUC 0i	编制	

程序内容	程序说明
M06T2;	换ϕ9.8mm 钻头
G54　G90　G40　G49　G80;	
G43　G00　Z10　H02;	
M03　S800;	
M07;	
G98 G81 X-40 Y-40 Z-35 R5 F80;	
Y40;	
X40 Y-40;	
Y40;	
X35 Y0 Z-5;	
G80;	
G00 X0 Y0 Z100;	
M09;	
M05;	
M02;	

表 7-9　　铰孔的数控加工程序卡

零件图号	X03	零件名称	调整板	编制日期	
程序号	O7300	数控系统	FANUC 0i	编制	

程序内容	程序说明
M06T3;	换ϕ10H7 铰刀
G54　G90　G40　G49　G80;	
G43　G00　Z10　H03;	
M03S200;	
M07;	
G98 G81 X-40 Y-40 Z-35 R5 F80;	
Y40;	
X40 Y-40;	
Y40;	
G80;	
G00 X0 Y0 Z100;	
M09;	
M05;	
M02;	

表 7-10 铣槽的数控加工程序卡

零件图号	X03	零件名称	调整板	编制日期	
程序号	O7400	数控系统	FANUC 0i	编制	

程序内容	程序说明
M06T4;	换ϕ10mm 立铣刀
G54 G90 G40 G49 G80;	
G43 G00 Z10 H04;	
M03 S1000;	
M07;	
G00 X35 Y0 Z5;	
G01 Z-5 F100;	
G02 X0 Y35 R-35 F300;	
G01 Z5;	
G00 X0 Y0 Z100;	
M09;	
M05;	
M02;	

（四）试加工与优化

（1）进入数控铣仿真软件并开机。

（2）回零。

（3）输入程序。

（4）调用程序。

（5）安装工件并确定编程原点。

（6）装刀并设置刀具参数。

在刀具库管理中，使用“添加”添加所用的刀具。注意在数控铣仿真软件中，没有中心钻和铰刀，就用钻头代替。

（7）自动加工。

（8）测量工件。

四、拓展知识

（一）SINUMERIK 802D 系统的孔加工循环编程指令

1. 孔加工循环编程指令（见表 7-11）

在使用孔加工循环编程指令编程时，必须定义几何参数和加工参数。

其中，钻孔循环、钻孔样式循环和铣削循环的几何参数是一样的，如图 7-17 所示，包括参考平面、返回平面、安全间隙、绝对或相对的最后钻孔深度定义。

表 7-11　　　SINUMERIK 802D 系统的孔加工循环编程指令

孔加工方式	编程指令	功能	备注
钻孔循环	CYCLE81	钻孔、钻中心孔	
	CYCLE82	钻中心孔	
	CYCLE83	钻深孔	
	CYCLE84	刚性攻丝	
	CYCLE840	带补偿卡盘攻丝	
	CYCLE85	铰孔	按不同进给速度镗孔和返回
	CYCLE86	镗孔	定位主轴停止，返回路径定义，按快速进给速度返回，主轴旋转方向定义
	CYCLE88	镗孔时可以停止	按相同进给速度镗孔和返回
钻孔样式循环	HOLES1	加工一排孔	
	HOLES2	加工一圈孔	
铣削循环	SLOT1	圆上切槽	这些循环由工具盒提供，当控制系统启动时，循环程序通过 RS-232 接口载入零件程序存储器中
	SLOT2	圆周切槽	
	POCKET3	矩形凹槽	
	POCKET4	圆形凹槽	
	CYCLE71	端面铣削	
	CYCLE72	轮廓铣削	

加工参数在各个循环中具有不同的含义和作用，因此它们在每个循环中单独编程。

（1）钻孔、钻中心孔指令 CYCLE81。

① 功能：刀具按照编程的主轴速度和进给速度钻孔，直至达到输入的最后钻孔深度。

② 格式：CYCLE81（RTP，RFP，SDIS，DP，DPR）;

③ 参数：见表 7-12。

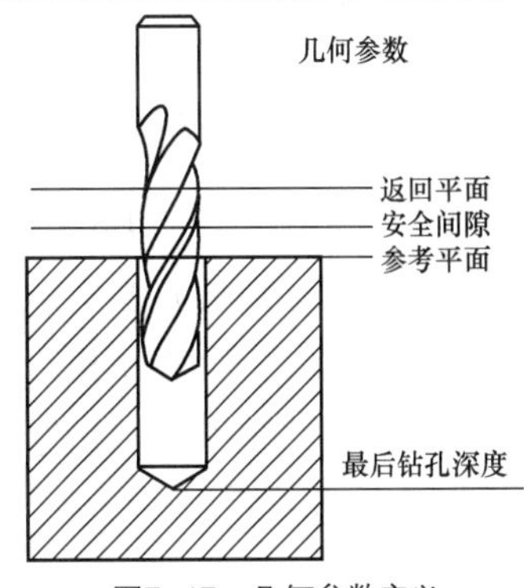

图7-17　几何参数定义

表 7-12　　　CYCLE81 参数

参数	类型	说明
RTP	Real	返回平面（绝对值）
RFP	Real	参考平面（绝对值）
SDIS	Real	安全间隙（无符号输入）
DP	Real	最后钻孔深度（绝对值）
DPR	Real	相对于参考平面的最后钻孔深度（无符号输入）

注意 如果一个值同时输入给 DP 和 DPR，最后钻孔深度则来自 DPR。如果该值不同于由 DP 编程的绝对值深度，在信息栏会出现“深度：符合相对深度值”。如果参考平面和返回平面的值相同，不允许深度的相对值定义。将输出错误信息 G1101“参考平面定义不正确”，且不执行循环。

（2）钻中心孔 CYCLE82。

功能：如图 7-18 所示，刀具按照编程的主轴速度和进给速度钻孔，直至达到输入的最后钻孔深度，到达最后钻孔深度时允许停顿一定时间。

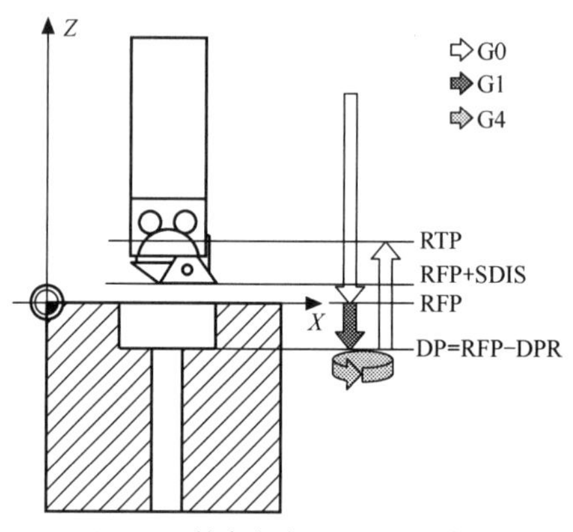

图7−18 钻中心孔CYCLE82示意图

格式：CYCLE82（RTP，RFP，SDIS，DP，DPR，DTB）；

注意 参数：RTP、RFP、SDIS、DP、DPR 的定义见表 7−12，DTB 表示最后钻孔深度时的停顿时间（断屑），单位为秒。

（3）钻深孔 CYCLE83。

① 功能：如图 7-19 所示，刀具以编程的主轴速度和进给速度开始钻孔，直至定义的最后钻孔深度。深孔钻削是通过多次执行最大可定义的深度并逐步增加直至达到最后钻孔深度来实现的。钻头可以在每次进给深度完成以后退回到参考平面+安全间隙，用于排屑，或者每次退回 1mm 用于断屑。

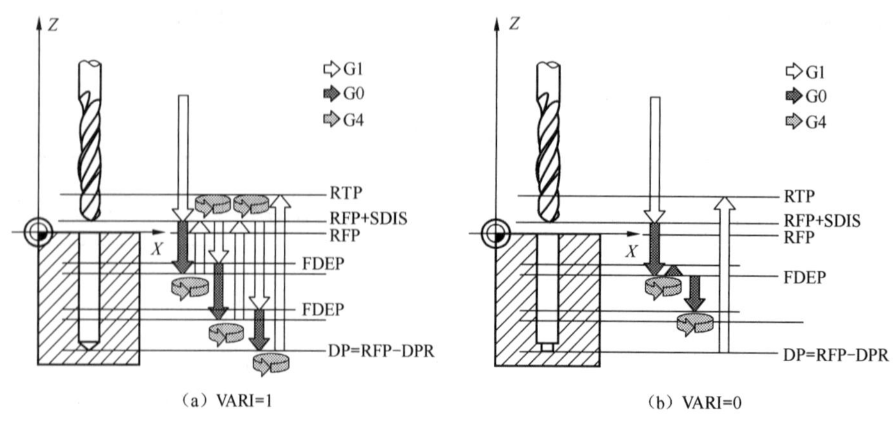

图7−19 钻深孔CYCLE83示意图

② 格式：CYCLE83（RTP，RFP，SDIS，DP，DPR，FDEP，FDPR，DAM，DTB，DTS，FRF，VARI）；

③ 参数：RTP、RFP、SDIS、DP、DPR、DTB 的定义同前，其他见表 7-13。

表 7-13　　CYCLE83 的参数

参数	类型	说明
FDEP	Real	起始钻孔深度（绝对值）
FDPR	Real	相对于参考平面的起始钻孔深度（无符号输入）
DAM	Real	递减量（无符号输入）
DTS	Real	起始点处和用于排屑的停顿时间
FRF	Real	起始钻孔深度的进给速度系数（无符号输入） 值范围：0.001～1
VARI	Int	加工类型： 断屑=0，钻头在每次到达钻深后退回 1mm 用于断屑； 排屑=1，钻头每次移动到参考平面+安全间隙处

（4）刚性攻丝 CYCLE84。

① 功能：如图 7-20 所示，刀具以编程的主轴速度和进给速度进行钻削，直至定义的最终螺纹深度。CYCLE84 可以用于刚性攻丝。对于带补偿夹具的攻丝，可以使用另外的循环 CYCLE840。

② 格式：CYCLE84（RTP，RFP，SDIS，DP，DPR，DTB，SDAC，MPIT，PIT，POSS，SST，SST1）；

③ 参数：RTP、RFP、SDIS、DP、DPR、DTB 的定义同前，其他见表 7-14。

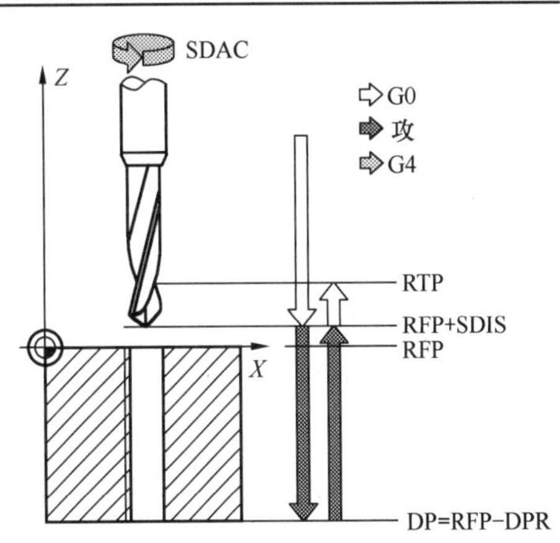

图7-20　刚性攻丝CYCLE84示意图

表 7-14　　CYCLE84 的参数

参数	类型	说明
SDAC	Int	循环结束后的旋转方向 值：3，4，5（用于 M3，M4，M5）
MPIT	Real	螺距由螺纹尺寸决定（有符号） 数值范围 3（用于 M3）～48（用于 M48）；符号决定了螺纹的旋转方向，正值→RH（用于 M3），负值→LH（用于 M4）
PIT	Real	螺距由数值决定（有符号） 数值范围：0.001～2 000.000mm；符号决定了在螺纹中的旋转方向
POSS	Real	循环中定位主轴的位置（以度为单位）
SST	Real	攻丝速度
SST1	Real	退回速度

当加工中心的主轴可以进行位置控制时，才能使用 CYCLE84。

2．模态调用孔加工循环编程指令

用 MCALL 指令模态调用孔加工循环编程指令以及模态调用结束指令均需要一个独立的程序段。例如：

```
N10 MCALL CYCLE82（…）；钻削循环 82
…
N60 MCALL；结束 CYCLE82（…）的模态调用
```

3．编程注意事项

（1）循环调用之前，刀具长度补偿要有效，刀具必须到达钻孔位置。

（2）执行钻孔循环时，必须定义进给速度、主轴速度和主轴旋转方向的值。

（二）华中世纪星 HNC-21M 系统的孔加工循环编程指令

1．高速深孔加工循环指令 G73

（1）功能：该固定循环用于 *Z* 轴的间歇进给，使深孔加工时容易断屑、排屑、加入冷却液、且退刀量不大，可以进行深孔的高速加工。

（2）格式：G98（G99）G73　X__Y__Z__R__Q__P__K__F__L__；

（3）说明如下。

G98：返回初始平面。

G99：返回 *R* 点平面。

X、Y：绝对编程时是孔中心在 *XY* 平面内的坐标位置；增量编程时是孔中心在 *XY* 平面内相对于起点的增量值。

Z：绝对编程时是孔底 *Z* 点的坐标值；增量编程时是孔底 *Z* 点相对于参照 *R* 点的增量值。

R：绝对编程时是参照 *R* 点的坐标值；增量编程时是参照 *R* 点相对于初始 *B* 点的增量值。

Q：每次向下的钻孔深度（增量值，取负）。

P：刀具在孔底的暂停时间。

K：每次向上的退刀量（增量值，取正）。

F：钻孔进给速度。

L：循环次数。

刀具动作如图 7-21 所示。

2．反攻丝循环指令 G74

（1）功能：攻反螺纹时，用左旋丝锥主轴反转攻丝。攻丝时速度倍率不起作用。使用进给保持时，在全部动作结束前也不停止。

（2）格式：G98（G99）G74 X__Y__Z__R__P__F__L__；

（3）说明：F 为螺纹导程，其余参数 X、Y、Z、R、P、L 的含义与 G73 相同。刀具动作如图 7-22 所示。

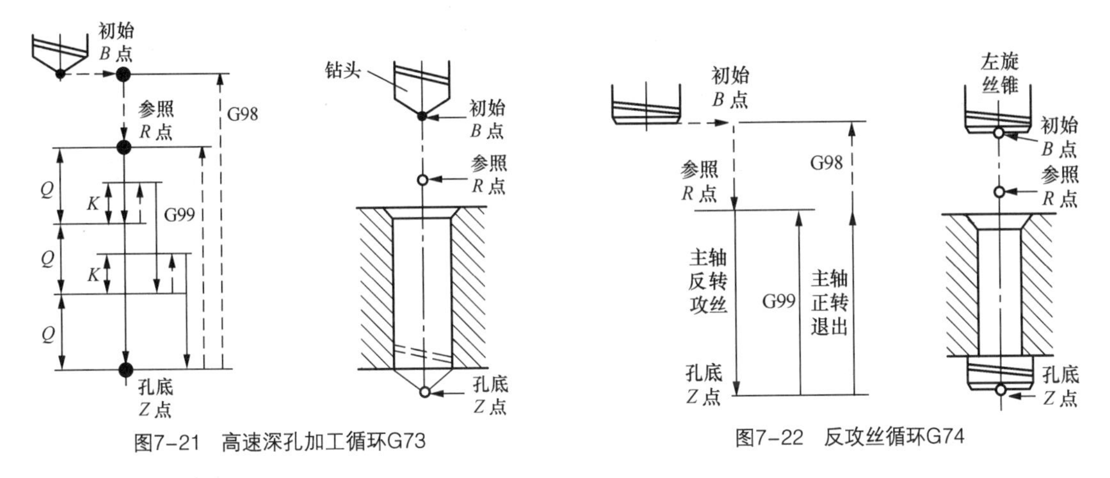

图7-21　高速深孔加工循环G73

图7-22　反攻丝循环G74

3．精镗循环指令 G76

（1）功能：精镗时，主轴在孔底定向停止后，向刀尖反方向移动，然后快速退刀。刀尖反向位移量用地址 I、J 指定，其值只能为正值。I、J 值是模态的，位移方向由装刀时确定。

（2）格式：G98（G99）G76 X__Y__Z__R__P__I__J__F__L__；

（3）说明：I 为 *X* 轴方向偏移量，只能为正值；J 为 *Y* 轴方向偏移量，只能为正值；其余参数 X、Y、Z、R、P、F、L 的含义与 G73 相同。刀具动作如图 7-23 所示，具体如下。

① 刀位点快移到孔中心上方 *B* 点。

② 快移接近工件表面，到 *R* 点。

③ 向下以 F 速度镗孔，到达孔底 *Z* 点。

④ 孔底延时 *P* 秒（主轴维持旋转状态）。

⑤ 主轴定向，停止旋转。

⑥ 镗刀向刀尖反方向快速移动 I 或 J 量。

⑦ 向上快速退到 *R* 点高度（G99）或 *B* 点高度（G98）。

⑧ 向刀尖正方向快移 I 或 J 量，刀位点回到孔中心上方 *R* 点或 *B* 点。

⑨ 主轴恢复正转。

4．钻孔循环（中心钻）指令 G81

（1）功能：包括 *X*，*Y* 坐标定位、快进、工进和快速返回等动作。

（2）格式：G98（G99）G81　X__Y__Z__R__F__L__；

（3）说明：参数 X、Y、Z、R、F、L 的含义与 G73 相同。刀具动作如图 7-24 所示。

5．带停顿的钻孔循环指令 G82

（1）功能：此指令主要用于加工沉孔、盲孔，以提高孔深精度。该指令除了要在孔底暂停外，其他动作与 G81 相同。

（2）格式：G98（G99）G82　X__Y__Z__R__P__F__L__；

（3）说明：参数 X、Y、Z、R、P、F、L 的含义与 G73 相同。

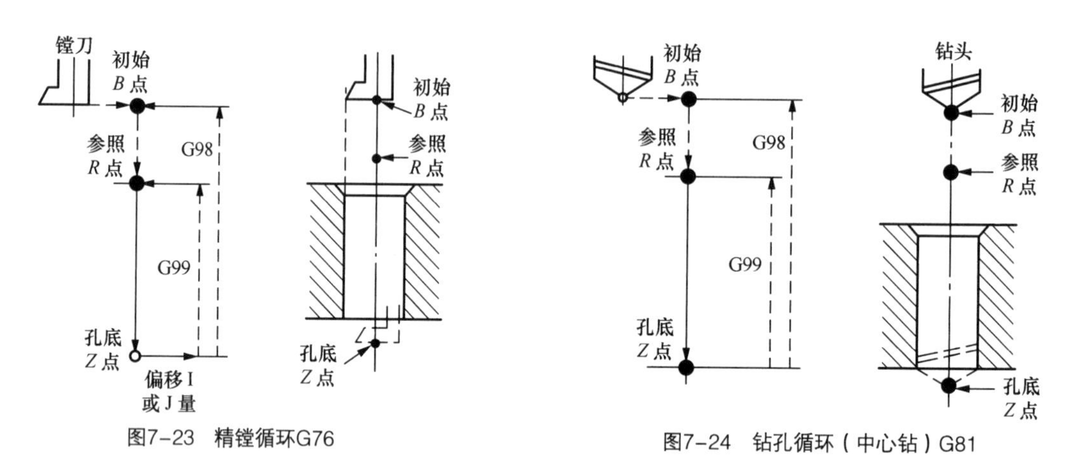

图7-23　精镗循环G76　　图7-24　钻孔循环（中心钻）G81

6．深孔加工循环指令 G83

（1）功能：该固定循环用于 Z 轴的间歇进给，每向下钻一次孔后，快速退到参照 R 点，退刀量较大，更便于排屑，方便加冷却液。

（2）格式：G98（G99）G83　X__Y__Z__R__Q__P__K__F__L__;

（3）说明：Q 为每次向下的钻孔深度（增量值，取负）。K 为距已加工孔深上方的距离（增量值，取正）。其余参数 X、Y、Z、R、P、F、L 的含义与 G73 相同。刀具动作如图 7-25 所示。

7．攻丝循环指令 G84

（1）功能：攻正螺纹时，用右旋丝锥主轴正转攻丝。攻丝时速度倍率不起作用。使用进给保持时，在全部动作结束前也不停止。

（2）格式：G98（G99）G84 X__Y__Z__R__P__F__L__;

（3）说明：参数 X、Y、Z、R、P、F、L 的含义与 G74 相同。刀具动作如图 7-26 所示。

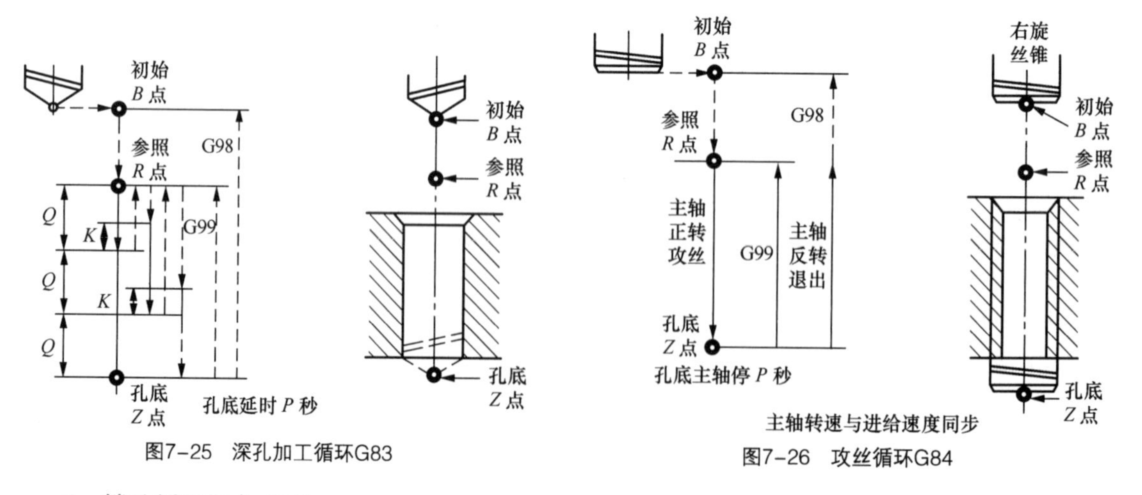

图7-25　深孔加工循环G83　　图7-26　攻丝循环G84

8．镗孔循环指令 G85

（1）功能：该指令主要用于精度要求不太高的镗孔加工。

（2）格式：G98（G99）G85　X__Y__Z__R__P__F__L__;

（3）说明：参数 X、Y、Z、R、P、F、L 的含义与 G73 相同。刀具动作如图 7-27 所示。

9．镗孔循环指令 G86

（1）功能：此指令与 G81 相同，但在孔底时主轴停转，然后快速退回，主要用于精度要求不太高的镗孔加工。

（2）格式：G98（G99）G86　X__Y__Z__R__F__L__；

（3）说明：参数 X、Y、Z、R、P、F、L 的含义与 G73 相同。刀具动作如图 7-28 所示。

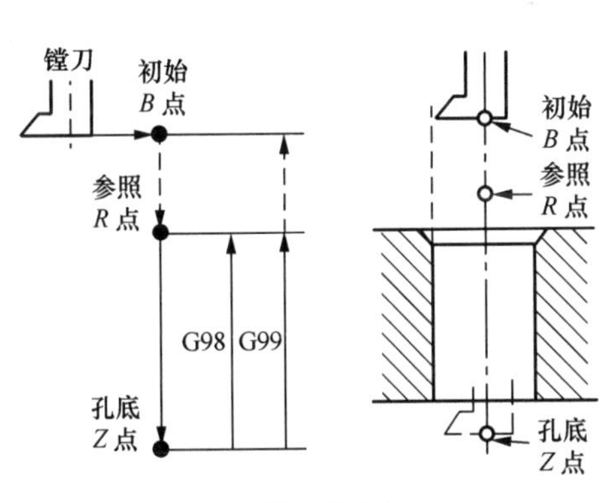

图7-27　镗孔循环G85

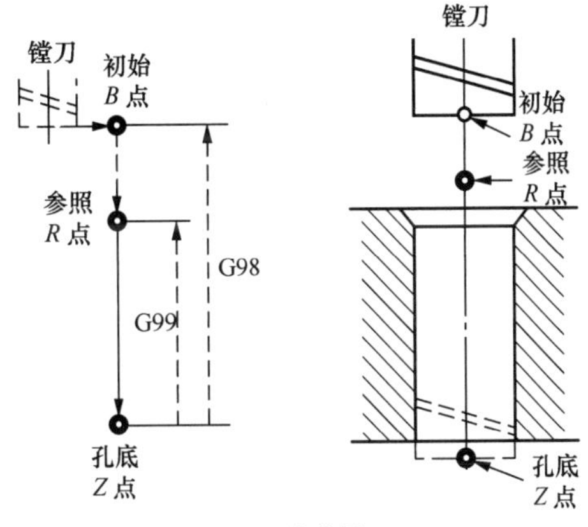

图7-28　镗孔循环G86

10．反镗循环指令 G87

（1）功能：该指令一般用于镗削下大上小的孔，其孔底 *Z* 点一般在参照 *R* 点的上方，与其他指令不同。

（2）格式：G98 G87　X__Y__Z__R__P__I__J__F__L__；

（3）说明：参数 X、Y、Z、R、P、I、J、F、L 的含义与 G76 相同。刀具动作如图 7-29 所示，具体如下。

① 刀位点快移到孔中心上方 *B* 点。

② 主轴定向，停止旋转。

③ 镗刀向刀尖反方向快速移动 I 或 J 量。

④ 快速移到 *R* 平面。

⑤ 镗刀向刀尖正方向快移 I 或 J 量，刀位点回到孔中心 *X*、*Y* 坐标处（*R* 点）。

⑥ 主轴正转。

⑦ 向上以 F 速度镗孔，到达孔底 *Z* 点。

⑧ 孔底延时 P 秒（主轴维持旋转状态）。

⑨ 主轴定向，停止旋转。

⑩ 镗刀向刀尖反方向快速移动 I 或 J 量。

⑪ 向上快速退到 *B* 点高度（G98）。

⑫ 向刀尖正方向快移 I 或 J 量，刀位点回到孔中心上方 *B* 点处。

⑬ 主轴恢复正转。

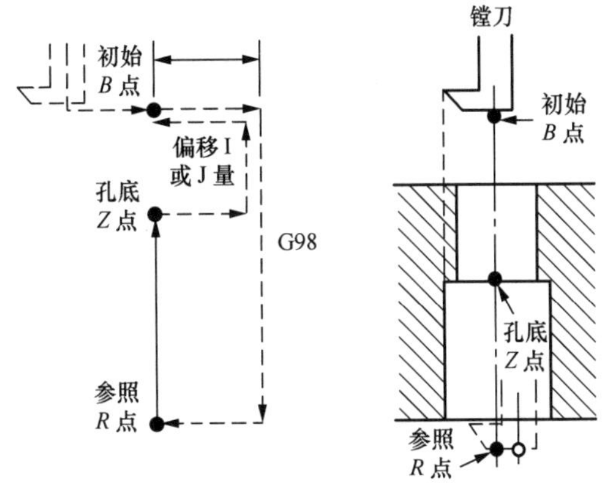

图7-29　反镗循环G87

此指令不得使用 G99，如使用则提示“固定循环格式错”报警。

11．镗孔循环（手镗）指令 G88

（1）功能：该指令在镗孔前记忆了初始 *B* 点或参照 *R* 点的位置，当镗刀自动加工到孔底后机床停止运行，手动将工作方式转换为“手动”，通过手动操作使刀具抬刀到 *B* 点或 *R* 点高度上方，并避开工件。然后工作方式恢复为自动，再循环启动程序，刀位点回到 *B* 点或 *R* 点。用此指令一般铣床就可完成精镗孔，不需主轴准停功能。

（2）格式：G98（G99）G88 X__Y__Z__R__P__F__L__；

（3）说明：参数 X、Y、Z、R、P、F、L 的含义与 G73 相同。刀具动作如图 7-30 所示。

12．镗孔循环指令 G89

G89 指令与 G86 指令相同，但在孔底有暂停。刀具动作如图 7-31 所示。

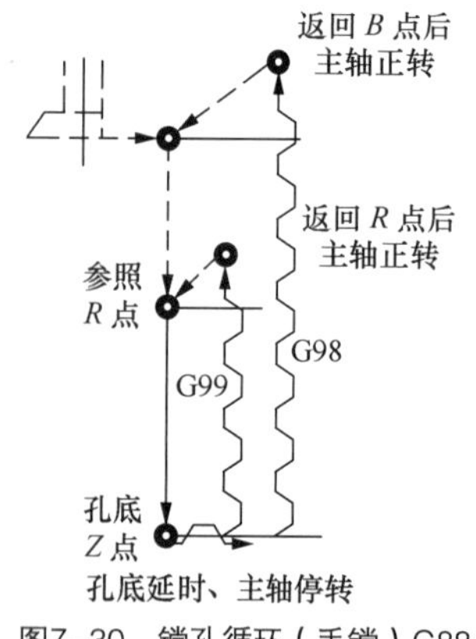

图7-30　镗孔循环（手镗）G88

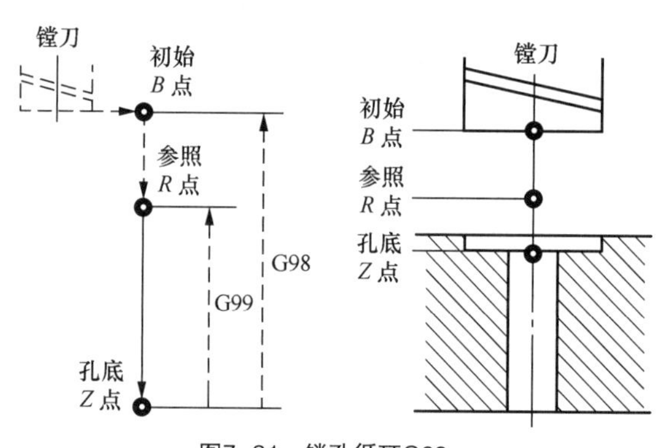

图7-31　镗孔循环G89

13．圆周钻孔循环指令 G70

（1）功能：在 *X*、*Y* 指定的坐标为中心、半径为 ***I*** 的圆周上，以 *X* 轴和角度 ***J*** 形成的点开始将圆周做 *N* 等分，做 *N* 个孔的钻孔动作，每个孔的动作根据 Q、K 的值执行 G81 或 G83 标准固定循环。孔间位置的移动以 G00 方式进行。G70 为模态，其后的指令字为非模态。

（2）格式：G98 G99 G70 X__Y__Z__R__I__J__N__(Q__K__P__)__ F__L__；

（3）说明如下。

X、Y：圆周孔循环的圆心坐标。

Z：孔底坐标。

R：绝对编程时是参照 *R* 点的坐标值；增量编程时是参照 *R* 点相对于初始 *B* 点的增量值。

I：圆半径。

J：最初钻孔点的角度，逆时针方向为正。

N：孔的个数，正值表示逆时针方向钻孔，负值表示顺时针方向钻孔。

Q：每次进给深度，为有向距离。

K：每次退刀后，再次进给时，由快速进给转换为切削进给时距上次加工面的距离。

P：刀具在孔底暂停时间，单位为秒。

当 Q 大于零或 K 小于零时报错；进刀距离 Q 小于退刀距离 K 时报错；当 Q 或 K 为零或没有定义，每个孔的动作执行 G81 中心钻孔循环，此时 P 无效；当 Q、K 两者的值均正确时，每个孔的动作执行 G83 深孔加工循环，此时 P 有效。

【例 7-2】 用 ϕ10mm 钻头，加工如图 7-32 所示孔，程序如下。

```
%0758;
N10  G55  G00  X0  Y0 Z80;
N20  G98  G70  G90  X40  Y40  Z0  R35  I40  J30  N6  P2  Q-10 K5  F100;
N30  G90  G00 X0  Y0  Z80;
 N40  M30;
```

14．圆弧钻孔循环指令 G71

（1）功能：在 X、Y 指定的坐标为中心、半径为 I 的圆弧上，以 X 轴和角度 J 形成的点开始，间隔 O 角度做 N 个点的钻孔，每个孔的动作根据 Q、K 的值执行 G81 或 G83 标准固定循环。孔间位置的移动以 G00 方式进行。G71 为模态，其后的指令字为非模态。

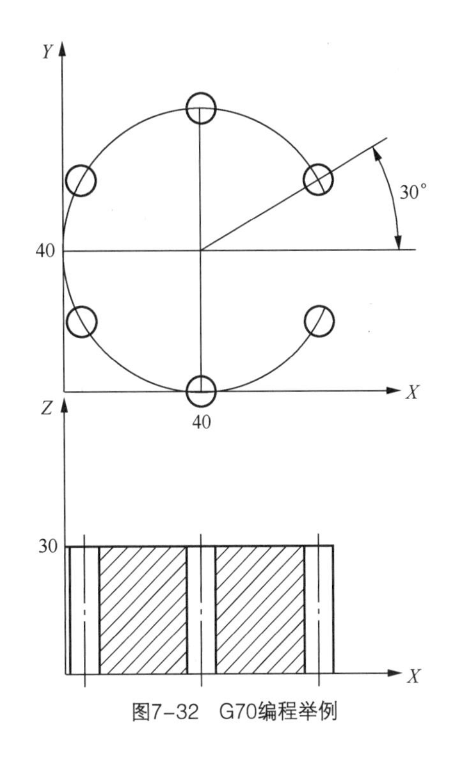

图7-32　G70编程举例

（2）格式：G98　G99　G71 X__Y__Z__R__I__J__O__N__（Q__K__P__）__F__L__;

（3）说明如下。

X、Y：圆弧的中心坐标。

Z：孔底坐标。

R：绝对编程时是参照 R 点的坐标值；增量编程时是参照 R 点相对于初始 B 点的增量值。

I：圆弧半径。

J：最初钻孔点的角度，逆时针方向为正。

O：孔间角度间隔，正值表示逆时针方向钻孔，负值表示顺时针方向钻孔。

N：包括起点在内的孔的个数。

Q：每次进给深度，为有向距离。

K：每次退刀后，再次进给时，由快速进给转换为切削进给时距上次加工面的距离。

P：刀具在孔底暂停时间，单位为秒。

当 Q 大于零或 K 小于零时报错；进刀距离 Q 小于退刀距离 K 时报错；当 Q 或 K 为零或没有定义，每个孔的动作执行 G81 中心钻孔循环，此时 P 无效；当 Q、K 两者的值均正确时，每个孔的动作执行 G83 深孔加工循环，此时 P 有效。

注意

圆弧总角度 $N\times O$ 不能大于或等于360°，否则不予执行。

【例7-3】 用 ϕ10mm钻头，加工如图7-33所示孔，程序如下。

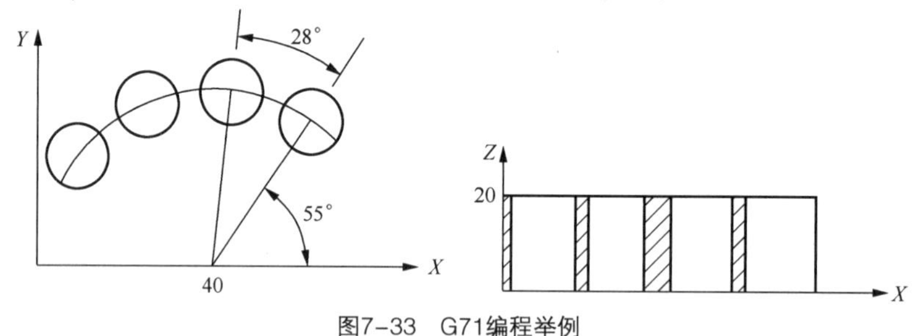

图7–33　G71编程举例

```
%0759;
N10  G55  G00  X0  Y0  Z80;
N20  G98  G71  G90  X40  Y0  Z0  R25  I40  J55  O28  N4  P2  Q-10  K5  F100;
N30  G90 G00 X0 Y0 Z80;
N40  M30;
```

15．角度直线孔循环指令G78

（1）功能：以 *X*、*Y* 指定的坐标为起点，在 *X* 轴和角度 *J* 所形成的方向用间隔 *I* 区分成 *N* 个孔做钻孔循环，每个孔的动作根据 *Q*、*K* 的值执行G81或G83标准固定循环。孔间位置的移动以G00方式进行。G78为模态，其后的指令字为非模态。

（2）格式：G98 G99 G78 X__Y__Z__R__I__J__N__（Q__K__P__）__F__L__;

（3）说明如下。

X、Y：第一个孔的坐标。

Z：孔底坐标。

R：绝对编程时是参照 *R* 点的坐标值；增量编程时是参照 *R* 点相对于初始 *B* 点的增量值。

I：孔间距。

J：斜线与 *X* 轴正方向形成的起始角度，逆时针方向为正。

N：包括起点在内的孔的个数。

Q：每次进给深度，为有向距离。

K：每次退刀后，再次进给时，由快速进给转换为切削进给时距上次加工面的距离。

P：刀具在孔底暂停时间，单位为秒。

当 *Q* 大于零或 *K* 小于零时报错；进刀距离 *Q* 小于退刀距离 *K* 时报错；当 *Q* 或 *K* 为零或没有定义，每个孔的动作执行G81中心钻孔循环，此时 *P* 无效；当 *Q*、*K* 两者的值均正确时，每个孔的动作执行G83深孔加工循环，此时 *P* 有效。

【例7-4】 用 ϕ10mm钻头，加工如图7-34所示孔，程序如下。

```
%3360;
N10  G55  G00  X0  Y0  Z80;
```

```
N20  G98  G78  G90  X20  Y10  Z0  R15
I20  J30  N3  P2  Q-10  K5  F100;
N30  G90  G00  X0  Y0  Z80;
N40  M30;
```

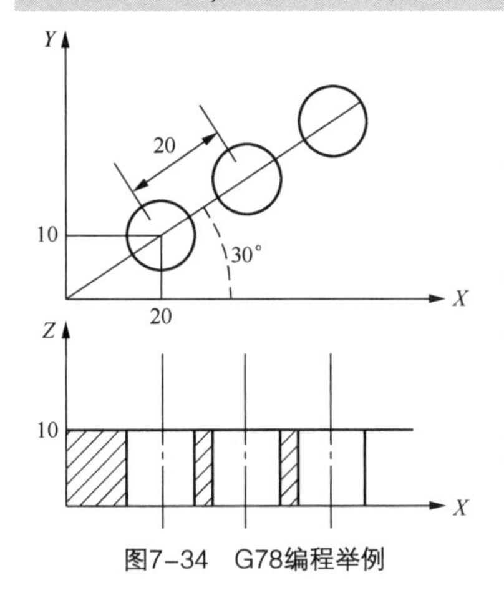

图7-34　G78编程举例

16. 棋盘孔循环指令 G79

（1）功能：以 X、Y 指定的坐标为起点，在 X 轴平行方向以间隔 I 布置 N 个孔做钻孔循环，再以 Y 轴方向间隔 J，做 X 轴方向钻孔，共循环 O 次，每个孔的动作根据 Q、K 的值执行 G81 或 G83 标准固定循环。孔间位置的移动以 G00 方式进行。G79 为模态，其后的指令字为非模态。

（2）格式：G98 G99 G79 X__Y__Z__R__I__N__J__O__(Q__K__P__)__F__L__;

（3）说明如下。

X、Y：第一个孔的坐标。

Z：孔底坐标。

R：绝对编程时是参照 R 点的坐标值；增量编程时是参照 R 点相对于初始 B 点的增量值。

I：X 方向孔间距，正值表示向 X 轴正方向钻孔，负值表示向 X 轴负方向钻孔。

N：X 方向包括起点在内的孔的个数。

J：Y 方向孔间距，正值表示向 Y 轴正方向钻孔，负值表示向 Y 轴负方向钻孔。

O：Y 方向包括起点在内的孔的个数。

Q：每次进给深度，为有向距离。

K：每次退刀后，再次进给时，由快速进给转换为切削进给时距上次加工面的距离。

P：刀具在孔底暂停时间，单位为秒。

当 Q 大于零或 K 小于零时报错；进刀距离 Q 小于退刀距离 K 时报错；当 Q 或 K 为零或没有定义，每个孔的动作执行 G81 中心钻孔循环，此时 P 无效；当 Q、K 两者的值均正确时，每个孔的动作执行 G83 深孔加工循环，此时 P 有效。

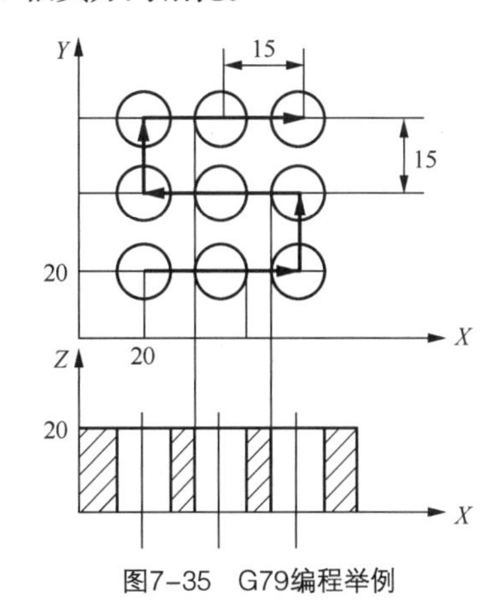

图7-35　G79编程举例

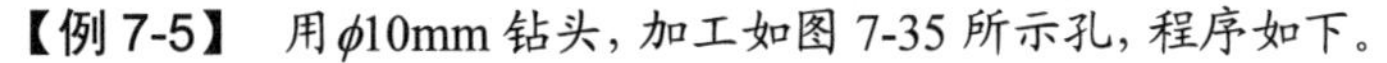

【例 7-5】 用 ϕ10mm 钻头，加工如图 7-35 所示孔，程序如下。

```
%3361;
N10  G55  G00  X0  Y0  Z80;
N20  G98  G79  G90  X20  Y20  Z0  R25  I15  N3  J15  O3  P2  Q-10  K5  F100;
N30  G90  G00  X0  Y0  Z80;
N40  M30;
```

17. 取消固定循环指令 G80

（1）功能：该指令能取消固定循环，同时 R 点和 Z 点也被取消。

（2）格式：G80；

18．使用固定循环指令时的注意事项

（1）在固定循环指令前应使用M03或M04指令使主轴回转。

（2）在固定循环程序段中，X、Y、Z、R数据应至少指令一个才能进行孔加工。

（3）如果Z的移动量为零，则G73、G74、G76、G81～G89指令不执行。

（4）在使用控制主轴回转的固定循环（G74、G84、G86）中，如果连续加工一些孔间距比较小，或者初始平面到*R*平面的距离比较短的孔时，会出现在进入孔的切削动作前，主轴还没有达到正常转速的情况，遇到这种情况时，应在各孔的加工动作之间插入G04指令，以获得时间。

（5）当用G00～G03指令注销固定循环时，若G00～G03指令和固定循环出现在同一程序段，按后出现的指令运行。

（6）在固定循环程序段中，如果指定了M，则在最初定位时送出M信号，等待M信号完成，才能进行孔加工循环。

本项目详细介绍了孔的加工方法、加工孔走刀路线设计以及固定循环指令。要求读者熟悉加工孔的走刀路线设计，掌握固定循环指令的编程方法。

一、选择题（请将正确答案的序号填写在括号中，每题2分，满分20分）

1．镗削精度高的孔时，粗镗后，在工件上的切削热达到（　　）后再进行精镗。

（A）热平衡　（B）热变形　（C）热膨胀　（D）热伸长

2．一般情况下，在（　　）范围内的螺纹孔可在加工中心上直接完成。

（A）M1～M5　（B）M6～M10　（C）M6～M20　（D）M10～M30

3．在（50，50）坐标点，钻一个深10mm的孔，*Z*轴坐标零点位于零件表面上，则指令为（　　）。

（A）G85 X50.0 Y50.0 Z−10.0 R0 F50；　（B）G81 X50.0 Y50.0 Z−10.0 R0 F50；

（C）G81 X50.0 Y50.0 Z−10.0 R5.0 F50；　（D）G83 X50.0 Y50.0 Z−10.0 R5.0 F50；

4．在如图7-36所示的孔系加工中，对加工路线描述正确的是（　　）。

（A）图7-36（a）满足加工路线最短的原则　（B）图7-36（b）满足加工精度最高的原则

（C）图7-36（a）易引入反向间隙误差　（D）以上说法均正确

5．通常情况下，在加工中心上切削直径（　　）mm的孔都应预制出毛坯孔。

（A）小于30　（B）大于或等于30　（C）大于50　（D）大于或等于50

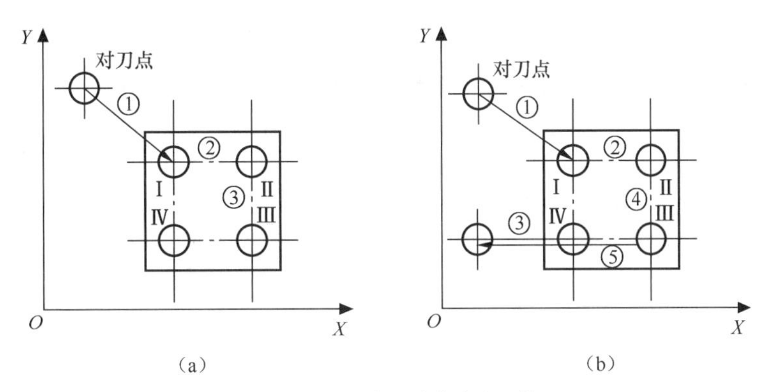

图7-36　孔系加工路线方案比较

6. 执行程序 G98 G81 R3 Z-5 F50 后，钻孔深度是（　　）。

（A）5mm　（B）3mm　（C）8mm　（D）2mm

7. 标准麻花钻的锋角为（　　）。

（A）118°　（B）35°～40°　（C）50°～55°　（D）112°

8. 钻小孔或长径比较大的孔时，应取（　　）的转速钻削。

（A）较低　（B）中等　（C）较高　（D）不一定

9. 数控机床由主轴进给镗削内孔时，床身导轨与主轴若不平行，会使加工件的孔出现（　　）误差。

（A）锥度　（B）圆柱度　（C）圆度　（D）直线度

10. 深孔加工应选用（　　）指令。

（A）G81　（B）G82　（C）G83　（D）G84

二、判断题（请将判断结果填入括号中，正确的填“√”，错误的填“×”，每题 2 分，满分 20 分）

（　　）1. 铣螺纹前的底孔直径必须大于螺纹标准中规定的螺纹小径。

（　　）2. 浮动镗刀不能矫正孔的直线度和位置度误差。

（　　）3. 采用 G98 指令编程时，刀具返回初始平面。

（　　）4. 在铣床上可以用键槽铣刀或立铣刀铣孔。

（　　）5. G81 指令可用于深孔加工。

（　　）6. G81 指令和 G82 指令的区别在于，G82 指令在孔底加进给暂停动作。

（　　）7. 用 G84 指令攻丝时，没有 Q 参数。

（　　）8. G98 G81 X0 Y–20 Z–3 R5 F50 与 G99 G81 X0 Y–20 Z–3 R5 F50 意义相同。

（　　）9. 用 G83 指令编程时，可以不指定 R 参数。

（　　）10. G86 是背镗循环指令。

三、编程题（在下面 4 道题中，任选 1 道，满分 60 分）

1. 加工如图 7-37 所示零件，数量为 1 件，毛坯为 80mm×80mm×30mm 的 45 钢。要求设计数控加工工艺方案，编制机械加工工艺过程卡、数控加工工序卡、数控铣刀具调整卡、数控加工程序卡，进行仿真加工，优化走刀路线和程序。

2. 加工如图 7-38 所示零件，数量为 1 件，毛坯为 100mm×100mm×23mm 的 45 钢，6 个面已被平磨，并保证垂直度<0.05mm，尺寸公差±0.05。要求设计数控加工工艺方案，编制机械加工工艺过程卡、数控加工工序卡、数控铣刀具调整卡、数控加工程序卡，进行仿真加工，优化走刀路线和程序。

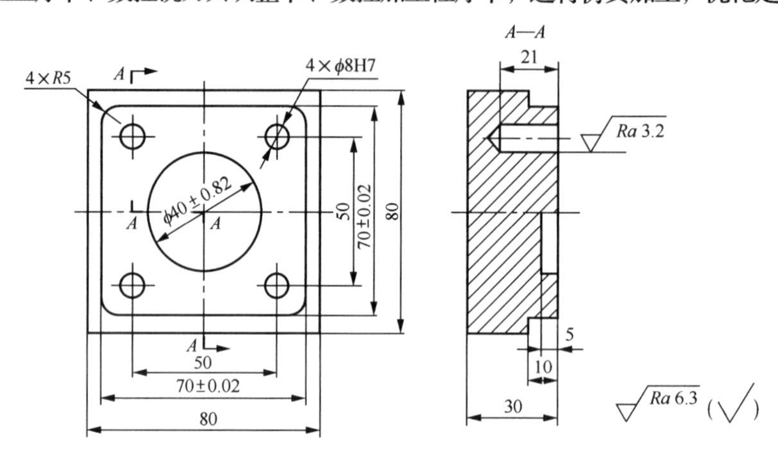

技术要求

1.未注尺寸公差按GB/T 1804-m处理。
2.零件加工表面上，不应有划痕、擦伤等损伤零件表面的缺陷。
3.去除毛刺飞边。

图7-37　编程题1

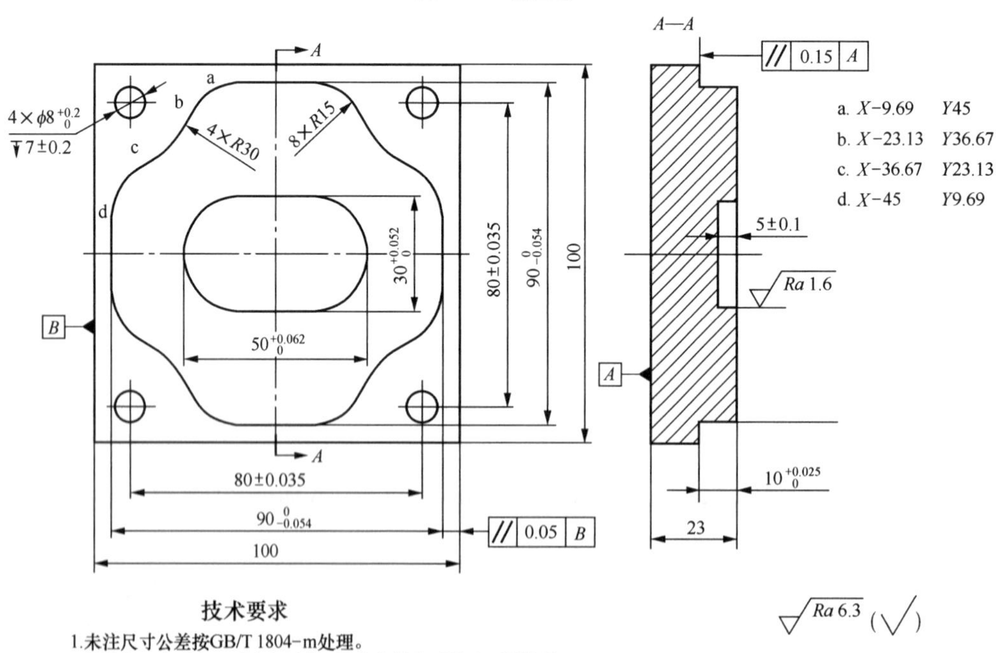

技术要求

1.未注尺寸公差按GB/T 1804-m处理。
2.零件加工表面上，不应有划痕、擦伤等损伤零件表面的缺陷。
3.去除毛刺飞边。

图7-38　编程题2

3．加工如图7-39所示零件，数量为1件，毛坯为100mm×100mm×23mm的45钢，6个面已被磨平，并保证垂直度<0.05mm，尺寸公差±0.05。要求设计数控加工工艺方案，编制机械加工工艺过程卡、数控加工工序卡、数控铣刀具调整卡、数控加工程序卡，进行仿真加工，优化走刀路线和程序。

4．加工如图7-40所示零件，数量为1件，毛坯为100mm×100mm×23mm的45钢。要求设计数控加工工艺方案，编制机械加工工艺过程卡、数控加工工序卡、数控铣刀具调整卡、数控加工程序卡，进行仿真加工，优化走刀路线和程序。

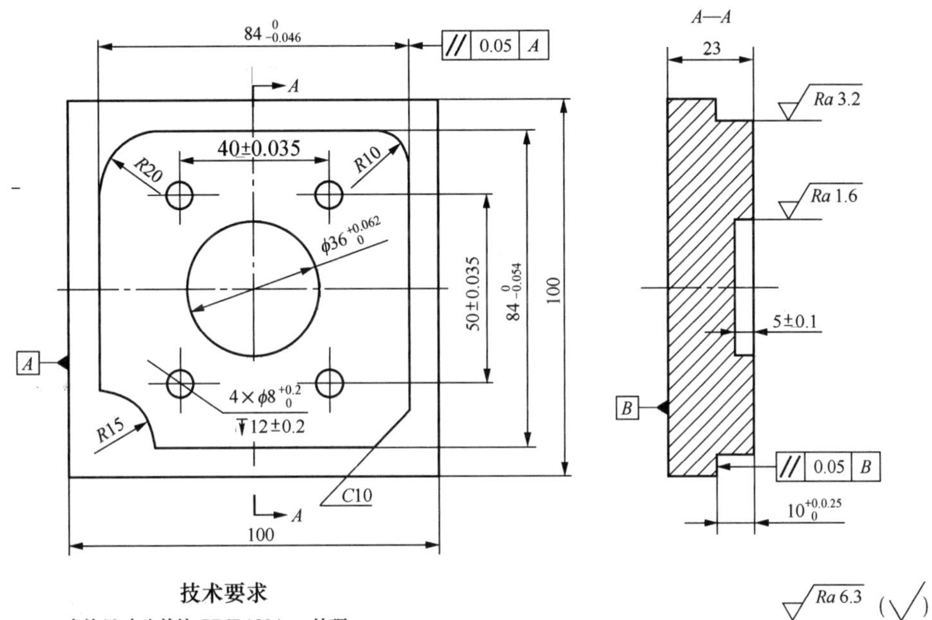

技术要求

1. 未注尺寸公差按GB/T 1804-m 处理。
2. 零件加工表面上，不应有划痕、擦伤等损伤零件表面的缺陷。
3. 去除毛刺飞边。

图7-39　编程题3

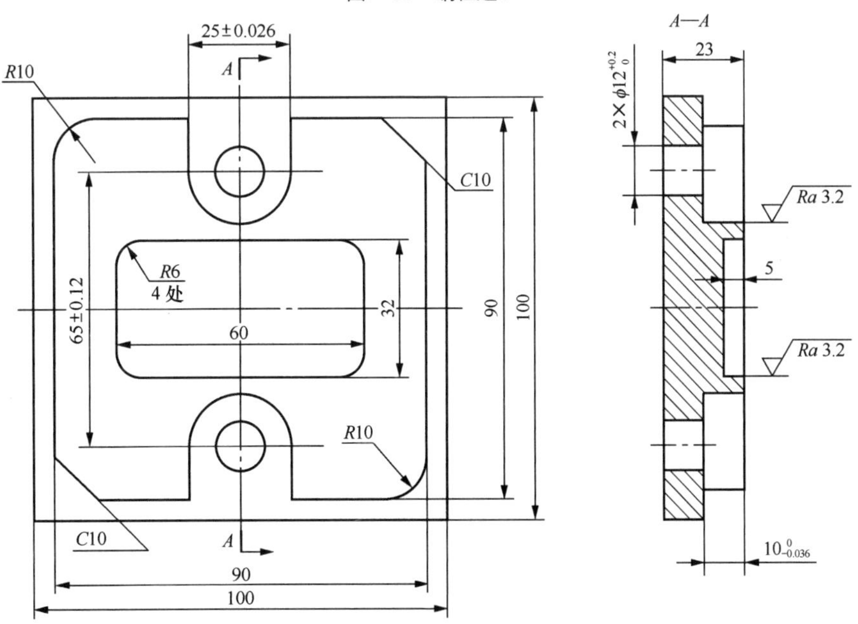

技术要求

1. 未注尺寸公差按GB/T 1804-m处理。
2. 零件加工表面上，不应有划痕、擦伤等损伤零件表面的缺陷。　Ra 6.3 (√)
3. 去除毛刺飞边。

图7-40　编程题4

Chapter

8

项目八

基座的数控加工工艺设计与程序编制

【能力目标】

通过基座的数控加工工艺设计与程序编制，具备使用宏程序编制简单曲面铣削数控加工程序的能力。

【知识目标】

1. 了解曲面的铣削方法。
2. 了解曲面加工时铣刀的选择。
3. 掌握数控铣宏程序。

一、项目导入

加工基座，如图 8-1 所示，要求设计数控加工工艺方案，编制机械加工工艺过程卡、数控加工工序卡、数控铣刀具调整卡、数控加工程序卡，进行仿真加工，优化走刀路线和程序。

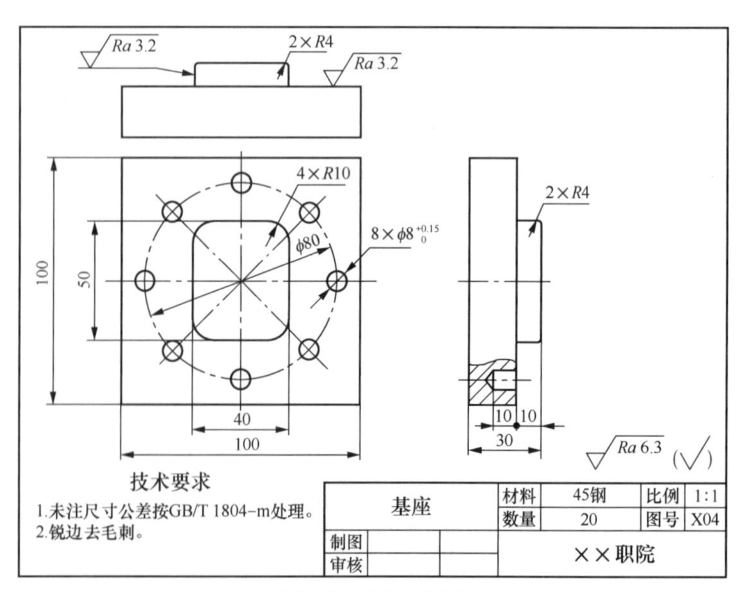

图8-1 基座零件图

二、相关知识

（一）曲面的铣削方法

1．边界敞开的曲面铣削

对于边界敞开的曲面加工，可采用如图 8-2 所示的两种进给路线。对于发动机大叶片，当采用图 8-2（a）所示的加工方案时，每次沿直线加工，刀位点计算简单，程序少，加工过程符合直纹面的形成，可以准确保证母线的直线度；当采用图 8-2（b）所示的加工方案时，叶形的准确度高，但程序较多。因为曲面零件的边界是敞开的，没有其他面限制，所以曲面边界可以延伸，球头铣刀应由边界外开始加工。

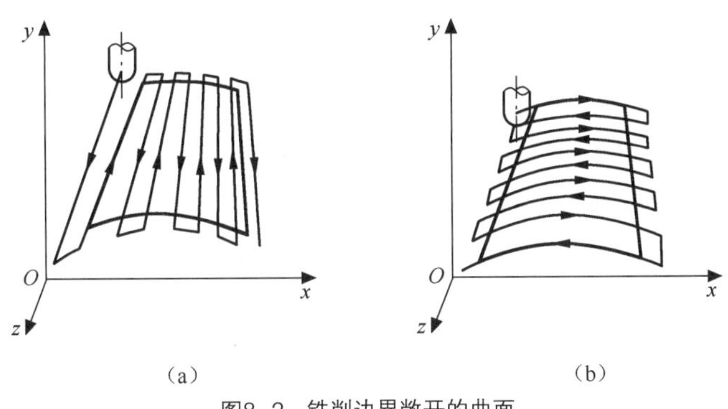

图8-2　铣削边界敞开的曲面

2．模具型腔加工

对于形状较复杂的型腔曲面，可采用如下步骤加工。

（1）粗铣，如图 8-3 所示，采用 R 面铣刀去除余量，铣削方式一般采用坡走平行铣削。一层一层地往下铣，初步铣出型腔大致轮廓。

（2）采用圆弧铣刀（牛鼻刀）去除 R 面铣刀所残留的余量，如图 8-4 所示，铣削方式一般采用沿型腔曲面铣削，并留出半精加工余量。

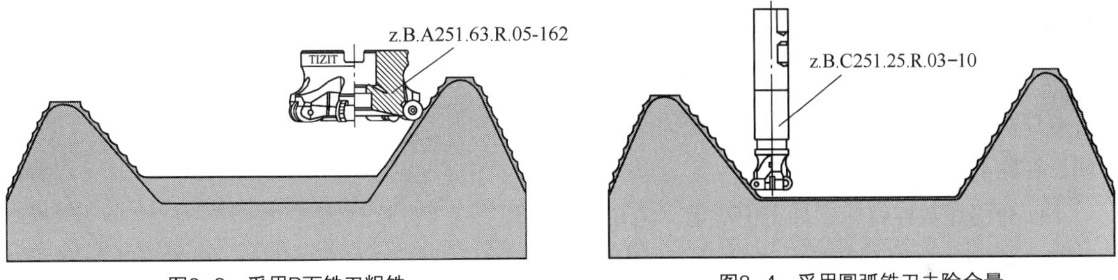

图8-3　采用R面铣刀粗铣　　图8-4　采用圆弧铣刀去除余量

（3）用仿形球头铣刀去除圆弧铣刀所残留的余量，如图 8-5 所示，铣削方式一般采用沿型腔曲面铣削，并留出精加工余量。

（4）用整体合金球头铣刀沿型腔曲面进行精铣并清根，如图 8-6 所示。

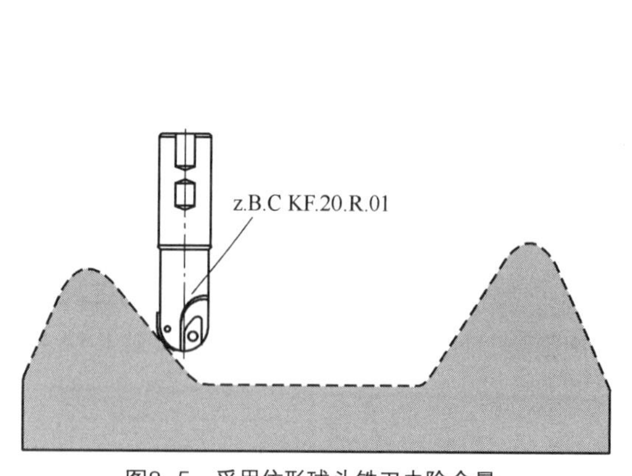

图8-5 采用仿形球头铣刀去除余量

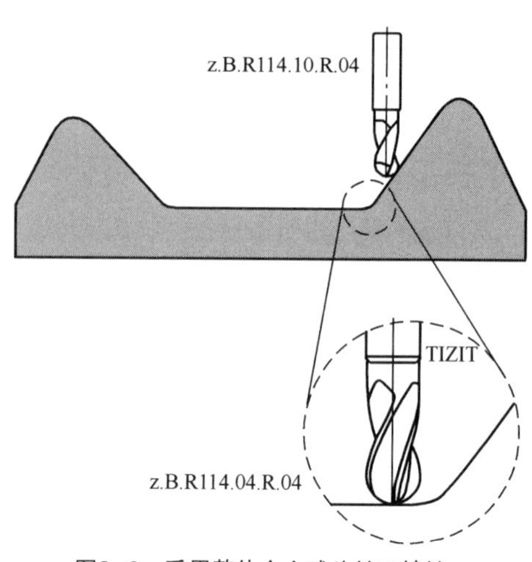

图8-6 采用整体合金球头铣刀精铣

（二）曲面加工时铣刀的选择

对于一些立体型面和变斜角轮廓外形的加工，常用的刀具有球头铣刀、环形铣刀、鼓形铣刀、锥形铣刀和盘铣刀，如图 8-7 所示。其中球头铣刀应用较多，球头铣刀的刀位点位于球心处。

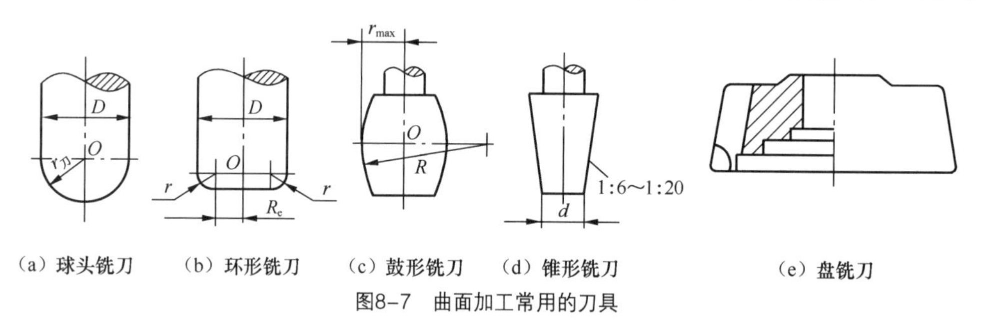

图8-7 曲面加工常用的刀具

球头铣刀适合于仿形铣和曲面铣。当加工曲面较平坦部位时，刀具以球头顶端刃切削，切削条件较差，此时应采用环形铣刀（圆鼻刀）。在单件或小批量生产中，为取代多坐标联动机床，常采用鼓形铣刀或锥形铣刀来加工一些变斜角零件，其效率比用球头铣刀高近 10 倍，并可获得好的加工精度。

（三）数控铣宏程序

数控铣床、加工中心的用户宏程序功能与数控车床相同，在此不再重述。

下面介绍在数控铣床、加工中心上，应用用户宏程序功能 B 编制的典型宏程序。

1. 沿圆周均布的孔群加工

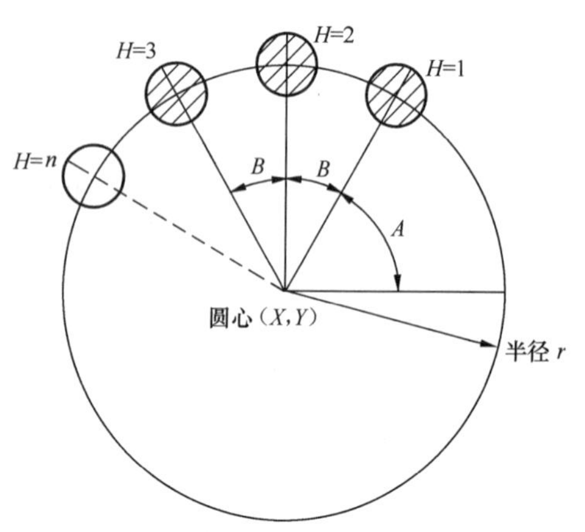

图8-8 沿圆周均布的孔群

如图 8-8 所示，编制一个宏程序加工沿圆周均布的孔群。圆心坐标为（X，Y），圆周半径为 r，第 1 个孔与 X 轴的夹角为 A，各孔间角度间隔为 B，孔数为 H，角度的方向规定逆时针为正，顺时针为负。

设定主程序的程序名为 O0801，主程序的内容如下。

```
程序                                          说明
O0801
N5 M03 S1000;
N10 G90 G54 G00 X0 Y0 Z30;                    程序开始，定位于 G54 原点上方
N15 G65 P9100 X50.0 Y20.0 Z-10.0 R1.0;        调用宏程序 O9100
F200 A22.5 B45.0 I60.0 H8;
N20 M05;
N25 M30;                                      程序结束
```

自变量赋值说明见表 8-1。

表 8-1　自变量赋值说明

自变量赋值	说明
#1=（A）	第 1 个孔的角度 *A*
#2=（B）	各孔间角度间隔 *B*（即增量角）
#4=（I）	圆周半径
#9=（F）	进给速度
#11=（H）	孔数
#18=（R）	固定循环中 *R* 平面的 *Z* 坐标
#24=（X）	圆心 *X* 坐标值
#25=（Y）	圆心 *Y* 坐标值
#26=（Z）	圆心 *Z* 坐标值

这里选用局部变量时，没有按照#1，#2，#3…那样依次从小到大选用，而是结合常规数控语句的地址及含义，尽量使主程序调用时的地址有意义，这样比较直观，且容易理解。

宏程序 O9100 的内容如下。

```
程序                                  说明
O9100
#3=1;                                 孔序号计数值置 1（即从第 1 个孔开始）
WHILE [#3 LE#11] DO 1;                如果#3（孔序号）≤#11（孔数 H），循环 1 继续
#5=#1+[#3-1]*#2;                      第#3 个孔对应的角度
#6=#24+#4*COS[#5];                    第#3 个孔中心的 X 坐标值
#7=#25+#4*SIN[#5];                    第#3 个孔中心的 Y 坐标值
G98 G81 X#6 Y#7 Z#26 R#18 F#9;        用 G81 方式加工第#3 个孔
#3=#3+1;                              孔序号#3 递增 1
END 1;                                循环 1 结束
G80;                                  取消固定循环
M99;                                  宏程序结束，返回主程序
```

上述程序适合于G73、G83等孔加工方式。

2．四周圆角过渡矩形周边外凸倒 *R* 面加工

如图 8-9 所示，用球头铣刀铣削矩形周边外凸 *R* 面。下刀点选择在工件前侧的中央，采用 1/4 圆弧切入进刀和 1/4 圆弧切出退刀，刀具由下至上逐层爬升，以顺铣方式（顺时针方向）单向走刀。为了进一步减少接刀痕的影响，提高工件的表面质量，在圆弧进、退刀处，使直线段开始与结束的刀具轨迹保持一定的重叠（2～4mm）。

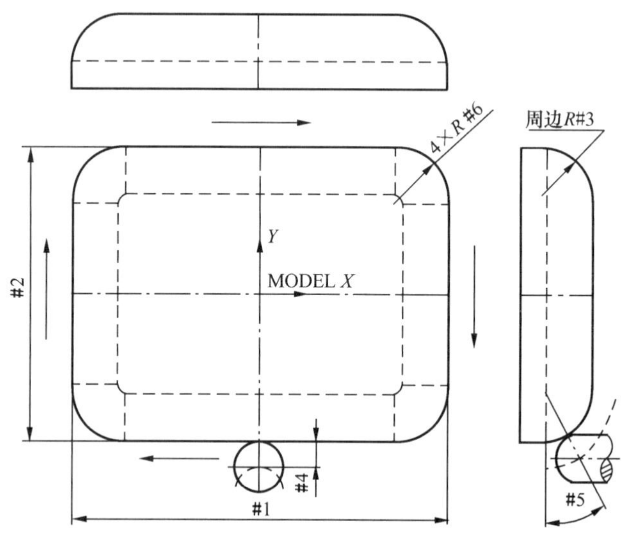

图8-9　用球头铣刀铣削矩形周边外凸R面示意图

设定程序名为O0802，编程原点设在工件上表面的中心，程序内容如下。

程序	说明
O0802	
#1=;	X向外形尺寸(大端)
#2=;	Y向外形尺寸(大端)
#3=;	周边倒R面圆角半径
#4=;	球头铣刀的半径
#5=0;	角度设为自变量，赋初始值为0(#5≤90°)
#15=;	自变量#5每次递增量
#6=;	矩形四周圆角过渡半径(下面大端)
#20=;	1/4圆弧切入进刀和1/4圆弧切出退刀半径
M03 S1000;	
G90 G54 G00 X0 Y0 Z30.0;	程序开始，刀具定位于G54原点上方安全高度
#8=#2/2+#4;	初始刀位点刀心到原点距离(Y方向)
#9=#6+#4;	首轮刀具轨迹四周圆角半径
G00 X[#20+2.0] Y[-#8-#20];	刀具快速移至前侧中央初始点
WHILE [#5 LE 90] DO 1;	如果加工角度#5≤90°，循环1继续
#11=#1/2-#3+[#3+#4]*COS[#5];	任意刀位点刀心到原点距离(X方向)

```
#22=#2/2-#3+[#3+#4]*COS[#5];          任意刀位点刀心到原点距离(Y方向)
#33=[#3+#4]*[SIN[#5]-1];              任意刀位点刀尖的Z坐标值
#16=#9-#3*[1-COS[#5]];                任意角度时刀心在四周圆角半径
G00 Z#33;                             刀具快速移至当前加工深度的Z坐标值
G01 X#20 Y[-#22-#20] F200;            刀具移至当前刀位点
G91 G03 X-#20 Y#20 R#20;              1/4圆弧切入进刀
G90 G01 X-#11 R#16 F400;              开始沿轮廓走刀
Y#22 R#16;
X#11 R#16;
Y-#22 R#16;
X-2.0;                                走到X-2.0处(进、退刀处有4.0mm的重叠部分)
G91 G03 X-#20 Y-#20 R#20 F200;        1/4圆弧切出退刀
G90 G00 X[#20+2.0];                   刀具快速回到X#20处(进刀点)
#5=#5+#15;                            角度#5每次递增#15
END 1;                                循环1结束(此时#5>90°)
G00 Z30.0;                            刀具快速提刀至安全高度
M05;
M30;                                  程序结束
```

三、项目实施

(一)零件工艺性分析

1．结构分析

如图 8-1 所示，该零件的加工内容包括平面、带倒圆角的凸台、8 个孔。

2．尺寸分析

该零件图尺寸完整，主要尺寸分析如下。

$\phi 8_{0}^{+0.15}$：经查表，加工精度等级为 IT12。

其他尺寸的加工精度按 GB/T 1804—m 处理。

3．表面粗糙度分析

凸台侧面和底面的表面粗糙度为 3.2μm，其他表面的表面粗糙度为 6.3μm。

根据分析，基座的所有表面都可以加工出来，经济性能良好。

(二)制订机械加工工艺方案

1．确定生产类型

零件数量为 20 件，属于单件小批量生产。

2．拟订工艺路线

(1)确定工件的定位基准。以工件底面和两侧面为定位基准。

(2)选择加工方法。加工平面和凸台选择铣削。

孔的精度等级为 IT12，表面粗糙度为 6.3μm，采用钻削即可。

(3)拟订工艺路线。

① 按 105mm×105mm×35mm 下料。

② 在普通铣床上铣削6个面，保证100mm×100mm×30mm。

③ 去毛刺。

④ 在加工中心或数控铣床上铣凸台和钻孔。

⑤ 去毛刺。

⑥ 检验。

3. 设计数控铣加工工序

（1）选择加工设备。选用南通机床厂生产的XH713A型加工中心，系统为FANUC 0i。

（2）选择工艺装备。

① 该零件采用平口钳定位夹紧。

② 刀具选择如下。

ϕ30mm高速钢立铣刀：粗铣凸台。

ϕ14mm硬质合金立铣刀：精铣凸台、粗铣凸台圆角

ϕ8mm硬质合金球头铣刀：精铣凸台圆角。

ϕ8mm高速钢钻头：钻孔。

③ 量具选择如下。

量程为150mm，分度值为0.02mm的游标卡尺。

（3）确定工步和走刀路线。确定工步如下：分层粗铣、精铣凸台→粗铣、精铣凸台圆角→钻孔。

（4）确定切削用量，见表8-3。

（三）编制数控技术文档

1. 编制机械加工工艺过程卡

编制机械加工工艺过程卡，见表8-2。

表8-2　　基座的机械加工工艺过程卡

机械加工工艺过程卡		产品名称		零件名称	零件图号		材料	毛坯规格
				基座	X04		45钢	105mm×105mm×35mm
工序号	工序名称	工序简要内容		设备	工艺装备			工时
5	下料	105mm×105mm×35mm		锯床				
10	铣面	铣削6个面，保证100mm×100mm×30mm		X52	平口虎钳、面铣刀、游标卡尺			
15	钳	去毛刺			钳工台			
20	数铣	铣凸台、倒角、钻孔		XH713A	平口虎钳、ϕ30mm高速钢立铣刀、ϕ14mm硬质合金立铣刀、ϕ8mm硬质合金球头铣刀、ϕ8mm高速钢钻头、游标卡尺			
25	钳	去毛刺			钳工台			
30	检验							
编制		审核		批准		共　页		第　页

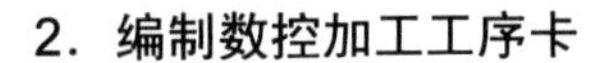

2．编制数控加工工序卡

编制数控加工工序卡，见表 8-3。

表 8-3　　　　基座的数控加工工序卡

数控加工工序卡				产品名称		零件名称		零件图号	
						基座		X04	
工序号	程序编号	材料	数量	夹具名称		使用设备		车间	
20	08001 08002 08003 08004 08200	45 钢	20	平口虎钳		XH713A		数控加工车间	
工步号	工步内容	切削用量				刀具		量具	
		v_c (m/min)	n (r/min)	f (mm/min)	a_p (mm)	编号	名称	编号	名称
1	粗铣凸台	47	500	150 (f= 0.3mm/r)	10	1	ϕ30mm 高速钢立铣刀	1	游标卡尺
2	精铣凸台	75	2 000	100 (f= 0.05mm/r)	10	2	ϕ14mm 硬质合金立铣刀	1	游标卡尺
3	粗铣倒角	44	1 000	200 (f= 0.2mm/r)		2	ϕ14mm 硬质合金立铣刀	1	游标卡尺
4	精铣倒角	50	2 000	100 (f= 0.05mm/r)		4	ϕ8mm 硬质合金球头铣刀	1	游标卡尺
5	钻孔	25	1 000	100 (f= 0.1mm/r)	8	4	ϕ8mm 高速钢钻头	1	游标卡尺
编制		审核		批准			共　页	第　页	

3．编制刀具调整卡

编制刀具调整卡，见表 8-4。

表 8-4　　　　基座的数控铣刀具调整卡

产品名称或代号				零件名称	基座	零件图号	X04
序号	刀具号	刀具名称	刀具材料	刀具参数（mm）		刀补地址	
				直径	长度	直径	长度
1	1	立铣刀	高速钢	ϕ30	100		1
2	2	立铣刀	硬质合金	ϕ14	100		2
3	3	球头铣刀	硬质合金	ϕ8	100		3
4	4	钻头	高速钢	ϕ8	100		4
编制		审核		批准		共　页	第　页

4．编制数控加工程序卡

编程原点选择在工件上表面的中心处。

（1）粗、精铣凸台。采用ϕ30mm 高速钢立铣刀粗铣凸台，采用ϕ14mm 硬质合金立铣刀精铣凸台，主程序见表 8-5，子程序见表 8-6。

表 8-5　　粗、精铣凸台的主程序

零件图号	X04	零件名称	基座	编制日期	
程序号	O8001	数控系统	FANUC 0i	编制	
程序内容			程序说明		
M06 T1;			换ϕ30mm 高速钢立铣刀		
G90 G54 G00 X0 Y0;					
G43 G00 Z10 H01;					
M03 S500;					
G00 X-50 Y-70 Z5;					
G01 Z-2.5 F150;					
D01 M98 P8200;			D01 中存储 30		
D03 M98 P8200;			D03 中存储 16		
G90 G01 Z-5;					
D01 M98 P8200;					
D03 M98 P8200;					
G90 G01 Z-7.5;					
D01 M98 P8200;					
D03 M98 P8200;					
G90 G01 Z-10;					
D01 M98 P8200;					
D03 M98 P8200;					
G90 G00 Z100;					
M06 T2;			换ϕ14mm 硬质合金立铣刀		
G43 G00 Z10 H02;					
M03 S2000;					
G00 X-50 Y-70 Z5;					
G01 Z-2.5 F100;					
D02 M98 P8200;			D02 中存储 7		
G90 G01 Z-5;					
D02 M98 P8200;					
G90 G01 Z-7.5;					
D02 M98 P8200;					
G90 G01 Z-10;					
D02 M98 P8200;					
G90 G00 Z100;					
X0 Y0;					
M05;					
M30;					

表 8-6　粗、精铣凸台的子程序

零件图号	X04	零件名称	基座	编制日期	
程序号	08200	数控系统	FANUC 0i	编制	
程序内容			程序说明		
G91 G41 X30 Y10; Y75; G02 X10 Y10 R10; G01 X20; G02 X10 Y-10 R10; G01 Y-30; G02 X-10 Y-10 R10; G01 X-20; G02 X-10 Y10 R10; G03 X-40 Y40 R40; G40 G01 X10 Y-95; M99;					

（2）粗、精铣倒角 $R4$。采用ϕ14mm 硬质合金立铣刀粗铣凸台圆角，程序见表 8-7。

表 8-7　粗铣凸台圆角的数控程序

零件图号	X04	零件名称	基座	编制日期	
程序号	08002	数控系统	FANUC 0i	编制	
程序内容			程序说明		
M06 T2;			换ϕ14mm 硬质合金立铣刀		
G90 G54 G00 X0 Y0;					
G43 G00 Z10 H03;					
M3 S1000;					
X30 Y-40 M7;					
Z2;					
G1 Z0 F200;					
#1=0;			#1 倒角圆弧切线与水平线夹角（变量）		
#2=4;			#2 倒角半径		
#3=7;			#3 刀具半径		
WHILE [#1 LE 90] DO 1;					
#4=#2*[1-COS[#1]];					
#5=#3-[1-SIN[#1]]*#2;					
G10 L12 P1 R#5;			G10 可编程数据输入（自动刀补）		
G1 Z-#4;					
G41 G1 X20 Y-25 D1;					
G1 X-10;					

续表

零件图号	X04	零件名称	基座	编制日期	
程序号	O8002	数控系统	FANUC 0i	编制	
程序内容			程序说明		
G2 X-20 Y-15 R10； G1 Y15； G2 X-10 Y25 R10； G1 X10； G2 X20 Y15 R10； G1 Y-15； G2 X10 Y-25 R10； G3 X0 Y-35 R10； G40 G1 X30 Y-40； #1=#1+5； END 1； G0 Z100 M9； M05； M30；					

采用ϕ8mm 硬质合金球头铣刀精铣凸台圆角，程序见表 8-8。

表 8-8　　精铣凸台圆角的数控程序

零件图号	X04	零件名称	基座	编制日期	
程序号	O8003	数控系统	FANUC 0i	编制	
程序内容			程序说明		
M06 T3；			换ϕ8mm 硬质合金球头铣刀		
G90 G54 G00 X0 Y0；					
G43 G00 Z10 H04；					
M3 S2000；					
X30 Y-40 M7；					
Z2；					
G1 Z0 F100；					
#1 = 0；			#1 倒角圆弧切线与水平线夹角（变量）		
#2 = 4；			#2 倒角半径		
#3 = 4；			#3 刀具半径		
WHILE [#1 LE 90] DO 1；					
#4=#2*[1−COS[#1]]；					
#5=#3−[1−SIN[#1]]*#2；					
G10 L12 P1 R#5；			G10 可编程数据输入（自动刀补）		
G1 Z-#4；					

续表

零件图号	X04	零件名称	基座	编制日期	
程序号	08003	数控系统	FANUC 0i	编制	
程序内容			程序说明		
G41 G1 X20 Y-25 D1; G1 X-10; G2 X-20 Y-15 R10; G1 Y15; G2 X-10 Y25 R10; G1 X10; G2 X20 Y15 R10; G1 Y-15; G2 X10 Y-25 R10; G3 X0 Y-35 R10; G40 G1 X30 Y-40; #1 = #1+2; END 1; G0 Z100 M9; M05; M30;					

（3）钻孔。采用ϕ8mm 高速钢钻头钻孔，钻孔采用宏程序编程，程序见表 8-9。

表 8-9　　钻孔的数控加工程序卡

零件图号	X04	零件名称	基座	编制日期	
程序号	08004	数控系统	FANUC 0i	编制	
程序内容			程序说明		
M06 T4;			换ϕ8mm 高速钢钻头		
G54 G90 G40 G49 G80;					
G43 G00 Z10 H05;					
M03 S1000;					
M07;					
#3=1;					
WHILE[#3LE8]DO 1;					
#5= [#3-1]*#2;					
#6=40*COS[#5];					
#7=40*SIN[#5];					
G98 G81 X#6 Y#7 Z-22.4 R5 F100;				钻孔深度=20+0.3D=20+0.3×8=22.4	
#3 = #3+1;					
END 1;					

续表

零件图号	X04	零件名称	基座	编制日期	
程序号	O8004	数控系统	FANUC 0i	编制	
程序内容			程序说明		
G80； M09； G00 X0 Y0 Z100； M05； M30；					

（四）试加工与优化

（1）进入数控铣仿真软件并开机。

（2）回零。

（3）输入程序。

（4）调用程序。

（5）安装工件并确定编程原点。

（6）装刀并设置刀具参数。

（7）自动加工。

（8）测量工件。

四、拓展知识

（一）SINUMERIK 802D 系统的宏程序功能

1. SINUMERIK 802D 系统的钻孔样式循环

（1）HOLES1 排孔循环指令。

① 功能。加工一条直线上的一排孔，如直线分布的孔、网络孔等，孔的类型由已被调用的钻孔循环决定。

② 编程格式。HOLES1（SPCA，SPCO，STA1，FDIS，DBH，NUM）；

③ 参数意义，如图 8-10 所示。

SPCA：排孔的起始位置 X 轴坐标。

SPCO：排孔的起始位置 Y 轴坐标。

STA1：排孔中心所在直线与 X 轴夹角。

FDIS：排孔上第一个孔中心到起始位置的距离。

DBH：排孔上孔之间的距离。

NUM：排孔上孔的数目。

（2）HOLES2 圆周孔循环指令。

① 功能。加工圆周孔或沿圆弧排列的孔。

② 编程格式。HOLES2（CPA，CPO，RAD，STA1，INDA，NUM）;

③ 参数意义，如图 8-11 所示。

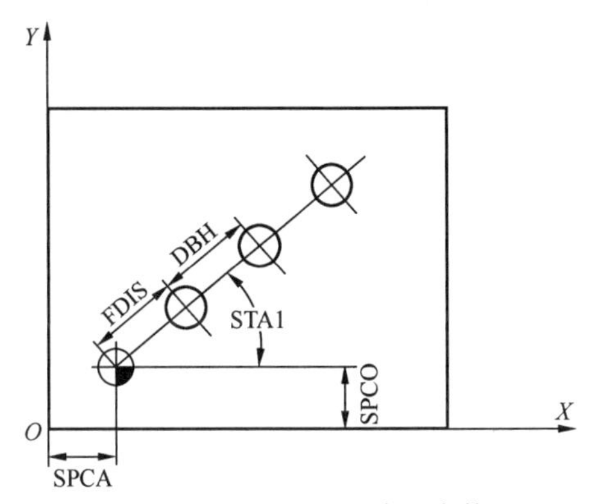

图8-10　HOLES1排孔循环参数

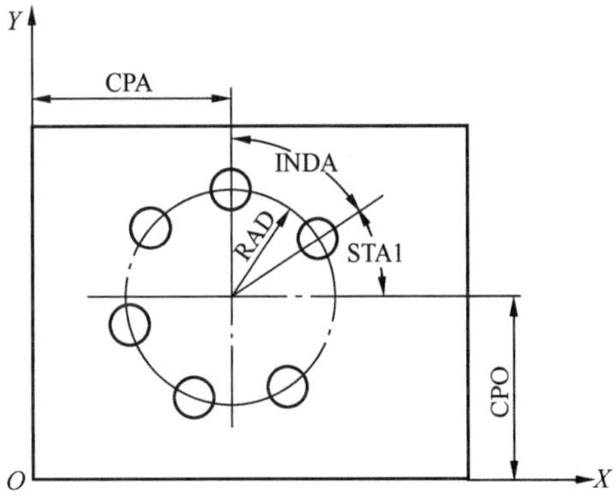

图8-11　HOLES2圆周孔循环参数

CPA：圆周孔中心位置的 *X* 轴坐标。

CPO：圆周孔中心位置的 *Y* 轴坐标。

RAD：圆周孔的半径。

STA1：圆周上第一个孔中心与圆周中心连线和 *X* 轴夹角。

INDA：孔与孔之间的夹角增量。

NUM：圆周上孔的数目。

2．程序跳转

（1）标记符。

标记符用于标记程序中所跳转的目标程序段，用跳转功能可以实现程序运行分支。

标记符由 2～8 个字母或数字组成，其中开始两个符号必须是字母或下划线。

跳转目标程序段中标记符后面必须为冒号。标记符位于程序段段首。如果程序段有段号，则标记符紧跟着段号。

在一个程序段中，标记符不能含有其他意义。

（2）绝对跳转。

① 功能：改变程序段执行顺序。

② 编程格式：

```
GOTOF  Label;
GOTOB  Label;
```

③ 说明如下。

GOTOF：向前跳转。

GOTOB：向后跳转。

Label：标记符或程序段号。

（3）有条件跳转。

① 功能：如果满足跳转条件，则进行跳转。

② 编程格式：

```
IF条件 GOTOF  Label;
IF条件 GOTOB  Label;
```

③ 说明如下。

GOTOF：向前跳转。

GOTOB：向后跳转。

Label：标记符或程序段号。

IF：跳转条件导入符。

条件：作为条件的计算参数，常用比较运算符如下。

==：等于。

< >：不等。

>：大于。

<：小于。

>=：大于或等于。

<=：小于或等于。

（二）华中世纪星 HNC-21M 系统的宏程序功能

华中世纪星 HNC-21M 系统的宏指令编程的规则与华中世纪星 HNC-21T 系统相同，在此不再重述。

本项目介绍了曲面的铣削方法、曲面加工时铣刀的选择、数控铣宏程序。要求读者了解曲面的铣削方法，熟悉宏程序的应用。

一、简答题（20 分）

阅读下列程序，说明程序完成的功能，并画出程序流程图。

```
N10 #1=0;
N20 #2=1;
N30 WHILE [#2 LE 100] DO 3;
N40 #1=#1+#2;
N50 #2=#2+1;
N60 END 3;
N70 M30;
```

二、编程题（80 分）

1. 如图 8-12 所示，加工 4 个孔，用宏程序编写数控加工程序。（20 分）

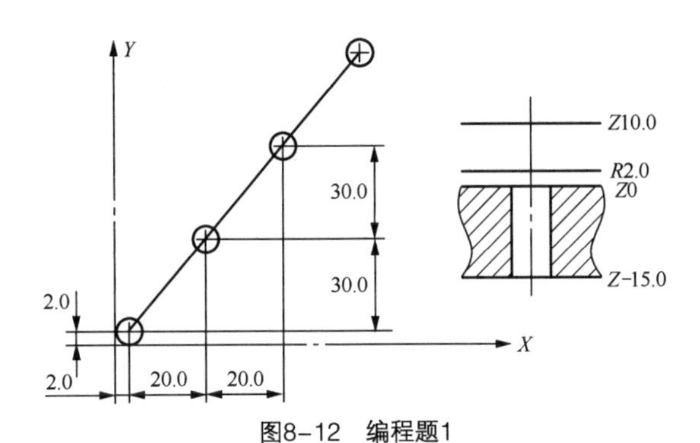

图8-12　编程题1

2. 加工如图 8-13 所示零件，数量为 1 件，毛坯为 120mm×120mm×25mm 的 45 钢。要求设计数控加工工艺方案，编制机械加工工艺过程卡、数控加工工序卡、数控铣刀具调整卡、数控加工程序卡，进行仿真加工，优化走刀路线和程序。（60 分）

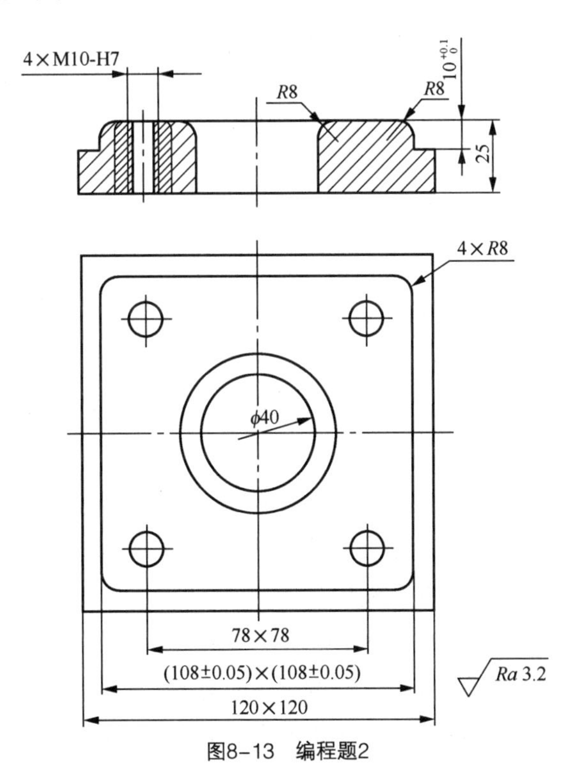

图8-13　编程题2

附录一　湖南省高等职业院校数控技术专业技能抽查标准

（一）适用专业

本标准适用于湖南省高等职业院校目前开设的数控技术专业。

（二）抽查对象

高等职业院校三年一期在校学生（全日制）。

（三）抽查目的

1. 检查专业教学质量

数控技术专业能力考试是为全面贯彻落实教育部提出的职业院校“以就业为导向、以服务为宗旨，以质量提升为核心”办学指导思想，以及《中共湖南省委、湖南省人民政府关于大力发展职业教育的决定》的要求。根据省教育厅关于实施职业院校学生专业技能抽查制度的工作部署，通过数控技术专业能力考试为检验全省各开设了该专业的高等职业院校的办学水平提供一个评判依据。

2. 引导与推动教育教学改革

通过此能力考试，引导各高等职业院校数控技术专业教学改革发展方向，促进工学结合人才培养模式改革与创新，培养可持续发展、满足企业需求的数控技术高技能人才。

3. 检验学生的职业基本技能和职业素质

检验学生基本的读图识图、工装选择和调整、刀具的选择和刃磨、量具选择和使用、工艺设计和实施、数控机床操作与维护等专业能力，检验学生的基本职业素养如质量、效率、成本和安全等意识，从而体现学生所在学校在数控技术专业上的教学水平和教学改革质量。

（四）抽查方式

由省教育厅相关组织机构确定当年测试模块；由组考机构从该模块试题库中随机抽取试题进行测试；被测学生在规定的时间内个人独立完成加工任务。

（五）引用的技术标准或规范

GB/T 1031—2009　产品几何技术规范（GPS）　表面结构　轮廓法　表面粗糙度参数及其数值

GB/T 1182—2008　产品几何技术规范（GPS）几何公差　形状、方向、位置和跳动公差标注
GB/T 1804—2000　一般公差　未注公差的线性和角度尺寸的公差
GB/T 193—2003　普通螺纹　直径与螺距系列
GB/T 196—2003　普通螺纹　基本尺寸
GB/T 197—2003　普通螺纹　公差
GB/T 4457.4—2002　机械制图　图样画法　图线
GB/T 4457.5—2013　机械制图　剖面区域的表示法
GB/T 4458.1—2002　机械制图　图样画法　视图
GB/T 4458.4—2003　机械制图　尺寸注法
GB/T 4458.5—2003　机械制图　尺寸公差与配合注法
GB/T 30174—2013　机械安全　术语
GB/T 30574—2014　机械安全　安全防护的实施准则
GB/T 4863—2008　机械制造工艺基本术语
GB/T 10920—2008　螺纹量规和光滑极限量规　型式与尺寸
GB/T 17163—2008　几何量测量器具术语　基本术语
GB/T 17164—2008　几何量测量器具术语　产品术语
GB/T 1008—2008　机械加工工艺装备基本术语
GB/T 15236—94　职业安全卫生

（六）抽查内容与要求

技能抽查内容包括轴套类零件的数控车削加工、箱体类零件的数控铣削加工两个最基本的、通用的模块，轴套类零件加工项目 60 个、箱体类零件加工项目 60 个。要求学生能按照机械加工企业的操作规范和零件图纸要求独立完成零件的加工和工艺文件的编制，并体现良好的职业精神与职业素养。

1．轴套类零件的数控车削加工

轴套类零件的数控车削加工模块主要用来检验学生是否具备回转体零件的加工工艺设计和数控程序编制，通用夹具的选择、安装、调整，刀具的选择、安装和刃磨，量具的选择和使用，数控车床的日常维护等基本技能。

（1）任务描述。

某机械加工企业承接了一批轴套类零件的加工任务，请按照相应的生产流程和作业标准完成该零件的工艺编制和加工，满足相应的质量要求，正确填写相关工艺文件。

其中，零件具有外圆柱面、圆锥面、圆弧轮廓、内孔、槽和螺纹等加工要素。尺寸公差等级 IT7～IT8 级、形位公差等级 IT7～IT8 级、表面粗糙度达 *Ra*,1.6μm 等 3 方面的质量要求。

（2）测试要求——技能要求。

① 能够识读零件图，并根据图纸要求编制由直线、圆弧、螺纹、沟槽等构成的轴类零件的加工工艺文件。

② 能够根据零件的结构特点选择合适的车削夹具（如三爪卡盘、尾座顶尖等），并能正确安装

和调整夹具。

③ 能够正确选择定位基准，并找正零件。

④ 能够根据数控车床特性、零件材料、零件结构特征、加工精度、工作效率等选择刀具和刀具几何参数，并确定数控加工需要的切削参数和切削用量；能够利用数控车床的功能，借助通用量具或其他简单方法确定车刀的半径及补偿；能选择、安装和使用各种形式的车刀刀具；能够刃磨常用刀具（如切断刀、钻头等）。

⑤ 能够编制由直线、圆弧组成的二维轮廓数控加工程序；能够运用固定循环、子程序进行零件的加工程序编制。

⑥ 能够按照操作规程启动及停止机床，能够使用操作面板上的常用功能键（如回零、手动、MDI、手轮等），能够通过各种途径（如 DNC、网络）输入加工程序，能够通过操作面板输入和编辑加工程序，能够进行对刀并确定相关坐标系，能够进行程序检验、单步执行、空运行并完成零件试切，能够设置刀具参数，能够通过操作面板输入有关参数。

⑦ 能够进行零件的外圆柱面车削、圆弧轮廓车削、内孔钻镗加工、槽类加工、螺纹车削。质量包括尺寸精度、形状精度、位置精度、表面质量、加工时间、加工成本等方面。尺寸公差等级达 IT7～IT8 级、形位公差等级达 IT7～IT8 级、表面粗糙度达 *Ra*1.6μm。

⑧ 能够正确选择及使用常用量具（游标卡尺、外径千分尺、内径量表、R 规、螺纹量规）进行零件的精度检验。

（3）测试要求——素养要求。

① 符合企业基本的 6S（整理、整顿、清扫、清洁、修养、安全）管理要求。能按要求进行工具的定置和归位、工作台面保持清洁、及时清扫废弃管脚及杂物等，能事前进行机床电、气、液、数控系统的检查，具有安全用电意识。

② 符合企业基本的质量常识和管理要求。能进行回转体零件质量的自检，零件搬运、摆放等符合产品防护要求。

③ 符合机械加工企业数控车床操作员工的基本素养要求，体现良好的工作习惯，能进行数控车床的日常保养。

（4）测试时间：180 分钟。

2．箱体类零件的数控铣削加工

箱体类零件的数控铣削加工模块主要用来检验学生是否具备箱体类零件的加工工艺设计和数控程序编制，通用夹具的选择、安装、调整，刀具的选择、安装和刃磨，量具的选择和使用，数控铣床（加工中心）的日常维护等基本技能。

（1）任务描述。

某机械加工企业承接了一批箱体类零件的加工任务，请按照相应的生产流程和作业标准完成零件的工艺编制和加工，满足相应的质量要求，正确填写相关工艺文件。

其中，零件具有外轮廓、内轮廓和孔等特征，内外轮廓由直线、圆弧等构成。尺寸公差等级 IT7～IT8 级、形位公差等级 IT7～IT8 级、表面粗糙度达 *Ra*1.6μm 等 3 方面的质量要求。

（2）测试要求——技能要求

① 能够识读零件图，并根据图纸要求编制具有内、外轮廓和孔特征，内外轮廓由直线、圆弧等构成的二维轮廓零件的铣削加工工艺文件。

② 能够根据零件的结构特点选择合适的铣削夹具（如压板、虎钳、平口钳等），并能正确安装和调整夹具。

③ 能够正确选择定位基准，并找正零件。

④ 能够根据数控铣床的特性、零件材料、加工精度、工作效率等选择刀具和刀具几何参数，并确定数控加工需要的切削参数和切削用量；能够利用数控铣床的功能，借助通用量具或对刀仪测量刀具的半径及长度；能选择、安装和使用刀柄，能够刃磨常用刀具（如钻头等孔加工刀具）。

⑤ 能够编制由直线、圆弧组成的二维轮廓以及子程序指令的数控加工程序，能够运用子程序进行零件的加工程序编制。

⑥ 能够按照操作规程启动及停止机床，能够使用操作面板上的常用功能键（如回零、手动、MDI、修调等）；能够通过各种途径（如 DNC、网络）输入加工程序，能够通过操作面板输入和编辑加工程序，能够进行对刀并确定相关坐标系；能够进行程序检验、单步执行、空运行并完成零件试切；能够设置刀具参数，能够通过操作面板输入有关参数。

⑦ 能够进行零件的平面加工、内外轮廓加工、孔类加工。质量包括尺寸精度、形状精度、位置精度、表面质量、加工时间、加工成本等方面。尺寸公差等级达 IT7～IT8 级、形位公差等级达 IT7～IT8 级、表面粗糙度达 Ra1.6μm～Ra6.3μm。

⑧ 能够正确选择及使用常用量具（游标卡尺、外径千分尺、内径量表、R 规、深度千分尺、万能角度尺）进行零件的精度检验。

（3）测试要求——素养要求

① 符合企业基本的 6S（整理、整顿、清扫、清洁、修养、安全）管理要求，能按要求进行工具的定置和归位、工作台面保持清洁、及时清扫废弃管脚及杂物等；能事前进行机床电、气、液、数控系统的检查，具有安全用电意识。

② 符合企业基本的质量常识和管理要求。能进行箱体类零件质量的自检，零件搬运、摆放等符合产品防护要求。

③ 符合机械加工企业数控铣床（加工中心）操作员工的基本素养要求，体现良好的工作习惯，能进行数控铣床（加工中心）的日常保养。

（4）测试时间：180 分钟。

（七）评价标准

抽查考试成绩由职业素养、机械加工通用技能和数控加工专业技能三部分组成。其中职业素养、机械加工通用技能成绩根据现场实际表现，按照评分标准，依据现场测评教师的纪录，由湖南省职业院校职业能力考试委员会指定的考评员集体评判成绩；数控加工专业技能成绩依据工件加工评分标准，根据检测工具的实际检测结果和现场测评教师的记录，进行客观评判、计分。总成绩中职业素养成绩占 10%、工艺卡片成绩占 20%、产品加工占 70%，总分 60 分为合格。评价标准见附表 1～附表 4。

附表1　　职业素养评价标准

评价内容	配分	考核点	备注
职业素养（10分）	2	纪律：服从安排；场地清扫等	本项目只记扣分，出现人伤械损事故，整个测评成绩记0分
	2	安全生产：安全着装；按规程操作等	
	3	职业规范：机床加油、清洁；工具、量具、刀具摆放等符合“6S”要求	本项目只记扣分，出现人伤械损事故的，整个测评成绩记0分
	2	打刀	
	1	去毛刺	
		人伤械损事故	

附表2　　工艺文件评价标准

评价内容	配分	考核点	备注
工艺文件（20分）	1.2	表头信息：填写零件名称、毛坯种类、毛坯规格尺寸、材料牌号、数控程序名	按生产实际的要求给零件编制机械加工工艺过程卡
	2	工艺过程：工艺过程应包含毛坯准备、加工过程安排、检测安排及一些辅助工序（如去毛刺等）的安排	
	4	工序、工步安排： ① 工序、工步层次分明，顺序正确 ② 工件安装定位、夹紧正确 ③ 粗、精加工工步安排合理 ④ 热处理、检测安排合理	
	4.8	工艺内容： ① 语言规范、文字简练、表述正确，符合标准 ② 工步加工方式的描述 ③ 工序工步加工结果的描述	
	6	工序简图：对一些关键工序或工步要在工艺卡上画工艺简图，工序简图包括定位基准、夹紧部位、加工尺寸、加工部位、表面粗糙度、编程坐标系等的表达	
	2	工艺装备：工序或工步所使用的设备、刀具、量具的表述	

附表3　　轴套类零件加工检测评价标准

评价内容	配分	考核点	备注
产品质量（70分）	10	形状：外轮廓、螺纹、内孔	未注公差按GB/T 1804—2000处理，表面粗糙度降级不得分
	40	尺寸精度： ① IT7～IT 8级精度尺寸配20分，每超差0.01mm扣2分 ② 螺纹加工精度配5分，超差不得分 ③ 槽加工精度配3分，超差不得分 ④ 其他尺寸精度配12分	

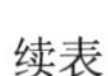

续表

评价内容	配分	考核点	备注
产品质量（70 分）	15	表面粗糙度： Ra1.6μm 配 5 分，Ra3.2μm 配 6 分，其余 Ra6.3μm 配 4 分	未注公差按 GB/T 1804—m 处理，表面粗糙度降级不得分
	5	形状位置精度	

附表 4　　箱体类零件加工检测评价标准

评价内容	配分	考核点	备注
产品质量（70 分）	10	形状：外轮廓、内轮廓、孔	未注公差按 GB/T 1804—m 处理，表面粗糙度降级不得分
	40	尺寸精度： ① IT7～IT8 级精度尺寸每个尺寸配 8 分，每超差 0.01mm 扣 2 分 ② 孔直径配 4 分，超差不得分 ③ 其他尺寸每个配 3～4 分	
	15	表面粗糙度： Ra1.6μm 配 5 分，Ra3.2μm 配 6 分，其余 Ra6.3μm 配 4 分	
	5	形状位置精度	

附录二　轴套类零件的数控车削加工题库选编

某机械加工企业承接了一批轴套类零件的加工任务，请按照相应的生产流程和作业标准完成该零件的工艺编制和加工，满足相应的质量要求，正确填写相关工艺文件。

材料、工具清单见附表 5。

附表 5　　材料、工具清单

名称	规格	数量	名称	规格	数量
紫铜棒	ϕ30mm×150mm	1	螺纹环规	M36×2-6g 或 M30×2-6g	1
硬爪	与机床配套	1 副	游标卡尺	0～150mm（精度 0.02mm）	1
紫铜皮	0.1mm，0.2mm	若干	深度千分尺	0～25mm	1
刷子	2 寸	1	外径千分尺	0～25mm	1
抹布	棉质	若干	外径千分尺	25～50mm	1
机床操作工具	卡盘扳手，加力杆，刀架扳手	一套	内径百分表	18～35mm	1
铁屑清理工具	自定	1	深度游标卡尺	0～150mm（精度 0.02mm）	1

续表

名称	规格	数量	名称	规格	数量
护目镜等安全装置	自定	1套	外圆车刀	主偏角93°～95°； 副偏角3°～5°； 机夹刀配刀片	1
塞尺	自定	1套	外圆车刀	主偏角93°～95°， 副偏角50°～55°， 机夹刀配刀片	1
百分表	0～6mm	1	内孔车刀	孔径范围≥ϕ20mm； 刀杆伸长≤60mm； 机夹刀配刀片	1
杠杆百分表	0～1mm	1	外圆切槽（断）刀	刀刃宽3～4mm；	1
磁力表架	自定	1	外螺纹车刀	刀尖角60°，螺距2mm， 机夹刀配刀片	1
游标万能角度尺	精度2'	1	垫片	宽 20mm，长度依机床定， 0.1mm、0.3mm、0.5mm、1mm	若干
螺纹环规	M30×2-6g	1	毛坯	ϕ50mm×80mm，材料为45钢棒材，要求预钻ϕ20mm的通孔	1

（一）项目1

1. 零件图（见附图1）

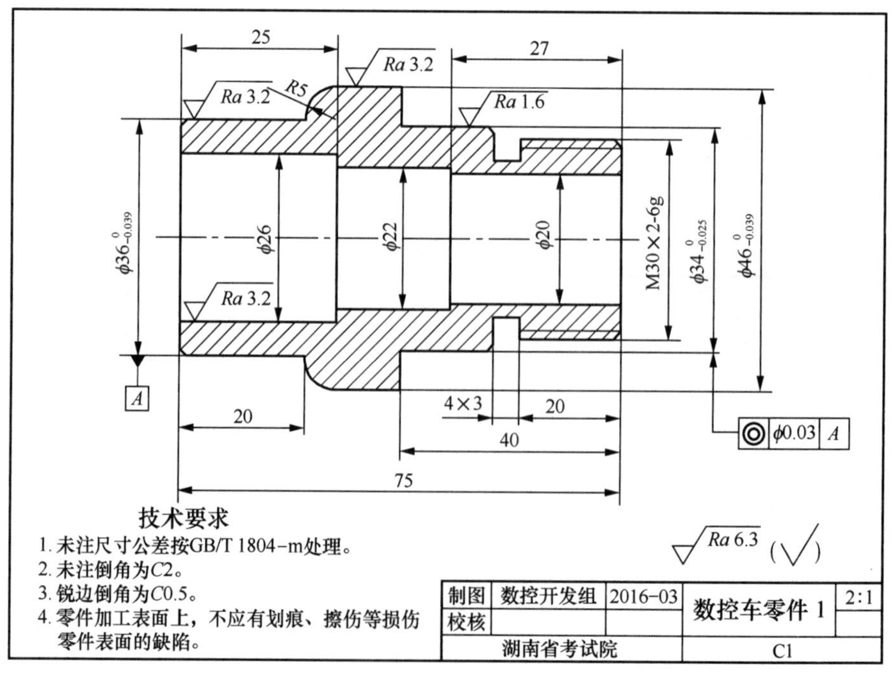

附图1 数控车零件1

2. 零件检测评分表（见附表 6）

附表 6 零件检测评分表

零件名称		数控车零件 1		工件编号		
序号	考核项目	检测位置	配分	评分标准	检测结果	扣分
1	形状（10 分）	外轮廓	4	外轮廓形状与图纸不符，每处扣 1 分		
		螺纹	3	螺纹形状与图纸不符，每处扣 1 分		
		内孔	3	内孔形状与图纸不符，每处扣 1 分		
2	尺寸精度（40 分）	$\phi 34_{-0.025}^{0}$	6	每超差 0.01mm 扣 2 分		
		$\phi 36_{-0.039}^{0}$	4	每超差 0.01mm 扣 2 分		
		$\phi 46_{-0.039}^{0}$	4	每超差 0.01mm 扣 2 分		
		$\phi 26$（±0.2）	3	超差不得分		
		$\phi 22$（±0.2）	3	超差不得分		
		螺纹 M30×2-6g	5	用螺纹环规检验，不合格不得分		
		槽 4×3（±0.1）	3	超差不得分		
		*C*2（45°±30′）	1	超差不得分		
		*R*5（±0.5）	1	超差不得分		
		75（±0.3）	2	超差不得分		
		40（±0.3）	2	超差不得分		
		35（±0.3）	2	超差不得分		
		28（±0.2）	2	超差不得分		
		20（±0.2）	1	超差不得分		
		20（±0.2）	1	超差不得分		
3	表面粗糙度（15 分）	*Ra*1.6	5	降一级不得分		
		*Ra*3.2	6	降一级不得分		
		其余 *Ra*6.3	4	降一级不得分		
4	形状位置精度（5 分）	同轴度 0.03	5	每超差 0.01mm 扣 2 分		
5	碰伤、划伤			每处扣 3～5 分（只扣分，无得分）		
6	去毛刺			锐边没倒钝或倒钝尺寸太大等每处扣 3～5 分（只扣分，无得分）		
合计			70	零件得分		
检测老师签字						

说明：所有评分按评分标准执行，超差按配分扣完为止。

3．职业素养评分表（见附表7）

附表7　　职业素养评分表

学校名称		日期		职业素养项目总分	
姓名		工位号			
考试时间		试卷			

类别	考核项目	考核内容	配分	得分
人身安全	确保人身与设备安全	出现人伤械损事故整个测评成绩记0分		
6S	纪律	服从组考方及现场监考老师安排，如有违反不得分	5	
	安全防护	按安全生产要求穿工作服、戴防护帽，如有违反不得分	5	
	机床、场地清扫	对机床及周围工作环境进行清扫，如不做不得分	5	
	刀具安装	刀具安装正确、夹紧可靠，如违反不得分	5	
	工件安装	工件安装正确、夹紧可靠，如违反不得分	5	
	机床日常保养	机床的打油加液等，如违反不得分	5	
	安全用电	机床的用电安全操作，如违反不得分	5	
	成本与效率	按时完成零件加工，如超时不得分	5	
职业规范	开机前检查及记录	机床开机前按要求对机床进行检查、并记录，少做一项扣1分	5	
	机床开、关机规范	按操作规程开机、关机，如违反不得分	5	
	回参考点	按操作规程回参考点，如违反不得分	10	
	工具、刀具量具准备摆放	工具、刀具、量具摆放整齐，如违反不得分	5	
	程序输入及检查	程序正确输入并按操作规程进行检验，如违反不得分	5	
	加工操作规范	按操作规程进行加工操作，如出现打刀或其他不规范操作，每次扣5分，本项分数扣完为止	20	
	量具使用	量具安全、正确使用，如违反不得分	5	
	机床状态登记	机床使用完成后进行状态登记，如不做不得分	5	
总分			100	

备注（现场未尽事项记录）			
监考员签字		学生签字	

注：① 本表的表头信息由学生填写。评判结果由现场监考员填写，学生签字认可。

② 职业素养的得分按10%的权重计入总分。

4．工艺文件编制评分表（见附表 8）

附表 8　　工艺文件编制评分表

序号	评分项目	评分要点	扣分要点	项目总分	
				配分	得分
1	表头信息	填写零件名称、毛坯种类、毛坯规格尺寸、材料牌号、数控程序名	每少填一项扣 1 分	6	
2	工艺过程	工艺过程应包含毛坯准备、加工过程安排、检测安排及一些辅助工序（如去毛刺等）的安排	每少一项必须安排的工序扣 5 分	10	
3	工序、工步安排	① 工序、工步层次分明，顺序正确 ② 工件安装定位、夹紧正确 ③ 粗、精加工工步安排合理 ④ 热处理、检测安排合理	① 工序安排不合理，或少安排工序，每处扣 5 分，最多扣 20 分 ② 工件安装定位不合适，扣 5 分 ③ 夹紧方式不合适扣 5 分	20	
4	工艺内容	① 语言规范、文字简练、表述正确，符合标准 ② 工步加工方式的描述 ③ 工序工步加工结果的描述	① 文字不规范、不标准、不简练每处扣 6 分 ② 没工步加工方式描述每处扣 4 分 ③ 没有工序工步加工结果的规定扣 4 分	24	
5	工序简图	为表述准确，文字简练，对一些关键工序或工步要在工艺卡上画工序简图，工序简图包括定位基准、夹紧部位、加工尺寸、加工部位、表面粗糙度、编程坐标系等的表达	① 每少一项扣 5 分 ② 表达不正确的每项扣 2 分	30	
6	工艺装备	工序或工步所使用的设备、刀具、量具的表述。	每少填一项扣 1 分	10	
总分				100	

评分人		审核人	

注：按生产实际的要求给零件编制《轴套类零件车削加工工艺文件》，工艺文件编制的得分按 20%的权重计入总分。

5．轴套类零件车削加工工艺文件（见附表 9）。

附表 9

轴套类零件车削加工工艺文件

湖南省数控技术技能抽测	机械加工工艺过程卡	产品型号	/	零件图号		共 页
		产品名称	/	零件名称		第 页

零件件号	/	材料牌号		毛坯	种类		单件质量（kg）	净重	/	数控程序名	
每台件数	/				规格尺寸			毛重	/		

工序号	工序名称	工步号	工序（工步）内容	工艺装备					工艺简图
				设备名称型号	夹具	刀具		量具	
						规格	刀号		

注：表格中标有“/”部分不需填写。

（二）其他项目零件图选编（见附图 2～附图 10）

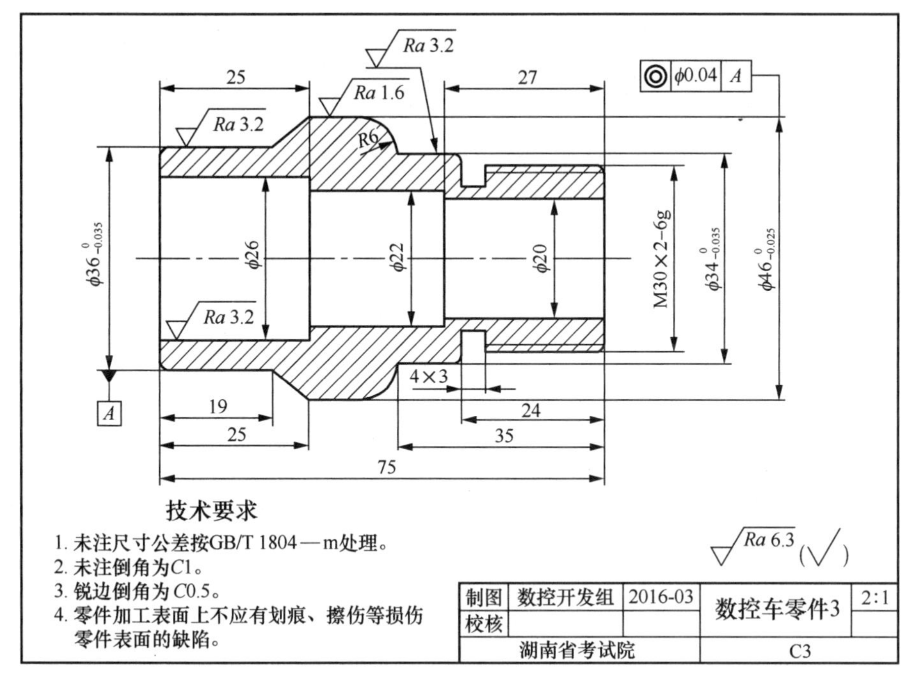

附图2　数控车零件3

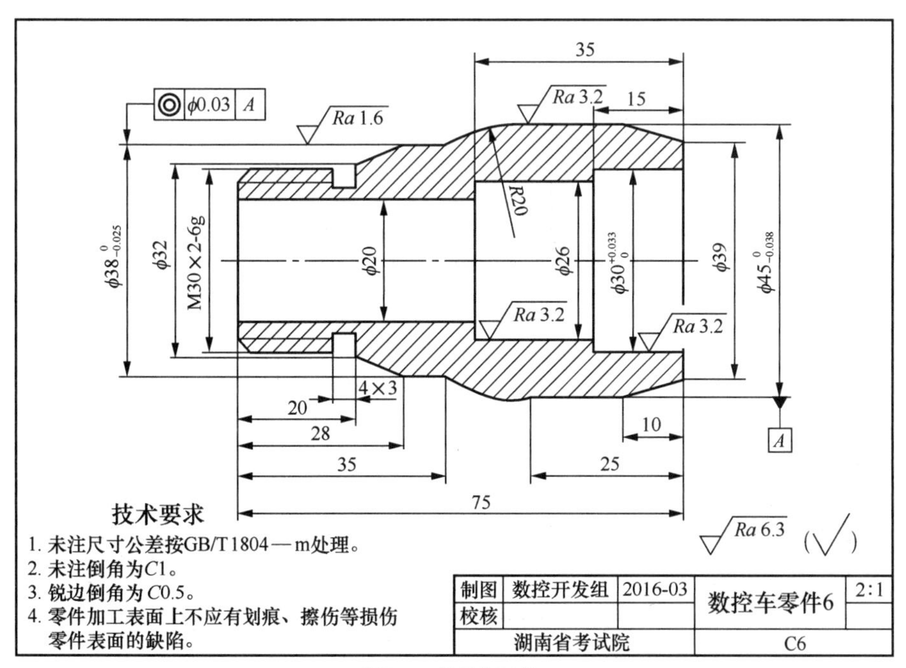

附图3　数控车零件6

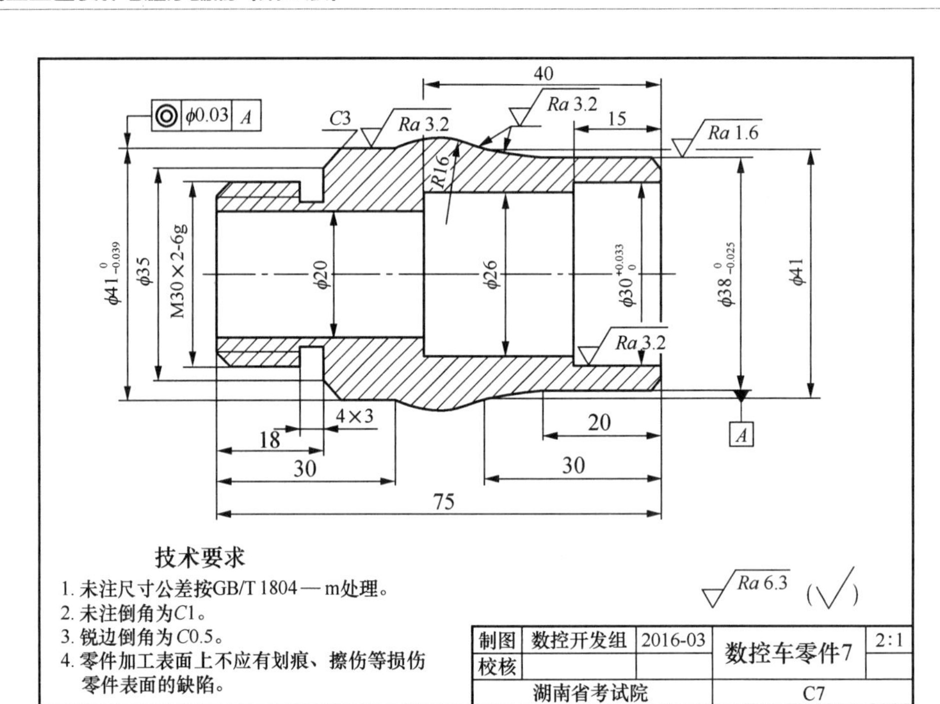

附图4 数控车零件7

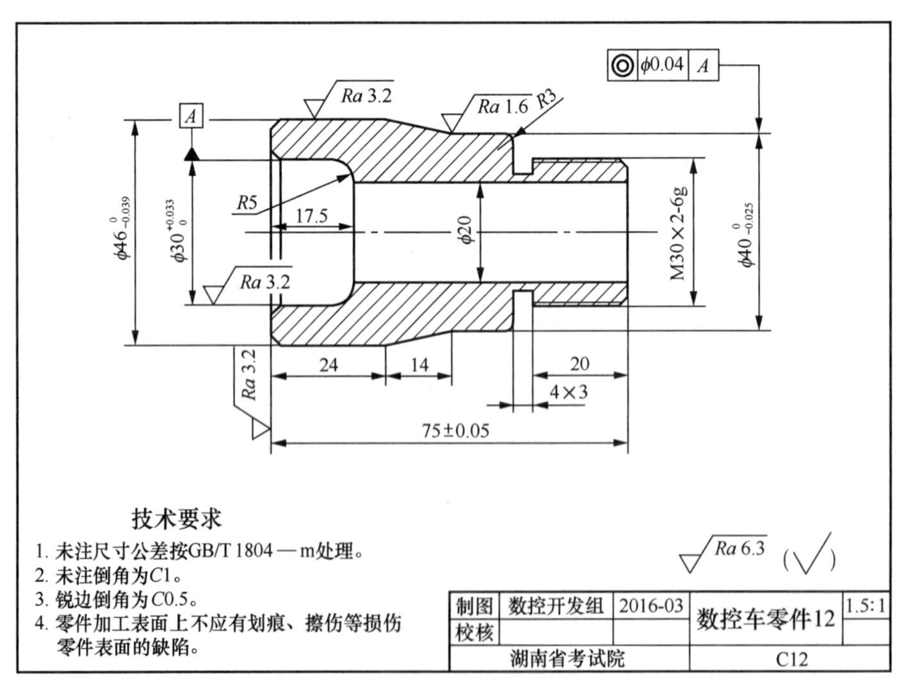

附图5 数控车零件12

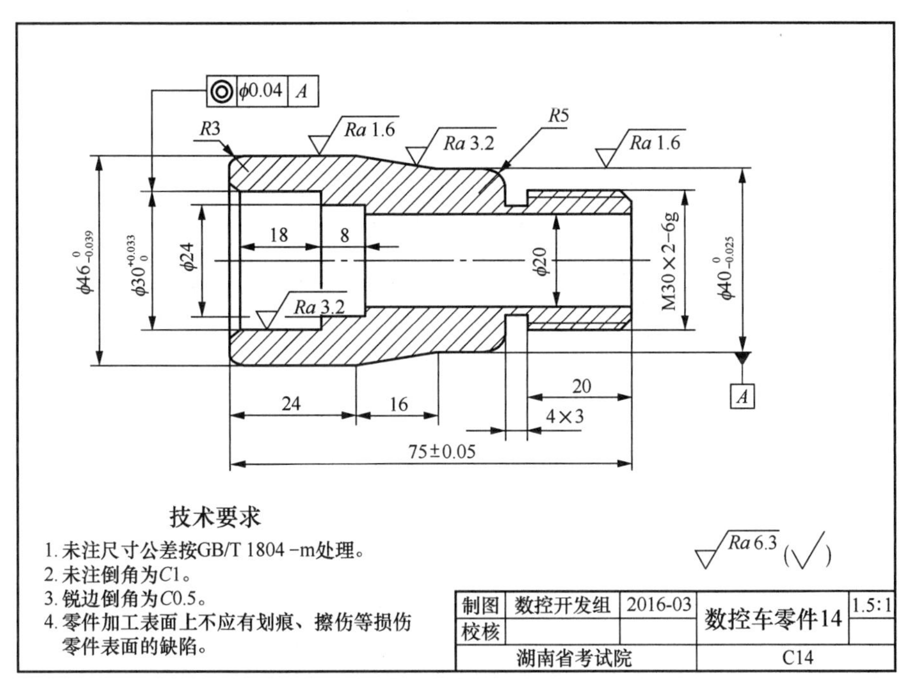

附图6 数控车零件14

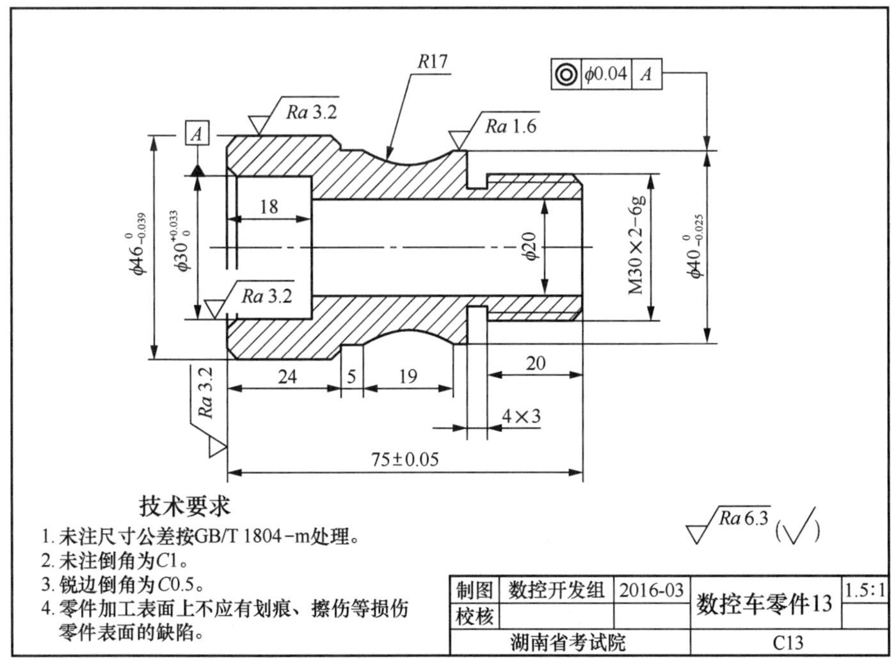

附图7 数控车零件13

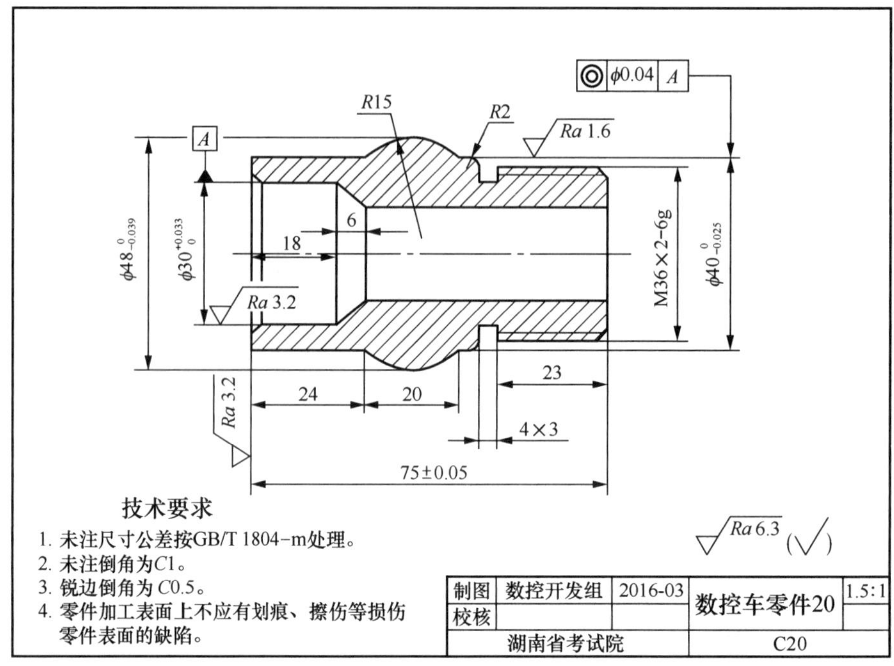

φ0.04 A
R15
R2
Ra 1.6
A
6
18
φ48 0 -0.039
φ30 +0.033 0
Ra 3.2
M36×2-6g
φ40 0 -0.025
23
24
20
Ra 3.2
4×3
75±0.05
技术要求
1. 未注尺寸公差按GB/T 1804-m处理。
2. 未注倒角为C1。
3. 锐边倒角为C0.5。
4. 零件加工表面上不应有划痕、擦伤等损伤零件表面的缺陷。
Ra 6.3
制图 数控开发组 2016-03 数控车零件20 1.5:1
校核
湖南省考试院 C20

附图8　数控车零件20

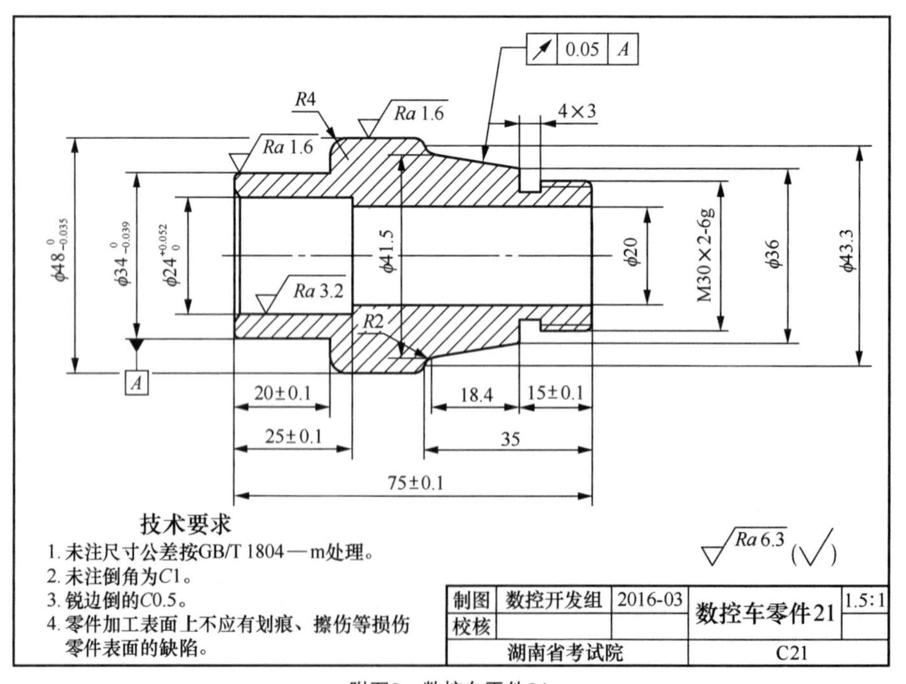

0.05 A
R4
Ra 1.6
4×3
Ra 1.6
φ48 0 -0.035
φ34 0 -0.039
φ24 +0.052 0
φ41.5
Ra 3.2
φ20
M30×2-6g
φ36
φ43.3
R2
A
20±0.1
18.4
15±0.1
25±0.1
35
75±0.1
技术要求
1. 未注尺寸公差按GB/T 1804—m处理。
2. 未注倒角为C1。
3. 锐边倒的C0.5。
4. 零件加工表面上不应有划痕、擦伤等损伤零件表面的缺陷。
Ra 6.3
制图 数控开发组 2016-03 数控车零件21 1.5:1
校核
湖南省考试院 C21

附图9　数控车零件21

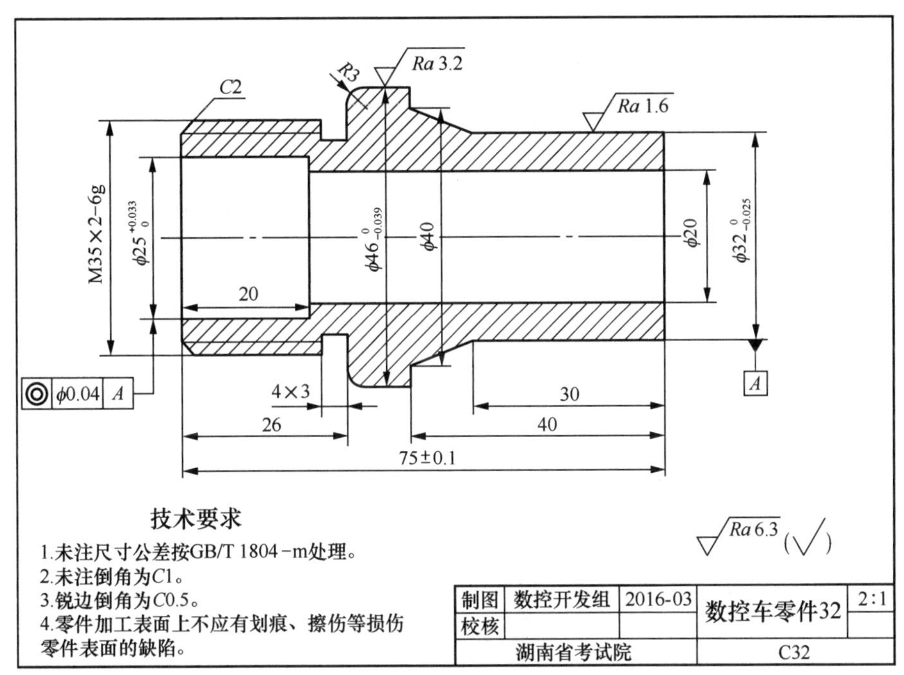

附图10 数控车零件32

附录三 箱体类零件的数控铣削加工题库选编

某机械加工企业承接了一批箱体类零件的加工任务，请按照相应的生产流程和作业标准完成零件的工艺编制和加工，满足相应的质量要求，正确填写相关工艺文件。

其中材料、工具清单如附表10所示。

附表10 材料、工具清单

名称	规格（mm）	数量	名称	规格（mm）	数量
平口虎钳	开口>100	1	游标万能角度尺	精度2'	1
平行垫铁	依钳口高度定	若干	百分表	0～6	1
压板及螺栓		若干	杠杆百分表	0～1	1
扳手		1	磁力表座		1
手锤		1	高速钢立铣刀	φ20、φ10	各1
中齿扁锉	200	1	中心钻	φ3	1
三角锉	200	1	钻头	φ8、φ10、φ12	1
油石		1	自紧式钻夹头刀柄	0～13	1
毛刷		1	弹簧或强力铣夹头刀柄		1
抹布		若干	夹簧	φ20、φ10	各1

续表

名称	规格（mm）	数量	名称	规格（mm）	数量
外径千分尺	0～25，25～50，50～75，75～100	各1	深度千分尺	0～25	1
游标卡尺	0-150（精度0.02）	1	毛坯	100×100×23，45钢板材，要求：平磨6个面，保证垂直度<0.05，尺寸公差±0.05	1

（一）项目1

1．零件图（见附图11）

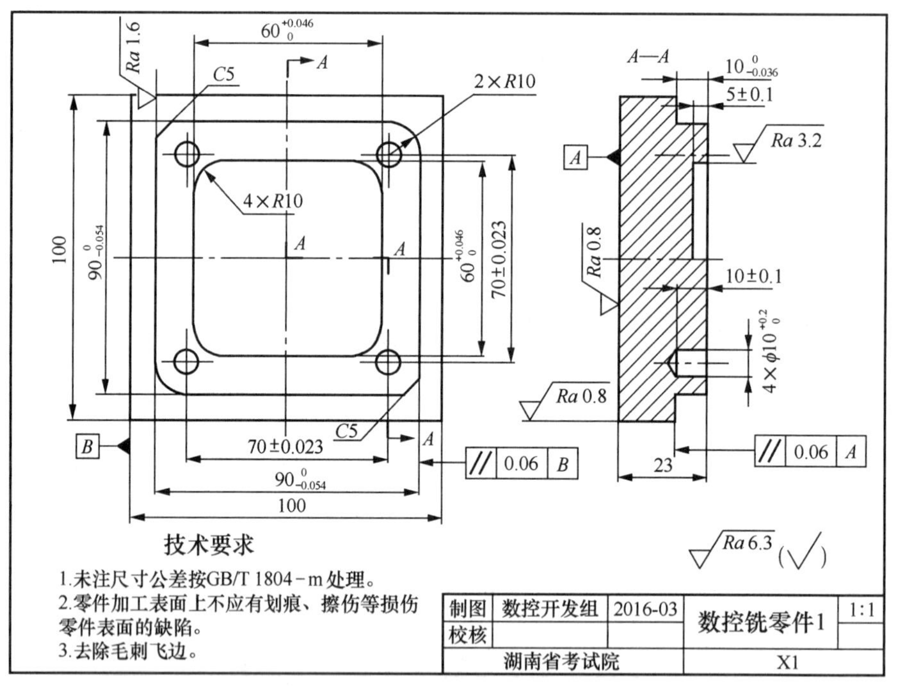

附图11 数控铣零件1

2．零件检测评分表（见附表11）

附表11 零件检测评分表

零件名称		数控铣零件1		工件编号		
序号	考核项目	检测位置	配分	评分标准	检测结果	扣分
1	形状（10分）	外轮廓	4	外轮廓形状与图纸不符，每处扣1分		
		内轮廓	4	内轮廓形状与图纸不符，每处扣1分		
		孔	2	孔数及位置与图纸不符，每处扣1分		

续表

零件名称		数控铣零件 1		工件编号		
序号	考核项目	检测位置	配分	评分标准	检测结果	扣分
2	尺寸精度（40 分）	$90^{0}_{-0.054}$	6	每超差 0.01mm 扣 2 分（2 处）		
		70 ± 0.023	6	每超差 0.01mm 扣 2 分（2 处）		
		$60^{+0.046}_{0}$	6	每超差 0.01mm 扣 2 分（2 处）		
		R10（±1）	6	样板塞尺检验，超差不得分（6 处）		
		C5（±0.5）	2	超差不得分（2 处）		
		45°±30′	2	超差不得分（2 处）		
		高度 $10^{0}_{-0.036}$	3	每超差 0.01mm 扣 2 分		
		高度 5±0.1	2	超差不得分		
		孔深 10（±0.1）	2	超差不得分		
		$\phi10^{+0.2}_{0}$	5	超差不得分		
3	表面粗糙度（15 分）	Ra1.6	5	降一级不得分		
		Ra3.2	6	降一级不得分		
		其余 Ra 6.3	4	降一级不得分		
4	形状位置精度（5 分）	平行度 0.06	5	超差不得分		
5	碰伤、划伤			每处扣 3～5 分（只扣分，无得分）		
6	去毛刺			锐边没倒钝或倒钝尺寸太大等每处扣 1～3 分（只扣分，无得分）		
合计			70	零件得分		
检测老师签字						

说明：所有评分按评分标准执行，超差按配分扣完为止。

3．职业素养评分表（见附表 12）

附表 12　　职业素养评分表

学校名称		日期		职业素养项目总分	
姓名		工位号			
考试时间		试卷			
类别	考核项目	考核内容		配分	得分
人身安全	确保人身与设备安全	出现人伤械损事故整个测评成绩记 0 分			
6S	纪律	服从组考方及现场监考老师安排，如有违反不得分		5	
	安全防护	按安全生产要求穿工作服、戴防护帽，如有违反不得分		5	

续表

类别	考核项目	考核内容	配分	得分
6S	机床、场地清扫	对机床及周围工作环境进行清扫，如不做不得分	5	
	刀具安装	刀具安装正确、夹紧可靠，如违反不得分	5	
	工件安装	工件安装正确、夹紧可靠，如违反不得分	5	
	机床日常保养	机床的打油加液等，如违反不得分	5	
	安全用电	机床的用电安全操作，如违反不得分	5	
	成本与效率	按时完成零件加工，如超时不得分	5	
职业规范	开机前检查及记录	机床开机前按要求对机床进行检查、并记录，少做一项扣1分	5	
	机床开、关机规范	按操作规程开机、关机，如违反不得分	5	
	回参考点	按操作规程回参考点，如违反不得分	10	
	工具、刀具量具准备摆放	工具、刀具、量具摆放整齐，如违反不得分	5	
	程序输入及检查	程序正确输入并按操作规程进行检验，如违反不得分	5	
	加工操作规范	按操作规程进行加工操作，如出现打刀或其他不规范操作，每次扣5分，本项分数扣完为止	20	
	量具使用	量具安全、正确使用，如违反不得分	5	
	机床状态登记	机床使用完成后进行状态登记，如不做不得分	5	
总分			100	
备注（现场未尽事项记录）				
监考员签字		学生签字		

注：① 本表的表头信息由学生填写。评判结果由现场监考员填写，学生签字认可。

② 职业素养的得分按10%的权重计入总分。

4. 工艺文件编制评分表（见附表13）

附表13 工艺文件编制评分表

序号	评分项目	评分要点	扣分要点	项目总分	
				配分	得分
1	表头信息	填写零件名称、毛坯种类、毛坯规格尺寸、材料牌号、数控程序名	每少填一项扣1分	6	
2	工艺过程	工艺过程应包含毛坯准备、加工过程安排、检测安排及一些辅助工序（如去毛刺等）的安排	每少一项必须安排的工序扣5分	10	

续表

序号	评分项目	评分要点	扣分要点	项目总分	
				配分	得分
3	工序、工步安排	① 工序、工步层次分明，顺序正确 ② 工件安装定位、夹紧正确 ③ 粗、精加工工步安排合理 ④ 热处理、检测安排合理	① 工序安排不合理，或少安排工序，每处扣5分，最多扣20分 ② 工件安装定位不合适，扣5分 ③ 夹紧方式不合适扣5分	20	
4	工艺内容	① 语言规范、文字简练、表述正确，符合标准 ② 工步加工方式的描述 ③ 工序工步加工结果的描述	① 文字不规范、不标准、不简练每处扣6分 ② 没工步加工方式描述每处扣4分 ③ 没有工序工步加工结果的规定扣4分	24	
5	工序简图	为表述准确，文字简练，对一些关键工序或工步要在工艺卡上画工艺简图，工序简图包括定位基准、夹紧部位、加工尺寸、加工部位、表面粗糙度、编程坐标系等的表达	① 每少一项扣5分 ② 表达不正确的每项扣2分	30	
6	工艺装备	工序或工步所使用的设备、刀具、量具的表述	每少填一项扣1分	10	
总分				100	
评分人		审核人			

注：按生产实际的要求给零件编制《箱体类零件铣削加工工艺文件》，工艺文件编制的得分按20%的权重计入总分。

5. 箱体类零件铣削加工工艺文件（见附表14）

附表 14　　箱体类零件铣削加工工艺文件

<table>
<tr><td colspan="3" rowspan="2">湖南省数控技术技能抽测</td><td colspan="2" rowspan="2">机械加工工艺过程卡</td><td colspan="3">产品型号</td><td>/</td><td>零件图号</td><td colspan="2"></td><td>共　页</td></tr>
<tr><td colspan="3">产品名称</td><td>/</td><td>零件名称</td><td colspan="2"></td><td>第　页</td></tr>
<tr><td>零件件号</td><td>/</td><td rowspan="2">材料牌号</td><td rowspan="2"></td><td rowspan="2">毛坯</td><td>种类</td><td colspan="2"></td><td rowspan="2">单件质量（kg）</td><td>净重</td><td>/</td><td rowspan="2">数控程序名</td><td rowspan="2"></td></tr>
<tr><td>每台件数</td><td>/</td><td>规格尺寸</td><td colspan="2"></td><td>毛重</td><td>/</td></tr>
</table>

<table>
<tr><td rowspan="3">工序号</td><td rowspan="3">工序名称</td><td rowspan="3">工步号</td><td rowspan="3">工序(工步)内容</td><td colspan="5">工艺装备</td><td rowspan="3">工艺简图</td></tr>
<tr><td rowspan="2">设备名称型号</td><td rowspan="2">夹具</td><td colspan="2">刀具</td><td rowspan="2">量具</td></tr>
<tr><td>类型</td><td>规格</td></tr>
<tr><td></td><td></td><td></td><td></td><td></td><td></td><td></td><td></td><td></td><td rowspan="11"></td></tr>
<tr><td></td><td></td><td></td><td></td><td></td><td></td><td></td><td></td><td></td></tr>
<tr><td></td><td></td><td></td><td></td><td></td><td></td><td></td><td></td><td></td></tr>
<tr><td></td><td></td><td></td><td></td><td></td><td></td><td></td><td></td><td></td></tr>
<tr><td></td><td></td><td></td><td></td><td></td><td></td><td></td><td></td><td></td></tr>
<tr><td></td><td></td><td></td><td></td><td></td><td></td><td></td><td></td><td></td></tr>
<tr><td></td><td></td><td></td><td></td><td></td><td></td><td></td><td></td><td></td></tr>
<tr><td></td><td></td><td></td><td></td><td></td><td></td><td></td><td></td><td></td></tr>
<tr><td></td><td></td><td></td><td></td><td></td><td></td><td></td><td></td><td></td></tr>
<tr><td></td><td></td><td></td><td></td><td></td><td></td><td></td><td></td><td></td></tr>
<tr><td></td><td></td><td></td><td></td><td></td><td></td><td></td><td></td><td></td></tr>
</table>

注：表格中标有“／”部分不需填写。

(二)其他项目零件图选编(见附图12~附图20)

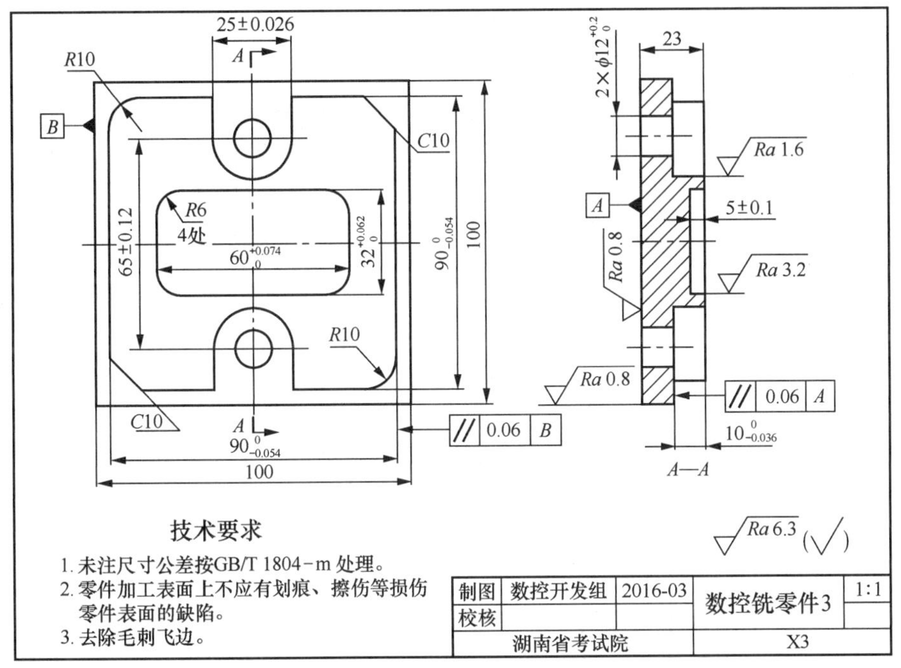

附图12 数控铣零件3

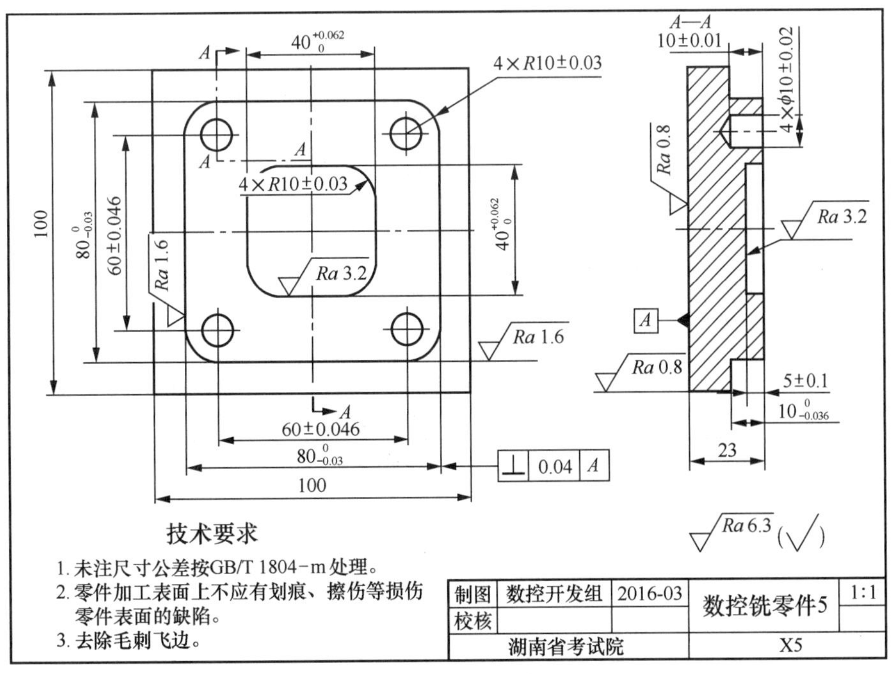

附图13 数控铣零件5

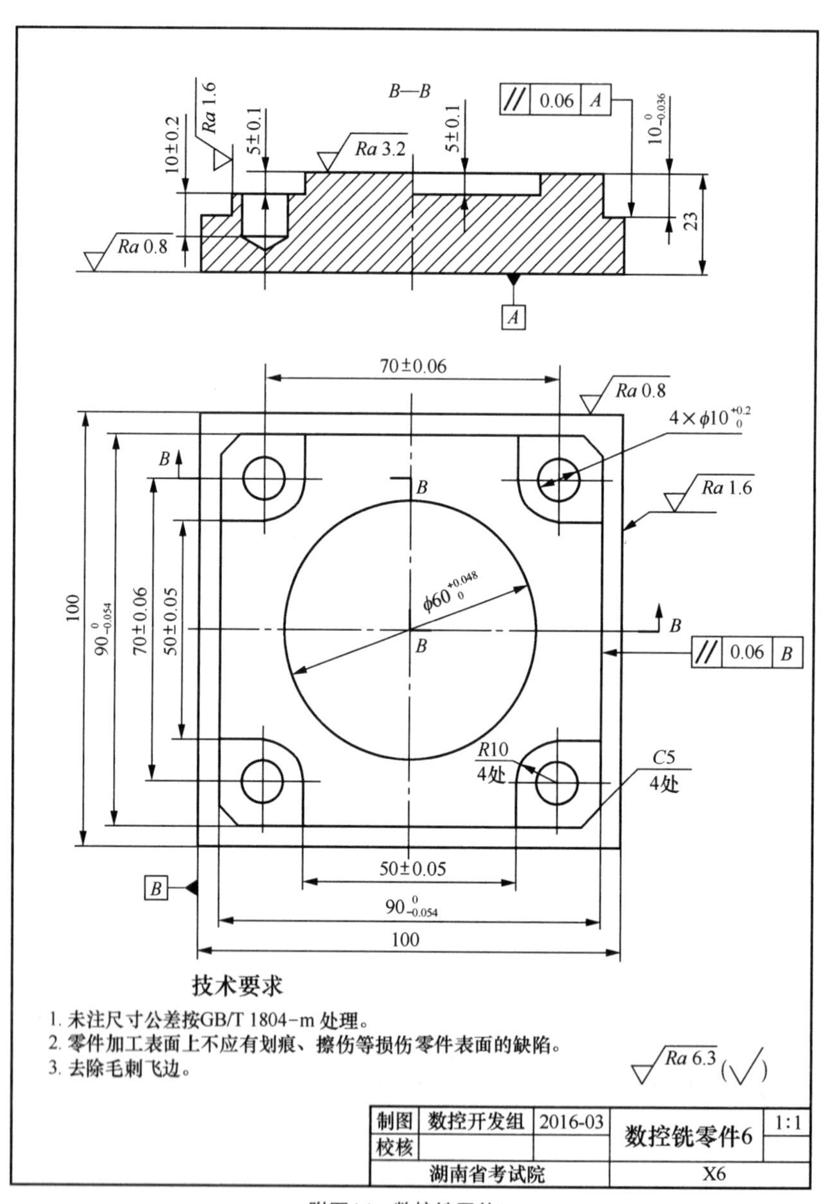
B—B
Ra 1.6
5±0.1
Ra 3.2
5±0.1
0.06
A
10±0.2
Ra 0.8
23
A
70±0.06
Ra 0.8
4×φ10
B
B
Ra 1.6
φ60
B
B
0.06
B
100
70±0.06
50±0.05
R10
4处
C5
4处
B
50±0.05
100
技术要求
1. 未注尺寸公差按GB/T 1804-m 处理。
2. 零件加工表面上不应有划痕、擦伤等损伤零件表面的缺陷。
3. 去除毛刺飞边。
Ra 6.3
制图
数控开发组
2016-03
数控铣零件6
1:1
校核
湖南省考试院
X6

附图14 数控铣零件6

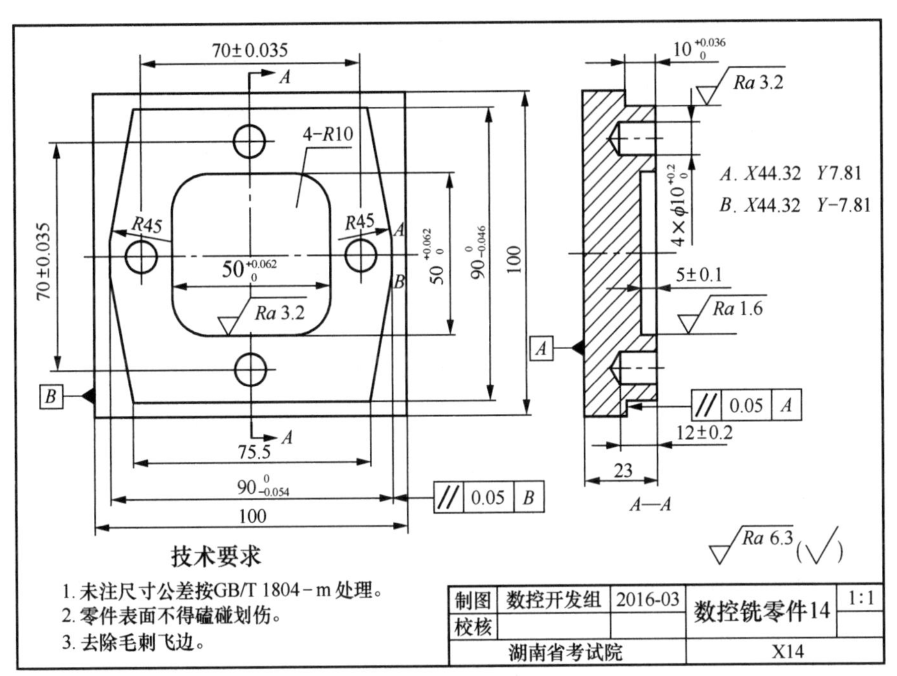

附图15 数控铣零件14

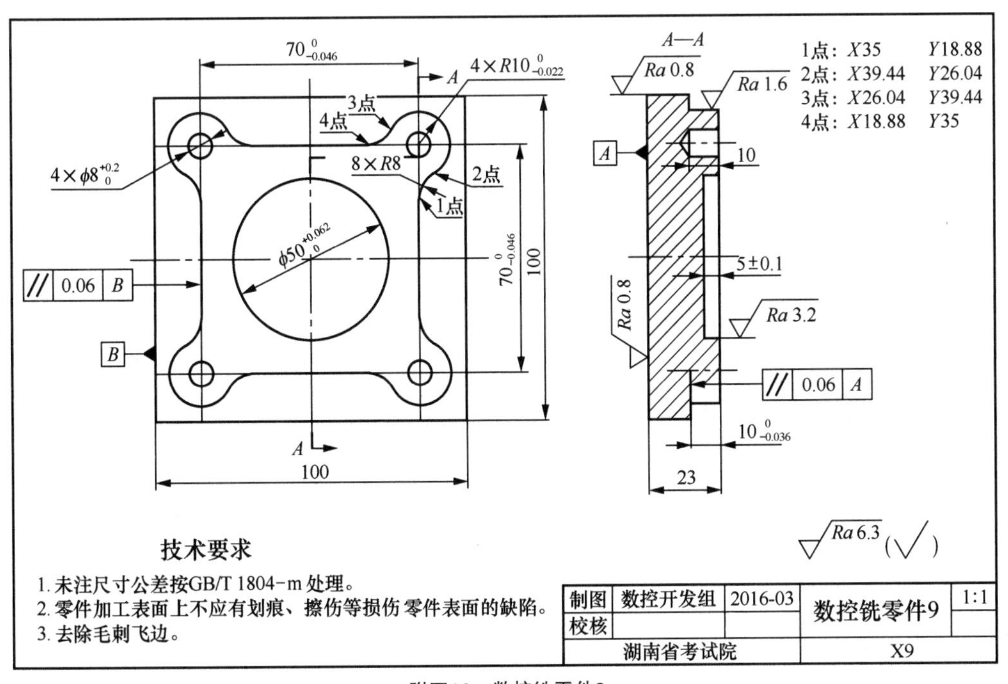

附图16 数控铣零件9

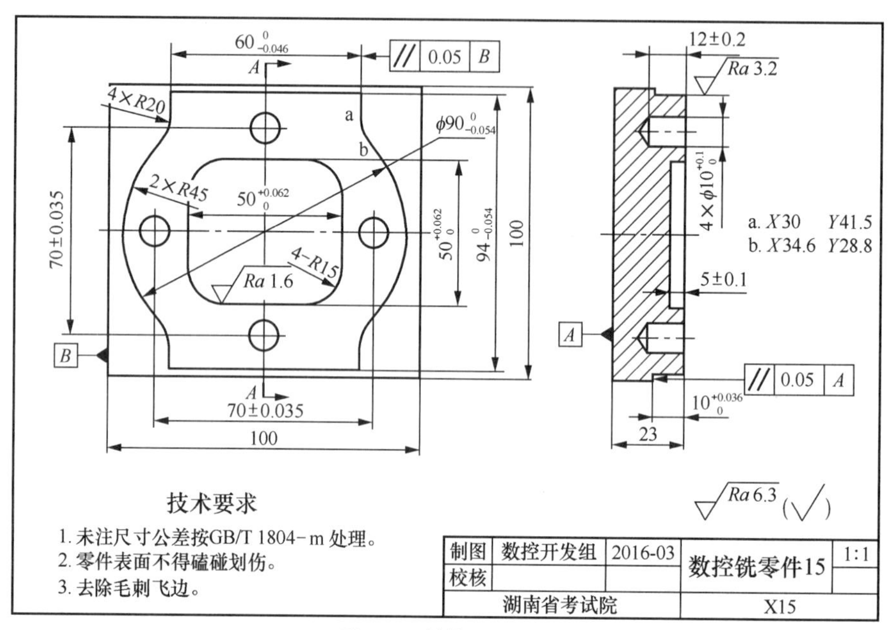

附图17　数控铣零件15

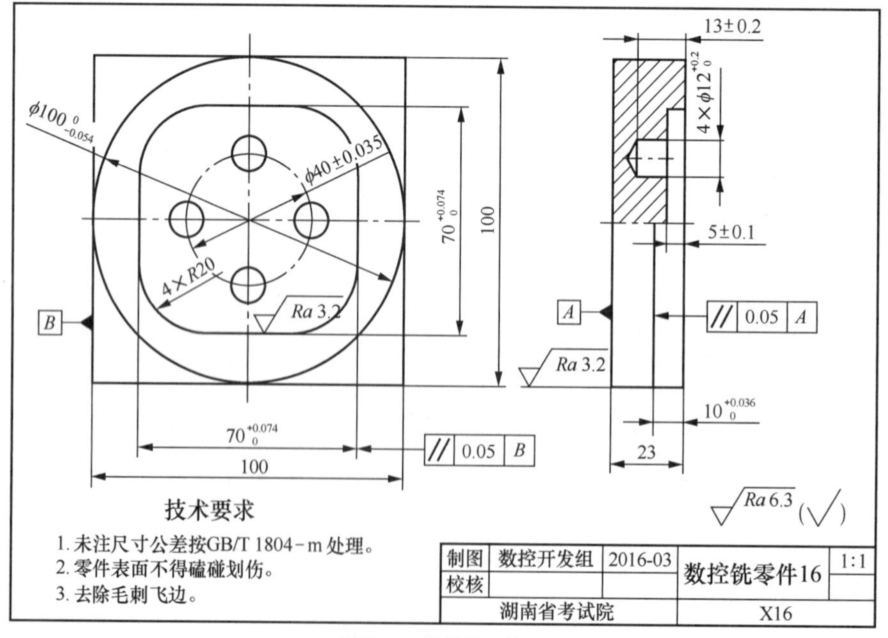

附图18　数控铣零件16

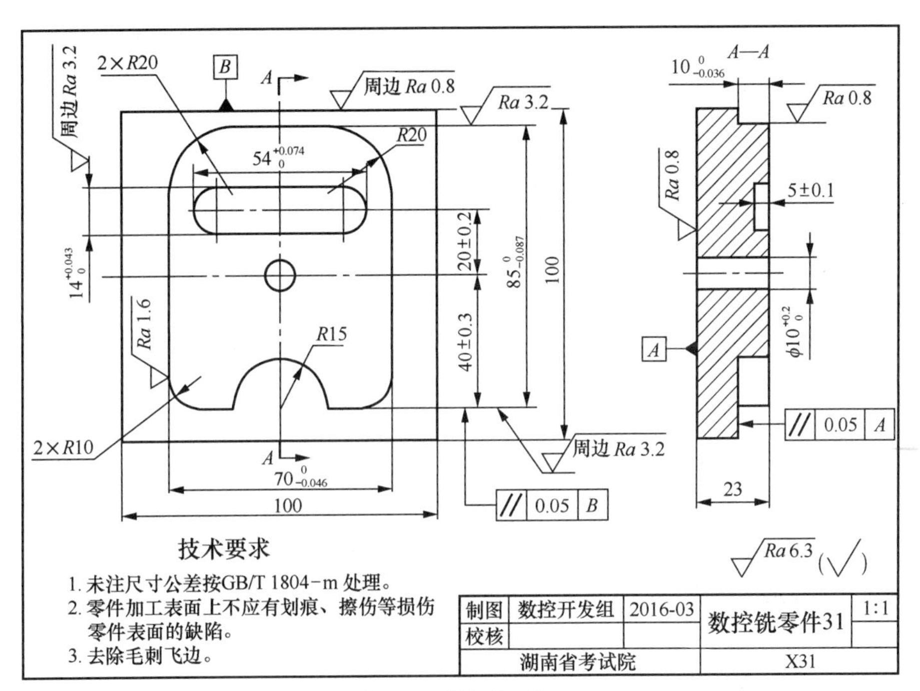

附图19 数控铣零件31

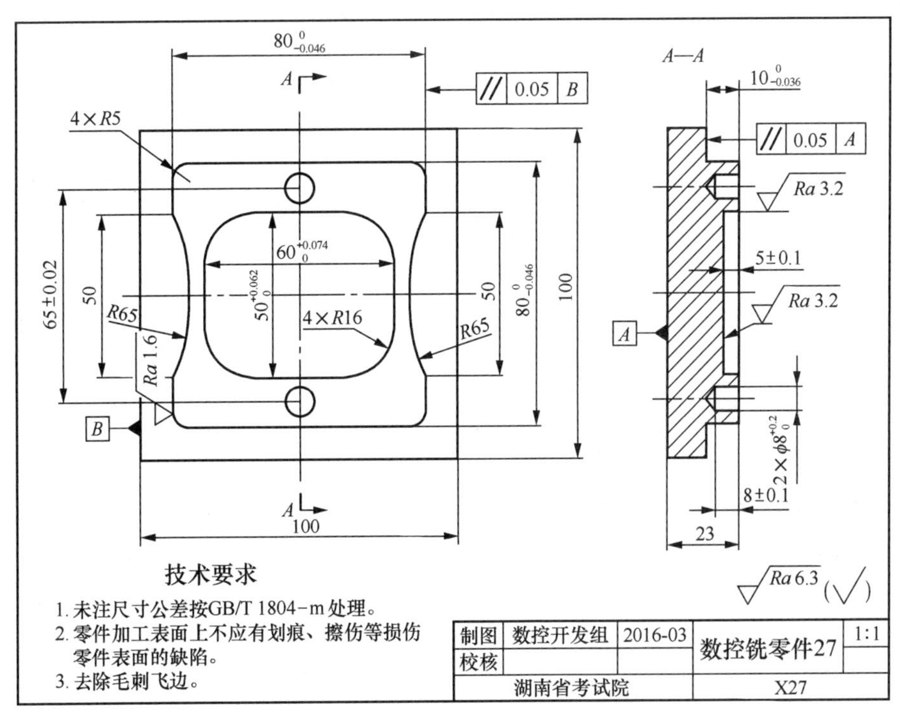

附图20 数控铣零件27

[1] 周虹. 数控加工工艺与编程. 北京：人民邮电出版社，2004.

[2] 周虹. 数控原理与编程实训. 北京：人民邮电出版社，2005.

[3] 顾京. 数控加工编程及操作. 北京：高等教育出版社，2003.

[4] 张超英. 数控车床. 北京：化学工业出版社，2003.

[5] 徐宏海，谢富春. 数控铣床. 北京：化学工业出版社，2003.

[6] 陈洪涛. 数控加工工艺与编程. 北京：高等教育出版社，2003.

[7] 陈海舟. 数控铣削加工宏程序及应用实例. 北京：机械工业出版社，2006.

[8]《数控加工技师手册编委会》. 数控加工技师手册. 北京：机械工业出版社，2006.

[9] 首珩，喻丕珠，罗友兰. 湖南省高等职业院校学生专业技能抽查标准与题库丛书：数控技术. 长沙：湖南大学出版社，2011.

[10] 余英良 杨德卿. 数控车铣削加工案例解析. 北京：高等教育出版社，2008.

[11] 周兰. 数控车削编程与加工. 北京：机械工业出版社，2010.

[12] 刘雄伟. 数控机床操作与编程培训教程. 北京：机械工业出版社，2001.

[13] 张超英，罗学科. 数控机床加工工艺、编程及操作实训. 北京：高等教育出版社，2003.

[14] 眭润舟. 数控编程与加工技术. 北京：机械工业出版社，2001.

[15] SINUMERIK 802S 操作编程—车床. 2002.

[16] SINUMERIK 802D 操作编程—铣床. 2002.

[17] BEIJING-FANUC. BEIJING-FANUC 0i Mate-TB 操作说明书. 2003.

[18] BEIJING-FANUC. BEIJING-FANUC 0i Mate-MA 操作说明书. 2003.

[19] 武汉华中数控股份有限公司. 世纪星铣床数控系统 HNC-21/22M 编程说明书. 2002.

[20] 武汉华中数控股份有限公司. 世纪星车床数控系统 HNC-21/22T 编程说明书. 2001.